한식의 품격

이용재 지음

한식의 품격

맛의 원리와 개념으로 쓰는 본격 한식 비평

반비

아마도 당대 음식계에서 가장 논쟁적인 인물은 이 책의 저자 이용재일 것이다. 그는 익숙한 화법과 주례사 같은 칭송을 버리고 음식과 식당이 비평의 대상이라는 걸 입증했다. 그의 비평은 지식과 관점의 논리적 융합이라는 사실도 보여주었다. 그리고 여기 한 권의 책을 더하고 있다.

우리는 이미 스마트폰과 알파고의 시대를 살고 있다. 그러나 여전히 한식은 손맛과 (한복 입은 할머니의 이미지로 표상되는) 신비로운 전통으로 포장되어 손댈 수 없는 성역으로 남아 있다. 그의 이 노작(勞作)은 한식도 별수 없이(!) 과학의 틀이 필요하다는 걸 입증한다. 나아가 품격 없는 한식에 대한 뼈아픈 직설을 담고 있다. 우리는 그의 말에 귀 기울일 필요가 있다. 그리하여 한식이 '발전'한다면, 우리는 이용재의 이 긴 진술이 유용했다는 점을 인정해야 한다.

순전히 수공으로 깁고 지어낸 이 옷을 우리는 그저 입기만 하면 된다. 제법 잘 어울릴 것 같다. 지난 정부에서 재단까지 만들어 세금을 쏟아붓고도 아무런 대안을 보여주지 못했던 '한식'이라는 무정형의 안개 속에 그는 새로 등대를 놓았다. 이른바 집밥에서 최고급의 한식당까지, 그의 조언이 도움이 될 것이다. 첫 장을 펴라. 그럼 됐다.

—박찬일(『백년식당』 저자, 셰프)

『한식의 품격』이 다루는 것은 손맛과 정성이 빚어낸 맛의 진정성이 아니라, 건축적으로 설계되고 합리적으로 조리된 맛의 짜임새다. 음식 평론가 이용재는 이 책에서 '현대적 한식'이라는 새로운 전통의 발명을 야심차게 제안한다. 물론 이 제안이 음식의 차원에만 국한된 것은 아니다. 그는 '모더니스트'로서, 맛의 체계적 경험을 청사진으로 삼아 우리의 일상을 둘러싼 감각 경험 전반의 현대화를 추구한다.

—박해천(『아수라장의 모더니티』 저자, 디자인 연구자)

들어가는 글

"한식이 진짜 건강식이지. 발효식품 위주에다가."[1]

류근찬 의원은 이날 국정감사에서 "양념치킨, 라이스치킨, 불고기 치킨 덮밥 등 이런 게 우리 전통음식이냐. 우리가 언제부터 치킨을 기름에 튀겨먹었냐"며 비판했다.[2]

학문의 융합, 문·이과의 통합이 요즘 학계와 교육의 화두다. 하지만 교양이라는 관점에서 과학과 인문학은 그동안 평등하지 않았다. 대부분의 사람이 과학을 교양으로 생각하지 않았다는 말이다. 함께 가기 위해서는 우선 평등해야 한다. 과학은 교양이다.[3]

1   2016년 8월 7일 저녁, 일본 주점 '모국정서'에서 엿들은 대화.

2   이인준, 「[국감] 류근찬 '한식세계화사업 예산이 치킨집에?'」,《뉴시스》(2010.10.18), http://www.newsis.com/view/?id=NISX20101018_0006429322.

3   김상욱, 「과학과 인문학은 교양 앞에 평등한가」,《국제신문》(2014.10.13), http://www.kookje.co.kr/mobile/view.asp?gbn=v&code=1700&key=20141014.22030201634.

그리고 30년이 흘렀다. 다시 명동이다. 소년은 이제 중년이 되었다.

대체 무슨 이야기냐고? 영문 모를 독자를 위해 30년 전으로 돌아가보자. 당시 아홉 살이었던 소년은 가족과 함께 서울 나들이에 올랐다. 종일 돌아다녀 지친 몸으로, 저녁을 먹으러 명동에 발을 들였다가 '지뢰'를 밟았다. '미지근한 만두, 맹탕이자 조미료 일색의 찌개, 지은 지 오래돼 풀기가 하나도 없는 밥'이 나왔다. 소년을 비롯한 가족은 분개했다. 처음으로 음식의 맛없음을 뼈저리게 느낀 계기였다. 전작 『외식의 품격』 머리말에서 소개한 어린 시절의 경험이다.

다시 30년 뒤로 돌아와보자. 평일 점심시간, 중년이 된 그는 회사원 사이에 끼어 유명하다는 곰탕집 앞에 줄 서 차례를 기다린다. 원로 만화가가 그린 서른 권짜리 대작 만화에서도 상징적으로 다룰 만큼 인지도 높은 집이다. 그는 본격적인 복습을 위해 음식점을 찾았다. 거의 10년 가까운 타국 생활을 마치고 돌아온 지 얼마 되지 않았다. 발을 들여놓자 축축하고 끈적한 바닥이 반긴다. 입구의 계산대에서 선불로 주문을 하자 식권을 나눠준다. 구깃구깃한 게 이미 손을 많이 탔다. 식사 전에 굳이 이런 걸 만져야 할까. 역시 끈적한 계단을 오르며 그는 생각한다. 화장실도 깨끗하거나 정돈되어 있지 않다.

적당히 빈자리를 찾아 앉는다. 당연히 합석이다. 바쁜 점심시간에 전통 맛집을 찾는다면 이 정도는 감수해야지. 맞은편 또래로 보이는 직장인이 사발을 들어 마지막 국물을 넘긴다. 그래도 놋쇠다. 마침 그의 앞에도 하나 놓인다. 파를 넣어야지. 파는 놋쇠 사발과 전혀 격이 맞지 않는 플라스틱 소쿠리에 담겨 있다. 뚜껑도 없고, 구멍이 송송 뚫린 소쿠리다. 음식 찌꺼기를 걸러내는 용도로나 쓰일 법한 물건이다. 그렇게 파는 식탁에 놓인 채 말라갈 것이다. 그래도 뚜껑은 여전히 필요하다. 사람들은 먹고 또 대화한다. 침이 튈 수도 있다. 끈적한 바닥, 정돈 안 된 화장실에 이어 음식점의 위생 관념을 의심한다.

말라가는 파를 얹고 나서야 음식을 똑바로 들여다본다. 멀건 국물 속에 풀어진 밥이 담겼고, 위에 고기 몇 점이 얹혔다. 얼마라고? 12000원이다. 미리 되어 있는 소금 간과 바로 입에 넣을 수 있을 정도로 낮은 온도만은 장점이다. 뚝배기에 펄펄 끓는 국물보다는 월등히 사용자 친화적이다. 그나마 그 온도가 일정하지 않음을 알아차린 건 훨씬 나중의 일이다. 두 단어의 결합이 다소 형용모순 같지만 '훌훌 욱여넣는'다. 그리고 나오는 발걸음에 조미료의 들척지근함이 차인다. 서울에서 가장 유서 깊다는 '전통 맛집'에서의 경험이다. 열악한 환경에서 비싸지만 빈약하고 맛없는 음식을 먹는다. 물론 이곳만의 문제가 아니다. 이름이 있되 열악하거나, 이름조차 없이 열악하다.

이런 수준의 음식을 과연 전통의 영역에 속해 있다는 이유만으로 비호해야 할 것인가. 한국에 돌아와 본격적으로 음식 비평에 도전한 이후 한시도 떨쳐본 적이 없는 고민이다. 물론 한식만 놓고 고민할 리 없다. 종류 불문, 한국의 음식은 맛이 없다. 맛없음에 대한 고민이 가실 날 없다. 한식 이전에 양식이나 중식, 일식도 마찬가지다. 대량생산 음식도, 가정식을 표방하는 밥집의 음식도 마찬가지다. 취향을 논하기 전에 완성도의 문제가 걸린다. 원인은 한 가지일 리 없다. 재료도, 여건도 나쁘다. 하지만 그와 별개로 원리의 이해를 바탕 삼은 기준이나 원칙을 참고

하지 않고 음식을 만들기 때문에 완성도가 떨어진다. 주먹구구가 판을 친다. 그래서 전작 『외식의 품격』을 통해 일단 한국에서 유통되는 양식의 문제를 집중 조명했다. 기준과 원칙의 부재를 짚었다.

왜 하필 양식부터 시도했을까? 그 선택의 이유 자체에 일종의 서글픔이 배어 있다. 참고 자료가 많다. 기본적으로 중요한 역사 사료 등도 풍부하지만, 무엇보다 발전을 위해 객관적인 검증을 시도한, 실용적인 자료가 많다. 스테이크가 좋은 예다. 이제 단지 불판 위에서만 익어가지 않는다. 진공 포장되어 저온의 물에서 익기도 하고, 그 뒤에 불판을 거쳐 가기도 한다. 액체 질소에 튀기듯 익힐 수도 있다. 조리의 원리를 일단 이해한 뒤 실험을 통해 다양한 조리법을 적용해보고, 그 가운데서 최선을 찾는다. 그리고 갱신을 게을리하지 않는다. 영어만 할 줄 알아도 얼마든지 그 실험과 연구의 결과물들을 접할 수 있지만 한국에는 전달되지 않는다. 이 책을 쓰는 동안 '먹방'을 필두로 음식이 크게 유행을 타는 대상이 되었지만 그 바람을 타고 국내에 소개된 책은, 대부분이 소위 인문 분야에 속하는 문화사에 관련된 것이었다. 책 말미의 참고 문헌 목록이 그 방증이다. 근 4년 전에 출간된 『외식의 품격』을 집필하며 참고한 책들 대부분이 여전히 번역 및 소개되지 않았다. 그 결과 한국에서 스테이크는 여전히 '겉면을 지져 육즙을 가두는' 음식으로 통한다. 애덤 고프닉의 표현을 빌리면, 음식을 예전에 비해 더 유행을 타는 대상으로 취급한 나머지, 식사는 더 사소한 문제가 되어버렸다.[4]

---

4 애덤 고프닉, 이용재 옮김, 『식탁의 기쁨』(책읽는수요일, 2014), 15쪽.

한식의 품격

그나마 양식의 사정이 좀 더 낫다. 단지 풍부한 자료가 국내로 들어오지 않는 것이다. 반면 한식의 영역에는 그런 자료가 아예 존재하지도 않는다. '우리' 음식이므로 문제의식을 전혀 품지 못한다. '왜?'라는 질문에는 언제나 '원래 그랬다'고 답한다. 하지만 그 원래가 대체 언제인지 구체적으로 짚어주는 경우는 드물다. 되려 미화하는 경우도 많다. 뚝배기에 펄펄 끓는 국물을 '시원하다'고 칭송한다거나, 발효식품이 한식의 전유물이라 여기는 것은 물론 한발 더 나아가 건강식이라 떠받들기도 한다. 뜨거운 국물에 입천장이 벗겨지고, 맵고 짠 반찬이 식탁을 뒤덮어도 느끼지 못한다. 말하자면 한식의 수준을 놓고 철저한 불감증, 또는 인지부조화가 일상화된 현실이다.

정확하게 무엇이 문제인가? 그 문제 자체를 진단하기 위해 『한식의 품격』은 다소 멀다고 느낄 수도 있는 길을 돌아간다. 무엇보다 한식의 객관적인 검증을 위해 포석을 깔아줄 한국어 자료가 존재하지 않기 때문이다. 그래서 여러 갈래의 과업을 차례대로 수행한다. 1부에서는 맛의 기본적인 원리부터 살펴본다. 과학적으로 검증된 기본 다섯 가지 맛(짠맛, 단맛, 신맛, 쓴맛, 감칠맛)이 존재하고, 그것들 사이의 균형이 음식의 맛을 좌우한다. 각 맛이 작용하는 원리를 일단 소개한 뒤, 이를 바탕으로 한식에서의 역할 또는 부재를 진단 및 분석하고 개선 방안을 제시한다.

1부의 후반부에서는 한식에만 존재하는 '맛 아닌 맛'을 살펴본다. 한마디로 한식은 먹기 힘들다. 펄펄 끓는 국물을 예로 들었듯 극단적인 온도로 존재하는 경우가 대부분이다. 너무 뜨겁거나 너무 차갑다. 아니면 너무 익혔거나 너무 안 익혔다. 이렇게 온도 조절의 실패, 익힘의 정도와 방식의 실패가 낳은 결과물을 '쫄깃하다'며 힘을 주어 씹어 먹는다. 차가움과 뜨거움 사이, 너무 익었거나 아예 익지 않은 것 사이에 무수히 존재하는 중간 지점에 대한 고려가 전혀 없다. 궁극적으로는 조리의 실패라고 할 수 있는 상태를 '한국의 맛'이라 규정하는 사이, 전통과 단순한 습관의 경계는 차츰 더 모호해진다. 한식의 상징이라 내세우는 매운맛도 마찬가지다. 청양고추를 넘어 수입산 캡사이신 농축액으로 강화하는 매운맛이 과연 한국 고유의 맛일까?

전통과 습관을 구분하려는 시도는 여기에서 그치지 않는다. 2부에서는 한식의 조리법이나 형식을 점검함으로써 본격적인 답을 구한다. 밥을 중심으로 한 반찬 위주 상차림이 현재 맛은 물론 시간과 노력의 측면에서 최선의 식사 형식인지 검증하고, 아니라면 보완점을 고민한다. 손맛을 축적할 만큼 여유도 없을뿐더러, 있더라도 그것의 전수는 가부장적 질서를 지탱하는 데 기여하기 쉽다. 이런 현실에서 좋으나 싫으나 한국의 대표 음식인 김치의 맛을 분석하고 의미를 재고한다. 볶음이나 전처럼 익숙한 조리법이 과연 맛을 위한 최선인지 살펴보고, 밥 옆을 늘 지키는 국물 음식의 허무함을 들춰본다. 그리고 이 모두의 유기적인 구성 및 연결을 위해 개개의 음식과 함께 그 상위 범주인 문화 비평을 구조물로 삼는다. 만두나 두부 등의 서민 음식, 소주와 음주 문화를 다룬 술, 또는 디저트를 고민하는 책의 후반부에서 주로 담아내려 했다.

책의 문제의식 및 내용 등을 간략히 소개하니 현실과 지평이 확연히 드러난다. 지금 이곳의 한식 말이다. 비록 제목을 『한식의 품격』이라고 지었지만 현재의 한식에 품격이란 없다. 물론 음식의 핵심은 맛이다.

맛이 없는 음식은 품격도 떨어진다. 그래서 『한식의 품격』은 음식 외적인 문제를 최대한, 그리고 의식적으로 배제하고 맛에 집중한다. 어원이나 역사를 끝없이 들먹이는 말장난이나 정치적 진영 논리에 의한 가치 판단이 이미 한국의 음식 저널리즘에는 끓어넘친다. 그 와중에 맛의 담론은 의도적이라고 할 수 있을 만큼 철저하게 배제된다. 맛에 대해 논하기를 두려워하는 수준이다. 이 책은 그러한 담론의 흐름을 다시 음식의 본질로 돌리는 역할을 추구한다.

하지만 그렇다고 해서 철저히 맛에만 초점을 맞춰 한식을 비평할 수는 없다. 결과만큼 과정도 중요하므로 맛 또는 품격을 일궈내는 방식이나 주체도 중요하다. 맛있어야 하지만 맛만 있다고 장땡은 아니다. 그래서 현재 한식의 구현이 내포하고 있는 여러 갈래의 문제에도 함께 주목한다. 첫 번째는 가사노동의 불평등 문제다. 만드는 존재와 먹는 존재가 다르다. 비단 한식의 문제만은 아니겠지만 한식에서 전혀 개선의 기미가 보이지 않는다. 설상가상으로 밥을 중심으로 반찬이 보좌하는 한식의 형식은 성차별적 노동분업 위에 비효율의 멍에를 덧씌운다. 두 번째는 개인화의 문제다. 비혼 등을 통한 1인 가구 또는 '큐브 세대'가 증가 추세다. 달리 말해 사회는 갈수록 개인화되고 있는데, 과연 한식은 집 안팎의 영역에서 이런 변화에 적절히 대처하고 있는 걸까? 마지막으로, 이 두 갈래의 문제가 맞물리는 지점에 '삶의 질'에 대한 회의가 자리한다. 소위 '저녁 없는 삶'의 현실 말이다. 자가 조리가 불가능한 여건이라면 편하거나 맛있게 사 먹기라도 해야 한다. 과연 한식은 그런 미덕을 갖추었는가. 이런 문제에 대한 답을 먼저 고민해야 품격을 찾을 수 있고,

그럴 때에야 세계화처럼 거창한 논의를 재개할 수 있다고 믿는다. 일단 '안에서 새는 바가지'부터 고쳐야 한다는 말이다.

이 책이 한데 아우르는 기준과 방법론에 근거한 한식 비평을 지난 7~8년간 꾸준히 써오면서 곧잘 직면하는 비판이 있다. '외국, 특히 서양 요리의 기준으로 한국 음식의 세계를 재단한다'는 주장이다. 얼핏 복잡한 문제 같지만 사실은 아주 간단하다. 우리의 삶은 이미 서구화되어 있다. 의식주라는 세 가지 필수 요소 가운데 '의'와 '주'는 이미 완전히 서구화되었다. '식'도 맛의 형식 또는 문법만 놓고 보면 한국적이라 할 수도 있겠지만, 이를 구현하는 방법은 철저히 서양의 기술에 의존한다. 아무도 장작불을 때어 평양냉면의 육수를 끓이거나 면을 삶지 않는다. 서양의 기술을 바탕으로 발전한 가스 불이나 압출기가 대체한 지 오래다.

나는 이를 생산자의 선별적인 기술 적용으로 규정한다. 맛의 원리나 지향점에 대한 깊은 고민 없이, 전통이라 철석같이 믿어온 습관을 재현하는 데에만 선별적으로 기술을 활용한다는 의미다. 이제는 다음 단계로 나아갈 시기다. 양식의 방법론을 그대로 적용하자는 주장이 아니라, 그 방법론을 도출하는 데 쓰인 사고방식이나 논리, 더 나아가 세계 공통어 가운데 하나라 여길 수 있는 과학의 눈으로 한식을 들여다보자는 말이다. 과학과 기술이 우리에게 낯선 수단인가? 그렇지 않다. 한국은 자동차와 스마트폰을 개발해 수출하는 나라다. 둘 다 애초에 한국의 것이 아니었다. 더 이상 무슨 말이 필요한가. '4차 산업 혁명'이니 '딥 러닝' 등을 누구나 들먹일 정도로 과학기술이 나날이 발달하고 있지만 유독 음식 영역에서만큼은 과학적 근거나 사고, 기술을 적용하는 시각에 깊은 반감을 가진다. 한식, 더 나아가 음식을 옭아매고 있는 정서의 고삐를 조금 늦춰볼 때다.

다음으로 한식을 비판의 대상으로 삼는 시도 자체를 향한 반감을 자주 맞닥뜨렸다. 한국인이 대체 왜 자국의 음식 문화를 비판하는가? 이 또한 간단히 답할 수 있다. 한국인이기 때문이다. 한식이 한국의 문화라면, 또한 개선이 필요하다면 누구보다 한국인이 나서야 한다. 특히 진정 한식의 세계화를 원한다면 좀 더 냉정하게 바라볼 필요가 있다. 여태껏 우리는 객관적인 시선이 완전히 결여된 채로 한식을 홍보해왔다. 여전히 한식의 조리법은 일종의 비법에 가까워서 흉내 내기 어려우며, '신토불이'라서 재료는 반드시 한국의 것만을 써야만 제 맛이 나는 것이라 여기는가. 덕분에 이제 한식은 한국에서도 외면당한다. 모두가 '저녁이 없는 삶'으로 고통받으니 비법을 익힐 새가 없고, 농수산물의 자급률은 갈수록 떨어져 이제 국산 재료에만 의존해 식탁을 꾸리기란 그리 쉬운 일이 아니다.

'내가 가장 맛있게 먹는 음식이니 너도 맛있게 먹어야 한다'는 논리로 그릇을 턱 앞에 디밀면 외면당하기 십상이다. 실제로 세계 속에서 한식의 유행은 이제 지나고 있다고 보아야 한다. "세계는 서울로, 서울은 세계로"라는 기치 아래 서울올림픽이 개최된 지도 내년이면 30주년이다. 피자와 햄버거를 넘어 중국의 양꼬치, 베트남의 쌀국수가 동네 상권으로 파고들 만큼 세계의 음식이 서울로 찾아오고 있는 현실에서, 과연 서울 또는 한국의 음식이 세계로 그만큼 파고들고 있는가? 아니라면 무엇이 발목을 잡는지 생각해볼 일이다.

그래서 어느 누구도 아닌 한국인이 한식을 도마에 올린다.

나는 음식 평론가이기 전에 생활인이다. 스스로의 밥상을 책임져 온 지도 20년이 넘었다. 세상에서 가장 끔찍한 일 가운데 하나가 밥상 엎기라고 믿는다. 무엇보다 대부분의 경우 밥상을 엎는 자는 그 상을 차린 이가 아니기 때문이다. 이번이 처음이자 마지막이라는 비장한 각오로 한식이라는 크나큰 밥상을 엎는다.

2017년 5월
이용재

1부
정신, 맛의 원리

차 례

프롤로그

라면,
대량생산된 한국적인 맛

꼬불꼬불 꼬불꼬불 맛 좋은 라면

라면이 있기에 세상 살맛 나

하루에 열 개도 먹을 수 있어

후루룩 짭짭 후루룩 짭짭 맛 좋은 라면

— 「핵폭탄과 유도탄들: 라면과 구공탄」(『아기공룡 둘리』)

안 후보의 답변 이후 또 다른 학생이 '밥 줘' 발언에 대해 사실 검증을 해야겠다며 "어떤 음식을 잘 만드냐"고 묻자, 안 후보는 "면 종류를 잘 끓인다. (라면) 설명에 물 몇 cc 이런 거 있지 않나. 전 항상 비커와 타이머를 이용한다"고 답하기도 했다.[5]

라면은 일종의 별식이었다. 특유의 얼큰한 맛이 집밥과 사뭇 다르기도

---

5   안상현, 「대선 뉴스: 안철수, "부인에게 '밥 줘' 해본 적 없어… 라면 끓일 때 비커랑 타이머 쓴다"」,《조선일보》(2017.4.20), http://news.chosun.com/site/data/html_dir/2017/04/12/2017041202783.html.

했지만, 그렇기에 제한되는 음식이라 더더욱 그러했다. 일주일에 딱 한 번만 먹을 수 있었다. 바로 토요일 점심이었다. 4교시 수업을 마치고 집에 돌아오면, 평소 언제나 반찬 몇 가지가 가지런히 올라 있던 식탁은 비어 있었다. 때론 쪽지도 놓여 있었다. 토요일은 예외였다. 냄비에 물을 담아 가스불에 올렸다. 아홉 살 때 처음으로 스스로 불을 피웠다. 그때 집엔 아무도 없었다. 음식과 요리의 세계에 발을 들여놓게 된 계기였다.

한국적인 맛의 대량생산

한식을 살펴보는 여정을, 왜 군이 밥도 아니고 공장에서 생산된 인스턴트 음식인 라면으로 시작하는가. 바로 그 이유 때문이다. 라면은 한국 최초의 현대적인 대량생산 음식이다. 1963년 처음 등장했다. 그때만 해도 굶주림을 면하기 위한 수단으로 개발되었다. 이 후 50여 년, 라면은 1년에 35억 9000만 개, 1인당 평균 74.1개를 소비하는 '국민 식품'으로 자리 잡았다.[6] 하지만 더 이상 굶주림을 위한 음식은 아니다. 그사이 라면의 지평은 많이 바뀌었다. 젓가락으로 면을 집어 '후루룩 짭짭' 먹듯 훑어보아도 한국의 식문화가 보인다. 출발 전 몸풀기 운동처럼, 라면과 한국의 식문화에 대해 가볍게 살펴보자.

가장 한국적인 음식은 무엇인가? 범위를 비단 한국에 국한하지 말

---

6   양세욱, 「라면의 문화사: 라면, 대한민국 식탁 위의 혁명」, 무리야마 도시오, 김윤희 옮김, 『라면이 바다를 건넌 날』(21세기북스, 2015), 253쪽.

고, 세계를 대상으로 삼자. 한국의 맛을 소개하고 싶다면 어떤 음식을 택할 것인가. 주저 없이, 단연코 라면이다. 쇠고기 국물을 바탕으로 얼큰함이 살아 있다. 요즘은 사람 잡을 듯 정도가 지나친 매운맛의 라면도 쏟아지지만, 이 맛이 좋든 싫든 가장 한국적인 맛이다. 또한 정치적인 목적도 한몫하여 한국인의 일상에 자리 잡고 인이 박여버린 맛이기도 하다. 모두가 알고 있듯 인스턴트 라면은 일본에서 최초로 개발되었다. 대만계 일본인 안도 모모후쿠(安藤百福)가 처음 개발했고, 맵지 않은 닭 국물 바탕이었다. 이런 라면이 한국에 도입되면서 '한국인이라면 매운맛'이라는 윗분(?)의 지시로 얼큰해졌다. 참으로 한국답달까. 덕분에 그래서는 안 될 힘이 음식과 맛에 영향을 미친 사례로서도 의미 있다.

계량과 감의 충돌

또한 이러한 맛을 누구라도 쉽게 재현할 수 있다. 조리법의 설명대로 냄비에 물을 담아 불에 올리고, 끓으면 스프와 면을 더해 정해진 시간만큼 익히면 된다. 정확하게 따랐다는 전제 아래 큰 오차가 없다. 고유의 맛이 큰 위기나 오해 없이 전달될 가능성이 높다. 분명히 라면의 장점이다.

라면은 조리예를 정확히 따라서 끓일 때 맛있다. 애초에 실험을 거쳐 대량생산화되었고 계속 연구되고 있다. 물은 계량컵으로, 시간은 타이머로 측정하면 된다. 현대적인 음식에 맞는 현대적인 취급이다. 그러나 라면을 그렇게 끓인다는 이야기에 반감을 표하는 이들도 있다. 19대

대통령 선거 후보자였던 안철수는 비커와 타이머를 써 라면을 끓인다고 밝혔다가 빈축을 샀다. 라면이 그런 음식이냐는 반응이었다.

라면은 정확하게 '그런' 음식이다. 다만 한 사람이 연간 70여 개를 먹을 정도로 친숙한 음식이다 보니, 감에 기대어도 될 것이라는 선입견이 형성되었다. 크게 보면 라면의 문제만도 아니다. '한식=친숙한 음식'인 데다가 '음식=감정의 산물'이라는 철석같은 믿음을 반영한다. 그래서 과학과 기술을 이용해 한식을 발전시키려는 시도는 곧잘 폄하당한다. 하지만 그런 과학기술이 없었더라면 1년에 35억 개 가량이 소비되는 라면과 그 얼큰한 맛은 아예 빛을 보지 못했을 가능성도 있다.

라면 세계의 다양성 부족

현재 라면은 대부분의 경우 굶주림 극복의 수단이 아니다. 사회는 갈수록 복잡해지고 그만큼 음식의 세계도 다양해졌다. 라면은 이제 주식이라기보다 간식으로 먹힌다. 그렇지만 그만큼 라면의 세계가 다양성을 추구하는지는 알 수 없다. 가짓수는 많지만 잘 먹히는 라면은 부동의 입지를 오랫동안 지키는 한편, 새로 등장하는 제품들은 대부분 끝없는 변주다. 매운맛의 변주 말이다. '꼬꼬면'으로 잠깐 흰 국물의 라면이 등장했지만 다양성의 인자로 기능하지 못한 채 유행으로 반짝 스치고 지나갔다.

음식 문화 전체까지는 아니더라도, 이러한 라면의 자기 복제가 한국 음식 문화의 다양성에 부정적인 영향을 미치는 것만은 확실하다. 라면의 현대화와 대량생산, 인스턴트화가 큰 공헌을 했음은 부정할 수 없지만 그 때문에 거의 모든 면류가 인스턴트의 굴레를 벗어나지 못한다. 라면이 아니면 말린 소면이거나, 생면은 칼국수 수준이다. 인스턴트 라면은 물론 국물을 직접 내는 생라면이 지역 음식으로 다양하게 존재하여 두 세계를 모두 맛볼 수 있는 일본과는 사정이 너무 다르다. 한국적이면서 요리의 완성도를 갖춘 국수는 존재하지 않는다고 해도 과언이 아니다. 거의 유일하다고 할 예외이자 다음에 등장할 평양냉면을 빼고는.

평양냉면,
예외적인 한식의 거울

미션 임파서블

그때는 정말 아무 것도 몰랐다. 흔한 국거리인 양지머리를 끓여 차게 식
히기만 하면 그대로 평양냉면 육수가 될 것이라 믿었다. 그만큼 절박했
다. 모든 걸 어렵지 않게 먹을 수 있었지만 단 하나가 예외였다. 그게 하
필 평양냉면이었다. 문제도 보통 큰 문제가 아니었다. 미국의 한식은 나
쁘지 않았다. 아니, 좋다고 말할 수 있을 수준이었다. 다만 한국의 것과
는 확실히 달랐다. 그 나라의 장점도, 또 단점도 될 수 있는 '풍부함'을 바
탕으로 폭발적이었다. 일단 양부터 그러했다. 적어도 한국의 1.5배는 될
만큼 푸짐했다. 소를 닭처럼 키우니 쇠고기가 닭고기마냥 흔한 나라가
미국이다. 한편 단맛이 압도적으로 강했다. 이제는 격차가 느껴지지 않
지만 서울에서 월드컵이 열리던 시기에 미국 한식은 단맛이 아주 강했
다. 풍부한 재료를 바탕으로 폭발적인 단맛의 한식. 누군가는 'LA화'라
고 표현했다.

  찾아 먹기도 그리 어렵지 않았다. 불고기, 갈비 등 육류 요리를 중심

으로, 서울에서 먹을 수 있는 음식이라면 미국 각지의 거점 대도시에선 복수의 선택권을 가질 수 있었다. 요즘 목을 매는 '가성비', 즉 가격 대 성능비가 뛰어났다. 소를 닭처럼 키우는 재료의 사육 방식과 저렴한 노동력이 공급되는 인력 환경이 손을 맞잡은 결과였다. 비단 한식의 사정만 그런 것도 아니었다. 짜장면 같은 한국식 중식도 한식을 쉽게 접할 수 있는 동네에선 어렵지 않게 찾을 수 있었다. 한국을 거쳐 미국으로 이민 온 화교 덕분에 오렌지 치킨 같은 미국식 중식마저 한 지붕 아래서 골라 먹을 수 있었다. 분명 맛의 특혜였다.

이 모든 풍부함 가운데 오직 평양냉면만 찾을 수 없었다. 그래서 의미가 바랬다. 어찌 보면 어울리지 않는 음식이기도 했다. 평양냉면의 매력은 무심함, 또는 아닌 듯 그러함 아니던가. 고기 국물로서 최소한의 두툼함을 품은 육수 위로 퍼지는, 고소하다기엔 좀 넘치고 구수하다기엔 또 살짝 모자란 메밀향. 등골이 가볍게 서늘해질 정도의 차가움, 아니 시원함. 진하게 캐러멜화된 마블링의 양념 쇠고기, 펄펄 끓는 뻘건 국물의 뚝배기 순두부와 허물 없이 어울리라고 하기엔 고고한 음식.

처음엔 대수롭지 않게 여겼다. 그래 봐야 음식이니까. 냉면 한 그릇일 뿐이니까. 처음 한두 해는 생각날 때마다 뻘건 국물 순두부집의 도토리 냉면으로 버텼다. 하지만 오래 버티지 못하고 방황 끝에 직접 만들어보기로 결론 내렸다. 일단 육수에 도전했다. 평소 끓여 먹던 국이라 생각하면 그리 어렵지 않을 것이라 계산하고 양지머리를 사다 끓였다. 평양냉면은 맑은 육수가 생명. 일단 서양식으로 약한 불에 아주 서서히 끓여 국물이 탁해지는 물리적 유화를 막고, 이후 커피 필터로 한 번 걸러준다. 고기는 부스러지기 전에 건져내 저미기 편하도록 냉장실에 굳힌다. 그렇게 나름의 시간과 노력을 들여…… 고기 맛 살짝 나는 냉수를 완성했다. 이게 뭐지? 나는 대접을 부여 안고 향수의 눈물을 흘렸다. 가고 싶다 서울, 먹고 싶다 평양냉면. 육수에 실패한 뒤 면은 시도조차 안 하고 접었다. 아마추어가 만들 수 있는 음식이 아니라는 교훈을 얻었다.

그래서 고국 방문 시 처음과 마지막 끼니는 거의 언제나 평양냉면이었다. 수미쌍관의 미덕을 좇았달까. 원치 않는 영구 귀국길에 올라야만 했을 때도 '그래도 돌아가면 평양냉면이 있으니까.'라는 생각으로 아쉬움을 달랬다. 당연히 돌아와서도 부지런히 먹어왔다. 그렇게 비운 냉면 주발이 차곡차곡 쌓여 거울을 이루었다. 한식의 제반 문제를 비추는 거울이다. 또한 음식 자체의 콘셉트와 구성, 맛 등은 물론 이를 둘러싼 의식이나 논란 등 한식 그 자체를 논하기에 적합한 매개체다. 되풀이해 먹는 가운데 패턴을 발견했다는 의미이기도 하다.

사람은 스스로를 볼 수 없다. 그래서 거울을 쓴다. 생김새를 비롯 얼굴의 잡티까지 속속들이 보인다. 평양냉면은 한식에게 그런 음식이다. 한때 너무 흔치 않아 타자의 위치에 속했지만, 이제 인기를 얻다 못해 일종의 컬트로 자리 잡았다. 덕분에 표준어 아닌 '슴슴하다'마저 긍정적인 의미를 띤 대중적인 표현으로 자리 잡았다. 이처럼 평양냉면이 특히 의미와 쓸모가 강한 한식의 거울 역할을 맡을 수 있는 이유가 있다. 그것은 한식의 세계에서 평양냉면이 차지하는 독특한 위상과 관련이 있다.

한식의 품격

평양냉면의 위상과 입지:
가정식과 식사 형식에 대한 인식

평양냉면의 입지와 위상에 대한 인식은 특별하다. 평양냉면은 '밖에서만 사 먹을 수 있는 음식'이라는 인식이 굳어져 있다. 집밥과 바깥 음식의 경계가 모호한 한국 음식 문화에서 이런 존재는 흔치 않다. 평양냉면이 거의 유일하다. 한국 식문화에선 외식, 특히 고급 외식을 위한 콘셉트의 음식이 발달하지 않았다. 끼니를 위한 음식이라면 별 문제가 없지만 음식의 가격대가 올라갈수록 스스로를 차별화하는 정체성을 구축해야 한다. 그러나 그런 개념과 식문화가 부재한다. 말하자면 총체적 경험으로서 파인 다이닝을 위한 음식과 서비스, 분위기(인테리어) 등의 역할 모델 또는 틀(template)이 없다.

그래서 가격대가 올라가면 싼 음식에서 재료의 가격만 올라가는 기현상이 벌어진다. 그 전형이 대표 외식 형식인 고깃집이다. 재료에 금전적 가치를 전부 몰아준 결과인데 마치 고급 한식의 형태인 양 통한다. 당연히 부작용이 따른다. 경험 전체의 격이 일관되지 않는다. 불균형이 심하다. 재료인 고기 자체는 비싸지만 식기나 인테리어나 서비스 등은 훨씬 수준이 낮다. '외식비=재료비+최소 노동력'이라는 지나치게 단순화된 선입견이 생산자와 소비자 양쪽 모두를 지배한다.

여기에 재료의 질이나 위생 등에 대한 불신이 가세해 외식의 입지를 약화한다. 그 결과 반대급부로 집밥이 숭상된다. 집밥, '집'의 '밥'이니 당연히 대접받아야 하는 것일까. 그러나 무엇보다 집밥 예찬은 '어머니

손맛'에 대한 맹신으로 변질된다. '어머니'의 강조는 '밥상 차리기는 여성의 일'이라는 가부장적 인식과, 조리를 포함한 가사노동 분담의 불평등을 강화하는 데 기여한다. 한편 '손맛'은 음식에는 이성보다 감성의 잣대가 중요하다는 편견을 강화해 레시피와 과학적 검증이 개선해나가는 조리의 현대화를 막는다.

덕분에 '가정식 전문'을 표방하는 음식점이 늘어난다. 심지어 영국 가정식 전문점마저 등장했다. 세계 요리 집합의 장으로서 런던이라는 도시의 음식 수준이 높을 뿐이지, 영국 전통 음식은 여전히 세계적으로 악명이 높다. 한편 완전히 초점이 엇나간 개념도 판을 친다. "어머니가 해주신 집밥 같은 피자"나 "할머니의 손길을 담아 가마솥에 갓 지어낸 햄버거" 등이다. 가정을 더 나은 음식의 기원이라 여길수록 가정식의 실체는 더 모호해진다는 방증이다.

집밥과 바깥밥은 왜 다를 수밖에 없을까. 전문적인 이해며 기술도 물론 중요하다. 기본 중의 기본이다. 하지만 그만큼 여건, 특히 도구나 설비 등도 중요하다. 중식의 '불맛'이 좋은 예다. 반구형의 철 볶음 팬인 웍(wok)만 갖춘다고 집에서 재현할 수 있는 게 아니다. 가정용 가스레인지의 출력은 평균 7000BTU인 반면, 음식점 주방의 웍 전용 화로는 대개 여섯 자리, 즉 100000BTU 선에서 시작한다. 전문적인 손길이 엄청나게 다른 환경을 다뤄 볶고 튀기는 것이다. 조리의 원리는 같지만 환경이 다르니 음식 맛도 차이가 날 수밖에 없다. 한국 식문화는 이런 차이에 대한 인식이 굉장히 떨어진다. 사 먹는 경우, 즉 집과 전혀 다른 환경에서 만들 수 있는 음식에 대한 기준조차 없다.

평양냉면은 이 같은 집밥의 무차별적 마수(?)에서 자유롭다. 집에서 쉽게 만들 수 없는, 따라서 반드시 전문점에 찾아가야만 먹을 수 있는 음식이라는 입지와 위상을 지닌다. 따라서 '집밥 같은 평양냉면'이라는 표현도 따라붙을 수 없다. 비단 안(집)과 밖(식당)의 경계선만 갈리는 수준이 아니다. 평양냉면은 '바깥밥', 음식점의 세계에서도 흔치 않다. 간단히 확인 가능하다. 네이버 지도에서 '평양냉면'으로 검색해보자. 전국 대상 165곳이 나온다. 다소 미심쩍은 곳도 물론 있다. 자칭하지만 타칭 평양냉면이 아닌 곳도 있다. 몇몇은 아예 검색 오류다. 하지만 개체 수를 확인하는 데는 무리 없다. 반면 함흥냉면으로 검색하면? 서울에만 162곳이라고 알려준다.

같은 냉면인데도 심지어 함흥냉면에 비해 존재가 훨씬 드물다. 즉 평양냉면은 만들기 어려운 음식이다. 정도의 차이야 존재하겠지만 프로에게도 그다지 녹록지 않다. 핵심 요소인 육수와 면 양쪽 모두 그렇다. 평양냉면의 면은 기본적으로 메밀 중심이다. 그리고 이름과 달리 메밀은 밀 가문의 일원이 아니다. 수영이나 대황(디저트 재료로 쓰는 루바브(rhubarb)) 같은 마디풀과(polygonaceae)인데, 씨앗을 먹기 때문에 유사 곡물로 분류된다. 다만 밀이 아니라 글루텐(gluten)을 함유하지 않으니 가루에 물을 섞어 치대어도 탄성이 생기지 않는다.

따라서 메밀 반죽은 보통 밀가루로 만든 것처럼 매끈하지 않고 푸석푸석하며 쉽게 갈라진다. 일반 밀가루처럼 반죽을 늘려 면을 뽑기가 어려울 수밖에 없다. 그래서 압출을 선택한다. 반죽을 틀에 넣고 꾹 누르면 주형의 구멍 모양에 맞춰 면이 쭉 뽑혀 나온다. 하지만 힘이 없어 길게 늘어지지도 않고 쉽게 끊어지니, 아예 뜨거운 물 위에 틀을 올려 뽑아내자마자 삶는다. 일반적인 평양냉면, 또는 명목상이라도 메밀을 쓴다는 막국수의 제면 환경이다. 또한 일반적으로 전분을 20~30% 더해 힘을 준다.

주방에서 직접 면을, 주문과 동시에 뽑는 덕분에 평양냉면은 한 켜의 가치를 덧입는다. 한식에서 드문 결의 신선함 말이다. 생재료, 이를테면 활어회의 신선함과는 다르다. 그건 아예 맛이 깃들지 않은, 날것의 거칢이다. 반면 평양냉면은 사람의 손을 거친 신선함을 품는다. 한편 직접 제분으로 신선함의 가치를 한층 더 강화하는 경우도 있다. 모든 식재료는 일단 물리적 변화가 시작되는 순간부터 맛과 향을 빠르게 잃는다. 커피나 향신료 같은 씨앗이나 열매, 심지어 마늘 같은 향신채가 대표적이다. 칼등으로 누르면 세포벽이 깨지면서 기름이 흘러나온다. 순간 강한 향이 배어 나오지만 화합물은 휘발성이 강해 금방 날아가버린다. 곡식이라면 눈과 겨의 지방이 금방 산패해 묵은내를 풍기고, 심하면 시큼해져 먹을 수 없다. 따라서 순간의 최대치를 바로 음식에 더할 수 있을 때 식재료가 맛에 최선으로 공헌할 수 있다. 메밀의 직접 제분은 이를 장려하는 과정인 동시에 최선의 홍보 전략이기도 하다. 잘 보이는 유리벽 너머의 공간에서 제분기가 돌아간다. 먹는 이의 믿음을 확보하는 장치다.

국산과 효능에 대한 맹신

대표적인 한식의 주재료지만 메밀도 '신토불이 딜레마'로부터 자유롭지 않다. 흔한 재료가 아니다. 밀이나 팥과 더불어 국산의 비율이 적고 따라서 가격 또한 높다. 그만큼 질을 보장받을 수 있는지도 의심스럽다. 달리 말해, 국산이기 때문에 당연히 좋지 않을 수도 있다는 말이다. 그럼에도 불구하고 국산 사용을 고수해야 할까? 일산 대동관의 강서 분점에서는 볶은 메밀을 계산대에 놓고 판다. 차를 우려 마시는 용도다. 알갱이가 반질반질하고 예뻐 물어보니 국산이 아니라고 한다. 몽고산인데 가격이나 환경 면에서 국산보다 훌륭하다는 설명을 들었다.

　음식점의 설명을 어디까지 믿어야 할까. 별개로 재료에 대한 고민은 상존한다. 크게 보아 맹신과 불신 사이의 갈등이다. 식재료는 가장 뜨거운 불신의 대상이다. 대량생산, 다국적 기업, GMO(유전자 변형 농산물) 등 수많은 요소가 신뢰 체계에 도전한다. 그 틈새를 '신토불이' 네 글자가 비집고 들어가 잠식한다. 국산은 좋고 수입은 나쁘다. 거리와 환경 사이의 관계도 가세해 틈을 벌린다. 가까우면 좋고 멀면 나쁘다. 이성보다 감성, 더 나아가 윤리적, 민족적 접근이다. 기술 수준이나 토양 등을 비롯한 생산 여건과 운송 거리 등 모든 요소를 총망라할 때, 국산 재료가 더 좋지 않을 가능성은 언제든지 존재한다. 모든 가능성을 헤아렸을 때 국산 메밀이 비싸지만 품질이 좋지 않다면, 아니면 품질은 비슷하지만 월등이 비싸다면 굳이 국산을 써야 할 이유가 있을까? 다양성의 측면에서도 신토불이가 소화할 수 없는 영역은 크고 넓다. 바나나는 어떤가. 국산은 더 이상 존재하지 않는다. 한국의 식탁은 여전히 폭이 넓지 않고 보수적이지만, 신토불이 고집이 의미 없어질 만큼은 넓어졌다.

한편 재료는 언제나 또 다른 맹신의 근원이다. 효능을 향한 맹신 말이다. 한국 식문화의 효능주의는 이제 하이브리드 수준이다. 민족주의와 한방, 그리고 양식과 현대의학이 혼재하는 한가운데에서 뒤엉켜 있다. 심지어 건강보험공단의 트위터 계정이 과학적으로 근거 없는 음식의 궁합을 소재 삼아 홍보한다. 한국식 보양과, 음식을 단순히 영양분의 집합체라 여기는 서양식 영양주의(nutritionalism)에 입각한 항산화, 노화 방지 같은 개념이 뒤죽박죽 섞였다.

평양냉면의 핵심 재료 메밀에 관해서는 루틴(rutin)의 혈압 강하 및 해독 작용 등을 내세운다. 음식점 벽에 크게 써붙여놓는 수준이다. '음식이 곧 약'이라는 믿음의 일부지만, 설사 효능이 실제로 존재한다고 해도 그것을 얻기 위해 먹어야 하는 양에 대해서는 고려하지 않는다. 항산화 효과가 뛰어나다는 초콜릿만 해도, 효과를 보기 위해서는 킬로그램 단위로 먹어야 한다. 과연 가능한 일일까? 음식은 음식이고 약은 약일 뿐이다. 약은 증상을 다스리기 위해 먹는 것이고, 효율을 높이기 위해 유효 성분을 추출 및 농축해서 만들어진다. 약을 맛이나 즐거움을 위해 먹지 않는다. 따라서 약식동원(藥食同源)은 음식에서 맛과 먹는 즐거움을 빼앗아가는, 위험하고 무책임한 개념이다. 둘의 세계는 확실히 구분돼야 한다.

형용모순의 국물과 조미료 논쟁,
맛내기의 멘탈리티

평양냉면의 육수도 만만치 않다. 정확하게는 '국물'이다. 육수와 국물은 다른 개념이다. 대개 전자가 후자의 바탕 역할을 한다. 달리 말해 육수를 그냥 먹지 않는다. 뼈나 고기 등을 우린 바탕에 맛을 더해 국물이나 소스를 만든다. 영어에서도 둘을 구분한다. 각각 stock(육수)과 broth(국물)이다. 게다가 한식에서도 최종 완성된 음식을 국물이라 일컫는다. 육개장이든, 설렁탕이든 마찬가지다. 따라서 냉면도 '국물'이 맞다. 다만 뜨거운 국물과 사뭇 다르다. 그야말로 '온도차'가 크다. 뜨겁게, 정확하게는 따뜻하게 먹는 국물에 비해 한층 더 만들기 어렵다.

그 이유는 젤라틴(gelatin)과 감칠맛 때문이다. 일반적인, 즉 높은 온도의 국물 음식을 생각해보자. 사골이나 도가니 같은 뼈나 연결 조직을 바탕으로 삼고 양지 등 기름기 적은 살코기로 표정을 불어넣는다. 아니면 갈비처럼 운동을 많이 하는 부위를 골라 뼈와 살을 한꺼번에 끓인다. 공통분모는 콜라겐(collagen)이다. 콜라겐은 단백질의 일종으로 연골, 껍질 등 연결 조직에 많다. 우려낸 국물이 식으면 묵처럼 엉겨 붙는 경우가 있다. 콜라겐이 젤라틴으로 분해된 뒤 굳은 것인데, 국물 온도가 높으면 특유의 진득한 감촉을 준다. 탱글탱글함이 매력인 젤리의 바탕도 마찬가지로 젤라틴이다. 주로 돼지 껍질에서 추출해 쓴다. 물론 네발짐승뿐만 아니라 조류나 어류에서도 얻을 수 있다. 광어 서더리의 의외로 진득한 국물이나, 일본식 라멘 국물의 비밀 재료인 닭발도 훌륭한 젤라틴의 원천이다. 젤라틴 없이 국물은 얄팍하고 심심해진다.

국물의 질감과 감촉에 중요한 영향을 미치는 젤라틴은 온도의 영향을 받는다. 콜라겐이 젤라틴으로 분해되는 온도는 70℃다. 하지만 냉면은 이름처럼 본디 차갑게 먹는 음식이고, 국물의 온도는 업소마다 다르지만 대개 10℃를 훨씬 밑돈다. 젤라틴을 본격적으로 우려낸 국물이라면 묵 같은 상태를 아예 벗어날 수가 없다. 그러면 국물이 진하더라도 면과 어우러지지 않고, 면의 매개체 역할을 못하므로 먹기는 어려울 것이다. 따라서 냉면의 경우에는 국물을 우려 먹는 가장 중요한 이유 가운데 하나를 송두리째 포기해야 한다. 설상가상으로, 원리는 조금 다르지만 역시 국물에 두터움을 입히는 지방 또한 낮은 온도 탓에 존재를 원천 봉쇄당한다. 결국 차와 포를 떼고 고기 국물을 내는 형국이다. 젤라틴과 지방을 풍부하게 얻을 수 있는 부위를 일부러 피해야 한다는 말이다.

동물성 재료를 우리지만 진하거나 무겁거나 엉겨 붙어서는 안 된다. 맑고 가벼운 고기 국물이라니, 형용모순에 가깝다. 동물성 재료를 우려내는 통상적 목적인 두터움과 진득함에 완전히 반하는 것이다. 좋게 말해 맑고 가볍지, 얄팍하다는 의미다. 굳이 고기를 우려 이런 국물을 얻어야 할까. 물론 생각의 여지가 없지는 않다. 평양냉면의 원형이 이북에서 긴긴 겨울밤 야식으로 먹던 동치미 국수라는 설이 있다. 맑으면서도 발효를 통해 시원하고 깊은 맛을 내는 국물에, 지역에서 많이 나는 메밀로 뽑은 국수를 말아 먹는다. 북한에선 평양냉면에 쓰는 고기 국물을 '맹물'이라 부르기도 한다. 소의 뼈와 힘줄, 허파, 콩팥, 천엽 등의 내장을 고는데 국물이 너무 맑기 때문이다.[7] 결국 동치미 국물로 맛이나 깊이를 보충한다.

다시 말해 고기 국물만으로는 쉽지 않고, 무엇인가 보태야 한다. 하지만 동치미를 늘 담가 쓸 수는 없다. 좀 더 현대적인 수단도 존재할 법하다. 갈등의 틈새를 조미료가 파고든다. 흔히 MSG라 일컫는 화학조미료 일체와 뉴슈가(사카린(saccharin) 5%+포도당 95%) 등 설탕(자당) 외의 감미료다. 전자는 두께를, 후자는 여운을 보강한다. 재료와 온도의 바탕에 두 조미료가 가세해 흔히 '닝닝함'이라 표현하는 평양냉면 국물 특유의 맛이 완성된다. 얄팍한 고기의 고소함 뒤로 감칠맛과 여운 긴 단맛이 뭉근하게 올라오는 국물이다. 한편 기술적이지만 유쾌하지 않은 뒷맛을 남긴다. 특히 단맛이 강하지 않지만 꼬리는 긴 사카린의 영향이 크다.

조미료를 꼭 써야만 할까. 존재만으로 반감을 품을 수 있다. 평양냉면은 흔치도 또 싸지도 않은 음식이다. 만인에게 공포의 대상인 접두어가 붙은 '화학'조미료다. 무해하다고 아무리 의학적 근거를 들이밀어도 여전히 두려워한다. 그런 이들에게 공덕동의 무삼면옥을 권한다. 조미료, 설탕, 색소의 세 가지를 쓰지 않는대서 무삼(無三)이다. 국물에 쓰인 삶은 표고버섯 고명이 무삼의 철학과 그 구현 방식을 시사한다. 버섯은 글루탐산 함유량이 높아 감칠맛의 대표 재료 가운데 하나다. 하지만 안타깝게도 화학적 공정(정확하게는 발효)을 거쳐 농축한 감칠맛에 비하면 훨씬 미약하다. 각종 블라인드 테이스팅(blind tasting)이 말해주듯, 심

---

7 이애란, 『북한식객』(웅진리빙하우스, 2012), 115쪽.

리적 요소는 맛의 경험에 영향을 미친다. 무삼면옥의 냉면 국물도 비슷하다. 조미료를 안 썼다니 타락하지 않은 아름다움을 맛보리라고 믿을 수 있다. 하지만 실제로는 거의 아무런 맛이 나지 않는다. 앞에서 언급한 '맹물' 같다. 먹는 내내 조미료 생각을 지울 수 없다. 조금만, 아주 조금만 썼더라면 훨씬 맛있지 않을까?

조미료와 감미료를 지나치게 쓰는 몇몇 평양냉면집보다, 아예 의도적으로 배제하려는 무삼면옥이 가치 있을 수 있다. 하지만 조미료를 잘 쓴 국물에 비하면 음식으로서 완성도는 떨어진다. 철학이나 시도가 결과를 제대로 받쳐주지 못한다. 그래서 무삼면옥보다 더 확실한 맛의 리트머스지가 없다. 화학조미료를 향한 반감, 맛의 결벽주의를 시험하기 위한 리트머스지. 조미료의 완벽한 부재를 선호한다면, 그로 인한 맛의 부재 또한 감당할 수 있을까? 제대로 쓰는, 즉 맹목적으로 의지하지 않는 경우(1부의 「감칠맛」 참고)라면 조미료의 존재는 의식하기도 쉽지 않다. 그래도 받아들일 수 없다면 선택지는 '맹물'밖에 남지 않는다.

가성비와 서민 음식 논란

> 면은 250g이에요. 함흥냉면은 150g 주고 9000원 받는 건데 언제나 평양냉면 값만 비싸다고 나오죠. 냉면이 그냥 되는 게 아닌데.

2015년 5월, 본격적인 여름에 접어들기 전이어서 토요일 점심인데도 음식점은 예상보다 한가했다. 장충동 평양면옥이었다. 면의 양이 다른 평양냉면 전문점보다도 조금 많은 것 같아, 계산을 하며 슬쩍 물어보았다. 묻지 않은 말 속에 주인의 심경이 고스란히 묻어 있었다.

약하디 약한 메밀을 때론 음식점에서 직접 즉석 제분해, 주문과 동시에 면을 뽑아낸다. 그리고 차와 포를 뗀, 그래서 운신의 폭이 좁은 형용모순적 맑은 고기 국물에 말아낸다. 한마디로 평양냉면은 기술적이고 어려운 음식이다. 또한 양도 많다. 평양냉면 전문점에서는 대개 200~250g의 면을 낸다. 쉬운 가늠을 위해 비교하자면 피자 한 판의 반죽(도우(dough))과 비슷한 양이다. 성인이 포만감을 느낄 수준이다. 마지막으로 모두가 좋아하는 정서적 인증 장치까지 추가로 따라붙는다. 족보로 상징되는 정통성과 그에 딸려 오는 스토리텔링이다. 이북과 연관이 있어야 진짜 평양냉면이라 여긴다. 실향민이나 탈북자를 믿고, 대물림의 미덕도 높이 산다. 부가가치를 창출하는 정서적 인증 장치다. "냉면이 그냥 되는 게 아니"라는 주인도 창업자의 며느리였다.

이런 평양냉면이 매 여름마다 매체에 두들겨 맞는다. 비싸단다. 냉면을 강제로 서민 음식이라 분류하고는, 만 원이 넘어가니 마음 놓고 먹을 수 없어 문제란다. 한국의 음식과 제반 문화를 바라보는 시각을 적나라하게 보여준다. 무엇이 가장 큰 문제일까. 무형적 또는 추상적인 요소에 대한 고려가 전혀 없다. 맛에 대한 고려가 전혀 없다는 말이다. 끝없이 기사가 쏟아져 나온다. 비단 평양냉면만 당하지 않는다. 웬만한 음식이라면 한 번씩은 겪어보았다. 외국 태생 음식으로는 커피가 단골손님이다. 네 자릿수 가격으로 팔리는 커피지만 원두 단가는 고작 두 자릿수라는 내용의 기사가 흔하다.

'외식비(또는 음식값)=재료비'라는 단순한 등식에 욱여넣고 선정적으로 단언한다. '보통 재료비가 음식값의 30%를 넘어가면 안 된다'고 말한다. 이는 음식 한 그릇을 포함한 식사라는 총체적 경험을 완성하는 데 나머지 70%의 비용이 필요하다는 의미지, 재료가 음식값의 고작 30%를 차지하므로 더 싸게 팔아도 된다는 말이 아니다. 한편 소비자는 나름의 방식으로 부화뇌동해 화답한다. '가성비', 즉 가격 대 성능비를 음식의 유일한 미덕으로 여긴다. 여러 해석이 가능하지만 궁극적으로 '싸고 양 많은 음식'을 뜻한다. 이런 음식을 두고 '착하다'고 말한다. 착하다는 형용사가 오남용되다 못해 악해졌다. 착한 건 이제 악하다.

음식의 가격은 재료 비용의 총합일 수 없다. 너무나도 당연한 말이지만 여러 유, 무형적인 요소가 복합적으로 작용한다. 사회 간접자본, 즉 가스나 전기 사용료부터 우리나라, 특히 서울의 너무나도 막대한 부동산 비용도 있다. 임대료 말이다. 또한 커피 같은 음료의 가격은 많은 경우 단기 공간 임대료 역할을 겸한다. 집기 등은 물론 서비스 같은 항목까지 아울러야 한 잔의 가격을 산출할 수 있다.

물론 맛내기 능력이 가장 중요하다. 단순하게 보면 기술 같지만 그보다 넓고 더 추상적인 영역을 아우르는 능력이다. 메밀 가루에 물을 더해 반죽하고 고기를 찬물에 담가 화로에 올려놓는 등의 기본적인 작업에, 음식이 최소한의 형식과 얼개를 갖추도록 만드는 이의 역량이 더해진다. 완성도와 취향의 이분법에서 전자에 속하는 영역이다. 육수의 간을 봐 양념을 조정하거나, 계절이나 온습도에 따라 면 반죽의 물이나 가루 비율을 조절하는 능력이다. 달리 말해 음식점이 각각의 표준으로 정해놓은 맛을, 변화하는 상황 속에서 꾸준히 일관적으로 낼 수 있는 능력이다. 습관적, 물리적, 기계적이라기보다 감각적이고, 종종 매뉴얼화가 쉽지 않은 추상적 영역이다. 단가 위주의 음식 관련 기사는 이 모두를 깡그리 무시한다. 맛을 전혀 고려하지 않고 음식을 논한다. 음식값을 평가하는 기준에 대한 논의가 이루어진 적이 없기 때문이다. 한식의 특성상 제대로 된 접객은 아예 헤아리지 않았는데도 이렇다.

'냉면=서민 음식'의 논리도 설득력이 없기는 마찬가지다. 일단 서민의 정의와 범주부터 모호하다. 웬만하면 다 서민이다. 부유층으로 가시화 및 범주화되는 것을 두려워하는 한편, 최악의 경우 사회적 의무를 회피하는 방어 수단으로 서민이라는 용어를 남용한다. 서민 음식의 정의 또한 마찬가지다. 싸면 무조건 서민 음식인가? 물론 가격을 활용한 서민 음식의 범주화를 정당화할 수는 있다. 경제적 여건에 무리를 주지 않는 것을 긍정적이라 여길 수 있기 때문이다. 그러나 냉면의 특징을 감안하면 냉면이 서민 음식에 포함될 수 있는지조차 의문이다. 평양이든 함흥이든 온도는 빨리 변하고 면은 그보다 더 빨리 불어버린다. 냉동과 냉장이 지금처럼 발달하지 않았던 시절엔 쟁반을 들고 냉면 배달을 다녔다지만, 지금 기준으로 본다면 맛이 빨리 변하니 배달이 쉬운 음식도 아니고 일반 밥집이나 한국식 중식만큼 파는 곳이 흔하지도 않다. 습관적인 범주화라고밖에 볼 수 없다.

또한 '서민 음식'은 뒤집어보면 위험한 발상이다. 건드려선 안 될 음식이라 족쇄를 채우는 효과를 발휘하기 때문이다. 첫 번째 족쇄는 가격이다. 범주가 가격을 강제해 질 추구와 다양성의 기회를 막는다. 냉면을 비롯 칼국수와 순대와 만두, 짜장면 같은 음식은 언제나 싸야만 한다. 별 이유 없다. 서민 음식이니까. 음식의 가격과 수준, 그에 대한 기대를 설정하는 논리가 완전히 뒤집혔다. 5000원짜리 짜장면이 존재한다면 2만 원짜리 짜장면도 있을 수 있다. 또 그 두 지점 사이에서 무수히 많은, 다양한 시도가 짜장면의 이름으로 존재할 수 있어야 한다. 가격에 따라 음식의 수준은 어떻게 달라질까? 고급 재료를 쓸 수도, 비싼 그릇에 낼 수도 있다. 짜장면의 원조라는 작장면(炸醬麵)의 명인을 중국에서 초빙해 새로운 맛을 선보일 수도 있다. 바로 음식 문화의 다양성이다. 하지만 서민 음식이라는 멍에를 씌우고 이러한 수직적 움직임을 막는다. 모든 가능성이 원천 봉쇄된다. 군이 짜장면의 예를 들었지만 냉면, 평양냉면도 마찬가지다.

두 번째 족쇄는 역시 정서다. '어머니의 손맛'과 거의 마찬가지인 정서적 위상을 차지하므로 '서민 음식'을 비판해서는 안 된다. 다수의 선택에 손가락을 들이대 분노를 사봐야 좋을 게 없긴 하다. 하지만 오히려 서민 음식에 변화가 더 필요하다. 가격의 족쇄에 묶여 오르는 물가에도 가격을 올리지 못해 상대적으로 질이 나빠지거나, 전통이라 믿는 습관 때문에 구태를 되풀이하며 개선의 기회를 갖지 못한다. 비단 짜장면뿐 아니라 한국식 중식 전체가 서민 음식이라는 개념의 희생양이다. 서민 음식의 범주에서 싸게 배 채우는 음식으로 인식되면서 짬뽕이나 짜장 모두 미리 끓여놓는, 생기 잃은 음식으로 전락했다. 하지만 이런 현실을 비판하면 다수의 먹을거리에 손가락질을 한다고 더 큰 비난이 돌아온다.

한식의 품격

평양냉면으로 살펴보는 한식의 현대화 가능성 1:
맛과 조리법의 개선

한편 평양냉면을 통해 한식의 현대화 가능성 또한 타진해볼 수 있다. 자작 시도도 국물로 시작했으니 국물부터 살펴보자. 일단 조리의 기술적인 문제보다 '멘탈리티'의 재고가 과제다. 국물을 낸 고기까지 전부 먹어야 한다는 일종의 강박관념 말이다. 차라리 고기의 용도를 나눠 각각 국물과 고명(평양냉면에서 다른 요소만큼이나 독립적인 존재 의미 및 기능을 지닌다.)의 본분에 전념하도록 놓아두는 편이 조리는 물론, 맛의 효율을 일석이조로 얻을 수 있다.

먼저 육수는 재료의 부피를 줄이고 표면적을 늘리면 훨씬 빨리 우려낼 수 있다. 고기와 채소 등의 재료를 잘게 다지거나 아예 갈아버린다. 덩어리 고기를 끓일 때보다 시간을 3분의 1 수준으로 단축할 수 있다. 효율적인 조리를 위해 서양에서 도입하는 육수 추출법이다. 덩어리 고기를 쓸 필요가 없어지므로 자투리의 활용 가능성을 훨씬 더 높일 수 있고, 국물 음식 본래의 의미에 더 가까워질 수 있는 조리법이다.

형용모순적인 '맑은 고기 국물'을 위해서는 두 가지 개선안을 제안할 수 있다. 첫 번째는 조리 방식이다. 한국 음식은 무엇이든 펄펄 끓는다. 육수도 예외가 아니다. 육수를 끓이면 대류가 일어나 물리적 유화의 원동력으로 작용한다. 단백질 찌꺼기며 지방 알갱이 등등이 뒤죽박죽으로 뒤섞여 국물이 탁해진다. 따라서 평양냉면처럼 맑은 국물이 필요하다면 육수는 최대한 살포시 또 은근히 끓이는 게 좋다. 80℃면 충분하다. 그리고 최대한 빨리 식혀 대장균의 번식 여지를 원천 봉쇄해야 한다. 상온보다는 냄비째 찬물에 담그는 편이 효율적이다. 얼음물이면 더 좋다. 물론 평양냉면 전문점이라면 솥 단위로 육수를 내겠지만, 어떤 경우든 원칙은 급랭이다.

그러면 두 번째 개선안인 여과의 도입 기회가 찾아온다. 표면에 군은 지방의 막이나 각종 불순물을 건져낼 수 있다. 하지만 평양냉면 국물이라면 더 적극적인 여과가 필요하다. 일차적으로 고전적인 서양 조리법의 적용 가능성을 생각해볼 수 있다. 바로 맑은 수프인 콩소메 (consommé)다. 맛도 맛이지만 맑고 투명함이 정체성이자 생명이라 여과 과정이 콩소메 조리의 핵심이다. 전통적으로 콩소메의 여과에는 계란 흰자를 활용한 흡착법을 쓴다. 계란 흰자와 살코기를 섞어 만든 '뗏목'을 국물 위에 올리고 국물을 조금씩 국자로 퍼 올리면 찌꺼기가 뗏목에 달라붙는 원리다. 국물이 맑아지는 한편, 뗏목에 쓴 고기가 감칠맛과 두툼함을 한 겹 덧씌워준다. 번거롭고 어려운 과정을 거쳐 완성되는 맑고 투명함 덕분에 고급 수프 대접을 받는다.

하지만 전통 여과법은 본격적인 식사 전에 전채 격으로, 커피 한 잔 분량(약 200ml) 정도 먹는 음식에 적합하다. 한 대접씩 내는 냉면 국물에는 적용하기가 어렵다. 양이 많으니 사람이 계속 붙어 국물을 떠 올리는 등 실시간으로 관리하기가 만만치 않기 때문이다. 또한 별도의 고기는 제쳐두더라도 핵심 필터 노릇을 하는 계란 흰자를 대량으로 얻을 수 있는 맥락이 한식, 더 나아가 평양냉면에는 없다. 일단 계란 자체를 쓸 일이 별로 없고, 양식의 커스터드(custard) 등 계란을 갈라 노른자만 쓰는 음식, 특히 디저트가 없기 때문이다.

그래서 현대적 대안인 젤라틴 여과를 제안한다. 원리는 '뗏목'을 쓰는 전통적인 방법과 같다. 국물에 젤라틴을 더해 겔 상태로 만든 다음, 다공질의 체에 받쳐 밤새 냉장실에 둔다. 액체는 구멍으로 조금씩 빠져 나오지만 젤라틴이 찌꺼기는 붙잡고 놓아주지 않는다. 처음부터 젤라틴을 의도적으로 배제하는 국물에 다시 젤라틴을 더해 여과하는 것이 다소 모순 같지만, 최소 비용과 인력으로 최대의 결과를 얻을 수 있는 방법이다.

다음은 고기 고명 차례다. 평양냉면에서 고기는 오묘하고도 미묘한 존재다. 아주 조금 내오지만 감질나지는 않고, 너무 많아도 재미가 없어질 것 같기 때문이다. 메밀면 한 젓가락 푸짐하게 감아 올려 고기로 감싸 입에 넣는 재미 말이다. 힘이 없는 면이 입 안에서 끊어지는 질감, 탄수화물과 고기가 함께 어우러지는 맛이 뒤섞이면 대접을 들어 국물을 한 모금 더해준다. 모든 게 홀라당 넘어갈 정도로 잔뜩 마시지 말고, 전체가 어우러질 정도로만 적당히 머금는다. 그걸 서너 번쯤 할 수 있을 정도라면 충분하다. 육수를 우려 맛이 전부 빠진 재료를 재활용하지 않는다면 맛과 질감의 개선이 동시에 가능하다.

특히 차게 식혀 얇게 저며 올리는 고명에는 수비드(sous vide)가 제격이다. 고기를 진공 포장해 끓는점보다 훨씬 낮은 온도에서 오래 익힌다. 아주 천천히 근섬유가 분해된다. 63℃, 40시간의 '낮은' 온도와 '오랜' 시간이 필요하다. 덕분에 수분이 빠지지 않아 고기가 수축되지 않으며 전통적인 조리 방식으로는 불가능한 독특한 부드러움을 얻을 수 있다.

청계천에서 파는 열선 가열기 정도만 있으면 충분히 실행에 옮길 수 있는 데다가 온도 맞춘 물에 담가놓기만 하면 되므로 실시간 감독도 필요 없다. 모든 상황에 어울리는 조리법은 아니지만 냉면 고명에는 잘 어울린다. 지금보다 부드러워지니 고기가 부서지지 않고 면에 착 감기며, 돼지고기라면 특히 비계를 아주 부드럽고 고소하게 익힐 수 있다. 벽제갈비 같은 곳에서는 이미 수비드로 익힌 편육을 낸다. 웬만큼 대중화된 조리법이라는 의미다.

고기를 아예 새롭게 만드는 시도도 얼마든지 가능하다. 트랜스글루타미나아제(transglutaminase)라는 첨가물을 활용하는 방법이다. 일명 '고기풀'이다. 정확하게는 효소로, 단백질을 결합하는 역할을 한다. 현재 우리나라에서도 "뼈: 국산, 고기: 칠레산"처럼 원산지가 신기하게 분류된 돼지갈비를 볼 수 있는데, 고기풀로 국산 뼈에 칠레산 고기를 붙여 만든 것이다. 또한 동태살로 게맛살을 만들 때 전체를 결합하는 역할도 맡는다. 같은 원리로 고명으로 쓰는 부위의 장점만 취해 하나의 새로운 고기를 만들 수 있다. 예를 들어 살은 소, 비계는 돼지에서 가져온 고기도 가능하다. 수육(돼지고기)과 편육(쇠고기)을 합칠 수 있으니 둘 가운데 무엇이 평양냉면의 진짜 고명인지를 놓고 옥신각신할 이유도 없어진다.

마지막으로 면을 살펴보자. 업그레이드가 필요한데, 사실 현대화라기보다 정확하게 반대 방향으로 가야 한다. 전동 스테인리스 틀이 일체화된 면 삶는 솥을 이용해 반죽을 압출하면 편하고 손쉽지만 섬세한 맛은 떨어진다. 밀가루 음식의 탄성을 책임지는 글루텐이 없는 메밀이니 어쩔 수 없다고 여길 수도 있지만, 일본에는 칼국수 뽑듯 반죽을 얇게 밀어 촘촘하게 썰어낸 메밀 소바가 존재한다. 흔히 통하는 니하치(二八, 힘을 주기 위한 밀가루를 메밀에 20% 섞었다는 의미)는 물론, 메밀 100%의 순면 주와리(十割)도 수타로 펴고 밀어 만든다. 유튜브만 뒤져봐도 장인의 시연을 쉽게 볼 수 있다. 눌러 뽑아낸 면보다 한층 더 섬세하면서도 힘이 있다. 평양냉면 정도의 가격과 위상의 음식이라면 압출 이상에 도전하는 면도 기대할 수 있어야 한다. 평양냉면이 인기를 누리며 각 전문점별로 뚜렷한 정체성을 지니지만 의외로 '장인'이라 일컬을 만한 요리사의 존재는 잘 부각되지 않는다. 이유가 무엇일까? 확실히 장인의 영역인 제면을 일괄적으로 기계에 의존하는 경향도 어느 정도 원인으로 작용했을 것이다.

평양냉면으로 살펴보는 한식의 현대화 가능성 2:
식기와 접객의 개선

평양면옥 등 소위 '의정부 계열'보다 우래옥이나 봉피양을 선호한다. 맛은 일단 차치하고서라도, 스테인리스 주발을 쓰지 않기 때문이다. 전자는 사기 그릇, 후자는 능라도 등과 더불어 놋쇠 주발을 쓴다. 쟁반에 첩첩이 쌓아 머리에 이거나, 몇 층으로 쌓아 자전거로 배달하던 시절이라면 스테인리스가 의미 있었다. 가볍고 깨지지 않아 관리가 쉽고, 냉동 및 냉장 시설이 열악한 시대에는 청량감에도 일조했다. 하지만 이제 시대가 바뀌었다. 스테인리스 주발은 입에 닿는 감촉이 나쁘고, 특유의 냄새가 입맛을 떨어뜨릴 수도 있다. 또한 얼핏 차가운 듯 느껴지지만 얇은 탓에 금방 온도가 올라가니 적절한 온도로 맞춰 내온 냉면을 최적으로 즐기기에는 부족하다. 가격부터 들이는 공이나 완성도까지 따져보면 평양냉면은 서민 음식이 아니다. 따라서 그에 맞는 격을 갖추는 것이 과제고, 주발을 바꾸는 것은 그 과제의 일부다.

주발을 바꾼다면 젓가락도 함께 고민해봐야 한다. 스테인리스든 놋쇠든, 금속의 재질감은 메밀면과 어울리지 않는다. 평양냉면 수준의 음식이 적극적인 변화를 모색한다면 식기와 수저의 현실이 더 열악한 나머지 한식도 고민할 것이다.

전반적으로 열악한 접객도 마찬가지다. 평양냉면이 조금 앞서가기는 한다. 정확한 전통과 희소성에 바탕을 둔 경쟁력을 갖추고 확실히 자리매김하여 안정적이고 지속적인 사업이 가능한 덕분이다. 적어도 단체복이라도 갖춰 입고, 사업자 차원에서 정해놓은 듯한 요령에 맞춰 접객한다. 우래옥처럼 대기 손님이 많을 경우 번호표를 통해 더 큰 혼잡과 무질서를 막는 경우도 있다. 하지만 이 모든 건 기본 가운데 기본일 뿐이다. 더 나아져야 한다.

매뉴얼과 시스템 등 비교적 큰 간접자본을 갖춰야 하는 요소도 있겠지만, 발달한 기술을 활용한 작은 변화로 큰 개선을 이끌어낼 수 있는 세세한 요소도 있다. 대표적인 예가 우래옥 본점의 선불 시스템이다. '식사' 즉, 불을 피우는 고기 외의 일품 요리를 먹는 경우에는 미리 음식값을 치러야만 한다. 그러나 스마트폰 등을 활용하여 얼마든지 간편하게 식탁에서 결제가 가능한 세상이다. 작다면 작을 시도로 소비자의 식사 경험을 한 단계 업그레이드할 수 있다면 마다할 이유가 있을까?

【계란, 또 다른 작은 거울】

냉면 위의 계란. 주발이 식탁에 등장하면 가장 먼저 살펴보는 요소다. 거의 언제나 누워 있으므로 뒤집어본다. 노른자는 당연히 '웰던'으로 익었다. 부슬부슬 흩어질 지경이다. 그 정도에서 그치면 다행이다. 노른자가 가장자리, 흰자와 맞닿는 바깥 면에 녹태처럼 푸르스름한 더께가 앉은 경우도 아주 많다. 입맛이 떨어진다. 물론 맛 자체에 큰 지장은 없다. 심지어 건져내고 안 먹으면 그만이다. 하지만 그 더께가 시사하는 수준과 여건이 입맛을 떨어트린다.

격의 제고를 위해 사소하지만 가다듬어야 할 요소가 있다. 삶은 계란이 대표적이다. 일단 존재 자체에 대한 고민이 필요하다. 굳이 필요한가? 혹 어렵던 시절 단백질 보충을 위한 궁여지책은 아니었을까. 물론 계란은 세계 공통적인 기본 식재료다. 어울리는 듯 아닌 듯 어디에나 그럭저럭 묻어간다. 그래서 요리 대결 리얼리티 쇼에서는 "모든 음식에 계란 얹기(put egg on top of everything)" 같은 과제도 낸다. 잘 묻어가는 계란이지만 더 다듬어보라는 취지다. 셰프라면 생각 없이 부치거나 삶아서 척 얹지 않는다는 생각을 반영한다.

평양냉면에는 삶은 계란이 잘 어울리지 않는다. 특히 노른자는 그냥 두면 풀어져 국물을 탁하게 만든다. 애써 얻은 형용모순적 맑은 고기 국물을 스스로 망치는 셈이다. 스테인리스 주발이라면 때로 특유의 냄새가 흰자의 황 냄새와 만나 거슬린다. 또한 국물 바탕의 국수에 삶은 계란이 보편적으로 통하는 조합도 아니다. 대개 지단을 얹는다. 국물과 면이 얽혀 빚어내는 촉촉함에 지단이 더 잘 어울린다. 가늘고 길지만 조금 다른 질감의 조합이 빚어내는 매력이다. 실제로 지단을 얹는 평양냉면집도 있다.

진짜 문제는 조리 방법, 즉 삶기의 선택 자체보다 실행의 무신경함이다. 한마디로 계란은 학대받는다. 세상에서 가장 섬세한 재료가 과조리에 희생당한다. 흰자는 고무처럼 뻣뻣하고 노른자는 부슬부슬 목메일 지경으로 삶는다. '쫄깃한' 흰자의 구운 계란은 아예 언급조차 하지 말자. 그건 학대의 수준을 넘어 사망한 계란이다. 조림이라도 만들면 두 번 죽는다. 이미 학대받은 계란을 껍데기 벗겨 다시 한 번 간장 국물에 펄펄 끓인다. 모든 식재료가 생명의 상징이지만, 그중에서도 계란은 가장 확실한 생명의 정수다. 그런 계란이 처참하게 죽는다. 입맛 떨어트리는 노른자 둘레의 변색도 섬세함의 결핍이 낳은 결과다. 흰자의 황과 노른자의 철이 반응한 황화철 탓인데, 계란을 과조리하지 않고 찬물에 바로 식히면 막을 수 있다.

가장 기본적인 식재료지만 조리의 공감대가 채 형성되지도 않았다. 그래서 한 그릇 만 원이 넘고, 매 여름이면 매체에서 두들겨 맞는 평양냉면조차 뻣뻣하고 비린내 나게 삶은 계란을 습관적으로 올린다. 말하자면 계란 하나도 제대로 먹기 힘든 현실이다. 감동란 같은 상품의 출현에서도 알수 있다. 흰자는 부드럽고 노른자는 완전히 단단하지 않을 정도로 익혔다. 무엇보다 자체에 간을 해놓아 소금을 찍지 않아도 먹을 수 있다. 이런 계란이 2014년에 등장했다. 일본 편의점에서는 흔한 상품이 21세기에나,

그것도 일본계 기업을 통해 소개되었다. 그나마도 계란의 전반적인 수준이 낮아 맛있지 않다. 국내 기업의 모방 제품은 당연히 그 수준도 쫓아가지 못한다. 계란 하나만 놓고 보아도 한국 식문화의 수준이 적나라하게 드러난다.

1부
정신, 맛의 원리

1-1
맛의 이해

1. 삼겹살 수육과
   맛의 논리

시나리오: 일요일 늦은 오전의 삼겹살 수육

일요일 느지막이 일어나 아침 겸 점심을 차린다. 메뉴는 수육이다. 마침 포기김치가 딱 알맞게 익었다. 다행스럽게도 그 시기가 일요일에 걸쳐 있다. 김치 최상의 맛이 점으로 존재하지는 않지만, 그렇다고 긴 선도 아니다. 며칠은 가지만 주말이 두 번 끼지는 못한다. 따라서 가장 맛있을 때 즐겨야 한다. 지금이다. 그래서 돼지고기를 삶는다. 고민 끝에 오늘은 삼겹살을 택했다.

왜 고민했는가. 가격에 비해 만족도가 떨어지기 때문이다. 소위 가격 대 성능비와는 조금 다르다. 모두가 먹기 때문에 삼겹살은 가격 거품이 심하다. 돼지는 삼겹살만으로 이루어져 있지 않지만 돼지고기라면 대부분 삼겹살을 먼저 찾는다. 그래서 인기 부위의 비용에는 비인기 부위의 관리비가 포함된다.

한식의 삼겹살 선호는 이제 집착 수준이다. 비단 삼겹살이 아니더라도 돼지는 살코기와 지방의 켜가 뚜렷한 동물이다. 그래서 소시지 등의 가공육 주재료로 자리 잡은 지 오래다. '분해 후 재조립' 개념으로, 살코기와 지방을 한데 갈아 새로운 고기를 만드는 방식이다. 심지어 다리 살 같은 부위도 삼겹살만큼이나 켜가 뚜렷하지만 활발하게 소비되지 않는다. 국가 차원에서 소비 촉진에 나서지만 전망이 밝아 보이지 않는다. 부위의 특성을 이해하고 제시하는 조리법이 별로 없다. 조리, 즉 불과 열을 활용하기보다 칼질로 분해하는 길을 택한다. 삼겹살의 기본 소비 방식과 사실 똑같다. 저며 불에 올린다. 질기고 뻣뻣해진다.

그래서 직화구이에 비하면 차라리 수육이 낫다. 그것이 최선은 아니지만 뚜렷한 장점이 있다. 덩어리를 최대한 살리는 가운데 완만한 열의 매개체인 물을 통해 뚜렷한 두 켜, 즉 비계와 살코기의 최선 사이 타협점을 추구할 수 있다. 두 부위 모두 적당히 익는 지점 말이다. 하지만 물에 넣고 오래 삶는다고 능사가 아니다. 먹지 않을 국물로 맛이 빠져나가니 그만큼 손해다. 그래서 압력솥을 선택한다. 완전히 밀폐함으로써 내부의 압력을 높여 끓는점을 높이는 원리다. 덕분에 조리 시간은 짧아지고 재료는 더 잘 익는다. 압력솥은 이미 익숙한 도구다. 일반 가정에 도입된 지 오래됐기도 하지만 밥솥의 대부분이 압력솥의 원리를 차용하고 있기 때문이다. 삼겹살 수육을 만드는 데에도 두 압력솥이 동시에 돌아간다. 한 압력솥에서는 삼겹살이 마늘, 파, 생강의 향과 어우러지며 익고, 또 다른 압력솥은 밥을 짓는다. 한데 어우러지는 냄새가 고소하고 구수하며 또 달큰하다.

안주 삼아 맥주를 한 모금 들이킨다. 고춧가루와 매운맛 때문에 한식과 술은 썩 잘 어울리지 않는다. 매운맛이 대개 와인에 함유된 탄닌

(tannin)의 쓴맛과 충돌한다. 맥주 또한 그 충돌에서 자유롭지는 않지만 낮은 도수와 탄산 덕분에 입 안을 가볍게 씻어 내려주니 반주로는 괜찮다. 특히 라거(lager)나 밀 맥주가 잘 어울린다. 냉동실에 미리 넣어둔 잔의 차가움을 입술로 느끼며 상을 차린다.

삼겹살은 부스러지지 않도록 충분히 식혀 1cm 두께로 썬다. 종종 TV 요리 프로그램 등에서 수육을 뜨거운 물에서 건져내자마자 써는 장면이 나오는데, 그렇게 하면 손을 대기도 어려운 고기가 칼 끝에서 부스러지고 만다. 용케 형체를 유지하더라도 자른 면이 매끄럽지 않다. 음식에게는 잠시 숨을 돌리면서 맛을 한데 아우를 여유가 필요하다. 갓 구운 빵, 지어지자마자 솥에서 퍼 담아 입에 넣는 밥이 실제로는 그다지 맛있지 않은 까닭도 같은 이치다. 수육도 건져 접시에 담아 은박지로 덮어둔다. 적어도 20분은 두었다 썬다. 식을까 봐 걱정할 필요는 없다. 생각보다 온도가 많이 떨어지지 않는다. 오히려 딱 먹기 좋아진다. 어차피 돼지고기는 차게 먹어도 맛있다. 머리고기를 생각해보자. 차갑게 먹는 매끈한 지방의 감촉이 매력이다. 수육도 마찬가지다.

김치도 잘 익었고 새우젓도 맛있다. 밥도 잘 됐다. 따로 찌개나 국을 끓이지 않은 상황에서, 삼겹살 수육에는 살짝 고두밥이 가장 잘 어울린다. 딱딱할 수 있는 살코기와 뭉개질 수 있는 비계의 켜 사이를 파고들어 갈 수 있을 정도로 쌀 알갱이가 약간 살아 있는 밥이다. 밑동에 가장 가까운, 두터운 포기김치 한 점을 집어 올린다. 통통한 새우 한 마리를 그 위에 얹고는 잠시 망설인다. 에라, 모르겠다. 마늘도 한 쪽 쌈장 찍어 올린다. 미각의 파괴자지만 이럴 때가 아니면 언제 생마늘을 먹겠는가. 정서에 장단을 맞추는 맛이다. 그쯤에서 일단 싸서 입에 넣는다.

몇 입 씹어본다. 돼지비계가 깔아준 멍석 위로 살코기의 감칠맛이 퍼진다. 밥을 젓가락으로 가볍게 한 덩이 집어넣고 함께 씹는다. 쌀알이 알알이 씹히며 조금 느끼하다 싶을 때 김치와 쌈장의 신맛이 지방을 가른다. 동시에 두터운 배추 잎사귀의 아삭함이 비계의 물렁함과 대조를 이룬다. 깻잎도 질세라 까끌함과 향, 쌉쌀함을 보탠다. 이제 마늘을 씹을 차례. 인상 찌푸릴 정도의 맵고 아린 맛이 입 안 가득 퍼져 나간다. 차가운 맥주를 털어 넣는다. 시원한 탄산이 단맛과 함께 입 안을 휩쓸고 목구멍으로 넘어가면, 홉(hop)의 쓴맛이 전체를 깔끔하게 정리한다.

맛의 논리 1: 감각의 맛

맛이란 과연 무엇인가? 한국 식문화는 아직 물음에 대답할 준비가 안 된 듯 보인다. 결과, 즉 음식이 말해준다. 맛내기에 필요한 논리와 사고가 드러나지 않는다. 전통이라 믿는 습관에 기대는 맛이다. 그래서 맛이란 과연 무엇인가? 여러 갈래로 나눠 생각할 수 있다. 일단 물리적인 맛이 있다. 몸, 또는 감각기관으로 느끼는 생리적인 맛이며 또한 총체적 경험이다. 간단하게 정리할 수 있다. '총체적 경험으로서 맛(flavor)= 다섯 가지 기본 맛(taste)+향/냄새(aroma)+질감(texture)'이다. 이 각각의 요소가 서로 호응은 물론, 대조까지 이룰 때 '맛있다'는 반응이 나오는 다채로운 경험의 문이 열린다.

'일요일의 삼겹살 수육'은 이를 총체적으로 보여주는 한식의 시나리오다. 맛의 출발점은 매개체 역할의 지방이다. 문자 그대로 '멍석을 깔아'준다. 고소함(맛)과 매끄러움 또는 풍성함(질감 또는 감촉)을 선사하는 한편, 혀와 입 안에 막을 입혀 다른 맛을 전달하는 역할도 맡는다.

하지만 지방은 무한정 환대해줄 수 있는 요소가 아니다. 멋대로 굴도록 방치하면 음식이 느끼해질 수 있다. 균형을 잡아줄 요소가 필요하다. 짠맛과 신맛, 그리고 쓴맛이 주로 맡는 역할이다. 짠맛은 기본적인 균형을 책임진다. 지방이 적극적으로 개입할수록 소금 간도 강하게 맞춰야 느끼해지지 않는다. 소금이 지방을 훌륭하게 견제해주는 본보기가 한식에서 드문 가운데, 의외로 어느 곳에서나 쉽게 살 수 있는 조미김이 좋은 예다. 참기름이나 들기름이 고소하게 깔아준 멍석 위로 소금의 짭짤함이 퍼지며 균형을 잡아준다. 게다가 해조류의 감칠맛과 특유의 바삭함이 탄수화물인 밥과 잘 어울려 단순하면서도 다채로운, 흔하면서도 숨어 있는 맛의 보석이다.

한편 신맛은 잘라주는 역할을 맡는다. 문자 그대로, 흐르는 지방의 허리를 끊는다. 흔히 포기김치를 한판 크게 담그는 날(대체로 김장)에 보쌈을 먹는다. 맥락적으로는 더 이상 잘 맞아떨어질 수 없다. 김치가 가장 많은 날인 데다가 집약적인 노동의 수고를 고기로 보상한다. 따라서 즐거울 수 있지만 맛의 면에서 최선의 조합은 아니다. 갓 담근 김치에는 신맛이 아예 없기 때문이다. 물론 새우젓과 쌈장도 나름의 신맛으로 제 몫을 한다. 하지만 젖산 발효로 얻은 김치의 복합적인 신맛의 수준은 아니다. 또한 신맛보다 날카로운, 폭발적인 짠맛이 잘라주는 역할을 맡는다.

김치와 다르다.

김치는 맛뿐 아니라 질감에도 공헌한다. 삶은 삼겹살의 대부분인 지방층은 부드럽다 못해 무르다. 계속 먹으면 쉽게 물려버릴 수 있는데 김치의 아삭함이 막아준다. 이렇게 질감의 대조를 이루는 요소가 맛의 경험을 한층 더 다채롭게 꾸며준다. 어쩌다 몸살감기 등으로 먹게 되는 흰죽에 물김치를 떠올려보자. 간이야 국물로 맞추지만 무든 배추든 건더기가 없으면 허전하다.

맛이나 눈치 없는 노란색을 감안하면 이젠 그다지 먹고 싶지 않지만 짜장면의 단무지도 같은 원리다. 신맛이 균형을 잡아주는 한편 질감의 대조가 맛의 경험에 피로를 덜어준다. 천편일률적으로 부드럽기보다 바삭, 또는 아삭한 요소가 있을 때 더 재미있게 먹을 수 있다. 반대로 바삭한 요소 일색일 때는 부드러운 요소를 곁들이면 더 맛있다. 프렌치프라이와 케첩의 짝만큼 좋은 예가 없다. 바삭함과 부드러움뿐만 아니라 뜨거움과 차가움, 단맛과 짠맛의 대조까지 한꺼번에 맛볼 수 있다. 토마토 덕분에 감칠맛도 빠지지 않는다. 지탄받는 '정크푸드'의 곁들이가 여러 겹의 감각적 대조를 복합적으로 품고 있다는 사실이 시사하는 바가 있다. 맛이라는 경험의 즐거움이 철저한 계산의 산물이라는 점이다.

신맛이 지방을 끊는다면, 쓴맛은 그 여운을 완전히 가셔낸다. 주로 탄닌이 동서양에서 골고루 그 역할을 맡는다. 프랑스가 대표하는 서양식에서는 와인이 탄닌의 원천이다. 90년대 중반부터 프렌치 패러독스(French Paradox)라는 신조어까지 동원해가며 역할과 기능의 정확한 분석을 시도한 와인 말이다. 제2의 소스로서 맛의 시너지 효과를 불러일으키고 촉촉함을 불어넣는 한편, 신맛이 잘라준 지방을 말끔하게 걷어 낸다. 동양에서는 중국을 중심으로 차의 역할이 크다. 튀김과 볶음의 넘 치는 기름은 차가 걷어주지 않으면 때로 감당이 어렵다. 한편 이젠 동서 양을 막론하고 세계적인 음료가 된 커피도 있다. 주로 식사의 끝에서 단 맛 중심의 디저트와 쓴맛으로 밀고 당기며 식사 내내 쌓인 맛의 여운을 정리해준다.

맛의 논리 2: 정서의 맛

감각으로서 맛의 논리, 인과관계를 과학적 측면에서 따져보았다. 하지 만 이게 경험으로서 맛의 전부는 아니다. 체크리스트 또는 매트릭스를 짜서 각 맛의 상관관계만을 조목조목 따지고, 각 요소들이 착착 들어 맞는다고 해서 음식이 언제나 맛있어지지는 않는다. 가령 원리만 따져 보면 맥주가 한식과 잘 어울리지 않는 것은 확실하지만, 맥주 탓에 함께 먹는 점심 식사가 완전히 망가지지는 않는다. 두 가지 이유 덕분이다.

첫째, 먹는 행위 특히 생리적으로 맛을 느끼는 순간은 지극히 짧다. 맥주의 쓴맛이 고춧가루와 충돌하면 분명 유쾌하지 않은 맛이 생겨나 지만 찰나에 벌어지는 일이다. 혀와 입 안에 여운을 남기지만 곧 사라지 거나 무시할 만한 수준이다. 둘째, 맛은 한없이 정서 또는 감정적인 경험 이기도 하다. 같은 음식을 먹더라도 맥락, 즉 환경부터 사람을 비롯한 온 갖 요소가 경험에 큰 영향을 미친다. 치열한 예약을 뚫고 자리를 얻은,

빼어난 고급 레스토랑에서 접객 실수 때문에 식사 전체를 망치는 경험도 같은 맥락이다.

그래서 혼자 먹는 상황을 설정했다. 소위 '혼밥'이다. 최소한의 정서적인 논리가 식사를 이끈다. 한국에서는 맛의 경험 또는 개념이 정서적 측면에 거의 완전히 함몰되어 있다. 맛의 경험이 논리를 바탕으로 만든 음식 자체를 중심으로 형성되지 않는다. '분위기'를 비롯한 온갖 정서적 가치가 자동적으로 전면으로 나오는 주객전도의 상황이다. 집 안에서는 모성의 족쇄가 작동한다. 집의 울타리 안에서는 '엄마 밥' 또는 '집밥(또는 가정식)'이 우월한 음식 대접을 받는다. 바깥에서는 특히 '노포'로 대표되는 '맛집'을 중심으로 고착화된 습관을 전통으로 혼동하는 무리의 논리가 작용한다. 한마디로 오래된 맛집에서 여럿이 함께 즐겨야 진정한 경험이라 굳게 믿는다.

하지만 현재 한국은 정서적인 가치가 한계에 이른 상황이다. 단순한 정서적인 가치만으로 즐기기에는 음식 자체의 완성도가 너무나도 떨어지는 탓이다. 정서적 측면만으로 음식을 이해하려는 시도 또한 이미 포화 상태다. 더 이상 녹을 수 없는 설탕이 바닥에 잔뜩 고여 있음에도 보지 못하는지, 맛과 조리의 원리조차 이해하지 못하는 음식을 추켜세우느라 바쁘다. 그래서 이 책은 완전히 반대의 방향으로 간다. 길거리 트럭에서 파는, 기름 쭉 빠진 회전 통닭구이마냥 정서적 요소를 완전히 들어낸 맛의 이치와 원리에 대해 따져보겠다.

마지막으로 레시피 하나를 소개한다. 로스앤젤레스 코리아타운의 셰프 홍득기의 보쌈 레시피다.[8] 기본 준비 과정은 비슷하지만 껍질을 바삭하게 만들어 마무리함으로써 우리가 전통이라 믿는 삶은 돼지고기와 사뭇 다른 음식을 완성한다. 돼지 껍질은 그 자체로도 직화구이의 재료로 팔리며, 삼겹살 또한 상황에 따라 껍질이 붙은 것이 선호되기도 한다. 이렇게 즐겨 먹으면서도 껍질의 성질을 이해하고 그것이 음식과 맛의 경험에 불어넣을 수 있는 유의미한 효과를 고민하지는 않는다. 껍질은 그저 비계의 맨 바깥층에 붙어 있는 상태 그대로, 질긴 채로 전체의 부드러움에 방해가 된다. 이 레시피는 껍질을 바삭하게 구워내 그러한 부조화를 극복하고, 부드러움에 훌륭한 대조점을 준다.

따라서 이 레시피가 시사하는 바가 있다. 첫째, 한식의 발전이 오히려 한국 바깥의 식문화 위성 지역에서 좀 더 활발하게 이루어지는 것은 아닐까. 이는 현지의 여건에 순응, 타협 및 극복하려는 시도와 다르다. 풍족하거나 유리한 재료의 여건, 또는 다른 식문화의 원리를 이해하고 이를 바탕으로 기존의 한식에 치환이나 보정을 가하는 방식이다. 인용하는 레시피에선 설명되지 않지만, 돼지 껍질을 튀겨 바삭하게 만드는 조리법은 남미의 치차론(chicharrón)에서 차용한 것으로 보인다. 이는 돼지 껍질을 튀겨 가볍고 바삭하게 만든 것으로, 남미 외의 지역에서도 기성품처럼 슈퍼마켓에서 살 수 있다.

다른 문화권의 음식이 발전적인 영향을 미치는 원동력으로 자유로움의 역할 또한 무시할 수 없다. 왜 하필 로스앤젤레스일까. 단일민족국

---

8   Deuki Hong and Matt Rodbard, *Koreatown: A Cookbook* (Clarkson Potter, 2016), pp. 154~156에서 발췌 및 번역.

가(이마저도 허상인 현실이지만) 또는 단일 집단을 유지할 수도 없고 그래야 할 필요도 없는 곳이다. 이는 소비층 또한 특정 집단으로 한정할 수 없다는 의미다. 타 민족, 인종, 국가의 성원이 자연스레 한식을 먹고, 반대로 한국인 또는 한국계 미국인이 다른 문화권의 음식을 자연스레 접할 수 있다. 삶의 과정에서 접한 음식이 자연스레 기존의 음식에 반영되고 변화가 일어난다. 2부에서 좀 더 자세히 설명하겠지만, 김치가 일종의 만능 맛 보정 요소(universal flavor modifier)로 남미에 뿌리를 둔 타코 같은 음식에 접목되는 현상 또한 같은 이치다.

김치 이야기가 나왔으니 좀 더 생각의 범위를 넓혀보자. 단일민족이 허상이라고 했다. 그것의 장점을 헤아리기도 어렵지만, 소위 '다문화(얼마나 끔찍한 명칭인가!)'의 존재와 영향을 이제 무시할 수 없다. 더불어 세계 식문화의 유입 가운데서도 베트남을 위시한 동남아권의 존재감이 갈수록 두드러진다. 과연 한국의 식문화에 근본적으로 어떤 영향을 미칠까. 김치와 비슷하지만, 만능 맛 보정 요소로서 세계에 더 널리 알려지고 확고하게 자리 잡은 스리라차(sriracha)가 있다. 스리라차 소스는 고추와 식초의 조합으로, 세부 표정은 조금 다르지만 맛의 설계 원리는 초고추장과 크게 다르지 않다.

한국은 이를 어떻게 받아들여야 할까. 지금껏 늘어놓은 맛의 기본 원리를 바탕으로 다른 식문화를 개념적으로 적극 받아들여 확장과 보정, 궁극적으로 발전을 시도해야 할까. 반대로 발전을 저당잡는 대신 동일성 혹은 단일성을 자국 식문화의 우수성을 보위하는 수단으로 삼아야 할까. 현재의 상황은 명백한 후자로 보인다.

| 보쌈 레시피 |

재료 (8~10인분):

껍질 붙은 삼겹살 1.35kg

물 2000ml

꽃소금 50g

된장 2큰술

인스턴트 커피 1큰술

양파 중간크기 1개, 크게 깍둑썰기 한다

마늘 6쪽

생강 2.5cm 길이 1쪽, 반으로 가른다

말린 대추 4개

양조 식초 1큰술

굵은 소금 70g

무채 김치

쌈장

절인 배추●

●**절인 배추(8~10인분)**
굵은 소금 35g, 백설탕 50g
배추, 길이로 4등분한다.
소금과 설탕을 섞는다. 배추에 문지른 뒤 두 시간 동안 둔다. 절여지면 남은 설탕과 소금
을 털어낸다.

생굴 12개(선택)

상추 2통, 씻어 물기를 덜어낸다

조리:

1. 삼겹살을 흐르는 찬물에 잘 씻는다. 뾰족한 꼬챙이나 작은 칼 끝으로 껍질을 찔러 작은 구멍을 낸다. 살 또는 비계층까지 뚫지 않도록 주의한다. 전부 150~200개의 구멍을 낸다. 지루하지만 가치 있는 작업이다.(구멍 덕에 지방이 더 빨리 녹아 나온다. 그리고 빠져나오는 과정에서 껍질을 바삭하게 튀겨준다.)

2. 큰 더치 오븐(dutch oven)이나 육수 냄비에 2000ml의 물, 꽃소금, 된장, 커피, 양파, 마늘, 생강과 대추를 더해 센 불에 올린다. 5분 정도 끓인 뒤 삼겹살을 더해 불을 줄인다. 25분간 은근히 끓인다.

3. 고기를 꺼내 물기를 덜어내고 종이 행주로 껍질을 두들겨 물기를 말끔히 걷어낸다. 접시에 담아 덮지 않은 채로 적어도 다섯 시간 정도 냉장고에 넣어둔다. 하룻밤 두는 게 좋다. 껍질을 말리는 과정이다.

4. 오븐을 205℃로 예열한다.

5. 돼지 껍질에 구멍을 더 낸다!(진짜다. 구멍이 많을수록 좋다.) 껍질을 식초로 문지르고 굵은 소금을 바른다. 꽃소금이나 고운 소금은 너무 짜지니 쓰지 않는다.

6. 오븐 사용 가능한 대접에 물을 채워 오븐 맨 하단에 놓는다. 찜처럼 수증기가 올라온다. 제과제빵 팬에 식힘망을 얹어 삼겹살을 껍질이 붙은 쪽이 위로 오도록 올린 뒤 오븐의 중간 단에 넣는다. 25분간 구운

뒤 꺼낸다. 껍질이 노릇해져야 한다.

7. 브로일러(broiler)로 바꿔 (조절이 가능하면 가장 약하게) 예열한다.

8. 돼지 껍질의 소금을 털어낸다. 브로일러 예열이 끝나면 삼겹살의 껍질이 위로 오도록 넣어 노릇함이 진하게 돌지만 타지는 않을 때까지 굽는다. 과정 내내 지켜본다. 삼겹살을 꺼내 5분 동안 둔다. 얇게 썰어 무채 김치, 쌈장, 갓 까낸 굴, 절인 배추와 상추쌈과 함께 낸다.

2. 만능 양념장과
   비효율적 맛내기의 문법

제목부터 신기한 책이 한 권 있다. 『요리가 간편해지는 만능양념장 레시피』(이현주·장성록, 경향미디어, 2014)다. 제목이 콘셉트를 말해준다. 두루 쓸 수 있는 양념장을 한꺼번에 많이 만들어 맛내기에 쓰자는 전략이다. 일단 전제부터 걸린다. 얼마만큼 '만능'이어야 하는 걸까. 음식의 맛은 조리의 모든 단계를 통해 골고루 영향받는다. 또한 각 단계는 생각보다 훨씬 더 폭넓고 복잡하다. 구석구석까지 세부 사항으로 가득 들어차 있다. 각각의 단계에서 작은 선택이 단독으로, 혹은 단계를 거듭하며 쌓여 음식의 맛에 결정적인 영향을 미친다. 크게 세 단계로 나눌 수 있다.

조리의 3단계

첫 번째 단계는 장보기, 재료의 구입이다. 재료는 음식 맛의 바탕을 확보한다. 장을 보고 음식을 만들 때마다 'GIGO(Garbage In Garbage Out)'의 원칙을 확인한다. 들어가는 것, 즉 재료가 나쁘다면 나오는 것, 즉 완성된 음식도 나쁠 수밖에 없다는 의미다. 단지 신선함의 문제만은 아니다. 발달된 냉동 및 냉장 기술, 좁은 땅덩어리에 발달한 물류 시스템(과 운송업 종사자의 헌신을 언급하지 않을 수 없다. 택배 말이다.) 덕분에 웬만한 재료는 신선함이 떨어져 먹지 못하는 일은 많지 않다.

모두의 기대와 달리 정을 앞세우는 재래시장이 되려 신선도가 떨어진다. 전반적으로 식재료의 품질이 나쁘고 관리도 소홀하다. 대형 마트의 물건은 최소한 중간은 간다. 동네 슈퍼마켓은 접근성과 소분 손질 판매 등이 장점이다. 진짜 문제는 신선함이 아니라 재료가 별 맛을 못 낸다는 점이다. 균형이 안 맞아 한 가지 맛만 난다. 주로 달거나 맵다. 균형이 맞더라도 각 재료가 지닌 맛의 값이 0이라 본의 아니게 맞는 경우가 많다. 별 표정이 없다는 말이다. 공갈빵 같다. 크고 잘생겼지만 아무 맛도 나지 않는다. 과채류가 대부분 그렇다. 물맛만 난다. 기본적으로 생산자에게 큰 기대를 하기 어려운 상황이다. 맛을 목표로 삼고 재배하지 않거나 소비자의 피드백을 적극적으로 반영할 창구가 없다. 영세한 규모나 농촌의 노화도 맞물려 있다. 모든 여건을 아우르면 굉장히 뻔한 답이 나온다. 보이는 만큼 선택이 쉽지도, 폭이 다양하지도 않다. 모든 재료가 구입과 조리의 노동을 보상해주지는 않는 것이다. 하여 난관을 안고 시작한다.

두 번째 단계는 재료의 손질이다. 재료의 특성과 한계를 극복하기 위한 준비 또는 정지(整地) 작업이다. 조리는 물론 편히 먹기에 방해가 되는 요소를 없애는 단계를 의미한다. 하지만 재료의 손질에는 거의 대부분 전략이 개입한다. 같은 재료라도 목표와 용도를 정확히 이해해 개별적인 맞춤 손질법을 적용해야 한다. 때로 이 단계에서의 적확한 선택이 조리의 승패를 좌우하는 경우도 있다. 오이를 예로 들어보자. 그냥 무칠 때와 소박이를 담글 때 손질법이 다르다. 무치는 경우에도 사선으로 얇게 저밀 때와 길이의 수직 방향으로 두툼하게 썰 때의 절이는 시간이나 소금의 양, 결과가 모두 다르다. 소금에 절여 수분을 걷어낸 다음의 질감, 양념과 섞이는 정도에 차이가 생긴다. 한편 뒤적이며 익힐 때 모서리가 뭉그러지는 걸 막기 위해 감자 등 갈비찜에 쓰는 채소의 모서리를 둥글게 깎는 것도 같은 맥락이다. 단지 칼질만 해서 될 일이 아니다. 생각이 깃든 칼질이 필요하다.

기초 작업만 헤아려보아도 때로 이렇게 부담이 크다. 본격적인 맛내기는 아예 건드리지도 않았다. 세 번째 단계 말이다. 최선의 조리 방법을 골라 적용해야 하고, 재료의 맛을 끌어내기 위해 기본 간도 해야 한다. 하지만 만능 양념장의 기본 논리는 이 모두를 초월한다. 본격적인 맛내기의 과정을 한데 뭉뚱그려 획일적인 맛의 양념장에 맡긴다는 전략이다. 책을 펼쳐 세어보자. 하나, 둘, 셋. 끝이다. 세 가지 양념장으로 약 일흔 가지 음식의 맛을 낸다. 이전 단계의 노력이 무색해질 지경으로 단순하다.

논리의 근거를 이해는 할 수 있다. 맛내기는 조리가 요리로 승화되는 기회를 만드는 단계다. 결정적인 만큼 어렵다. 학습을 통해 향상시킬 수 있지만 이전 단계, 즉 장보기와 재료 손질에 비하면 난이도가 높다. 한 가지 요소를 조절하는 동시에 다른 요소와의 관계 역시 재설정해야 한다. 다섯 가지 기본 맛 가운데 한 가지만 조정하더라도 상호작용 때문에 다른 맛의 균형도 틀어질 수 있다. 요리는 이 관계를 끊임없이 미세 조정하는 일이다.

따라서 시행착오를 많이 겪어야 하는데, 그야말로 먹고살기 바쁜 현실에 쉽지 않다. 요리에 전념할 시간도 여유도 없다. 또한 음식의 감정적 측면을 감안해야 한다. 아예 시도 자체를 포기하게 만들 수도 있을 만큼 여느 시행착오에 비해 실패의 타격이 클 수 있다. 이를 방지하기 위해 일종의 '원스톱 서비스'에 맛내기를 외주한다면 나쁘지 않은 선택이다. 실패는 줄이고 일단 먹을 수 있을 만큼의 맛은 내준다. 충분히 전략적이다. 문제는 원스톱 서비스 자체의 내실이다. 일단 지나치게 단순하다. 세 가지라서 문제가 아니다. 세 가지치고도 너무 단순해서 문제다.

세 가지 만능 양념장의 문제

그래서 세 가지 만능 양념은 무엇인가. 만능 양념장과 만능 비빔장, 그리고 데리야키 소스다. 일단 앞의 둘은 별 차이가 없다. 다음의 표를 참조하자. 책에서 인용, 정리했다. 맵고 진득한 고추장 바탕에, 맛의 차이에 영향을 미치는 요소라곤 식초밖에 없다. 비빔장이든 양념장이든 재료에 버무려 맛을 내기는 마찬가지다. 게다가 전분 대신 물엿으로 진득함을 준다. 엎어 치나 메치나, 버무리나 비비나다. 차별점이 전혀 없다.

	만능 양념장	만능 비빔장	데리야키 소스
고춧가루	300ml	100ml	
재래 고추장	100ml	400ml	
양조간장	300ml	50ml	250ml
양조 식초		200ml	
설탕	100ml	100ml	100ml
물엿	100ml	100ml	200ml
참기름	50ml		
다진 마늘	50ml	2큰술	
간 양파		3큰술	
미림			200ml
물			300ml
사이다		50ml	
소금		3/4큰술	
연겨자		1/2큰술	
생강술(*)	100ml		

*생강술: 생강 60g+청주 500ml

비슷한 고추장 바탕 양념 둘에 뜬금없이 데리야키 소스다. 물론 일본의 맛이라 문제라는 말은 아니다. 이미 참깨 드레싱 등 일본식 소스를 쉽게 살 수 있고, 일본의 희석식 소주를 파는 이자카야가 대중적 술집의 양식으로 자리 잡았다. 실패 없이 '중간은 가는' 맛내기가 가능한 대량생산 식재료와 양념의 도움 덕분이다. 게다가 점점 더 달아지는 추세를 감안한다면 데리야키 소스와 한식 불고기 양념은 크게 다르지도 않다.

공정한 비교를 위해 같은 요리책에서 레시피를 찾아 비교해보자. 간장 125g을 기준으로 데리야키 소스는 100g, 불고기 양념은 75g의 설탕을 쓴다. 한식의 필수(또는 멍에)인 참기름을 뺀다면 생각보다 별 차이가 없다. 향을 지배하는 마늘과 생강도 둘 다 쓴다. 하지만 불고기 양념에는 배를 갈아 더한다. 설탕 대신이니 차이는 더더욱 줄어든다. 또 다른 반전도 있다. 정확하게 말하자면 근본적인 차이점이다. 데리야키 소스는 한 번 끓여 만든다. 간장을 비롯, 생강이나 마늘 등을 날것으로 쓸 때의 날카로움을 오히려 덜어주며 전체를 한 번 아울러준다. 오히려 불고기 양념보다 더 이성적인 전략으로 보일 정도다.

데리야키 소스가 걸리는 이유는 따로 있다. 첫째, 구색 갖추기 또는 궁여지책의 산물이라는 냄새가 진하게 난다. '고추장 카드를 두 번 썼으니 하나쯤은 간장?'의 논리 말이다. 만능 양념장의 존재 자체를 지배하는 논리가 결국 그렇겠지만, 우선순위가 역전되었다. 재료와 맛을 먼저 헤아리지 않는다. 양념장을 만들고 거기에 끼워 맞추는 것이다. 둘째, 아무래도 너무 달다. 물론 다른 두 양념도 사정은 마찬가지다. 이것저것 잔뜩 욱여넣지만, 결국 단맛이 지배한다.

게다가 설탕만으로 성이 차지 않는지 사이다까지 쓴다. 과연 그 설탕과 사이다 사이에는 맛의 측면에서 어떤 의미 있는 차이가 존재할까.

사이다의 합성 착향료? 글쎄, 디저트도 아닌 끼니 음식(savory food)에 긍정적인 영향을 미친다고 볼 수도 없지만, 영향을 미칠 수준으로 그 맛이 조리된 음식에 남을지도 의문이다. 헤아려보면 사이다가 등장하는 맥락은 숙성을 향한 맹신 때문이다. 뭐든지 오래 두면 맛이 좋아진다고 믿는다.

숙성을 향한 오해

숙성 자체가 언제나 긍정적인 영향을 미친다고 보기도 어렵지만, 단순한 묵히기를 숙성이라 착각하는 경우도 많다. 만능 양념장도 여기에서 자유롭지 못하다. 변화는 매개체나 원동력이 존재해야 가능하다. 숙성의 경우 그것은 미생물이나 효소 등이다. 이것이 없으면 아무 일도 일어나지 않는다. 설사 존재하더라도 긍정적으로 활동하도록 온습도의 조건이 맞아야 한다. 어차피 미생물의 활동이란 부패의 경계 사이에서 벌어지는 아슬아슬한 줄타기이기 때문이다. 방치하고선 숙성이라 믿는다면 부정적인 결과, 즉 부패만이 기다릴 확률이 높다.

책은 '냉장고에 두면 맛이 더 좋아진다'고 주장한다. 하지만 냉장고는 정반대의 역할을 위해 개발된 기기다. 미생물의 활동을 최대한 막아 저장성을 높이기 위한 목적으로 존재하지 않던가. 또한 맛의 변화가 일어나더라도 긍정적이라 볼 수 없다. 무엇보다 향 때문이다. 향은 음식 맛의 표정에 사소하면서도 결정적인 영향을 미친다. 대신 기름이 매개체인 경우가 많고 동시에 아주 휘발성이 강해 금방 날아가버린다. 껍질 벗긴 생강, 다진 마늘, 레몬 껍질의 향이 아주 금방 날아가버리는 이유다. 초콜릿도 마찬가지다. 브라우니처럼 초콜릿을 많이 쓰는 빵이나 과자의 경우, 오븐을 통해 향이 솔솔 배어나기 시작하면 이미 늦은 것이라고 말한다. 과조리에 의해 먹을 때 느껴야 할 향이 열에 의해 사라졌기 때문이다.

양념장이라고 사정이 다르지 않다. 마늘, 생강 등 한식의 기본 향신채를 갈거나 다져 섞고 오래 두면 가장 섬세하고 좋은 향은 금방 날아가버리고 독한 핵심 향이나 맛만 남는다. 한마디로 더 독해진다. 그나마 착향료로 강화한 사이다의 뉘앙스가 가장 오래 살아남을 것이다. 나머지 재료는 별 가망성이 없다. 책은 생강술을 만들어 양념장의 바탕으로 쓰라 권한다. 생강을 갈아 술에 섞어 일정 기간 묵혀 만들라는데, 그럼 매운맛만 남을 것이다. 과연 이러한 과정이 숙성인가?

공장 생산 사이다를 쓰며 자연이나 집밥을 운운하는 것도 모순이다. 사이다나 공장 생산 식품이 나쁘다는 의미가 아니다. 대량생산 음식도 나름의 즐거움을 준다. 현대 식문화 및 생활의 엄연한 일부다. 하지만 스스로를 자연적이라 규정하지 않는다. 따라서 가정식의 입지를 강화하는 재료라 볼 수 없고, 조금만 생각을 해보면 포함시킬 이유가 없다. 설탕을 적게 쓰는 양 눈 가리고 아웅할 필요가 없다. 사이다도 결국은 물에 탄 당이고, 향까지 감안하면 설탕보다 열악한 재료다.

양념이라는 이름의 걸림돌

이제 마지막으로 가장 중요한 맛내기다. 만능이든 아니든 한식에서 압도적인 역할을 맡는 양념의 문제다. 원스톱 서비스는 재료의 맛을 끌어내는 과정을 생략한다. 두 가지 이유 때문이다. 첫째, 독립적인 소금 간의 기회를 원천 봉쇄한다. 버무리든 비비든, 양념은 재료에 침투해 맛을 근본적으로 변화시키지 못한다. 우리는 그저 양념의 일시적인 막을 입힌 재료를 먹는다. 순간적으로 양념의 맛내기에 휘둘리는 것이다. 한식은 예외 없이 소위 밑간에 취약하다. 바로 다음 장에서 자세히 다루겠지만 소금의 역할 자체에 무지하다.

둘째, 양념장이 재료에 막을 입히므로 캐러멜화(caramelization)나 마이야르 반응(maillard reaction) 등을 원천 봉쇄한다. 재료를 가열하면 표면의 탄수화물이나 아미노산(amino acid)이 열에 반응하면서 진한 갈색으로 변하고, 그 색깔만큼 재료에 풍부한 맛과 향이 깃든다.(누룽지의 짙은 색과 구수한 맛을 떠올려보라. 캐러멜화는 당류가 열에 반응하는 경우를 일컫는다.) 두 현상 모두 재료의 맛을 끌어내는 핵심 원리인데, 양념장이 그 기회를 막아버린다. 대개 걸쭉하거나(고추장, 된장 바탕) 수분(간장 바탕)의 비율이 높은 양념은 굽거나 볶을 경우 재료 자체의 조리를 오히려 방해한다. 설탕의 비율이 높은 양념장의 조성을 감안하면, 그 자체의 캐러멜화라도 기대할 수 있을 것 같지만 그 또한 현실과 거리가 멀다. 한국식 볶음은 조리 온도가 낮고, 재료가 완전히 잠겨버리는 양념의 양과 설정 때문에 끓이기에 훨씬 더 가깝기 때문이다(2부 「볶음」 참고). 주꾸미, 오징어

등 두족류가 대표적인 예다. 양념에 파묻힌 채로 간접 조리된다. 한편 구이, 특히 직화구이라면 캐러멜화를 타는 것과 구분하지 못한다. 따라서 적외선을 열원으로 삼으면서도 적극적인 조리를 인위적으로 막는다(2부 「직화구이」와 「활어회」 참고).

시스템은 갈수록 복잡해진다. 음식과 맛의 세계도 마찬가지다. 발달한 과학기술은 도구와 설비의 측면에서 기존의 요리 자체를 발전시킨다. 또한 간접적으로는 정보 통신 등을 통해 세계 요리의 거리가 끊임없이 줄어든다. 앞서 소개한 보쌈-수육 레시피가 한 예다. 이러한 흐름에 발맞추려면 한식도 섬세함과 결에 대한 고민을 해야 마땅하다. 하지만 현실은 이보다 더 정반대일 수 없다. 두세 가지 단순한 양념장의 문법으로 전체의 맛을 덮으려 시도한다. 설사 편리함 추구를 위한 방편이라고 해도, 명백한 퇴행임은 인정해야 하지 않을까. 그리고 출발점으로 돌아가 맛의 문법을 찬찬히 살펴보아야 한다. 세계 공통인 다섯 가지 기본 맛부터, 한식만의 특징이라 여기는 기타 여섯 가지 감각까지 전부 아울러 맛의 특성과 쓰임새 등을 살펴보자. 시작의 열쇠는, 물론 소금이 쥐고 있다.

1-2
다섯 가지 기본 맛

1. 짠맛,
소금의 인정투쟁

소금으로 향하는 길은 멀다. 신안 말이다. 서울에서 약 370km다. 하지만 체감 거리는 훨씬 더 멀다. 신안군은 많은 도서를 아우르는 지역의 통칭이다. 총 면적이 655km²에 이른다. 그 가운데 목적지는 증도의 태평염전이다. 일단 서울에서 진입구인 함평까지 350km를 내려간 다음 서쪽으로 방향을 족히 한 시간은 더 들어가야 한다. 여정의 끝에는 당연히 바다가 기다리고 있다. 빛나는 해안이다. 심지어 '엘도라도'라는 상호의 리조트가 떡하니 자리 잡고 있다. 잉카문명 전설 속 금의 도시. 금이 나오는 동네는 아닐 테고, 혹 소금 때문에 붙인 상호일까? '작은 금'이라 '소금'이라 이름 붙였다는 주장이 있다. 딱히 신빙성은 없어 보이지만 소금은 부엌과 식탁 위에서 금과 같은 존재인 것은 맞다.

소금의 불안한 입지

전래동화도 뒷받침해준다. 소금 장수 남자가 결혼을 승낙받기 위해 예비 장인을 만나러 간다. 사농공상의 가치관 때문이었을까. 그는 불편한 기색을 주저없이 드러낸다. 소금 장수는 작전상 일단 후퇴했다가 이후 그를 불러 한 상 거나하게 대접한다. 그러나 웬걸, 예비 장인은 상을 받고도 음식을 먹을 수가 없다. 음식에 소금 간이 전혀 안 되었기 때문이다. 음식을 앞에 놓고 괴로워하는 그에게 소금 장수는 회심의 한마디를 날린다. "장인어른, 소금이라는 게 그렇습니다." 그리하여 장인어른이 사위를 받아들였다는, 인정투쟁의 이야기다.

인정투쟁은 아직도 끝나지 않았다. 소금의 입지는 여전히 불안하다. 아니, 갈수록 더 나빠진다. 먼 옛날, 그러니까 전래동화의 배경일 만한 시절에 소금은 대접받았다. 이것저것 들먹일 필요도 없이 소금이 화폐 역할까지 맡았다. 그런 시대는 정말 까마득한 과거다. 요즘 소금은 일단 공격부터 받고 본다. 건강의 원흉이다. 나트륨 섭취와 고혈압의 관계 말이다. 그래서 조금이라도 소금을 덜 먹으려고 모두가 발버둥 친다. 비단 한국뿐만 아니라, 전 세계가 소금 장수 장인의 팔자로 전락했다. 저염식의 맛없음과 더불어 잠재적 건강 위험이라는 이중고마저 늘 의식하고 살아야 한다.

소금, 좀 더 정확하게는 나트륨 과다 섭취가 그만큼 건강에 치명적일까? 책에서 건강에 대한 논의는 최소한으로 줄이겠다고 이미 밝힌 바 있다. 따라서 소금과 고혈압의 관계 및 연구 현황 등에 대해 지면을 할애할 생각은 없다. 그 자체로만 최소 별도의 책 한 권이 필요한 주제이므로 여기에선 한 가지만 짚고 넘어가겠다. 어떤 기준을 선택하더라도 현재 설정된 나트륨 섭취량을 준수하기란 굉장히 어렵다는 사실이다.

　　　　　　　　　　　　　　　　　　　　　　한식의 품격

대체 얼마만큼일까. 세계보건기구(WHO)의 권장량 등을 참고해보자. 조금의 차이는 있지만 성인 기준 2000~2500mg이다. 이를 소금, 즉 염화나트륨(NaCl)으로 환산하면 5~6.25g이다. 꽃소금 약 1작은술의 분량. 얼핏 많다고 여길 수 있다. 하지만 그게 전부가 아니다. 소금만이 나트륨 섭취의 원천이 아니기 때문이다. 모든 원천을 총망라한 섭취량이 2000mg 안팎이라면 운신의 폭은 상당히 좁아진다. 식재료에 기본 포함된 나트륨을 무시할 수 없다. 건강 관련 신화와 속설을 해부하는 책 『글루텐의 거짓말(The Gluten Lie: And Other Myth About What You Eat)』에서는 실제 식단을 대상으로 예상 섭취량을 계산한다. 기본적인 탄수화물(감자나 쌀), 채소, 과일만 먹어도 500mg이다. 셀러리나 비트, 청경채나 당근 같은 채소까지 식탁에 올리면 1100mg으로 치솟는다.

물론 최소한의 맛을 위한 소금은 아예 쓰지도 않은 상황이다. 반 작은술만 더해도 1600mg은 훌쩍 넘어간다. 그대로 고혈압이나 당뇨 환자, 51세 이상의 고령자를 위한 기준 섭취량 1500mg을 가볍게 초과한다.[9] 한식은 발효 장류 바탕의 양념장이나 국물 음식 위주다. 나트륨 함유량 및 섭취량을 추측해보기 그리 어렵지 않다. 참고로 짬뽕 한 그릇(1000g)에 4000mg이다.

---

9   Alan Levinovitz, *The Gluten Lie: And Other Myth About What You Eat*(Regan Arts, 2015), Location 1742.

한국 소금의 꼬인 팔자, 천일염 논쟁

소금의 세계적 팔자가 '소금 장수 이야기'의 배경인 한국에서는 한 단계 더 꼬였다. 무엇보다 먼저 소금의 정치적 입지부터 살펴볼 필요가 있다. 지나치게 비대해진 나머지, 소금에 반드시 딸려 다니는 맛과 건강 담론을 압도하는 지경이기 때문이다. 천일염을 둘러싸고 두 세력이 첨예하게 대립한다. 한쪽 진영은 천일염 예찬론자다. 소금에 딸린 미네랄 등으로 인해 천일염, 특히 신안 일대의 염전 생산물이 다른 소금 및 천일염에 비해 우수하다는 것이다. 소금의 기본적인 중요성에 국수주의 또는 민족주의가 결합했다. 반대쪽 진영은 천일염 무용론을 주장한다. 토판염, 즉 장판을 깐 염전에서 바닷물을 증발시켜 만든 소금은 일단 비위생적이라 문제라고 말한다. 따라서 자염, 즉 바닷물을 끓여 만든 정제 소금을 대안이라 내세운다.

양비론은 최선일 수 없지만 천일염을 둘러싼 논쟁이라면 다른 뾰족한 수가 없다. 양측 주장 모두 큰 결함을 품고 있기 때문이다. 일단 예찬론부터 살펴보자. 간단하다. 미네랄은 소금의 우수함에 아무런 영향을 못 미친다. 그래 봐야 염화나트륨에 극미량 함유되어 있을 뿐이다. 종류에 상관없이 소금의 맛은 유의미하게 달라질 수 없다. 특유의 짠맛을 지닐 뿐이다. 미네랄의 함유량은 맛에도 영양에도 수치를 언급하기 민망한 수준으로 미미하다.

음식에 들어가는 소금의 양을 생각해보면 금방 이해할 수 있다. 앞에서 권장 섭취량을 소금으로 환산하면 약 5g이라 했다. 그만큼의 소금에 함유된 미네랄은 0.1g 가량의 미량이다. 전체의 약 2% 수준이다. 게다가 5g을 한 번에, 소금만 먹는 상황도 아니다. 5g의 소금이 여러 차례 나뉘어 맛을 내는 데 쓰이니 한 음식의 한 입에는 더더욱 희석되어 있다. 결국 0.1g을 나누고 나누어 먹는 것이다. 찬찬히 따져보면 미네랄이 혀로 느낄 수 있는 정도의 영향을 미칠 수가 없다.

같은 맥락에서 온갖 '맛 소금'의 영향도 맛(taste)과는 별개라고 생각하는 게 맞다. 진짜 맛소금, 즉 소금에 화학조미료를 10% 섞은 게 아니다. 그건 진짜 맛에 영향을 미친다. 이를테면 레스토랑에서 스테이크에 파래, 녹차 등의 가루를 소금에 더해 창의적인 발상인 양 낸다. 안타깝게도 전혀 창의적이지 않다. 소금만 숟가락으로 퍼먹지 않는 한 부재료의 맛을 느끼지 못한다. 아니, 퍼먹더라도 맛을 느끼지 못할 확률이 높다. 따라서 스테이크에 간 맞추는 정도의 양이라면 별 의미가 없다. 게다가 극적이라면 나름 극적인 효과를 내기 위해 스테이크에 간을 하지 않았다고 해도 그 또한 문제다. 셰프가 맛내기를 회피했다는 의미이기 때문이다. 연예인마냥 인기를 끄는 '스타 셰프'가 그런 소금을 내놓고 창의적이라는 평을 들었다. 웃기는 일이다. 던지는 사람만 그런 줄 모르는 농담이랄까.

한편 맛을 불어넣기 위해 부재료를 높은 비율로 섞은 소금은 그 부재료 탓에 중립적이지 않다. 따라서 역시 맛내기에는 적합하지 않다. 대표적인 예가 함초 소금이다. 함초를 20%씩 섞으면 너무 짜지고 맛도 잘 어우러지지 않는다. 말려 넣는 함초의 향이 압도적일 수 있기 때문이다.

천일염의 미네랄이 큰 의미가 없다면, 같은 논리로 정제염 또한 대안으로서 가치가 없다. 천일염의 미네랄을 불순물로 규정하는 것은 자유지만, 어차피 미량이라 맛의 대세에는 영향을 미치지 못한다. 위생 문제를 지적하는 정도라면 완전히 무의미하지는 않을 것이다. 또한 '염전노예'라 일컬어지는 사회 문제를 비롯, 분명 환경 개선은 필요하다. 하지만 이런 기타 사안을 맛과 지나치게 결부해도 곤란하다. 얼핏 그런 듯 보이지만 그 둘은 정비례하거나 인과관계를 형성하지 않는다.

맛내기의 기본, 소금의 짠맛

헤아려보면 천일염-정제염 논쟁은 한편 굉장히 시시하고 또 덧없다. 아니, 정확하게는 싱겁다. 무엇보다 맛에 대한 고려는 거의 없기 때문이다. 각자의 입지 확보를 위해 목소리를 높이지만 정작 음식의 핵심 사안은 정확하게 비껴 나간다. 그 결과 소금을 둘러싸고 양극이 존재한다. 일단 현실은 짜다. 앞서 언급한 짬뽕이나 양념장의 극단적인 나트륨 범벅이 존재한다. 효율이 떨어지는 짠맛이며, 구체적이지 않은 추상적 짠맛이다. 재료를 직접 겨냥하지 않고 매개체, 즉 국물이나 양념장 등에 간을 하기 때문에 필요 이상으로 소금을 쓸 수밖에 없다. 반면 정반대 쪽에서는 세계적 추세를 충실히 따른다. 소금의 존재를 지우려 애쓴다. 하도 나쁘다고 성화를 부려대는 통에 짠맛은 고개를 수그리다 못해 아예 구석으로 자취를 감춰버렸다.

　소금이 쪼그라든 자리를 비집고 한식에서는 단맛과 매운맛이 득세했다. 덕분에 두 갈래의 맛없음이 득세했다. 일단 맛의 인상과 여운이 역전되어버렸다. 입에 넣자마자 자극받는 대신 곧 물려버린다는 말이다. 또한 전체가 어우러지지 않아 미각이 바로 피로해진다. 단맛이 끈적한 양념장을 매개체로 입에 들어가다 보니 그럴싸하게 느끼지만, 재료의 맛을 선명하게 끌어낸 상태는 아니다. 소금이 제 역할을 못한 탓이다.

엎친 데 덮친 격으로 묵은 편견도 가세한다. 양식은 짜고 한식은 그렇지 않다는 논리다. 일견 서양식이 짜다고 느끼는 건 당연하다. 한식과 비교하면 맛내기의 구성 및 위계질서의 논리가 다르기 때문이다. 하지만 이러한 차이를 이해하지 않은 채 '양식은 짜서 건강에 나쁘고 한식은 건강에 좋다'는 한식 우월론을 설파하는 근거로 남용하기도 한다. 서양 음식은 고기 등 단백질을 주재료 삼아, 소금 간을 기본으로 맛을 끌어낸다. 소금은 재료의 수분을 끌어내 맛을 정돈하고 아우르는 한편, 휘발성 물질을 적극적으로 끌어내 마이야르 반응을 돕는다. 말하자면 단순히 짜다기보다, 맛의 전체적인 표정이 훨씬 더 강하고 구체적이다.

눈에 안 보이는 영역에서도 맛의 정지 작업이 이루어진다. 한식에서 높은 가치를 부여하는 숙성은 서양에서도 같은 위상을 누린다. 스테이크가 대표적인 예다. 흔히 '좋은 고기에는 소금만 있으면 된다'고 말하는데, 사실이면서 한편 과장이다. 물론 소금 간만 잘해 구워도 고기는 얼마든지 맛있어질 수 있지만, 그 전에 재료의 잠재력을 최대한 끌어내는 숙성 과정을 거치면 가치를 한층 더 높일 수 있다. 이후 굽는 과정에서 겉면에 마이야르 반응이 일어나고 바삭한 껍데기가 생겨 속살과 질감의 대조도 이룬다.

한식의 맛내기는 어떤가. 우리는 발효 장류와 그로 만든 복합적인 양념을 재료에 결합한다. 굳이 앞서 살펴본 '만능'이 아니더라도, 양념장의 존재가 재료의 특성에 선행하거나 초월한다. 이제는 문법으로 굳어진 '쇠고기에 간장, 돼지고기에 고추장'의 조합이 대표적인 예다. 반대로 쇠고기에 고추장, 돼지고기에 간장을 안 쓰는 이유는 무엇일까? 맛 때문이라 보기는 어렵다. 간장과 생강 양념에 재운 돼지고기구이 같은 일본 음식이 존재한다.

나름의 일관성은 있다. 돼지고기와 비슷한 오리고기도 고추장 위주로 양념해 볶거나 구워 먹는다. 습관이 문법으로 굳어졌다고 볼 수밖에 없다. 양념 자체를 조합하는 데 시간과 노력을 들이고 정작 재료 자체의 맛은 도매금으로 넘기는 공통점을 지닌다. 동시에 습관적으로 '재료 본연의 맛'을 읊어대는 경향이 있다. 그런 맛이란 존재하지 않는다. 재료를 초월하여 양념을 쓰는 현실에서 모순 또는 인지부조화에 불과하다.

물론 재료 자체가 음식의 맛있음을 보장하는 것은 당연한 사실이다. 하지만 맛은 과제다. 단지 생존을 위해 먹는 동물이 아닌 인간이라면 맛을 적극적으로 찾아내야 한다. 재료를 깎고 자르고 다듬는 것은 물론, 소금도 뿌리고 불에도 굽는다. 달리 말해 맛은 '끌어낼' 대상이고 첫 과제가 소금 간 맞추기다. "짜지 않아 재료 본연의 맛을 살린다."는 광고 문구가 붙은 소금이 존재한다. 웃기도 울기도 어렵다. 소금의 정수가 짠맛 아닌가. 적어서 좋다고 보기도 어려울뿐더러 본연의 맛과 관계도 분명하지 않다. 본연의 맛이란 너무나도 추상적이지만 한 가지만은 확실하다. 양념장보다 소금이 열쇠를 쥐고 있을 확률이 높다.

'짜지 않은 소금'의 오해는 '싱겁다'와 '짜다' 사이의 중간 단계가 존재하지 않는 현실의 산물일 수도 있다. 양념에 휘둘리다 보니 소금만 써서 적극적으로 끌어낸 재료의 맛에 낯설다. 짠 소금을 쓴다고 해서 음식 맛이 단순하게 짜지는 것이 아니다. 쓴맛을 줄여주는 한편 전체적인 표정에 생기를 불어넣어준다. 말하자면 소금은 기본이면서도 가장 중립적인 조미료다.

한식도 이를 안다. 모를 수 없다. 염장이 한식의 핵심 정체성 가운데 하나 아닌가. 김장 또는 포기김치 담근 날 보쌈을 생각해보자. 지난한 김치 담그기를 보상하는 의식처럼 돼지고기도 삶고 굴도 사온다. 무채 버무린 속도 따로 챙겨놓는다. 하지만 핵심은 역시 배추다. 절인 배추는 왜 맛있을까. 어떻게 맛있어질까. 소금 덕분이다. 강한 소금 간을 통해 수분이 빠져나오면 그제서야 배추의 고소한 맛이 확 살아나 전면에 등장한다.

간 몰아주기와 맛의 불균형

한식은 발효 장류와 양념을 써 간을 도매금으로 맞춘다. 압도적인 발효 장류와 혼합 양념은 맛내기의 불균형을 야기한다. 소위 '몰아주기'의 문제다. 없는 데는 너무 없고, 있는 데는 넘친다. 그 탓에 효율이 떨어진다. 나트륨의 양으로만 따지면 일일 권장 섭취량을 훌쩍 넘긴다. 짬뽕 한 그릇에 나트륨이 4000mg이다. 하지만 철저하게 비효율적이다. 맛의 만족도는 100은커녕 50도 안 된다. 소금 간을 안 한 음식은 당연히 맛이 없고, 세게 간한 음식이라도 투입된 나트륨만큼의 짠맛을 느낄 수 없다.

왜 그럴까. 일단 매개체가 국물인 탓에 그렇고, 감칠맛 강한 발효 장류로 간을 맞춰서 더더욱 그렇다. 식탁의 단골 메뉴인 된장국, 고추장찌개 같은 종류 말이다. 감칠맛 덕분에 들어가는 나트륨 양만큼 짠맛을 느끼지 못한다. 이런 상황에서 나트륨 섭취 감소의 일환으로 국물 음식 덜 먹기가 국책 사업처럼 홍보된다. '국물 덜 먹기'는 당연하게도 사용된 나트륨만큼의 짠맛을 못 느끼는 이유, 맛의 불균형과 같은 복합적인 요인까지는 고려하지 않는다.

규제 방식, 규제의 주체와 대상, 수위는 늘 고민거리다. 과연 누가, 무엇을, 왜 통제하는가. 원하는 대로 먹을 권리는 모두에게 있다.(게다가 근년을 돌아보면 국가의 존재 자체가 나트륨보다 더 건강에 해로웠다는 기분 또한 지울 수 없다.) 국물 음식은 건강보다는 맛의 측면에서 더 신경이 쓰인다. 목적이 뚜렷하지 않다면, 그저 밥에 촉촉함을 불어넣는 수준의 존재라면 국을 아예 먹지 않는 편이 낫다. 차라리 촉촉함은 주면서 완전히 중립적인 맹물이 낫지 않을까. 염분 과다 섭취 걱정도 없고, 끓이는 수고도 줄일 수 있다. 일석이조다.

국물 음식은 나트륨 범벅인 반면 음식에는 간을 아예 하지 않는 경향이 심하다. 비효율적인 간접적 간 맞추기가 일상이다. 또한 간 맞추기를 먹는 이의 몫으로 돌린다. 소금이든 간장이든 새우젓이든 쌈장이든, 먹는 이가 치고 찍고 발라 간을 맞추라고 한다. 또 다른 국물 음식인 탕 종류가 그렇고, 수육 같은 음식도 마찬가지다. 예외를 찾기가 빠를 만큼

만연하다. 그리고는 '먹는 사람 입맛대로 맞출 수 있어 장점'이라고 주장하며 정당화한다.

간 맞추기의 외주화

참으로 꿈보다 좋은 해몽이다. 두 가지 근거를 들어 반박할 수 있다. 첫째, 일단 소금으로 간하더라도 열을 거치지 않으면 맛이 완전히 살아나지 않는다. 요리의 기본은 소금과 가열이다. 한식에서도 조리의 마지막 절차로서 '간 맞추고 한소끔 끓이기'를 강조한다. '한소끔'이란 한 번 끓어오르는 모양이니, 열을 가해 새로운 간의 체계를 아우르라는 의미다. 비록 한식의 국이나 탕이 펄펄 끓는 채로 뚝배기에 담겨 나온다고 해도 식탁에서 더하는 소금은 같은 역할을 못 한다.

수육 같은 음식도 마찬가지다. 맹물에 삶는다. 냄새를 잡는다며 된장에서 커피까지 온갖 재료를 동원하지만 정작 소금은 등한시한다. 재료의 맛을 끌어내지 못했으니 보상을 위해 새우젓이나 쌈장 같은 보조 양념에 지나치게 기대게 된다. 물론 찍어 먹는 소스의 문법은 비단 한식만의 전유물이 아니다. 세계 어디에나 존재한다. 중요한 것은 역할과 비중이다. 앞에서 언급했듯 일단 기본적인 맛내기, 기본 간이 된 음식에 향과 질감을 보완하거나 아우르기 위한 용도일 때 의미가 있다. 악센트만 줘야 할 요소에게 전체의 기본 간을 맡기면 맛도 떨어진다. 돼지고기 수육에 새우젓, 훌륭한 짝짓기다. 젓갈 특유의 폭발하는 짠맛과 감칠맛이 고기의 느끼함을 훌륭하게 갈라준다. 덕분에 물리지 않고 먹을 수 있다. 그런 새우젓도 고기 자체에 간이 납득할 수준으로 되었을 때 의미가 있다. 아니라면 장류나 양념에 간을 몰아줘야 하고, 그 결과 염분을 더 많이 섭취할 가능성은 항상 열려 있다.

한식에 만연한 기본 간의 부재는 관리의 편의를 위한 궁여지책은 아닐까. 다량 생산의 음식점 환경에서, 특히 국물 음식은 계속 끓으며 졸아든다. 간을 해두면 짜질 수 있다. 하지만 그렇다면 왜 뚝배기에 1인분씩 끓여 내는 경우에도 소금 간을 하지 않을까. 오랜 맛집 또는 노포라 자부하는 곳 가운데 간을 맞춰내는 국, 탕 전문점은 하동관밖에 없다. 그나마도 일정하지 않다.

둘째, 먹는 이가 간 맞추는 식문화는 맛내기의 주체로부터 권위를 앗아간다. 소위 "에미야 국이 짜다!"의 문제인데, 지극히 성편향적인 부엌의 현실이 사태를 악화한다. 가정식, 즉 '집밥'의 미덕을 찬양하지만 가치는 폄하한다. 여성가족부와 통계청이 발표한 '2015 일·가정 양립 지표'에 따르면 한국 남성의 일일 평균 가사노동 시간은 45분이다.[10] 한국 여성의 227분에 비하면 5분의 1 수준이며, OECD 회원국 평균(139분)의 3분의 1 수준이다. 열 가구 중 네 가구가 맞벌이하는 현실에서 조리를 포함한 가사 분담의 격차가 매우 크다는 의미다.

이런 상황에서 여성이 거의 언제나 조리의 주체지만 맛의 주체는 아니다. 간섭을 지나치게 받는다. 달리 말해 취사 노동의 의무는 강요하되

10 통계청, 「2015 일·가정양립 지표」(2015.12.7).

맛내기의 권리, 맛의 주도권은 인정하지 않는 것이다. 이처럼 집밥을 만들어내는 노동(력)에 대한 폄하와 더불어, 간은 따로 보태면 된다는 인식이 팽배하다. 요리 주체는 전문가다.(프로의 세계인 음식점이야 당연하고, 전문 직업인이 이끌지 않는 가정도 마찬가지다.) 존중하는 의미에서라도 일정 수준 이상의 맛을 낸 다음, 보정과 강조를 위한 보조 수단을 동원해야 하지만 한식에서는 많은 경우, 소금 간을 비롯하여 아예 맛내기 자체에 권위를 부여하지 않는다. 따라서 먹는 사람이 각자 간하는 것이 식탁 또는 맛의 민주화라는 주장도 설득력이 없다. 지금껏 말했듯 만드는 이, 먹는 이가 따로 존재하는데 후자가 맛의 권위를 쥐고 있는 경우가 많다.

　현실이 이렇다 보니 만드는 사람조차 지레 포기한다. 어차피 소금 간은 모두의 '취향따라 다르니까 맞출 수 없다'고 여긴다. 특히 기본적으로 소금에 기대는 서양 음식에서 약점이 드러난다. 한국에서 먹을 수 있는 한국화된 양식이 느끼하거나 맛의 응집력이 떨어지는 경우가 많다. 무엇보다 소금으로만 간을 맞추는 상황에 절대적으로 취약하다 보니 서양 음식을 요리할 때도 맛을 위해 지방은 쓰면서 소금으로 균형을 맞추지 않기 때문이다. 말하자면 번역의 실패다.

　서양의 식탁에도 소금과 후추 통이 기본으로 오른다. 하지만 장식이자 최후의 수단이다. 맛도 안 보고 뿌려대면 요리사에 대한 모욕이라 치부한다. 그런데 한식의 형편은 아예 맛도 보지 않고 일단 소금부터 치고 보는 습관을 부추긴다. 맛내기의 주체에게 그 권리를 돌려줘야 한다. 그럼으로써 식탁 위의 소금 통도 은퇴시킬 수 있을 것이다.

　소금 통의 은퇴는 위생 면에서도 필요하다. 이미 국물을 떠먹은 숟가락을 공용 소금 통에 담그는 경우를, 흔치는 않지만 여전히 탕류 음식점에서 종종 목격할 수 있다. 이러한 습관을 가능케 한, 개인적이지 못한 집단적인 식문화를 정이나 전통의 명목 아래 정당화하는 경우가 잦다. 이를테면 『식객』이 '한 냄비의 찌개 나눠 먹기' 같은 일화를 미화하는 방식을 보라.[11] 그러나 그러한 논리로도 두둔할 수 없는 위생의 문제다. 아예 원인을 없애버리면 문제도 일어나지 않는다. 김치가 중심인 반찬 구성이라면, 설사 싱겁다고 해도 여분의 소금이 필요하지는 않을 것이다.

소금을 향한 오해와 편견: 염지와 닭의 경우

최근의 염지(brining) 파동도 한국의 소금 및 짠맛을 향한 선입견을 잘 보여준다. 김치, 젓갈 등으로 익숙한 염장과 기본 원리가 다르지 않다. 하지만 매체는 큰 문제처럼 보도했다. 고발 프로그램인 「불만제로」가 염지를 마치 공업적인 조작 또는 변형인 양 그렸다. 파동이 일어났고 치킨업계는 공황 상태에 빠졌다. 염지 과정을 거치는 업체는 매출이 떨어졌고, 거치지 않는 업체는 "우리는 염지한 닭을 쓰지 않습니다."라는 현수막을 내걸었다. 마치 치킨의 정답이라도 되는 양.

사실은 정확히 그 반대다. 염지는 오히려 치킨의 맛을 향상시킨다.

11 허영만, 『식객 1』(김영사, 2003), 43쪽.

김치, 젓갈 등의 염장이 우리에게 익숙한 것처럼, 원리는 같은 삼투압이다. 가장 익숙한 배추를 예로 들어보자. 배추를 소금에 버무리거나('파묻었다'는 표현이 정확하겠다.), 농도가 높은 소금물(흔히 소금과 물의 비율 1:10 정도를 말한다.)에 담그면 수분이 빠져나온다. 기본 목표는 부패 방지를 통한 저장성 확보와 향상이다. 미생물 발생 억제를 위해 극단적인 환경을 조성하는 것이다. 수분을 없애거나(건조), 당, 소금, 산(酸)이 지배적인 환경 말이다. 김치를 위한 염장은 재료에서 수분을 제거해 극단적인 짠맛의 환경을 만들어준다.

염지도 기본 원리는 마찬가지다. 다만 소금물에 재료를 완전히 담근다. 덕분에 작용과 결과도 조금 다르다. 염장이 수분을 들어내 한쪽 시스템(김치의 경우는 배추 등 채소)의 환경을 극단적으로 만드는 반면, 염지는 두 시스템의 평형을 끌어낸다. 재료와 소금물의 염도가 같아진다. 또한 염지를 통해 염장과 같은 결과를 유도할 수도 있지만, 농도 조절을 통해 얼마든지 맛만 좇을 수도 있다.

가장 간단한 공식 가운데 하나를 소개한다. 고기와 (고기가 잠길 만큼의) 물의 무게 대비 소금 1%, 설탕 0.4%를 섞는다. 예를 들어 1.2kg짜리 닭을 1.2kg의 물에 담근다면 소금 24g, 설탕 9.6g을 더한다.[12] 염지액에 재료를 담그면 일단 평형 상태를 이루기 위해 재료의 수분이 빠져나가 염지액에 섞인다. 그 결과 염지액의 농도가 낮아지게 되고, 이차적인 평형 상태를 이루기 위해 담가둔 재료의 내부로 다시 수분이 침투하는 원

---

12 Nathan Myhrvold, Chris Young, and Maxime Bilet, *Modernist Cuisine: The Art and Science of Cooking 3* (The Cooking Lab, 2011), p. 168.

리다. 닭의 경우에는 12~24시간 정도 담가두었다가 하루 정도 냉장고에서 노출시켜 겉을 말린다. 양념을 이용해 재우는 것보다 효과적으로 재료에 맛을 불어넣을 수 있음은 물론, 조직 내부에 수분을 보충해 '맷집'을 키워준다. 설사 과조리하더라도 재료가 촉촉함을 잃지 않도록 돕는 것이다.

재료 내부에 간을 하는 동시에 과조리를 막아준다면 역시 가장 혜택을 보는 재료는 예를 들었듯 닭, 특히 한국의 닭이다. 닭은 기본적으로 재료 자체의 맛이 진하지 않은 고기다. 다른 고기, 즉 소나 돼지는 물론, 심지어 같은 가금류인 오리와 비교해보면 두드러지게 맛이 옅다. 그래서 닭은 '빈 캔버스'라고 불리며, 육수로서 감칠맛과 젤라틴의 진득함을 더하는 등 다른 맛의 보조 역할을 주로 맡는다.

닭의 기본 특성 외에도 다른 두 가지 요인에 의해 염지의 쓸모가 커진다. 첫 번째는 '영계' 선호 문화와 맞물린 사육 기간과 이윤의 관계다. 6주 이상 기르면 사육비가 이익을 보장해주지 않는다. 채 1kg를 넘지 않는 것을 주로 먹는다. 두 번째, 설상가상으로 어린 닭이라고 더 부드럽지 않다. 존재 자체가 의심스러운 역추적의 산물인 '토종닭'은 쫄깃함을 가장한 질김으로 보답한다. 이런 닭을 잘 튀기려면 염지가 필수라고 보아야 한다. 부드러움을 불어넣는 한편 과조리를 막아주니 이보다 더 좋은 보조책이 없다.

게다가 대부분의 치킨 매장은 프랜차이즈로 운영된다. 튀김은 여느 음식에 비해 더더욱 찰나의 완성도에 기대기 때문에 현장에서 조리에 전념할 수 있도록 본사의 철저한 지원이 중요하다. 재료인 닭의 가공도 중요하지만, 염지는 대량 처리가 훨씬 효율적이므로 공장에서의 관리가 보다 합리적이다.

하지만 이런 전략적 생산 방식을 '공업적'이라며 부정적으로 여긴 다. 특히 고발 프로그램에서는 염지액 침투가 쉬워지도록 닭을 침으로 찌르는 공정, 염지 이후 수분 제거를 위한 원심 분리 탈수를 문제로 삼 았다. 둘 다 식품의 대량생산 개념 자체를 이해 못 한 트집 잡기다. 공업 적인 접근 자체가 과연 부정적일까? 한국 식탁의 중심을 책임지고 있는 압력 밥솥은 무척 일상적인 도구지만 이 역시 최신 기술의 산물이다. 효 율이 필요한 맥락에서 기계 또는 기술의 힘을 빌리는 건 전혀 문제가 아 니다. 음식에 대한 선입견으로 무조건 손을 거쳐야 좋다고 착각하지만, 틀렸다. 대량생산에는 그에 맞는 방법이 필요하다.

또한 공업적인 조치의 세부 사항으로 지적된 찌르기와 탈수는 비단 공업적인 생산 및 조리 과정에만 존재하는 것도 아니다. 레스토랑은 물 론 최소량의 가정 조리에서도 쓰는 방법이다. 서양 조리에서는 자카르 (jaccard)라는 침을 사용한다. 망치와 더불어 질긴 고기를 부드럽게 만들 거나, 오리 가슴살처럼 두꺼운 껍질 밑에 녹여내야 하는 지방층이 있는 경우 껍질에 칼집을 넣는 대신 침을 찌른다. 원리도 고발당한 침과 같다. 재료의 표면에 대고 누르면 가로로 두세 줄 늘어선 침이 빠져나와 재료 내부를 찌른다. 이것이 프랑스를 비롯한 서양 요리에서 전통적인 단백질 인 오리 가슴살을 손질하는 방법이다.

탈수도 마찬가지다. 가정용 채소 탈수기도 같은 원리, 즉 원심력으 로 굴곡이 있는 잎 사이의 물기를 말끔하게 털어낸다. 치킨 프랜차이즈가 대규모 물량을 처리하느라 공업적이고 전문적인 원심분리기를 쓴다면 차라리 다행이다. 어중간한 규모의 일반 음식점에서는 만두나 순대 속에 채우는 절인 양배추 등의 물기를 빼는 데 탈수기를 쓴다. 당연히 세탁용이다. 빨래를 짜야 할 기계로 절인 양배추를 짜면 크나큰 문제인가? 애초에 옷을 짜는 데 쓰지 않고 처음부터 조리용으로 썼다면 그것은 문제일까? 물론 그렇다고 믿지만, 같은 과학적 원리가 조리 기구 고안의 원동력이 된다는 사실은 잊지 말아야 한다.

소금 제대로 쓰기:
적극적인 역할 구분 및 분담

소금을 쓰는 방식에도 개선이 필요하다. 어떤 식문화를 막론하고 소금만큼이나 기본적이면서 동시에 중추적이고 핵심적인 역할을 하는 요소가 없다. 집과 밖을 막론하고 음식 맛을 위한 기본이자 핵심이다. 그만큼 잘 써야 한다. 일단 여건부터 잘 갖춰야 한다. 다양화를 권한다. 한 가지 소금이 아니라 소위 'TPO(시간(time), 장소(place), 상황(occasion))'에 맞는 여러 종류의 소금이 맛내기의 효율은 물론 먹는 재미도 북돋을 수 있다. 말하자면 소금의 전략적 사용이다.

대표적인 여름 음식인 콩국수를 예로 들어보자. 콩을 불리고 삶아 국물을 내는 과정이 워낙 지난한 탓에 여전히 전문점의 음식이다. 대개 찾아가 먹어야 하는데, 대개 소금 간을 아예 하지 않은 콩 국물에 소면을 말아 낸다. 대신 바닷소금이나 꽃소금을 통에 담아 올린다. 보통 입자가 굵은 편이라, 안타깝게도 소금의 본업 즉 간 맞추기에는 적당치 않다. 알갱이가 커서 걸쭉하고 차가운 국물에 잘 녹지 않기 때문이다.

반면 어부지리로 부업에는 탁월하다. 짠맛의 알갱이로 텁텁하거나 질척할 수 있는 콩 국물에 악센트를 준다. 채 녹지 않은 소금 알갱이를 씹으면서 찰나 폭발적인 짠맛을 느낄 수 있다. 우연의 산물치고 아름답다. 서양에서는 대표적으로 스테이크에 같은 방법을 적용한다. 기본 소금 간을 해서 맛을 끌어내 구운 고기 위에 씹히는 알갱이의 바닷소금을 고명처럼 얹는다.

콩 국물의 물성 또는 농도를 감안할 때, 한 가지 소금에 서로 다른 두 가지 과업을 한꺼번에 떠맡기면 효율이 떨어진다. 결국 한 가지도 제대로 해내지 못한다. (문자 그대로 혹은 비유적으로도) 알갱이 크기만 바꿔 투입해도 제 몫을 100% 하고도 남는다. 국물의 기본 간 맞추기는 곱게 간 소금에게, 악센트는 굵은 소금에게 맡긴다. 걸쭉하지 않거나 뜨거운 국물도 마찬가지다. 일단 소금이 잘 녹아야 제 역할을 할 수 있다. 이건 소금의 주인, 즉 사람이 도와야 할 과업이다.

소금을 여러 종류 살 필요는 없다. 한 가지 소금만 갖춰도 용도에 맞춰 쓸 수 있다. 소금 알갱이의 크기나 모양을 달리하는 것만으로도 조리의 효율성이나 결과는 눈에 띄게 달라진다. 굵은 소금을 갈거나 부수는 방법은 생각보다 쉽다. 집에서 소량 조리하는 경우라면 이제는 대중화된 즉석 후추 갈이를 활용할 수 있다. 맷돌과 비슷한 원리의 고깔형 회전 칼날(burr)이 굵은 알갱이를 잘게 부숴준다. 필요할 때마다 음식 위에서 바로 갈아내 쓸 수 있다. 더 많은 양이 필요한 경우라면 날이 달린 전동 원두 갈이(blade grinder)로 역시 필요한 만큼 갈아 쓸 수 있다.[13]

한편 악센트를 맡는 굵은 소금은 그대로도 좋지만, 신안 등에서 나는 바닷소금이라면 개선의 여지가 있다. 바닷소금은 단단한 데다가 정육면체인 결정 모양까지 한데 맞물려 씹는 맛이 썩 좋지 않다. 어금니 사이에 넣고 힘을 줘야 씹힌다. 손으로는 여간해서 부스러지지 않는다. 국산으로 가장 비싼 소금은 80g에 48000원이다. 은 시세가 1g에 510원 수준이니 은보다도 더 비싸다. 전체 소금 가운데 0.01%의 희귀한 제품임을 내세우는데, 맛도 좋다. 간 맞추는 데 헤프게 쓰기보다 조금씩 악센트를 주기 위한 용도에 적합하다. 알갱이째 씹어 먹는 소금인 것이다. 하지만 입자가 너무 단단하고 날카로워 손으로 부스러뜨리기는 거의 불가능하다.

이처럼 악센트를 주는 데 특화된 소금이 따로 있다. 결정이 육면체보다는 눈송이처럼 납작하고 또 물러 직접 씹어 먹을 때 특유의 질감과 맛을 준다. 영국의 맬든 소금(maldon salt)이 세계적으로 가장 유명하다. 한편 하와이의 화산암 소금이랄지 히말라야의 분홍색 소금 등도 비슷한 명성을 누린다. 각각 갈색과 분홍색을 띠고 있지만 색은 음식의 시각적 아름다움에만 기여할 뿐, 맛과는 상관이 없다.

고급화의 일환으로 초고가의 소금도 등장하지만 쓰임새는 찬찬히

---

13 원래 고깔형 회전 칼날은 효율적인 커피 추출을 위해 원두를 갈지 않고 부숴주는데, 다만 가격이 비싸다. 반면 납작한 칼날이 달린 콩 갈이는 훨씬 싼 대신 콩을 문자 그대로 갈고, 그 과정에서 열이 많이 발생해 원두의 맛에 좋지 않은 영향을 미친다. 따라서 커피 외의 향신료, 소금 등을 갈아 쓰는 데 훨씬 더 잘 들어맞는다.

고려하지 않은 듯 천편일률적이다. 부가가치를 얻어내는 방법을 가늠하기 어렵다. 식재료의 틈새시장 공략은 제품의 정확한 용도를 전달할 때 훨씬 쉽고 효율적이다. 소금이 비싸다면 그 이유와 차별성을 쓰임새를 통해 아주 정확하고 구체적으로 설명할 수 있어야 한다.('A 음식에 B의 용도로 C만큼 쓰면 D의 맛이 난다.') 그것을 제시할 수 없다면 개발자나 판매자도 고유한 용도를 제대로 모른다는 뜻으로 이해할 수밖에 없다. 천일염이 그렇게 소중하다면 가치도 그에 맞춰 관리 및 개발해야 한다. 음식 문화의 변화를 굽어보고 그에 맞는 아이디어를 제시할 수 있어야 한다는 말이다.

앞서 한 종류의 소금을 갈아 두 종류의 다른 맛내기 과업을 맡기는 방법을 설명했다. 여러 용도에 따라 아주 가는 것과 굵은 것 사이의 넓은 중간 영역을 활용할 수 있음은 물론이다. 특히 양념장 사용 때문에 취약한 소금구이에 가장 중요하다. 이제는 사라진 피맛골이나 종로, 을지로 일대 뒷골목의 밥집을 지나칠 때면 밖에 내놓고 굽는 생선이 입맛을 당기지만 막상 먹어보면 기대만큼 맛이 없는 경우가 대부분이다. 과조리, 즉 지나치게 구워 뻣뻣한 것도 문제지만 적합한 소금으로 제대로 간을 하지 않기 때문이다. 굵은 바닷소금을 많이 쓰는데, 일단 결정이 정육면체라 잘 달라붙지 않고 달라붙은 알갱이도 잘 녹지 않는다. 겉에서는 소금이 으적으적 씹혀 강한 짠맛을 주지만 정작 살은 싱겁고 제 맛이 나지 않는다. 게다가 여기에 간장을, 때로는 가짜 와사비나 독한 겨자가루까지 곁들여 준다. 전형적인 양념 과잉의 상황이다. 섬세할뿐더러 바다에서 왔지만 체내로는 염분이 침투하지 않는 생선에게 올바른 대접이 아니다. 적절한 소금만큼 생선에게 어울리는 것도 없다.

생선 가게에서도 사정은 마찬가지다. 한때 시장에서 물이 좋지 않은 생선의 상태를 감추려는 의도라는 말이 있었지만, 요즘은 백화점에서도 요청하면 손질 후 소금을 뿌려준다. 자랑스레 '간수를 뺀 국산 천일염'을 쓴다는 걸 내세우는데 일단 입자가 너무 크다. 소금이 잘 녹지 않으니 제 역할을 못 한다. 배를 갈라 내장을 빼내고 토막 치는 과정에서 몇 번씩 물에 헹구는 수고를 하는데, 물기가 많은 상태에서 뿌려도 잘 녹지 않는다.(물론 후하게 뿌려준 소금이 다 녹아도 지나치게 짜질 우려가 있다.)

한편 소금 알갱이가 너무 고와도 적합하지 않다. 엄지와 집게로 집었을 때 소금의 양을 느끼고 가늠할 수 없을뿐더러 무게가 아예 없다시피하니 재료에 골고루 흩뿌릴 수가 없다. 예능 방송에 출연한 셰프들이 소금을 높은 곳에서 흩뿌리곤 하는데, 실제 인식하고 있는지는 모르겠지만 순수한 예능 외의 가치가 존재한다. 흩뿌려진 소금이 내려오면서 골고루 퍼져 재료의 표면에 사뿐히 내려앉는다.

어떤 소금이 이러한 쓰임새의 기준에 들어맞을까. 유태인의 지혜를 빌려보자. "물고기를 주지 말고 물고기 잡는 법을 가르쳐주라."는 탈무드? 물론 아니다. 어린 시절 본의 아니게 많이 읽었지만 잡은 생선의 손질법은 본 적이 없다. 생선(구이)에 가장 중요하다고 강조한 소금이 주인공이다. 유태인의 소금이라 불리는 코셔 소금(kosher salt). 유대교의 율법에 따라 도살 후 염장(koshering)하여 고기의 피를 전부 뽑아낼 때 사용한다고 해서 붙은 이름이다. 알갱이가 손으로 가늠하기 딱 좋은 크기의 소금이다. 또한 특유의 거친 결정 모양 때문에 재료의 표면에 잘 달라

붙어 요리에 쓰기 편하다. 소금 결정이 선천적으로 깔쭉깔쭉하게 생긴 게 아니라, 롤러 등으로 부스러뜨려 만들어진 특성이다. 가공을 통해 조리에 적합한 물성을 얻을 수 있다는 걸 보여주므로 참고할 필요가 있다. 요즘 우리나라에서도 비슷한 크기와 모양의 입자를 갖춘 소금이 등장하고 있다.

알갱이의 크기와 모양으로 인해 코셔 소금은 맛내기의 붙박이 노릇을 한다. 가정은 물론 고급 레스토랑에서도 두루 쓴다. 한마디로 소금의 표준으로 통한다. 이러한 현상이 시사하는 바가 있다. 코셔 소금은 정제염이다.(천일염 예찬론자들이 눈쌀 찌푸리는 소리가 들린다.) 모든 맛의 기본을 위한 소금이라면 자연과 최대한 가까운 소금을 써야 하는 것 아닐까. 그렇지 않다. 정확히 그 반대다. 오차 없는 통제가 필요하기 때문이다.

레스토랑 주방을 예로 들어보자. 조리는 물론 맛내기도 혼자 하지 않는다. 탄수화물, 지방, 단백질은 물론 소스처럼 요리를 이루는 요소를 각각 조리해 접시에 한데 합쳐 낸다. 공동의 노력으로 한 접시의 맛을 내고, 그 결과가 셰프가 정한 기준을 꾸준히, 일관적으로 따라야 한다. 그러려면 가장 기본이자 중심인 간을 맞추는 소금에 오차의 여지가 없어야 한다. 결국 소금 알갱이의 모양과 크기는 물론, 맛의 측면에서도 정확한 통제가 가능해야 한다. 이를 충족하려면 공장제 정제염이 최선이다. (믿거나 말거나) 최선의 단맛이 공장에서 정제한 백설탕에서 나오는 걸 감안하면 딱히 이상할 것도 없다.

다시 소금으로 향하는 길

소금으로 향하는 먼 길은 소금에 다다랐다고 생각할 때 비로소 시작될지도 모른다. 염장 음식 문화가 발달해 익숙하게 여기지만, 우리는 의외로 소금을 잘 모른다. 그래서 소금을 잘 써야 한다. 더 많이 쓸 수 있어야 한다. 다만 조건이 있다. 오로지 소금만 쓰는 것이다. 만능 양념장도, 된장도, 간장도 걷어내고 소금으로 맛을 낼 수 있어야 한다. 이는 한식 맛내기 패러다임의 근본적인 변화를 의미한다. 한식의 맛은 확실히 수동적 공격성을 띠고 있다. 양념이나 장류로 전체를 가려버리면서 정작 재료의 맛은 살리지 못한다. 초점을 좀 더 선명하게, 다시 맞추는 것이 과제다. 간은 더 잘 맞추고, 텁텁함은 덜어낼 것. 소금에 더 의존해 간은 중립적으로 본 다음, 장류는 향 또는 뉘앙스만 주는 용도로 선택적으로 쓸 것. 소금이 변화의 열쇠를 쥐고 있다.

한식의 품격

2. 단맛,
당의 역전 현상

쓴맛 호되게 본 단맛

단맛이 쓴맛을 호되게 겪고 있다. 건강 악화의 제1 원흉, 공공의 적, 그리고 비만과 고지혈증, 당뇨병 등의 주원인으로 낙인찍혔다. 주적은 '당'이다. 비단 설탕만 대상이 아니다. 대표로 두들겨 맞는 대신 그나마 대접받는다. 싼 대체품인 고과당 콘시럽에게는 아예 자비조차 베풀지 않는다. 전 세계가 똘똘 뭉쳐 공격한다.

한국도 예외는 아니다. 2016년 4월, 정부는 '단맛과의 전쟁'을 선포했다. 식품의약품안전처가 '제1차 당류 저감 종합 계획'을 발표했다. 2020년까지 가공식품을 통한 당류 섭취량을 하루 열량의 10% 이내로 관리하겠다는 목표를 세웠다.[14] 하루 열량 2000kcal를 섭취하는 성인이라면 200kcal 이하로 제한하겠다는 취지다. 설탕으로 환산하면 50g, 각설탕 한 알이 3g이니 16~17개 분량이다. 많기는 많다.

14　식품의약품안전처, 「제1차 당류 저감 종합 계획」(2016.4.7), http://www.mfds.go.kr/index.do?mid=675&seq=31218&cmd=v 참고.

단맛이 배척당하는 가운데 부두 인형 처지에 놓인 이가 있다. 요리사 백종원이다. 외식 프랜차이즈를 운영하다가 방송에서도 본격적으로 입지를 넓혔다. 푸근하면서도 조리의 어려움을 친절하게 덜어주는 캐릭터가 잘 먹혔다. 그런 가운데 쉽고 효율적인 맛내기를 위한 전략으로 설탕을 많이 쓰면서 표적이 됐다. 일부에게서 한식 단맛의 선동가 취급을 받았다.

과연 백종원이 단맛의 원흉일까? 그렇지 않다. 그는 단지 뿌리 깊은 습관을 양지로 끌고 나왔을 뿐이다. 그 탓에 일부에게 적으로 낙인찍혔지만 한식에서 단맛 과잉은 만연한 현실이다. 결코 일부의 현상이 아니다. 단맛의 존재 자체가 기본적으로 역전되어 있다. 원래 짠맛 위주여야 할 끼니 음식이 달고 반대로 달아야 할 과자, 후식류는 충분히 달지 않다. 심지어 맛에 품는 기대마저 이 역전 현상에 맞춰져 있다. 끼니 음식의 단맛에는 큰 의심을 품지 않는 반면, 디저트의 단맛은 부정적으로 여긴다. 인터넷을 뒤져보라. "달지 않아 맛있는 케이크"에 대한 평이 널렸다. "설탕 없는 과자 공장" 같은 디저트 가게도 등장했다.

넘쳐나는 역전된 단맛

역전된 맛내기는 이미 고질적인 습관이다. 본래 단 탄수화물인 밥 위에 설탕으로 단맛을 낸 반찬이 얹힌다. 앞에서 소개한 만능 양념장 레시피로 헤아릴 수 있듯, 양념장 위주의 한식은 애초에 단맛의 개입이 아주 쉽다. 하지만 이제는 국, 심지어 김치도 피해갈 수 없다. 오랜 전통을 스스로 자랑하는 곳, 젊은 감각에 의존한다고 스스로 내세우는 곳 모두 마찬가지다. 단맛으로 대동단결한다.

각각의 예를 들 수 있다. 전자라면 충무로의 진고개가 가장 먼저 떠오른다. 오래된 음식점군 가운데 가장 단맛이 강한 음식을 낸다. 전통이라 자임하는 구태의연함, 또는 시대착오가 지배하는 분위기다. 음식도 기본적으로 시대착오적이다. 비빔밥에는 이제 김밥에도 잘 쓰지 않는 스모크햄을, 그것도 얄팍하게 썰어 고명으로 얹는다. 하지만 엄청난 단맛만은 철저하게 동시대적이다. 곱창전골도, 한식(특히 밥)과 어울리지 않는 걸쭉한 샐러드 드레싱도, 물김치며 심지어 돈을 받고 파는 오이김치까지 예외 없이 달다. 그나마 원래 달아 따로 단맛을 보태지 않은 밥만 그럭저럭 먹을 수 있는 지경이다.

후자로는 투뿔등심이 있다. 삼원가든의 SG 다인힐이 운영하는 프랜차이즈 고깃집이다. 장점도 있다. 새로운 식문화를 일군다는 차원에서 여러 가지 개선책을 시도한다. 한식당, 특히 고깃집의 취약한 환경의 현대화를 적극 추진했다. 여유로운 자리 배치의 입식 공간도 훌륭하다. 시스템이 장점인 프랜차이즈의 긍정적인 역할이다. 지점들 간의 수준도 비교적 균일하다. 와인의 적극적인 도입도 높이 산다. 제대로 굽는다면 숯불에 구운 고기와 레드 와인만큼 즐거운 음식과 술의 짝짓기가 없다. 적당한 신맛, 탄닌 등이 고기의 기름기를 덜어주고 불맛을 북돋아준다. 콜키지(와인을 가져갈 경우 잔 등 서비스 제공 비용)가 무료인데, 오히려 받으라고 권하고 싶다.

하지만 이러한 장점도 사정없이 휘몰아치는 단맛에는 정신을 차리지 못한다. 고기에 덧씌운 단맛은 오히려 받아들일 수 있다. 쇠고기에 단맛 바탕 양념을 발라 숯불에 구우면 나름의 강력한 맛을 낸다. 좋든 싫든 한식의 문법이다. 캐러멜화와 훈연 향의 폭발적인 경험은 해외에서도 통한다. 다만 금방 물려 많이 먹지 못하는 게 단점이다. 나머지 요소가 균형을 잡아줘야 되는데 불균형을 심화한다. 김치 등 반찬은 물론, 따로 주문하는 찌개 등도 한결같이 달다. 단맛이 없다시피 한 레드 와인 또한 금방 물려버린다. 고기의 기름진 맛을 덜어주는 장점을 가진 와인이 음식 전체에 걸친 단맛을 버티지 못하고 되려 나가떨어진다. 소금 간, 짠맛 중심의 고기에 곁들일 때와 전혀 다른 국면이 벌어진다.

심지어 최고급 파인 다이닝 레스토랑도 이런 경향에서 자유롭지 못하다. 한식이 근간이라면 단맛을 기본적으로 '장착'한다. 전체를 굽어 보면 분명 새로운 시도를 맛볼 수 있다. 하지만 어느 시점에서 그와 모순되는, 전형적인 단맛이 불거져 나온다. 신라호텔의 한식당 라연의 셰프는 본디 프랑스 요리 전문가다. '짠맛 다음 단맛'이라는 순서가 문법과 질서로 굳어진 체계를 이해하고도 남는 셰프가 주방을 꾸린다는 뜻이다. 하지만 끼니 음식은 예외 없이 아주 달다. 특히 양념 바탕 음식에서는 전혀 피해갈 수 없다. 와인을 음식과 짝 맞춰 내는 시음 코스를 운영하는데, 마실 수 없을 정도의 단맛을 겪은 적이 있다. 게다가 디저트마저 달아 식사의 막바지에는 '슈가 러시(sugar rush)'를 느낄 지경이다.

단맛을 향한 오해

현실이 이러하니, 단맛이 확실히 문제다. 그러므로 설탕은 진정한 원흉일까? 그렇게 결론 내리기는 조금 이르다. 형편을 정확히 분석할 필요가 있다. 맛의 균형은 분명히 깨졌다. 단맛이 점령하고 있기 때문이다. 하지만 깨진 맛의 균형이 곧 설탕의 남용을 의미하지는 않는다. 달리 말해 설탕은 분명히 오용되고 있지만, 정확하게 남용된다고 볼 수는 없다. 일단 통계부터 살펴보자. 《워싱턴 포스트》에 실린 기사의 자료에 의하면, 한국은 하루 평균 30.8g의 설탕을 섭취해 조사 대상인 54개국 가운데 40위권이다. 감을 잡기 위해 비교하자면 1위는 126.4g의 미국으로 2위 독일(102.9g)보다 20g 이상 더 먹는다. 일본이 56.7g으로 20위권에 들어, 아시아에서는 가장 높은 순위를 차지한다.[15] 참고로 조사 대상국 가운데 설탕을 하루 25g 미만으로 먹는 곳은 10개국에 불과했다.

앞에서 살펴본 것처럼 기준은 50g이다. 위의 자료로 판단하자면 한국인은 결코 설탕을 많이 먹는다고는 할 수 없다. 따라서 설탕 과다 섭취는 물론, 한발 더 나아가 젊은 세대의 설탕 소비를 문제 삼은 '슈가 스푼' 론 또한 과장이다. 공포를 악용한 선동에 가깝다. 많이 먹으면 좋지 않지만, 덮어놓고 문제로 지목하고 통제를 시도하면 역효과를 낳을 수 있다. 누구나 먹고 싶은 대로 먹을 권리가 있지 않은가. 일단 현상 및 원천의

---

[15] Roberto A. Ferdman, "Where people around the world eat the most sugar and fat," *The Washington Post* (2015.2.15), https://www.washingtonpost.com/news/wonk/wp/2015/02/05/where-people-around-the-world-eat-the-most-sugar-and-fat.

정확한 파악이 더 중요하다. 그래서 '맛'부터 살펴보아야 한다. 한식의 단맛과 역전 현상 말이다.

현재 한식의 단맛은 왜 문제인가. 무엇보다 금방 물린다. 입에 막 넣었을 때 즉각적인 즐거움을 주지만 한두 입이면 끝이다. 이후로 점차 단맛이 쌓여 적절한 경험을 방해한다. 단순히 많이 먹지 못하는 정도가 아니라, 각 매장에서 정량이라 설정한 만큼을 다 먹지 못하게 만든다. 강조된 단맛은 일정 수준 디자인의 결과다. 그 원인을 한식의 현황에서 추측해본다. 소금은 건강의 적이니 빠지는 게 기본이다. 쓴맛은 애초에 목소리가 커야 할 맛이 아니다. 전면에 드러나지 않으면서 표정의 구체화에 일조하는 것이 최선이다. 감칠맛? 능숙하게 다루기가 어렵고 그 방법도 모른다. 쓴맛과는 다르지만 만능도, 다다익선도 아닌데 오용은 물론 남용도 심하다. 용감하게 화학조미료를 쏟아붓거나 소심하게 다시마, 버섯가루 등에 의존한다. 신맛의 경우는 원천인 산의 표정이 지나치게 단조롭다.

결국 기본적인 다섯 가지 맛 가운데서 단맛만이 남는다. 더불어 '한국의 맛'이라는 매운맛이 큰 목소리를 내고, 신맛이 경우에 따라 주제넘지 않게 맞장구를 치는 수준이다. '새콤달콤' 아니면 '매콤달콤'이 전부다. 심지어는 '담백'과 '슴슴'을 앞세워 지방과 소금을 뺀 음식조차 단맛은 전혀 줄이지 않아 매운맛과 함께 더 도드라진다.

단맛의 이해:
본능 또는 퇴행의 맛

단맛 선호 자체를 비난하기는 어려운 일이다. 인간은 단맛에 끌린다. 진화인류학에서는 이를 수렵 채집 시절부터 쌓여온 본능, 또는 습관이라 설명한다. 익은 과일 등이 그렇듯 단맛은 먹을 수 있고 또 맛있으리라는 신호인 동시에, 고열량 에너지원임을 알려주는 징표다. 그래서 인간은 단맛에 즉각적인 호감을 드러낸다. 단맛의 득세도 이렇게 헤아리면 일단 이해는 가능하다.

하지만 빈도와 수준은 분명 과제다. 모든 음식이 다 똑같이 달아야 할 필요는 없다. 한식이라면 한 상 위에 올라가는 반찬이 그려내는 맛의 큰 그림을 헤아릴 필요도 있다. 단 음식이 오른다면 균형을 위해 달지 않은 음식도 올라야 하지만, 그렇지 않다. 모든 음식이 똑같이 달다. 비단 한식만의 문제가 아니다. 한국 식문화의 울타리 안에서 어떤 종류의 음식도 단맛으로부터 자유롭지 않다. 한국화된 중식이 좋은 예다. 탕수육이야 달 수 있다 쳐도, 달아서 먹기 어려운 짜장면이 흔하다. 양파에서 나오는 단맛이 아니다.

인간이 단맛에 즉각적인 호감을 느끼는 것이 본능이라면, 단맛의 지나친 득세는 결국 맛의 퇴보를 시사한다. 고민 없이 쉬운 카드를 남발하는 격이다. 설탕 소비는 세계 40위권에 불과하지만 그와 상관없이 맛은 퇴보 중이다. 가장 강력했던 징후가 2014년의 허니버터칩이다. 이성적인 설명이 불가능할 정도로 엄청난 인기를 끌었다. 재고가 없는 수준을 뛰어넘어 끼워 팔기, 웃돈 거래까지 성행했다.

곧 사회 현상으로 자리 잡았다. 수많은 유사품이 등장했고, 같은 양념(seasoning)의 조합은 곧 감자칩, 과자, 이어 식품의 경계까지 뛰어넘어 퍼져 나갔다. 한편 흔히 쓰다고들 여기는 소주에 유자, 자몽, 복숭아 등의 과일 향 단맛이 따라붙어 역시 선풍적인 인기를 누렸다. 한 매체는 이를 묶어 '단맛 열풍'이라 불렀다.[16] 원래 그렇지 않았던 음식에 단맛이 덧씌워지는 현상을 새롭게 보는 분석이 줄지어 등장했다.

그러나 이 단맛 열풍은 새로운 현상이 아니다. 존재하지 않았던 단맛이 등장한 것도, 새로운 전략을 적용한 것도 아니었다. 한식에서 강한 단맛은 이미 존재해왔다고 밝혔다. 다만 짠맛과 조합한 전략이 폭발적인 인기의 비결이었지만 이마저도 전혀 새롭지 않다. 짠맛 위주 음식에 단맛을, 단맛 위주 음식에 짠맛을 적극 가세하는 설정은 문화권을 막론하고 쓰는 맛내기 전략이다. 'little goes long way'라는 영어 표현처럼 한 가지 맛을 조금만 더해줘도 대조를 통해 맛의 큰 그림에 긴장감이 생겨나기 때문이다. 상호 억제(mutual suppression)의 원리다. 단맛이 짠맛을, 짠맛이 단맛을 억제해 상대를 두드러지게 만든다. 소금 뿌려 먹는 수박, 소금 캐러멜, 데리야키 소스 등이 흔한 예다. 한식의 간장 불고기 양념도 이제 그 대열에 합류할 수 있다.

단맛과 짠맛의 '밀당', 즉 밀고 당기기의 관건은 조절 또는 통제다. 적은 양이 강한 충격을 주지만 유효한 범위가 점에 가까울 정도로 좁다.

16   강진규·김병근, 「'단맛 열풍'… 소주·치킨·우유·간식으로 확산」,《한국경제》(2015.5.25), http://www.hankyung.com/news/app/newsview.php?aid=2015052487301.

한도를 조금만 넘겨도 맛의 얼개가 완전히 주저앉아버린다. 긴장감이 깨져버려 이도저도 아닌 불쾌한 맛이 나게 된다. 설탕물에 소금을 섞어 맛보는 것만으로도 어렵지 않게 체험할 수 있다. 달달하게 탄 설탕물 한 대접에 소금을 조금씩 더해가며 맛을 본다. 몇 알갱이 차이에 갑자기, 그야말로 맛이 확 가버린다.

단맛과 짠맛 사이의 교통정리

단맛과 짠맛의 혼재는 한때 일상이었다. '짠맛 다음의 단맛'의 질서가 완전히 잡히기 이전에는 두 맛의 밀고 당기기, 정확하게는 혼재가 서양 요리의 기본적인 맛내기 문법으로 통했다. 대부분의 음식에 단맛과 짠맛이 뒤섞여 있었다. 중세와 르네상스까지 그런 경향이 지속되면서 단맛 위주의 끼니 음식이 주류로 통했다. 이를테면 꿀에 조린 고기를 즐겨 먹었다. 그러다가 17세기에 설탕이 대중화되면서 디저트가 출현했고, 그 결과 두 맛의 영역이 또렷하게 분리되기 시작했다. 그리고 18세기 들어 맛의 특성에 따른 영역이 구분 및 정착되었다. 당기는 짠맛이 끼니를 위한 음식에, 끊어주는 단맛이 후식에 자리 잡았다.[17]

    21세기에도 이러한 맛내기는 크게 두 갈래의 명맥을 유지하고 있다. 첫 번째는 파인 다이닝 가운데서도 일부의 영역이다. 페란 아드리아

---

17   폴 프리드먼, 주민아 옮김, 『미각의 역사』(21세기북스, 2009), 217~218쪽.

(Ferran Adria)라는 이름을 들어보았는가? 지금은 문을 닫은 레스토랑 엘 불리의 셰프이자 현대요리의 선구자인 그는 요리에 상존해왔지만 의식되지 않았던 기술과 과학을 적극 도입해 새로운 요리 세계를 창조했다. 분자요리, 또는 현대요리(modernist cuisine)라 일컫는다.

현대요리는 맛의 경험적 선입견을 깨뜨려 얻는 극적 효과를 목표로 삼는다. 달리 말해 '낯설게 하기'다. 따라서 의도적인 혼돈을 연출한다. 질감이나 온도의 경계를 허문다. 거품이나 젤리 등으로 익숙한 재료의 맛만 남긴 채 질감을 재설정한다. 가령 원래 액체인 올리브기름이 알긴산나트륨(sodium alginate)과 염화칼슘(calcium chloride) 등의 칼슘염(calcium salts)의 반응을 통해 겉만 굳은 구체로 변해, 접시 위에서 터져 흐른다. 또는 한 접시에 차가움과 뜨거움을 공존시킨다. 같은 맥락에서 단맛과 짠맛의 관계가 혼동 또는 역전된 채 식탁에 등장한다. 더 익숙하고 편안한 짠맛 먼저, 단맛 나중의 순서를 뒤집어 의도적인 혼돈을 연출하는 수단으로 쓴다. 일반 음식과 디저트의 경계도 모호하다.

이런 시도를 통해 요리 세계 하나를 통째로 정립한 페란 아드리아가 높이 사는 일상 음식의 짠맛-단맛 줄다리기가 있다. 바로 햄버거와 감자튀김, 콜라(탄산음료)와 케첩의 조합이다. 바로 단맛과 짠맛이 혼재하는 두 번째 명맥이다. 세계에서 가장 흔한 패스트푸드의 구성이며, 단맛과 짠맛의 줄다리기가 사실은 일상적이라는 방증이다.

허니버터칩의 인기는 과장되었고 확실히 광풍이었다. 따라서 그 너머를 보아야 한다. 단맛은 언제나 존재했다. 짠맛과도 언제나 밀고 당겨왔다. 단맛이 위치하는 지점 및 수단을 구분할 필요가 있다. 허니버터칩,

한식의 품격

또는 햄버거와 프렌치프라이, 케첩과 콜라의 세계만이라면 괜찮다. 디자인에 의한 단맛과, 결국은 먹는 재미를 위한 극적 효과로서 짠맛이 혼재하기만 한다면 다행이다. 공존이라고도 규정할 수 있다.

하지만 현재 한식의 단맛은 입지가 전혀 다르다. 설탕 소비량과 직결되지 않고도 전지전능한 존재다. 그로 인해 맛의 균형이 완전히 깨져버렸다. 단맛으로만 간을 맞춘, 와인을 마실 수 없을 정도로 물리는 음식뿐만이 아니다. 열풍이라는 표현을 쓸 만큼 강렬하지만 일시적인 유행이 아닌, 더 점진적이고 지속적인 현상이다.

식탁을 휩쓰는 단맛 광풍

가장 적나라한 예가 과일이다. 과일의 입체적인 매력을 단 한 가지의 기준, 즉 단맛으로 납작하게 만들어 홍보한다. 모든 과일이 그렇다. 싱그러운 향을 내뿜어야 할 감귤류도, 여름 더위 속에서 빛을 발하는 풋풋한 참외도 일단 높은 당도를 내세운다. 수박도, 자두도 피해갈 수 없는 단맛의 멍에다. 마트 등 일반 매장에서는 당도의 측정 단위인 브릭스(brix)로 소비자를 유혹한다.

치솟은 단맛에 파묻힌 과일에선 아무런 향이 나지 않는다. 균형이 완전히 깨졌다. 심지어 채소인 토마토마저 '당도 경찰'의 검사를 받는 처지다. 감칠맛, 신맛까지 맛의 표정이 다채로워 이탈리아의 파스타 소스처럼 일반 음식에 중요한 바탕 역할을 하는 채소가 단맛의 덩어리로 전락했다. 유통 과정의 손상을 막기 위해 갈수록 덜 익은 채로 따는 경향이 심해지는데, 새파랗게 안 익은 토마토조차 감칠맛은 전혀 나지 않을지언정 물릴 정도로 달기도 하다.

영화 제목으로도 유명한 미국 남부의 전통 음식, 튀긴 파란 토마토(fried green tomatoes)는 안 익은 토마토의 새콤함 또는 떫음을 적극 활용한다. 대단할 것도 없다. 이름처럼 파란 토마토에 계란 물과 빵가루를 입혀 튀긴다. 주로 특유의 풀 향을 지닌 염소젖 치즈를 곁들여 토마토의 흙냄새와 짝을 맞춘다. 한국의 파란 토마토로 만들면 의외로 강한 단맛에 깜짝 놀란다. 심지어 잘 익은 고급품을 골라 쓰는 레스토랑에서도 단맛이 강해 균형이 깨진 토마토를 쓴다. 채소이므로 식사 초반 입맛을 돋우는 전채로 나오는 경우가 많음을 감안하면, 의도치 않게 단맛으로 식사 전체의 균형까지 깨는 셈이다.

한편 길거리를 누비는 과일 트럭은 '꿀'이나 '설탕'을 접두어로 상품의 우수함을 홍보한다. 꿀 참외, 꿀 수박 등이다. 둘 다 정제나 농축을 거친, 맛이 강한 감미료다. 과일로 충족할 수 있는 강도의 단맛이 아니다. 스테비아(stevia) 같은 대체 감미료도 당도를 높이는 데 거든다. 단맛이 설탕의 200배인 국화과 다년초 허브를 가공, 가루로 만들어 퇴비와 섞어 땅에 뿌리고 작물을 심는다. 한편 액체 비료도 작물에 직접 뿌린다. 감미료를 뿌리는 셈이다. '친환경 농법'이라 통하지만 목표는 결국 당도의 향상이다.

요컨대 수치로 드러나는 설탕 섭취량보다 인식과 현상, 즉 맛의 퇴보를 의미하는 설탕의 존재나 섭취 빈도에 대한 고민이 더 시급하다. 물론 직접 섭취의 가능성은 언제나 도사리고 있다. 대량생산 식품, 특히 탄산음료를 통한 섭취가 대표적이다. 국내 시판 250ml 콜라 한 캔에 설탕 27g이 들었다. 게다가 본의 아니게 탄산음료 권하는 식문화에 둘러싸여 있다. 매운맛이 단맛만큼이나 득세했기 때문이다. 양념 위주(가령 주꾸미볶음)의 음식을 먹은 후에 자연스러울 정도로 탄산음료를 찾게 된다. 정확히 효과적이지는 않지만(뒤에서 살펴볼 「매운맛」 참고) 입을 씻기 위함이다. 넘치는 시럽의 커피 베리에이션 음료는 또 어떤가. 동양과 서양의 단맛이 만나는 지점에 바로 당 대량 섭취의 문이 열려 있다.

단맛의 균형 되찾기

이런 현실에서 단맛의 파도를 헤쳐 나가기 위한 지혜가 필요하다. 두 가지가 있다. 습관을 인식하는 지혜와, 단맛의 속성과 원천을 파악하는 지혜. 일반 음식에서 단맛의 존재 자체가 문제는 아니라고 했다. 특히 간장을 필두로 발효 장류의 텁텁함이나 쓴맛과 균형을 맞추는 데는 단맛이 확실히 효과적이다. 적은 양의 설탕에 양념의 표정이 한결 매끈해진다. 다만 습관적으로 쓰거나, 맛내기를 설탕이나 감미료에만 기댈 필요는 없다. 믿거나 말거나 감미료가 아예 빠져도 끼니 음식을 제대로 만드는 데는 아무런 문제가 없다. 감미료를 뺀다고 단맛이 아예 사라지지 않기 때문이다. 밥을 비롯한 탄수화물이 기본적인 단맛을 충분히 낸다.

따라서 일반 음식에 감미료를 아예 안 쓰는 것도 불가능한 일은 아니다. 물론 한 번에 완전히 걷어낼 필요까지는 없다. 조금씩 줄이면 된다. 바깥에서는 선택이 거의 불가능한 상황이지만 자가 조리라면 얼마든지 조절이 가능하다. 여태껏 눈대중으로만 조리를 해왔다면 요리책과 레시피, 계량을 도입할 절호의 기회. 양념과 감미료의 양과 맛 사이의 관계를 정확하게 시각화해 기준을 새롭게 잡을 수 있다. 한 번에 훌쩍 먼 길을 가려 애쓸 필요도 없다. 기회 닿을 때마다 조금씩 조절하며 나의 맛을 찾아보자. 기준으로 쓰는 레시피에 포스트잇 한 장 붙여놓고, '설탕의 양(날짜)'의 형식으로 가볍게 기록한다. 기억 못 하더라도 다음 조리 때 자연스레 상기할 수 있다.

간장 바탕의 소불고기를 예로 들어보자. 설탕은 고기 무게의 30분의 1이면 충분하다. 양파나 배즙 같은 건 아예 쓰지 않아도 좋다. 특히 설탕을 대체할 목적이라면 더더욱 필요 없다. 간장, 설탕, 마늘과 생강만으로도 맛은 충분히 낼 수 있다. 참기름은 선택이고, 쓰더라도 한두 방울이면 충분하다. 끼니 음식의 단맛은 묵은 습관이다. 바꿀 수 있다. 설탕 양에 따른 맛의 차이를 분명히 느낄 수 있을 것이다. 마이야르 반응 등으로 재료 자체의 맛을 얼마든지 끌어낼 수 있는 재료가 쇠고기다. 물론 단맛도 포함된다. 그런 재료에 굳이 두껍거나 자욱한 양념을 입힐 필요가 없다.

완전히 걷어내는 것도 분명 가능하지만(실제로 그렇게 먹고 있다. 자가 요리를 20년 이상 해온 사람으로서 균형 맞추기를 위해 약간의 설탕을 빼고 감미료를 전혀 쓰지 않는다.) 감미료를 도저히 뺄 수 없다면, 두 가지 측면을 보완한다. 균형과 색채다. 세계적으로 인기를 얻고 있는 태국 음식을 예로 들어보

한식의 품격

자. 굉장히 드러내놓고 달다. 그 단맛이 분명한 인기의 비결 가운데 하나다. 대신 다른 맛도 생생하다. 균형을 맞추면서 색채도 함께 얻는다. 주로 생재료에 기댄 맛내기 덕분이다.

말린 고추도 쓰지만, 생고추에서 매운맛을 얻는다. 칼칼하지만 텁텁하거나 쓰지 않다. 신맛도 라임, 레몬 등 생과일로 낸다. 생허브로부터 신선하고 풍부한 향이 함께 딸려 온다. 젓갈의 감칠맛과 짠맛, 야자 설탕의 단맛이 가세한다. 달지만 아예 다른 맛도 강하므로 생생하고도 폭발적인 맛이 난다. 한식도 폭발적인 맛을 내지만, 깊이와 표정은 사뭇 다르다. 차라리 한식도 단맛을 덜어낼 수 없다면 '올인'하는 것도 방법이다. '담백', '슴슴'을 찾을 게 아니라 강한 단맛을 인정하고 더 생생하고 풍성하게 다듬는 것이다.

그를 위해서는 원천의 재고가 관건이다. 역시 앞서 언급한 지혜, 즉 맛에 대해 더 잘 알 필요가 있다. 매운맛이나 신맛을 포함한 다른 맛도 마찬가지다. 각각의 장에서 다루겠지만, 무엇보다 단맛이 가장 중요하다. 단맛의 원천 자체에 대한 오해가 가장 크기 때문이다. 일단 간단한 것부터 정리하자. 재료 고유의 향이나 맛을 좇는다면 모를까 단맛을 위해 양파나 배즙을 굳이 쓰지 않는 것이다. 습관에 따른 심리적 만족만큼 맛의 만족을 주는 효율적인 대체제가 아니다.

설탕을 향한 오해

그래서 어쩌란 말인가. 돌고 돌아 결론은 하나다. 말도 많고 탈도 많지만 설탕만 한 감미료는 없다. 특히 중립적으로 단맛만 내는 백설탕이 가장 좋다. 단맛 외에 딸려 오는 맛을 쓰려는 의도가 아니라면, 어떤 감미료도 효과적이지 않다. 물엿이나 꿀, 조청이나 아가베 시럽은 물론 흑설탕도 마찬가지다. 이들은 몇몇 잘 어울리는 자리가 정해져 있는 특수해다. 백설탕 외 감미료의 선호는 감미료를 향한 극복해야 할 선입견이다. 백설탕과 나머지에 대한 오해 또는 착각 말이다. 백설탕은 인공의, '화학적' 정제 과정을 거쳐 해로운 당이며, 그렇지 않은 황설탕이나 흑설탕은 미네랄 등이 풍부해 건강에 좋다는 주장이 있지만 전혀 근거가 없다. 몇 가지 오해 탓이다.

첫째, '화학'이라는 말에 품는 눈먼 두려움이다. 설탕의 화학적 정제 과정이란 원당을 끓여 당밀을 분리하는 과정이다. 당밀은 특유의 맛과 향을 지니지만 모든 음식과 궁합이 맞지는 않는다. 쓰면서 매운맛도 살짝 돌아 불고기 같은 한식엔 어울리지 않는다. 차라리 제과제빵이 적절한 쓰임새다. 또한 미량의 미네랄만 함유하고 있으니 영양 측면에선 별 의미가 없다. 존재하지 않는 효능, 건강에 미치는 긍정적인 영향을 고려해봐야 맛에 손해를 입힐 뿐이다.

둘째, 제조 과정도 일반적으로 생각하는 것과 다르다. 원래 흑설탕은 백설탕 정제 과정을 도중에 멈추었을 때 만들어지는 것이다. 하지만 그럴 경우 타산이 맞지 않아 아예 정제를 끝내 백설탕을 만든 다음, 당밀을 더해 흑설탕을 만든다. 셋째, 심지어 이런 '진짜' 흑설탕이 국내 제조업체에서 나온 지도 얼마 되지 않았다.

그 전까지는 일본식의 삼온당(三溫糖)이 흑설탕이라 통했다. 당밀이 아니라 설탕을 태워 캐러멜로 색만 입혀 만든 설탕이다. 진짜 흑설탕도 당밀의 맛 외에는 의미가 없는데, 심지어 그마저도 못한 가짜를 흑설탕이라 믿고 먹으며 헛된 효능의 꿈을 꾸었다. 제대로 된 흑설탕마저 없었던 것이 우리의 현실이다. 그와 맞물려 유기농 딱지 등이 붙은 흑설탕이 몇 배 비싼 가격으로 팔렸다. 설탕은 설탕일 뿐, 흑설탕도 마찬가지다.

설탕에 대한 전반적 이해가 전무하니 아주 비합리적인 경우까지 본다. 직접 사탕수수 원액을 졸여 만든 황설탕을 쓰는 것이 제품에 의미 있는 부가가치를 부여하는 것인 양 내세운다. 심지어 설탕을 적극적으로 쓰는 제과제빵 같은 업종도 아니다. 전라도 임실의 소규모 유가공 업체는 직접 졸여 만든 설탕을 요거트에 넣는다고 자랑스레 홍보한다. 그러나 일단 요거트에 단맛과 설탕이 굳이 필요하지 않으며, 설사 단맛을 더한다고 해도 백설탕으로 충분하다. 요거트 같은 발효 유제품에는 중립적인 단맛이 가장 잘 어울린다. 굳이 흑설탕을 쓰겠다면 당밀이 든 '진짜' 대량 생산품도 있다. 이런 고급 요거트의 존재는 심정적인 만족을 위해 아무런 의미 없이 낭비한 재료비와 노동력을 소비자에게 떠넘기는 격이다.

이러한 일화는 당에 대한 가장 궁극적 오해의 방증이다. 더 건강한 당이란 존재하지 않는다. 거듭 말한다. 당은 그냥 당일 뿐이다. 췌장에 특히 나쁜 영향을 미친다는 설이 도는 고과당 옥수수 시럽도, 분자구조를 감안하면 설탕과 똑같다. 다른 비정제당도 마찬가지다. 꿀, 아가베 시럽, 심지어 매실청(설탕+매실 아닌가!)도 마찬가지다. 따라서 적절한 양을 먹는 게 좋고, 중립적인 맛을 좇는 게 가장 효과적이다. 요즘은 설탕에 절인 '효소'가 유행인데, 극단적으로 당의 비율이 높은 환경에서는 미생물이 번식하지 못한다. 효소가 아니라, 그저 과일 향 단물일 뿐이다.

좀 더 '자연스럽다' 믿는 재료도 마찬가지다. 양파나 배를 살펴보았듯, 날것의 상태에서 좋게 말하면 은근하고 나쁘게 말하면 미약한 단맛을 지닌 재료를 잔뜩 갈아서 써봐야, 들이는 수고만큼의 대가를 얻지 못한다. 배는 이미 지나치게 달아져 전혀 자연스럽지도 않다. 단맛 두드러지는 과일이, 작금의 '단맛 경찰' 시대를 부추기는 원인 중 하나라는 걸 명심하자. '갈아 넣은 배로 불어넣은 은근한 단맛'은 이제 과거지사다.

설탕 대신으로 사용하는 과일 등이 효과적이지 않은 또 다른 이유는, 맛만큼 수분도 고려해야 하기 때문이다. 과일을 갈아 만든 양념은 단맛의 효율에 비해 수분의 양이 많다. 그로 인해 발생하는 삼투압이 재료의 수분을 뽑아버리는 것은 물론, 원하는 단맛 외의 쓸데없는 맛까지 잔뜩 끌고 들어온다. 키위나 파인애플, 한식에서는 안 쓰지만 파파야 같은 과일은 한술 더 뜬다. 질감에 심각한 영향을 미친다. 단백질 분해효소인 프로테아제(protease) 때문이다.

실제로 파파야에서 프로테아제와 파파인(papain) 등을 추출해 만든 가루 형태의 연육제는 화학적으로 고기를 부드럽게 만들기 위해 많이 사용된다. 먹기 위해 부드러움에 우선순위를 두어 기른 동물의 고기를, 불고기감처럼 얇게 저며서는 간장(산)과 간 과일(연육 효소)에 몇 시간씩, 하룻밤씩 담가둔다면? 고기가 걸레처럼 너덜너덜해진다. 과유불급의 좋은 예다. 이 모두를 감안하면 차라리 설탕을 적절히 쓰는 게 시간과 노력 양쪽 측면에서 훨씬 효율적이다.

한식의 과제:
단맛과 짠맛의 총체적인 재편

식탁이 설탕에 파묻힐까 두려운 마음을 진정시키고 안심해도 좋다. 모든 음식이 설탕으로 넘쳐나는 세상은 오지 않을 것이다. 음식의 수분 및 점도의 역학에 영향을 미치므로 마법의 가루(MSG?)처럼 음식에 설탕을 들이부을 수 없기 때문이다. 앞에서 소금을 더한 설탕물로 단맛과 짠맛의 밀고 당김에 대해 설명했다. 설탕물을 타보면 안다. 설탕을 무한정 녹일 수도 없지만, 녹이더라도 물이 끈적해진다. 다른 음식도 마찬가지로 영향을 받는다. 단맛에 물려버리기 전에 설탕에 의해 음식이 아예 정체성을 잃을 수 있다. 물성의 얼개가 무너져버리는 것이다.

설탕이 빠질 수 없는 제과제빵을 통해 확실히 이해할 수 있다. 제과제빵의 세계는 재료를 마른 재료와 젖은 재료로 양분한다. 전자는 주로 가루 재료, 즉 밀가루와 그 일속이다. 한편 후자는 계란, 버터 등 가루를 반죽으로 만들어주는 재료다. 그렇다면 설탕은 어디에 속할까? 가루지만 후자에 속한다. 설탕이 녹으면서 수분을 제공하기 때문이다. 달리 말하자면, 설탕의 양은 많은 경우 맛뿐 아니라 촉촉함과 관련된다. 특히 제

과제빵에서는 결과물에 결정적인 영향을 미친다.

"너무 달아서 설탕을 반으로 확 줄였는데도 전혀 차이가 없이 맛있어요." 인터넷에서 이와 같은 요리 체험기를 자주 보는데 절대 그럴 수 없다. 들어낸 설탕만큼 수분도 빠지니 뻣뻣해질 수밖에 없다. 이를 역이용해서 단맛의 강도보다 많은 수분을 얻기 위해 대체당을 전략적으로 활용할 수는 있다. 설탕으로만 촉촉함을 끌어올릴 때 지나치게 달아지는 걸 막기 위한 것이다. 선인장이나 해초 등에서 주로 추출하는 트레할로스(trehalose)가 대표적이다. 한식에서 팥을 조릴 때, 또는 각종 볶음이나 조림을 아우르고 윤기를 불어넣을 때 물엿을 쓰는 것과 같은 원리다. 트레할로스는 대신 뭉툭하면서 끝으로 갈수록 불쾌해지는 단맛을 낸

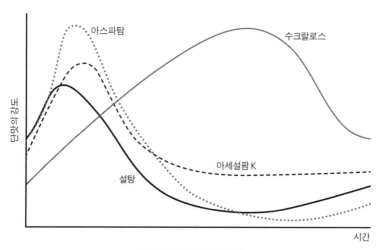

시간에 따른 단맛의 강도 변화

다. 그래프를 보면 이해가 쉽다. 감미료마다 단맛의 절정과 여운이 각각 다르고, 당연하게도 맛의 경험에 영향을 미친다.[18]

마지막으로 디저트다. 단맛 중심인 데다가 끝에 먹는 음식이니 단맛에 대한 글의 마지막에서 살펴보기에도 적합하다. 두 가지를 고려할 수 있다. 첫째, 일단 맥락이 바뀌어야 한다. 일반 음식이 단 현실에서는 디저트가 빛을 보기 어렵다. 따라서 일반 음식에서 습관적인 단맛을 최대한 줄이고 디저트에 몰아주는 것이 중요하다. 둘째, 기대를 조정해야 한다. 디저트는 많이 먹을 음식이 아니다. '양보다 질'에 입각해 조금씩 먹는 대신 적극적으로 단맛을 내는 방향으로 가야 한다. 또한 솔직해져야 한다. '건강한 디저트'란 형용모순이다. 세상에 가장 순수하게 즐거움을 좇는 음식이 존재한다면, 그것이 바로 디저트다. 가장 디저트다운 디저트, 즉 단맛이 살아 있는 것을 조금 먹는 게 바람직하다.

정리해보자. 첫째, 반(反)설탕주의자들이 목소리를 높이고 있지만, 당 섭취 자체는 아직 우려할 만한 수준이 아니다. 둘째, 하지만 단맛의 현재 득세 수준은 맛의 차원에서 분명히 바람직하지 못하다. 쉬운 맛인 단맛에의 의존은 맛에 대한 이해가 떨어진다는 방증이다. 셋째, 따라서 큰 그림을 보고 단맛의 맥락과 위상, 빈도를 조절할 필요가 있다. 습관적인 단맛은 줄일 수 있다. 넷째, 하지만 대체 감미료의 남발보다는 설탕을 적절히 쓰는 것이 더 효율적이다. 다섯째, 모두의 우려와 달리, 백설탕이 가장 중립적인 단맛을 지니고 있어 최고의 감미료이기 때문이다. 여섯

18 Barb Stuckey, *Taste What You're Missing: The Passionate Eater's Guide to Why Good Food Tastes Good* (Atria Books, 2012), p. 215.

째, 이렇게 끼니 음식에서 단맛을 조절한다면, 전체의 재편도 가능하다. 디저트는 좀 더 달아지고 맛있어질 수 있다. 결국 한식은 단맛과 짠맛의 총체적인 재편이 필요하다.

3. 신맛,
다양한 식초의 표정

1.

2012년 3월, 엑스포가 열리기 전 서둘러 여수에 갔다. 초행이었다. 간판 교체 등의 재정비로 이미 장소의 표정이 바뀌어버린 수산시장 주변. 그 어색함을 느끼며 중앙동 먹자 골목에서 몇 끼를 먹었다. 장어탕, 서대회 등이 대표 메뉴였다. 한 음식점에서는 막걸리 식초 통을 보란듯 진열해 놓았다. 서대회를 무칠 때 쓰는 식초를 직접 만들어 쓴다는 증거였다. 그러나 그것이 과연 의미 있는 걸까 나는 회의를 품었다. 막걸리 식초나 직접 만든다는 사실을 못 믿겠다는 것이 아니다. 어쨌든 똑같은 표정의, 전형적인 한국의 신맛이었다. 부드러움 없이, 거칠게 몰아붙이기만 하는 신맛, 그 자체에 대한 회의였다.

2.

아버지의 식성을 적극적으로 고려한 어린 시절 밥상엔 맑은 생선국이 많이 올라왔다. 조기나 준치로 끓이고, 쑥갓 이파리 한두 장 띄운 국이었다. 러시아의 생선 수프 우하(Yxa)와도 흡사했다. 다만 아버지 밥상의 맑은 생선국이 훨씬 더 간소했다. 향신료나 허브에 뿌리채소도 더하는 우하와 달리 생선에 쑥갓 잎 한두 장이 끝이었다. 입맛에 맞는 음식은 아니었지만, 아버지를 따라 밥숟가락 하나씩 더했던 식초의 역할은 뚜렷하게 기억한다. 맛의 표정이 순식간에 다른 차원으로 이동했다.

3.
피시앤칩스를 놓고 비슷한 경험을 했다. 표면이 여전히 지글거리는 튀김에 맥아 식초를 한껏 흩뿌린다. 확 피어오르는 시큼한 향에 즉각적으로는 거부감을 느꼈지만 맛을 보자마자 생각이 달라졌다. 어린 시절 그 맑디 맑았던 생선국을, 런던의 어느 펍에서 떠올리고는 묘하다고 여겼다.

신맛의 언어와 위상

한식에서 신맛은 어떤 위상을 차지하고 있을까. 달리 말해, 우리는 신맛을 어떻게 받아들이고 있는 걸까. 이를 살펴보기 위해 단서가 될 만한 일화를 다소 잡다하게 제시했다. 몇 가지를 읽어낼 수 있다. 첫 번째는 '새콤달콤'이다. 신맛이 긍정적이라 여겨지는 맥락에서 신맛 혼자 언급되지 않는다. 항상 단맛과 짝을 지어 다닌다. 흔히 '입맛 돋운다'는 '새콤달콤'이다. 물론 단맛과 신맛은 죽이 잘 맞는다. 코카콜라의 예를 들어보자. 굉장히 단 음료다. 바로 앞 장에서 밝혔듯 상당한 양의 설탕을 포함하고 있지만, 막상 마셔보면 그만큼 달게 느껴지지 않는다. 탄산의 신맛이 균형을 잡아주는 덕이다.

두 번째, 그래서 둘의 짝짓기가 중요하지만 단맛이 거의 모든 공을 가져간다. '새콤달콤'에서 '달콤'이 빠지면 신맛은 푸대접을 받는다. 단맛 없는 신맛을 싫어한다는 게 맞겠다. 요거트가 좋은 예다. 건강식품으로 부쩍 인기가 높아진 그리스식 요거트는 우유를 발효해 단백질을 굳힌 후 유청, 즉 수분을 더 걷어낸 것이다. 밀도가 더 높고 진하다. 발효해 만들어 당연히 신맛이 아주 강한데 그대로 내버려둔 제품이 많지 않다.

물론 요거트 제품군의 다양화는 세계 공통 전략이다. 과일, 꿀, 잼 등 여러 부재료와 맛을 더한다. 서양의 슈퍼마켓 진열대에는 과장을 보태 백만 가지의 다양한 농후 발효유가 존재한다. 한국의 사정은 다르다. 선택의 폭은 여전히 좁다. 과일 같은 부재료를 더한 제품이 다양하지도 않다. 그저 설탕 위주로 단맛만 더한 제품이 주류로 자리 잡고 있다. 요거트의 핵심 정체성인 신맛은 대체로 배제된다. 건강을 위한다며 지방을 들어내 무지방 제품도 많지만 대체로 단맛은 더한다. 모순이다. 건강을 명목으로 올리고당 등 대체 당류를 쓰는 경우도 많지만 텁텁하고 뻑뻑해 설탕 넣은 제품보다 훨씬 더 맛없다.

세 번째, 신맛의 애매한 지위를 언어의 모호함이 부추긴다. '트렌드 세터'들이 주 고객층이라는 식품 전용 매장에서 두 가지 원두를 두고 오고 간 대화를 들은 적이 있다. 점원이 그중 신맛이 두드러지는 원두를 "산미 위주"라 설명했다. 손님이 이를 이해 못 하자 "시큼한 맛"이라 덧붙였다. 결과는 (물론) '산미'의 패배. '시큼함'이라는 어휘의 부정적 느낌 탓이다. 커피는 원래 신맛을 지닌 식재료이고, 신맛이 강한 커피는 넓어지는 커피 문화의 저변을 반영한 선택이다. 그러나 이 일화에서 전적으로 드러나듯, 신맛의 긍정적인 측면을 부각할 어휘를 찾아내지 못했다. 그래서 '신맛'과 '산미'라는 어정쩡한 이분법에 기댄다. 전자에는 부정적, 후자에는 긍정적인 뉘앙스가 배분된다. 구분의 시도 자체는 이해할 수 있고, 또한 분명히 필요한 것이다. 영어에서도 신맛을 둘로 나눈다. 'sour'와 'tart'다. 전자는 시금털털하고 불쾌한, 후자는 상큼하거나 산뜻한 신맛을 의미한다.

공교롭게도 서양에서 들여온, 아직 완전히 정착되었다고 보기 어려운 두 음료의 세계에서 모호한 신맛의 구분이 대중화되고 있다. 바로 커피와 와인인데 긍정적인 신맛은 '산미'로, 부정적인 신맛은 그냥 '신맛'으로 표현된다. '업계'의 용어다. 하필 '산'이 포함된 단어가 긍정적인 의미로 쓰인다. 산은 물론 신맛의 원천이지만 독할뿐더러 우리말의 용례에서는 섬세하지 못한 인상을 풍긴다. 게다가 구연산, 탄산 등 가벼운 식용산을 떠올리기가 어렵고, 오히려 황산, 염산 등 강하고 해로운 산이 떠오른다.

그럼 sour와 tart로 신맛을 구분하는 영어권의 사정은 어떤가. 상황에 따라 조금 다르기는 하다. 정확하게는 두 단어가 쓰이는 경우가 나뉘어져 있다. 일반 음식에서는 산(acid)이라는 단어를 쓴다. 샐러드를 놓고 '산이 좀 부족하다'고 말하는 식이다. 한편 정작 sour와 tart를 엄격히 구분하는 커피의 세계에서는 acid 또는 acidity 같은 단어는 의식적으로 피하는 경향이 있다. 위에서 언급한 황산, 염산의 경우처럼 부식 등 부정적인 이미지를 떠올릴 수 있기 때문이다.[19] 그 대신 긍정적인 신맛이 주는 느낌인 밝음(brightness)이나 활기참(lively) 등의 표현을 사용한다. 레몬, 자몽 등 감귤류(citrus)나 딸기, 블루베리 등의 신맛을 빌려 표현하기도 한다. 한국어라면 단연 '상큼'이 있다. 산미보다 이해하기도 쉽고 어감도 좋다. 실제로 신맛이 잘 살아 있는 커피는 상큼하다.

가깝지만 외면당하는 신맛: 김치라는 예

한식에도 분명히 좋은 신맛이 존재하는데 왜 이런 대접을 받는 걸까? 김치 말이다. 둘 다 젖산균 발효를 거쳐 요거트와 맛의 표정도 비슷하다. 세계화해야 할 자랑스러운 발효식품이자 전통 음식의 1순위 아닌가. 흔히 국내에서는 고추와 마늘로 켜켜이 두른 매운맛을 김치의 매력이라 여기지만, 해외선 김치를 그 신맛을 중심으로 피클이라 인식한다. 'Kimchi, Korean pickled vegetable'이다. 약식 김치라며 식초로 신맛을 낸 겉절이식 레시피도 돈다. 비단 식초물 절임뿐만 아니라, 김치와 똑같이 젖산 발효를 거치는 피클도 있다. 유태인 식문화의 일부인 코셔 피클로, 주로 오이로 만든다. 얼핏 한식의 오이지와 비슷하지만 상온의 소금물에 장기 발효해 아삭함이 살아 있고, 오이가 망가지지 않는다. 팔팔 끓은 소금물을 붓기 때문에 세포벽을 구성하는 펙틴(pectin)이 분해되

---

19   James Freeman, Caitlin Freeman, and Tara Duggan, *The Blue Bottle Craft of Coffee: Growing, Roasting, and Drinking, with Recipes* (Ten Speed Press, 2012), p. 23.

어 색깔이 변하고 과육이 뭉개지는 오이지와 사뭇 다르다.

다시 김치로 돌아오자. 신맛의 가치를 한식이 모를 리 없다. '입맛 없을 때 물 말아 묵은지 척 얹어 먹는 찬밥'의 자리가 확고하다. 장아찌, 보리 굴비 같은 반찬도 잘 어울리지만 묵은지와는 또 차원이 다르다. 김치의 위상부터 다르지만, 신맛이 입맛을 제대로 돋우는 궁극적 차별점이기 때문이다. 묵은지의 경우 균형이 다소 깨진 신맛을 내긴 하지만(즉 tart에서 sour로 전락한), 익어서 신맛이 제대로 나야 김치다. 요컨대 한식의 핵심 음식을 구성하는 핵심 표정이 바로 신맛이다. 심지어 그 표정을 최적점에서 오래 보전하기 위한 전용 냉장고가 개발되었고, 웬만한 가정의 붙박이 가전제품으로 자리 잡았다. 한식은 신맛을 알고 또 귀하게 여기면서도 한편 천덕꾸러기 취급한다. 격을 높여줄 때가 됐다.

어떻게 가능할까? 일단 복습이 필요하다. 신김치가 증명하듯 한식에도 신맛이 존재하니 그 역할을 되새기자는 말이다. 김치 한 가지로 두루 예를 들 수 있다. 괜히 한식의 핵심이 아니다. 어떤 맥락에나 자리 잡을 수 있다. 압도하든 조화되든 어떤 음식과도 일단 짝을 이룬다. 매운맛보다 신맛 덕분이다. 고기와 함께 먹는 김치를 예로 들어보자. 삼겹살이 좋겠다. 수육도 좋지만 불판에 한번 올려보자. 아예 포기김치를 함께 올려주는 음식점도 많다. 반찬으로 나온 김치를 눈치 살펴 구워 먹던 형국에서 한 단계 나아간, 나름 진화라면 진화다. 둘은 왜 잘 어울릴까. 김치의 신맛이 비계, 즉 지방의 느끼함을 걷어주기 때문이다. 더 적확한 표현을 쓰자면 '잘라주는' 것이다. 바로 신맛의 핵심 역할이다. 김치 이파리의 아삭함(아랫동)과 흐늘흐늘함(윗동)이 주는 질감의 다채로움도 즐거움

　　　　　　　　　　　　　　　　　　　한식의 품격

을 보탠다. 불판에 익힌 김치와 익히지 않은 김치를 전부 아우르면 온도의 차이, 그에 따라 각각 다른 질감의 표정이 공존하는 즐거움이다.

신맛은 입맛을 돋워주거나 느끼함을 잡아주는 한편 음식의 표정을 풍부하게 이끌어내는 역할을 맡는다. 그래서 본격적인 식사 전 입맛을 돋우는 전채에도, 전체를 마무리하는 후식에도 신맛이 본격적으로 나선다. 전자의 경우 채소, 특히 녹황색 채소류의 쌉쌀함과 맞물릴 때 신맛은 한층 더 입체적이고 생생하게 자기 몫을 한다. 샐러드의 드레싱, 특히 식초 위주의 비네그레트(vinaigrette)에 산의 역할이 두드러지는 이유다. 한편 후자의 경우는 단맛과 맞물려 짠맛 위주 음식의 여운을 잘라주고 잡맛을 걷어내준다. 와인이 양식 전반에 걸쳐 빠지지 않는 이유도 신맛이다.

신맛의 다양한 선택지

한식 초고추장의 신맛도 입맛 돋우기의 기본 원리를 공유한다. 하지만 단맛이 너무 많이 개입해 균형이 깨진 상태다. 즉 우리의 기대와 달리 '새콤달콤'에서 입맛을 돋워주는 건 '새콤'이다. '달콤'은 오히려 입맛을 떨어뜨린다. 능력 있는 신맛이 꿋꿋이 제 역할을 다 하기 위해서도 끼니 음식에서 단맛을 조절해야 한다. 초고추장뿐 아니라 신기할 정도로 장이 개입하지 않는 해파리 냉채의 소스가 좋은 예다. 설탕이 한 발 뒤로 물러나야 신맛과 겨자의 톡 쏘는 맛이 훨씬 더 잘 어우러진다.(물론 독한 매운맛만 남은 가루 겨자 또한 좀 더 신선해져야 할 의무가 있다.)

신맛이라고 반드시 자극적이어야 할 이유가 없다. 산도와 신맛의 표정은 별개의 문제다. 산도가 높다고 더 시지 않고 반대 경우도 마찬가지다. 짝짓기하는 신맛과 그 영향으로 변하는 음식 맛의 색채를 두루 살펴 골라야 한다. 국산만 고집할 필요도 없다. 그래 봐야 한식의 기본적인 신맛은 싸구려 병에 담긴 양조 식초로 낸다. 식초의 고급화 시도 또한 한식의 전형적인 전략에 집착하는 경향을 보인다. 장인과 숙성도의 허울 말이다. 주로 장류의 논리, 즉 비법이 지배하는 고숙성 식초를 내세운다. 그러나 타는 듯한 신맛은 크게 다르지 않다. 좋은 식초가 굳이 비쌀 이유는 없다. 색채와 표정이 중요하다. 한국 식초, 아니 신맛은 좀 더 밝아져야 한다.

언제나 최선의 선택지는 아니지만(오히려 반대인 경우가 더 많다.) 발사믹 식초의 대중화 덕분에 수입 식초도 선택의 폭이 다양해졌다. 와인 바탕 식초만 놓고 보아도 바탕 술에 따라 맛의 표정이 조금씩 다 다르다. 레드, 화이트는 물론 샴페인이나 셰리(sherry) 식초도 살 수 있다. 같은 채소로 샐러드를 버무려도 드레싱의 식초에 따라 미묘하게 다른 맛을 즐길 수 있다. 재료의 쌉쌀함과 다양한 표정의 신맛이 어우러져 다른 경험을 선사한다. 한편 백화점 진열대를 빛내는 제품 중 하나인 장기 숙성 발사믹 식초는 의외로 큰 의미가 없다. 숙성을 통해 축적된 가치의 과시를 위해 아름다운 병에 담아놓지만 일상의 맥락에서는 잘 통하지 않는다. 오랜 숙성을 거쳐 맛과 농도 모두 진득해 알갱이가 씹히는 바닷소금처럼 한두 방울로 음식에 방점을 찍는 용도이기 때문이다.

굳이 신맛을 식초에 기댈 필요도 없다. 고정관념이다. 언제나 과일, 시트러스류가 존재한다. 거의 반사적으로 자연스러움을 선호하는 풍토에서 감귤류로 눈을 돌리지 않는 게 외려 더 이상하다. 소위 화학적 과정인 양조도 안 거친 땅의 산물 아닌가. 한국에서는 감귤류도 생식 위주의 풍토에 맞춰 단맛 위주로 품종이 개량되었다. '감귤류=신맛'의 너무나도 자연스런 공식을 떠올릴 수 없는 현실이다. 하지만 부드러우면서도 표정 풍부한 신맛은 역시 과일의 몫이다. 대표는 레몬이다. 집 앞 마트에서도 살 수 있을 만큼 흔하면서도 음식에 가장 잘 어울리는 신맛을 내준다. 또한 향을 품은 겉껍질(zest)도 덤으로 얻을 수 있다. 레몬의 진짜 정수다. 쓴 속껍질이 따라붙지 않도록 강판에 아주 가볍게 갈아 양념장 등에 섞으면 상큼하고 향긋하다. 초고추장 바탕의 무침에 좋고 무생채에도 아주 잘 어울린다.

그럴 이유는 없지만 수입산이 께름칙하다면 그만큼 돈을 더 치르고 무농약 제주도산 등 선택의 폭을 넓힐 수 있다. 수입산이 께름칙할 이유는? 장기 유통 및 미관을 위해 표면에 왁스의 막을 입힌다. '화학 처리'라 하면 덮어놓고 총체적인 공포를 느끼는 부류에게는 충분히 부정적일 수 있다. 기본적으로는 무해하고, 뜨거운 물을 부어 솔로 문질러 닦으면 얼마든지 벗겨낼 수 있는 왁스 막이지만 말이다. 한편 칵테일(특히 모히토)의 재료로 알려져 이제 비교적 쉽게 구할 수 있는 라임도 좋다. 향은 오히려 레몬보다 좋지만 특유의 달콤한 뉘앙스가 있어 짝짓기 상대를 다소 가린다. 생선회 무침 등에 쓰면 표정이 이국적, 특히 남국적으로 바뀐다.

4. 쓴맛,
나물의 잠재력

신맛의 위상을 가늠할 단서로 제시했던 생선국을, 다시 소환해보자. 그다지 즐기지 않았던 (아버지 취향의) 맑은 생선국 말이다. 식초의 신맛이 균형을 잡아주었지만 맛의 최종 열쇠는 한두 장 띄운 쑥갓 이파리였다. 향도 향이지만, 맨 끝에서 딸려 올라오는 가벼운 쓴맛이 국의 표정에 오묘함을 불어넣았다. 보기엔 분명 간소한 설정이었지만 생선국에는 '차원'이 깃들어 있었다. 쓴맛의 미묘함 덕분이었다.

입맛을 북돋는 나물의 쓴맛

한식은 모든 채소를 나물의 후보로 삼는다. 쑥갓도 빠지지 않는다. 따라서 쑥갓이 쓴맛의 가능성을 품고 있다면, 다른 나물도 마찬가지다. 두릅이나 죽순처럼 제철의 맛을 머금은 종류도 좋지만, 맛과 향이 한층 진해진 말린 나물도 한편 한식의 자산이다. 나름의 아름다움이 깃들어 있다. 최고로 꼽는 건 고사리다. 정월대보름이면 잡곡밥과 함께, 모둠 나물이 가득 담긴 양은 찬합이 올랐다. 그 가운데 손이 가장 많이 갔던 건 단연 고사리였다. 지방 여행길마다 무작위로 들르는 휴게소 내 지역 특산물 매장에서도 가장 먼저 나물을, 그것도 고사리를 찾아본다. 눈에 들어오면 꼭 한 봉지씩 사 들고 돌아온다.

모든 고사리를 좋아하지만 그 가운데서도 우연히 먹은 제주도산이 가장 기억에 남는다. 잠깐 강의 나갔던 대학원의 학생에게 받은 선물이었다. 제주도에 계신 어머니가 들에서 뜯어 손수 말린 것이라고 했다. 어떤 고사리라도 손질은 어려운 일이다. 아주 부드럽다고 말하는 고사리도 정말 '부드럽다'는 형용사에 들어맞는 질감을 갖추려면 손이 꽤 많이 간다. 하지만 충분히 보람 있는 일이다. 하룻밤 불렸다 뜨거운 물을 갈아가며 두세 번 삶으면 껍질은 부드러워지고 쓴맛은 딱 입맛을 돋울 정도로만 남는다. 바로 그 쓴맛이 고사리의 맛이다.

어렵지만 결정적인 맛

쓴맛은 어떤 맛인가. 한마디로 어려운 맛이다. 단맛과는 정반대로 인간이 두려움을 느끼는 맛이다. 단맛이 잘 익은 과일의 맛이라면, 쓴맛은 익지 않은 맛 또는 식물의 독으로 각인된 맛이다. 음식에 쓴맛이 돌 경우 무조건반사적으로 뱉는 이유다. 언어도 이를 반영한다. 쓴맛은 대개 불행을 의미한다. '쓴 뒷맛을 남긴다(leaving a bitter taste in the mouth)'는 표현은 영어와 한국어에 모두 존재한다. 굳이 설명할 필요 없을 정도

로 의미가 명백하고 보편적이다. 일본에서도 '인생의 쓴맛 단맛을 맛보다.(人生の甘酸をなめる。)'라는 표현을 쓴다. 역시 쓴맛과 불행, 단맛과 행복을 짝짓는다.

하지만 모든 쓴맛을 덮어놓고 멀리할 필요는 없다. 다른 맛과 마찬가지로 얼마든지 다듬어서 의미 있게 쓸 수 있다. '조커' 또는 '와일드카드'라는 표현이 딱 들어맞는다. 없어도 되지만 아주 적은 양으로 맛의 역학 관계를 극적으로 바꿀 수 있다. 생선국의 쑥갓처럼 말이다. 분위기 또는 국면 전환에 결정적 역할을 한다. 세계적인 기호식품인 와인이나 커피, 초콜릿의 개성이자 인기 요인도 결국 쓴맛이다. 쓴맛은 전면에 나서지 않지만 균형과 표정을 좌지우지한다. 조금만 잘 쓰면 신맛과 마찬가지로 입맛을 돋우고 고급스러움을 불어넣는다.

쓴맛을 자동적으로 독과 연관 지어 생각한다지만, 인간은 이미 그런 본능도 극복하기 시작했다. 독소조차 희석해 이롭게 쓰고 있다. 보톡스 이야기다. 잘 알려졌듯 상품명인 보톡스는 가장 치명적인 독이라는 보툴리눔 독소 A형을 희석해 만들었다. 운동신경 말단 부위의 아세틸콜린 분비를 억제해 근육에 긴장감을 주는 원리다. 독의 맛으로 인지한다는 쓴맛도 마찬가지다. 고사리를 불리고 삶듯, 잘 희석해 맞추면 된다. 어휘로 목표를 좀 더 분명하게 다듬을 수 있다. 쓰디쓴 걸 희석해 '씁쓸', 아니면 아예 '쌉쌀'하게 만든다. 그럼 맛있어진다.

쓴맛이 이렇게 어려운 만큼 이를 잘 쓰는 식문화권이 가장 발달했노라고 여길 수 있다. 어디가 있을까. 멕시코를 비롯한 라틴아메리카다. 기원전 1100년부터 카카오나무를 경작해왔다. 지금이야 단맛 중심 음식의 상징처럼 이해하고 즐기지만, 복합적인 쓴맛을 지닌 초콜릿은 본디 약용으로 시작해 음료, 일반 음식을 위한 소스에 쓰였다. 바로 라틴아메리카의 대표 소스라고 할 수 있는 '몰레(mole)'다. 초콜릿을 바탕으로 아몬드나 잣, 호박씨 등의 견과나 씨앗류 등의 재료에 실란트로(cilantro, 고수 잎), 쿠민(cumin, 중동 요리에 주로 사용되는 향신료), 계피, 여러 종류의 칠리 등 각종 향신료를 더해 만든다. 커리와 분명히 다른 소스지만 닭을 비롯한 다양한 재료에 요리의 맛과 점도를 보충한다.

쓴맛의 활용법

고사리의 예를 든 것처럼, 한식에도 나물을 중심으로 좋은 쓴맛이 존재한다. 고기에 빠지지 않는 쌈도 있다. 상추와 깻잎의 쌉쌀함이 달고 기름진 고기를 견제해줘 덜 물리는 원리에 한식도 기댄다. 주로 약용이지만 감초도 있다. 서양에서는 단맛을 아예 곁들이지 않은 감초맛 젤리를 즐겨 먹는다. 말하자면 은단과 비슷한 역할이다.

　나물의 쓴맛은 어떻게 살리는 게 좋을까. 결국 새롭게 균형을 잡아줘야 한다면 일단 매운맛부터 빼고 시작하자. 굳이 고추장을 쓰지 않아도 된다. 매운맛이 걸쭉하게 엉긴 고추장을 아예 빼고 신맛의 상큼함을 잘 쓰면 좋다. 그리고 신맛과 단맛을 세심하게 조절한다. 신맛은 앞에서 언급했듯 타는 듯한 양조 식초에서 자유로워지는 게 핵심이다. 감귤류, 특히 레몬이 쓴맛과 잘 어울린다. 감귤류의 즙과 껍질에도 기분 좋은 쌉

쓸함이 깃들어 있기 때문이다. 한편 초콜릿, 또는 커피나 차와 디저트의 궁합이 시사하듯, 또한 태생(과일-독)이 암시하듯 쓴맛은 단맛과 가장 균형을 잘 이루는 맛이다.

설탕의 한식 개입에 개탄하는 이들이 많다. 그러나 정작 가장 한국적이라 할 수 있는 음식인 나물, 그리고 그 핵심인 쓴맛에는 단맛이 가장 잘 어울린다. 다만 쓴맛은 조커 혹은 와일드카드라서 미미하다고 생각되는 존재감만으로도 극적인 변화를 가져올 수 있다. 따라서 단맛도 이에 맞춰 섬세하게 조절해야 한다. 한편 결이 다른 단맛도 손을 보탤 수 있다. 마늘이나 양파, 즉 알리움(allium) 계열의 단맛이다. 앞서 단맛을 논한 장에서 밝힌 것처럼 설탕의 대체 용도로는 적합하지 않지만, 균형과 조화에 보태는 목소리로는 충분하다. 물론 세심함을 갖춰야 한다. 한식에선 마늘이나 양파를 무조건 생으로 쓰는데 맵고 아리다. 또한 센 불에 볶아도 타서 불쾌한 쓴맛을 낸다. 중불, 또는 그보다 약한 불에 은근히 볶으면 매운맛이 가시고 단맛만 남는다.

5. 감칠맛,
조미료의 누명

5~6년 전의 일이다. 미국에서 돌아와 경기도 오산에 일단 짐을 풀고 살았던 시절, 종종 가던 냉면집이 있었다. 그냥 평범하고 멀쩡한 함흥냉면과 만두를 팔았다. 정직함이 미덕인 음식이었다. 아주 잘 하지는 않지만 애써 그렇게 보이려 들지도 않는달까. 가능한 최선이 나쁘지 않아 종종 찾곤 했다. 하지만 그렇게 받아들인 이가 많지 않았는지, 어느날 주인과 업종이 바뀌었다. 새 주력 메뉴는 콩나물국이었다. 바뀐 줄 모르고 갔다가 끼니를 다시 고민하기 싫어 그대로 자리를 잡았다.

"잘 먹는 법"을 벽에 덕지덕지 붙여놓았지만 전혀 기억나지 않는다. 조미료가 넘쳐나는 국과 봉지 김이 압도한 탓이었다. 평범한 콩나물과 멸치, 소금만으로 끓인 국보다 못한 들척지근함에 몇 순갈 뜨지 않아 물렸다. 눈코입을 가리고 막은 뒤 조미료를 쏟아부은 듯 입 안이 마비되는 지나침이랄까. 대강 숟가락을 놓고 일어난 뒤 다시 찾지 않았다. 몇 개월 뒤, 무심코 지나치다 가게가 또 바뀌었음을 발견했다. 이번에는 분식 카페라고 했다. 주인도 바뀌었을지는 확인해보지 않았다.

감칠맛의 역사와 이해

감칠맛은 무엇인가. 모두가 생각해볼 문제지만 특히 고민해야 할 이들이 있다면, 맛과 민족주의를 쉽게 엮고 한식의 우수함을 기정사실인 양 전제하는 부류다. 퀴즈 풀듯 하나씩 알아보자. 먼저 감칠맛의 존재와 위상에 대하여. 감칠맛은 객관적으로 존재하는가? 당연하다. 최근 다섯 번째 맛으로 공인받기까지 했다. 별도의 미각 수용체를 과학이 입증했다. 짠맛, 단맛, 신맛, 쓴맛 다음으로 감칠맛이 공식적으로 존재를 인정받았다. 맛은 본디 추상적인 개념이지만 감칠맛도 이제 최소한 다른 맛보다 더 두루뭉술하지는 않게 되었다. 감칠맛이 세계 공통적인 존재가 되었다는 의미일 뿐이므로 딱히 큰일은 아니다.

둘째, 하지만 인증받은 감칠맛이 '한식이니까 우수하다'고 주장하는 이들에게 화두를 던진다. 감칠맛의 영어 표기는 'umami'다. 맞다. 바로 일본어 우마미(旨味)의 음차(音借)다. 다른 나라도 아닌, 누군가에게는 여전히 한없이 민감할 일본이다. 하지만 인정할 것은 인정해야 한다. 두 나라 음식 문화의 세계적 위상은 다르다. 스시(sushi)와 사시미(sashimi)는 약과다. 김과 다시마도 일본어를 각각 음차한 표기, 노리(nori)와 콤부(kombu)가 자리 잡았다. 'Kimchi'와 'Bulgogi'처럼 대표 음식이나 인식하는 수준을 넘어섰다. 세계 식탁을 대상으로 정서적으로도 인증을 받았다.

다시마는 감칠맛이 'umami'로 자리 잡는 데 핵심 역할을 맡은 재료다. 일본 음식 문화의 위상을 언급했는데, 감칠맛을 연구해 존재와 개념을 본격적으로 밝힌 것도 일본이다. 정확하게는 글루탐산(glutamic acid)이 씨앗이고, 연구의 출발점은 독일이었다. 1866년 독일의 화학자 카를 하인리히 리트하우젠(Karl Heinrich Ritthausen)이 처음 발견했다. 밀의 단백질인 글루텐을 가수분해로 분리 및 추출했다. 그래서 같은 접두어(glut-)를 공유한다.

한편 1908년, 일본 동경제국대학 교수인 이케다 기쿠나에(池田菊苗) 박사가 다시마 국물에서 네 가지 기본 맛과 확연히 구분되는 맛을 발견했다. 독자적인 맛으로 인식해 이름을 붙인 한편 원천이 글루탐산임도 밝혔다. 우마미의 탄생이다. 부러 뜻풀이를 하자면 '맛난 맛' 정도랄까. 다른 네 가지 기본 맛에 비해 확실히 더 추상적이지만 맛에 두께나 차원을 불어넣는 것이라고 이해하면 쉽다. 달리 말해 입체감을 불어넣는 맛이다.

박사의 발견을 바탕으로 1909년 최초로 상용 화학조미료가 시장에 등장했다. 이름마저 찬란한 아지노모토(味の素, 맛의 근원)다. 글루탐산의 용해도를 높이기 위한 나트륨 한 분자의 첨가가 핵심이었다. 그렇게 화학조미료의 상징으로 통하는 MSG(monosodium glutamate)가 탄생했다. 한국에서도 '소(素, 바탕, 근원)'와 의미가 통하는 '원(元)'을 써 1956년 '미원'이 탄생했다. 대개 '화학조미료'라 일컫지만 '화학=인공'이라는 선입견이 지배적인 탓에 업계는 용어에 민감하다. 요즘은 사탕수수의 당밀이나 타피오카의 전분을 발효해 만든 '발효 조미료'임을 강조한다.

마지막은 원천이다. 감칠맛은 어디에서 얻는가. 어차피 화학조미료로 통하니 화학물질 이름을 좀 들먹이겠다. 이미 글루탐산도 언급한 마당이다. 이노신산(inosinic acid)이나 구아닐산(guanylic acid) 같은 핵산도 존재한다. 역시 나트륨을 더해 용해도를 높인 두 핵산을, MSG에 입힌 핵산 복합 조미료가 대세인 현실이다. '2.5'라는 조미료가 좋은 예다. 핵산계, 즉 5'-이노신산이나트륨과 5'-구아닐산이나트륨을 MSG에 각각 1.25%씩 첨가했다. 그 둘의 합인 2.5%를 제품명 삼았다.

세계의 감칠맛과 그 원천

'감칠맛=화학조미료'라는 등식을 진리처럼 받아들이지만, 굳이 감칠맛을 화학조미료에 얽어 생각할 필요는 없다. 명칭보다 원천이나 비율(또는 용례)이 진짜 중요하다. 특히 무해함을 아무리 입증해도 '화학'이라는 말에 조건반사적으로 몸서리를 치는 이들에게 중요하다. '자연'스러운 식재료를 통해 얼마든지 풍성한 감칠맛을 불어넣을 수 있기 때문이다. 따라서 전문적으로 요리하는 입장이 아니라면 온갖 용어까지 알 필요가 없다. 그보다 확실하게 감칠맛을 내주는 식재료와 사용법을 정확히 아는 것이 더 도움된다. 용어를 알아봐야 글로 음식을 배우는, 비실용적인 결과를 낳을 가능성이 높다. 역시 열쇠는 일본이 쥐고 있다. 일본의 식재료만 이해해도 감칠맛의 기본은 '먹고' 들어갈 수 있다.

해산물을 가장 잘 먹는 나라답게 일본 감칠맛의 대표적인 원천은 바다다. 이미 살펴본 다시마와 김이 있고, 가쓰오부시(鰹節), 즉 말린 가다랑어 포도 빼놓을 수 없다. 다시마와 더불어 가쓰오부시는 일본 음식의 바탕을 책임지는 육수인 다시(出汁)의 양대 기본 재료다. 따라서 대부분의 음식이 감칠맛을 일단 안고 시작한다. 뭍의 재료 가운데는 버섯이 대표적이다. 표고버섯 같은 재료 역시 노리, 콤부와 마찬가지로 일본식 이름인 시이타케(椎茸)를 영어로 음차한 명칭(shiitake)으로 통한다.

유럽으로 눈을 돌려보자. 감칠맛의 역사는 역시 깊다. 고대 로마에서는 가룸(garum, 또는 리쿠아멘(liquamen))이라 불린 조미료를 즐겨 먹었다. 생선 및 내장을 소금에 절여 발효해 만들었다니 영락없는 젓갈이다. 서양에서는 이를 베트남의 느억맘(nước mắm, 역시 생선을 발효해 만든 베트남의 액젓)과 비교하니 의심의 여지가 없다. 가룸은 심지어 아시아, 특히 중국을 거쳐 오늘날의 케첩으로 탈바꿈한 뒤 다시 서양으로 귀향했다. 젓갈은 빠졌지만 토마토 덕분에 감칠맛은 여전하다.

토마토의 활약은 케첩에서 끝나지 않는다. 유럽으로 돌아와 안초비(anchovy, 멸치)와 재회한다. 영국에서는 발효 숙성을 통해 우스터 소스(Worcestershire sauce)의 핵심 재료로 활약하고, 이탈리아에서는 많은 음식의 기본적인 감칠맛을 책임진다. 흔히 이탈리아 요리의 미덕을 단순함이라 여기지만, 감칠맛 내는 요소를 전부 헤아려보면 오해임을 알 수 있다. 보기에 단순할 수 있지만 맛의 차원은 다르다.

파스타 소스의 대명사로 통하는 볼로냐식 라구(ragu, 진한 소스)를 예로 들어보자. 쇠고기와 버섯을 볶은 바탕에(물론 서양 요리의 삼위일체 채소(mirepoix)인 양파, 셀러리, 당근도 함께 볶는다.) 토마토를 더하고 끓여 파스타에 올리고, 마무리로 숙성 및 건조된 파르미지아노(Parmigiana Reggiano) 치즈 가루를 듬뿍 뿌린다. 일단 글루탐산과 핵산 분해 조리에 의해 고기의 단백질이 더 자잘한 분자로 분해되며 맛이 살아나고, 버섯, 토마토, 파르미지아노 치즈의 글루탐산이 가세한다.

이처럼 감칠맛이 켜켜이 쌓인 덩어리를 단맛의 탄수화물에 얹어 버무리니 맛이 없을 수 없다. 흔히 파스타는 '면 맛으로 먹는 음식'이라고 한다. 면을 즐기기 위해 소스를 많이 끼얹지 말라는 의미지만 감칠맛의 존재로도 헤아릴 수 있다. 맛을 제대로 냈다면 굳이 많이 쓸 이유도 없다. 한국에서 중의적으로 '넘쳐나는' 너무 많은 종류의 국물 흥건한 소스와 맛을 비교해보면 차이가 확연하다. 잔뜩 퍼부어 내놓지만 감칠맛을 필두로 맛의 켜, 즉 음식을 입에 넣어 즉각 느낄 수 있는 자극 이후에 이어지는 복합적인 맛의 요소들이 부족하다.(여담이지만 어느 파스타 프랜차이즈에서 가장 많이 쓰는 재료 가운데 하나가 혼다시, 즉 과립형으로 만들어 편하게 쓸 수 있는 가쓰오부시라고 들었다.)

프랑스라고 감칠맛의 사정이 다를 리 없다. 이탈리아와 영원한 라이벌이면서, 서양은 물론 세계 요리의 종주국이래도 지나치지 않을 이 나라의 주방에서는 육수가 끓는다. 재료는 닭이나 송아지 뼈(주로 정강이)다. 바탕을 이룬다는 측면에서는 일본의 다시와 비슷하지만 또한 다르다. 일단 농축된 재료(건조 숙성한 가쓰오부시나 다시마)에서 육수를 뽑지 않고 우려낸 물을 농축한다.

미리 재료를 고온의 오븐에 구운 뒤 육수를 끓이는 경우도 있다. 건조 숙성에 비하면 쾌속인 맛 농축 과정을 거치는 셈이다. 굽기를 통해 마이야르 반응을 이끌어낸 뒤 그 맛까지 함께 우려낸다. 프랑스-양식 육수의 가장 큰 차이점은 점도다. 일본 다시는 감칠맛이 맑은 국물 속에

한식의 품격

배어 있다면 프랑스의 육수는 관절의 연골 등에서 뽑은, 콜라겐이 분해된 젤라틴이 함께 딸려 온다. 덕분에 진득하니 입과 혀에 물리적으로 착착 감기는 감칠맛이 나온다. (기원이 다소 의심스럽기는 하지만) 감칠맛의 한국어 어원, '입에 감치는 맛'에 정확히 어울리는 맛이다. 같은 원리로 닭발이 일본 라멘 등에서 국물의 보조 재료로 쓰인다.

이 같은 육수를 모든 요리의 바탕으로 쓴다. 닭 육수는 물의 상위 대체재다. 자신의 존재는 드러내지 않으면서 든든한 멍석 역할을 맡는다. 수프와 스튜 등 모든 국물 음식에 활용되고, 국물을 먹지 않는 경우에도 매개체로 쓰인다. 대표적인 경우가 은근히 삶기(poach, 약 80℃)다. 과조리에 민감한 흰살 생선 등의 어패류나 닭고기 등에 주로 적용하는 조리법이다. 이를테면 닭의 가슴이나 넓적다리 살을 닭 육수에 은근히 삶는다. 익히는 동시에 맛의 층위를 덧입힐 수 있다. '따로 또 같이' 콘셉트로 동물의 전체를 쓸 수 있기에 가능하다. 말끔히 발라낸 정육은 요리의 주연을 맡고, 남은 부위 즉 잔해로 낸 육수가 조연을 맡는 개념이다.

한편 송아지 육수는 좀 더 진한 맛을 낼 때 쓰인다. 덜 자란 송아지 관절의 풍부한 젤라틴을 뽑아낸 뒤 졸여서 한층 더 진득하게 만들어 소스의 바탕으로 삼는다. 대표적인 송아지 육수 소스가 데미글라스(demi-glace)다. 요즘은 진한 소스를 지양하는 누벨퀴진(nouvelle cuisine) 운동이나 일본풍 경양식의 '함박스텍' 깡통 소스 때문에 평가절하되는 경향이 있지만 여전히 프랑스의 기본 소스 가운데 하나다. 5대 모체 소스 가운데 하나인 에스파뇰(espagnole)에, 졸인 송아지 육수를 더해 만든다. 20세기 초, 프랑스 요리를 현대화 및 체계화한 에스코피에(Auguste

Escoffier)가 앙투안 카렘(Marie Antoine Carême)에 이어 정리한 소스 문법의 산물이다.

서양 요리에서 육수와 감칠맛이 불가분의 관계라지만, 시쳇말로 번지수가 틀린 쓰임새가 쓴웃음을 자아내는 경우도 있다. 실무자에게 들은 일화다. 내 눈으로 확인한 사실도 아닐뿐더러 정확한 시기 및 장소가 분명하지 않아 믿기 어렵지만 시사하는 바가 있어 소개한다. 한국 호텔 주방의 속사정이랄까. 감칠맛은 내고 싶은데 차마 화학조미료는 쓸 수 없어 그 대용으로 닭 육수를 쓰기도 한단다. 닭 육수의 감칠맛이 적합하지 않은 음식에 문자 그대로 '꿩 대신 닭'으로 사용하는 것이다. 오래된 레시피를 갱신하지 않는 곳에서 그런 경향이 강하다고 한다.

속사정을 추측해본다. 비록 호텔이 고급 서비스 업종이지만 여건이 전반적으로 좋지 않던 시절에는 별 재간이 없다. 전반적으로 재료가 부족하지만 맛은 내야 한다. 그렇다고 호텔 체면에 조미료는 쓸 수 없다. 그 고뇌의 틈새를 닭 육수가 비집고 들어간 것이 아닐까. 지금은 안초비 같은 감칠맛의 기본 재료를 쉽게 구할 수 있다. 그렇지만 본디 존재하는 주방의 서열 문화나, 호텔이라는 서비스 기업체의 위계와 권위 등이 맞물려 구시대의 산물인 구태의연하고 부적합한 레시피가 '업그레이드' 안 된 채 지금껏 지속되었으리라. 이 상황의 핵심어는 '차마'다. 이유와 목적을 불문하고 화학조미료는 차마 쓸 수 없는, 써서는 안 될 존재라는 한국 사회의 지배적인 인식이 엿보인다. 비단 '화학'에만 걸리는 것도 아니다. '조미료' 역시 안 될 노릇이다. 그 탓에 효율이 낮은 유사 조미료들이 일종의 진정성, 천연 등의 타이틀을 업고 여전히 세력을 떨치고 있다.

근거 없는 화학조미료 공포증

화학조미료는 정녕 '악의 가루'인가? 일단 건강 문제부터 살펴보자. 한때 너무나 치열한 논란거리여서 되려 할 말이 많지 않다. 유해론 덕분에 연구도 활발해 자료가 넘쳐난다. 간단하게 결론만 말하자면, 근거가 없다. 차이니스 신드롬은 존재하지 않는다. 또한 많은 이들의 기대(?!)와 달리 화학조미료는 건강에 아무런 영향도 미치지 않는다. 끊임없이 재확인되어왔고, 2015년에도 '무제한 섭취해도 무해하다'는 결론이 다시 나왔다. 그러나 화학조미료의 유해성을 종교처럼 믿는 이들을 보면 음식을 향한 태도도 종교나 정치와 흡사하다. 연구 결과를 들어 무해함을 아무리 입증해도 믿지 않을 사람들은 어차피 안 믿는다.

음모론이 득세하는 배경을 이해하기란 어렵지 않다. 또한 이해할 필요도 있다. 불안의 근원을 파악해야 맛도 살펴볼 수 있다. 소위 '역대급'이라는 인터넷 '짤방' 하나가 생각난다. 워낙 유명해서 말로 설명해도 큰 무리 없으리라. 흔한 '맛집' 정보 프로그램을 갈무리한 장면이다.[20] 주인이자 주방장이 말한다. "재료만 좋으면 별다른 양념이 필요 없습니다." 그러나 모두의 눈에 하얀 봉지가 선명하게 들어온다. '맛의 근원'이라는 업소용 대용량 발효 조미료가 먼 발치에서도 선명히 들어온다. 바로 옆에는 빨간색 봉지, 사촌 격인 고기맛 조미료도 보인다.

이 우스꽝스러운 상황을 어떻게 받아들여야 할까. 주방장이 위선자라고 속단하기는 좀 이르다. 맥락과 목표 의식에 따라 판단은 달라질 수

20 「국민 음식 갈비의 별별 변신」,《VJ특공대》(2009.6.12).

있다. 주방장의 말만은 맞다. 재료만 좋으면 별다른 양념이 필요 없다. 다른 맛이라면 몰라도 적어도 감칠맛은 그렇다. 고기, 버섯, 다시마 등 지금껏 살펴본 재료를 잘 분해하면 풍성하게 얻어낼 수 있다. 그런 맥락이라면 조미료를, 특히 아닌 척 쓰는 시도는 위선일 수 있다.

하지만 그럴 만한 여건이 얼마만큼 갖춰어져 있는지 고려해야 한다. 감칠맛은 재료만큼이나 시간과 요령이 요구되는 맛이다. 일단 재료를 질과 양의 양쪽 측면에서 확보해야 하는 것은 물론, 시간을 들여 분해하고 또 농축해야 제대로 나온다. 재료도 시간도 요령도 돈이니, 감칠맛은 한편 돈의 맛이다. 한식에서 생각거리로 삼을 수 있는 대표적인 음식이 동물, 특히 소의 고기와 뼈를 끓인 국물이다. 설렁탕, 곰탕류 말이다. 시간과 요령은 갖추었을지 모르나 재료는 그렇지 않다.

조미료를 향한 인식의 재고

앞서 프롤로그의 「평양냉면」에서 살펴본 감칠맛과 조미료의 문제는 2부의 「국물」 등 책 전반에 걸쳐 다뤄질 것이다. 한국의 국물 음식은 기본적으로 가난한 음식이다. 적은 재료의 부피를 늘리기 위한 수단이었고, 지금도 사정은 그다지 나아지지 않았다. 고기, 특히 거부감을 품지 않을 한우는 여전히 비싸서 국물 또한 그에 맞춰 여전히 멀겋다. 김치도 빠질 수 없다. 한정된 예산을 국물 요리와 비슷하거나 더 심하게 노동 집약적인 반찬이며 김치에도 할당해야 한다. 결국 조미료를 쓰지 않은 맛내기

한식의 품격

는 거의 불가능하다. 공정한 노동의 대가 문제까지 헤아린다면 특히 더 그렇다.

비단 고기 국물에만 해당되는 문제가 아니다. 부동산과 임금, 높은 음식값을 향한 심리적 장벽의 3요소가 맞물려 한국의 식문화를 압박한다. 사람을 소위 '갈아 넣어' 세 가지 요소의 틈새를 메우는 데다가, 한식을 지배하는 문법 또한 고기를 쓰지 않더라도 기본적으로 국물이다. 재료를 끓이고 우려 맛을 내 음식을 만들지만 정수를 농축하기 위한 방편으로 사용하는 것은 아니다. 맛, 특히 감칠맛은 언제나 부족할 수밖에 없다. 조미료는 원래 이런 맥락에서 불거져 나오는 맛의 균열을 메우기 위해 존재한다. 쉽고 편한 해법이다. 그리고 쉽고 편한 해법 자체는 문제가 아니다.

하지만 조미료를 향한 반감은 쉽고 편한 해법을 적용하기 어렵게 만든다. 쉽고 편한 길을 두고 일부러 돌아간다. 좋은 예가 '식당 물김치'다. 엄밀히 따지자면 김치도 아니다. 식초로 익은 김치의 신맛을 모사했다. 물론 성공적일 리 없다. 칼칼하고 빨갛게 고춧가루를 푼 국물에 나박나박 썬 무, 배추 등이 잠겨 있다. 국물의 바탕은 대개 다시마 우린 물이다. 역시 호텔의 닭 육수처럼 '차마'가 낳은 궁여지책이다. 감칠맛이 달리지만 조미료는 차마 쓸 수 없다. 기쿠나에 박사의 발견 덕에 다시마가 가장 흔한 감칠맛의 원천이라는 것은 안다. 따라서 다시마 우린 물로 감칠맛을 얻고자 하지만 안타깝게도 효율적이지 않다. 다시마를 찬물에 담가두는 것만으로 음식의 맛에 영향을 미칠 만큼의 감칠맛이 우러나오지 않기 때문이다.

뜨거운 물이라면 사정이 다를까. 다시마 우리기는 비단 물김치만을 위한 비기가 아니다. 설렁탕 등의 뜨거운 고기 국물에도 곧잘 쓰인다. 적은 양의 고기에 물을 많이 부어 우리거나 아니면 고기를 푹 끓여 충분히 분해하지 않는 것은 못 먹던 시절의 습관이 남아 있는 경우라 할 수 있다. 그러면 감칠맛이 달릴 수밖에 없는데 역시 조미료는 쓸 수 없다. 그래서 궁여지책으로 다시, 다시마를 우린다. 역시 큰 효과는 없다. 감칠맛보다 다시마 맛이 국물에 좀 더 배일 뿐이다.

이런 상황에서 감칠맛을 둘러싼 고민의 핵심이 드러난다. 요컨대 '멘탈리티'의 문제다. 조미료가 꼭 필요한 맥락이 분명히 존재하지만 차마 쓸 수 없어 대안 아닌 대안을 억지로 찾는다.(순진한 믿음이거나, 아니면 일종의 정신 승리다.) 조미료를 안 쓰고도 감칠맛을 충분히 끌어냈다고 믿지만, 결과는 당연하게도 그렇지 않다. 감칠맛의 효율도 조미료에 비하면 비교 불가능할 정도로 떨어지는 한편 음식에 원하지 않는 여타의 맛을 끌어들인다.

이런 멘탈리티를 한층 더 적극적으로 반영한 산물이 소위 '천연 조미료'다. 멸치, 버섯, 다시마 등 감칠맛 나는 재료를 곱게 가루 낸 것이다. 조미료처럼 그대로 음식에 더한다. 비단 국물 음식뿐이 아니라, 나물 등 열이 개입하지 않는 음식에도 쓴다. 더 깊은 고심의 흔적이지만 장고 끝의 악수와 같다. 조미료 재료의 물성이 바뀌었지만 비효율적이기는 매한가지기 때문이다. 그나마 국물이라면 가루가 녹아들겠지만 열이 개입하지 않는 조리라면 겉돌 가능성이 높다. 녹지 않은 가루가 질감에 영향을 미친다.

또한 생산 과정의 태생적 차이로 인한 감칠맛의 수준이 너무 다르다. 조금 과장을 보태 다른 은하계 출신이다. 따라서 목표 삼은 감칠맛만 내기도 어렵다. 멸치든 버섯이든 다시마든, 음식에 재료의 맛 자체를 들이고 싶다면 좋다. 하지만 감칠맛에 우선권을 줘야 하는 맥락이라면 오히려 득보다 실이 더 많다. 역시 흰색인 설탕의 역할처럼 중립적인 감칠맛이 필요할 때에는 차라리 조미료를 적당히 쓰는 편이 훨씬 낫다.

감칠맛의 적당량

'적당히'. 조미료의 멍에를 드러내는 두 번째 핵심 부사다. 조미료를 적당히 쓰는 법을 모른다. 들척지근한 콩나물국 이야기를 했다. 감칠맛은 어렵다. 기본 네 가지 맛보다 더 추상적이고, 독자적으로 작용하지 않는다. 할머니의 부엌에서 몰래 손가락으로 찍어 맛보었던 화학조미료(손맛의 비밀?!)의 맛을 아직도 기억한다. 소량이었지만 거의 불쾌할 지경으로 찝찔했다. 나머지 맛이 불러주기 전까지 조미료와 감칠맛은 피어나지 못한다. 비율은 물론, 다른 네 가지 기본 맛과의 역학 관계를 염두에 두어야 최선을 끌어낼 수 있다.

특히 소금-짠맛과의 관계가 중요하다. 신맛과 함께 균형을 통한 만족감에 큰 영향을 미치기 때문이다. 한마디로 감칠맛과 신맛을 적절히 활용하면 소금을 덜 쓰고도 균형 잡힌 맛, 덜 단조로워 물리지 않는 음식을 만들 수 있다. 객관적인 수치도 존재한다. 글루탐산 나트륨 조미료를 통해 소금의 양을 30%까지 줄일 수 있다고 한다. 소금과 조미료 중에 어떤 것이 더 무서운가? 거부감 탓에 최악과 차악 중에 골라야 하는 상황처럼 느껴지는가? 하지만 맛내기에 기술적 측면이 존재한다면, 짠맛과 신맛, 감칠맛의 삼각관계의 미세 조정이 아주 명백한 핵심이다.

그래서 조미료를 어떻게 쓸 것인가? 일단 사자성어 하나를 마음과 혀에 새기자. 과유불급(過猶不及). 지나쳐봐야 좋을 게 없다. 감칠맛은 독자적으로 작용하지 않는다. 게다가 조미료는 발효와 농축으로 만들어진다. 결코 많이 써서 좋을 게 없다. 비율이 중요한데, 실마리가 없는 것도 아니다. 일단 맛소금이 존재한다. 맛소금을 굳이 쓰라는 말이 아니다. 공개되어 있는 비율을 참고하자는 것이다. 정제 소금에 조미료를 10% 비율로 섞었다. 일일 소금 섭취량을 최대 5g으로 잡는다면(「짠맛」에서 언급한 WHO 기준) 0.5g이다. 또한 이를 여러 음식으로 나눠 골고루 섭취한다. 한 음식에 필요한 조미료의 양을 얼추 계산해볼 수 있다. 적게 쓰려고 의식하고 있지 않다면 많이 쓰고 있다고 보아도 무방하다.

사실 이를 조미료도 분명히 밝히고 있다. 생각해보자. 조미료도 공공의 적 취급을 받고 있다. 맥도날드가 정크푸드의 멍에를 안고 전전긍긍하듯 노이로제를 겪을 가능성이 아주 높다. 최선을 다해 미리 방어할 것이다. 무해를 입증한 연구 결과는 물론, 용례와 양도 제안한다. 앞서 언급한 '2.5'의 포장지에 의하면 음식별로 1인당 0.2~0.5g이다. 심지어 이마저도 많아 보인다.

감칠맛은 어렵지만 꼭 필요한 맛이다. 그래서 세계는 결국 감칠맛으로 대동단결한다. 고대 로마시대의 가룸이 다시 세계를 누비고 다니는 추세다. 토마토 바탕의 파스타 소스에 베트남이나 태국의 액젓을 쓰기 시작했다. 토마토-버섯-쇠고기의 감칠맛 삼각편대를 지원한다. 적은 양을 더하지만 한 번 끓임으로써 맛을 증폭한다. 모두가 한데 맞물려 감칠맛의 네트워크가 한층 더 촘촘하고 끈끈해지며, 그 결과 먹는 이를 확실히 다른 차원의 맛으로 안내한다.

그 젓갈이나 김치의 젓갈이나 마찬가지다. 한 병 갖추기가 어렵지 않다. 물론 원천 또는 수단이 없어서 감칠맛을 못 내는 것도 아니다. 심지어 한식의 기본이라는 장류도 기본은 감칠맛이다. 하얀 가루가 아닌 발효 조미료도 얼마든지 극복할 수 있다. 더 나은 맛이 1차 목표겠지만, '하얀색'과 '가루'의 거부감을 극복하는 데도 효과는 있을 것이다. 가룸이 로마와 이탈리아의 요리 세계로 돌아오듯, 감칠맛을 둘러싼 논란은 언제나 거부감의 땅으로 돌아온다. 믿음은 쉽사리 바뀌지 않는다. 눈먼 불신의 눈을 뜨게 하기란 불가능에 가까울지 모른다.

하지만 그에 상관없이 감칠맛의 결을 펼치는 시도는 굉장히 중요하다. 만족스러운 맛의 경험 차원에서, 결국은 다양성의 확보와 직결되어 있기 때문이다. 부동산과 노동시장이 쥐락펴락하는, 프랜차이즈와 음식 자영업의 한국에서 조미료는 가장 현실적이면서도 효과적인 수단이다. 그 수단이 반드시 필요한 영역이 존재한다는 것을 인정하고, 더 체계적이고 기술적인 맛내기에 대한 담론을 펼쳐야 한다. 그래야 영역의 구분이 가능해지고, 조미료의 힘을 빌리지 않고도 맛을 낼 수 있는 음식 또한 더 발전할 수 있다.

1-3
여섯 가지 한식의 맛

한국적 맛의 초상

한국의 얼큰, 담백, 구수, 시원함의 중요성을 가르쳐야지.

트위즐러(Twizzler)라는 미국 사탕이 있다. '쫀드기'와 흡사하다. 학교 앞
문방구에서 명맥을 이어오다 정권의 "불량식품" 척결(정확히 어떤 측면에서
'불량'인가?) 의지에 휩쓸려 고전한다는 식품군의 일원이다. 설탕과 물엿
에 밀가루, 전분 등을 섞어 만든다.

바로 이 트위즐러를, 누군가 아이에게 내밀었다. 어느 진보 일간지
의 캠페인 참가를 위한 사전 모임 자리였다. 소위 '바른 먹을거리'에 대
한 의견을 가진 이들이 패널로 참가해, 매체 소속의 블로그에 주기적으
로 의견을 남겨 모으는 방식이었다. 그런 자리에 사탕을 가져와서 아이
에게 내민 상황이었다. 나는 사탕이 무조건 나쁘다고 생각하지 않지만,
어쨌든 맥락과 어울리지 않는 음식임은 명백했다. 정확하게 무엇인지도
모르고 받으려는 아이의 손을 엄마가 가로막았다.

그날 저녁, 참가자들의 글을 둘러보다가 아이 엄마의 블로그도 발
견했다. 모임에서의 이 상황을 언급하며 이렇게 말했다. 한국의 얼큰, 담
백, 구수, 시원함의 중요성을 가르쳐야지. 얼큰, 담백, 구수, 시원함. 그때
부터 본격적으로 생각하기 시작했다. 한국의 맛이란 대체 무엇이며, 어
떤 의미를 지니고 있는가? 저 네 종류의 맛 또는 개념은 정녕 한식에만
존재하는가?

1. 매운맛,
단조로운 통각의 세계

매운맛 완식의 용사

빈 쿨피스 팩이 잔뜩 쌓여 있다. 유청에 과일향을 첨가한 음료 말이다. 우유에서 단백질을 거둬 치즈 등을 만들고 나면 남는 누런 물이 유청이다. 딱히 맛이랄 게 없는 액체다. 하지만 과일향을 더하면 어엿한 음료가된다. 일종의 재활용품이다. 버릴 것에서 최대한의 가치를 찾았다고나할까. 음료는 '달래라'는 배려의 산물이다. 물론 공짜는 아니다. 출입구의 자판기에서 뽑아야 한다.

무엇을 달래는가 하면, 매운맛에 고통받는 혀다. 단계별로 존재한다. 기본부터 굉장히 매운 경우가 많다. '극악의 매운맛'을 '완식'하면 명예의 전당에 오른다. 음식이 공짜다. 가게의 한쪽 벽면에는 액자가 잔뜩걸렸다. 연예인? 아니다, '완식'의 용사다. "주의! 책임지지 않습니다!" 경고의 안내문도 걸려 있다. 아무도 신경 쓰지 않는 듯, 손님들의 얼굴이너나 할 것 없이 벌겋다.

식도락인가 차력인가. 음료수 팩 무더기는 얼핏 보면 문명 또는 집단의 상징이라는 패총, 즉 조개무덤과 닮았다. '한국인, 외식을 했다'는 상징, 또는 방증이랄까. 오늘 인류가 멸망한다. 다들 매운 돈까스며 짬뽕 따위를 입에 쑤셔 넣다가 그대로 절멸 당한다. 어차피 쓸데없는 상상이므로 이유는 그다지 중요하지 않다.

세월이 흐른 뒤 다른 은하계 행성인에 의해 지구가 발견된다. 지적 능력을 갖춘 생명체가 이 별의 과거가 궁금해 이리저리 들쑤시고 다닌다. 그래 봐야 나오는 게 저런 과일향 유청 음료 테트라팩 무더기다. 그들 입장에선 의문을 품지 않을 수 없다. '이들은 대체 뭘 먹고 살았을까?'

퇴보의 통각, 매운맛

음료팩 무더기를 문명의 상징과 비교했는데, 곰곰이 따져보면 반대 같다. 발달이나 성장보다 퇴보의 상징이라는 말이다. 맛봉오리가 절멸하는 매운맛이다. 먹는 시점에서 입구가, 하루쯤 시간차를 두고 출구가 고통받는 매운맛이다.(시차는 대개 그보다 짧다.) 점막이 고문당하는 매운맛, 모든 맛의 즐거움이 단박에 초토화되는 매운맛이다. '맛있게 맵다'고 말들 하지만 동의하지 않는다. 그런 매운맛이 한식에서 점차 세를 불린다. 목소리를 높인다. 퇴보라고 볼 수밖에 없다.

맛있게 맵다는 말에 동의하기 어려운 이유는, 매운맛은 정확히 맛도 아니기 때문이다. 통각 즉 아픔이다. 캡사이신이 고통의 불을 지핀다. 그런데도 한국의 식탁에는 매운맛이 활개를 친다. 앞에서 쓴맛의 예로 감초를 들었는데 매운맛이야말로 한국 맛의 감초 같은 존재다. 낄 데 안 낄 데 다 낀다. 고통이 빨갛게 활개치는 식탁이다. 왜 굳이 매워야 하는가. 선뜻 이해하기가 어렵다.

역사에 비해 영향력이 강하니 의구심은 한층 더 짙어진다. (대부분의 식문화 사료가 그렇듯) 고추의 유입 시기나 경로를 설명하는 정확한 하나의 근거를 찾기란 어렵지만, 임진왜란(1592~1598)때 일본에서 도입되었다는 설이 있다. 하지만 한식의 정체성이 가장 크게 의존하는 김치에 고추를 쓰기 시작한 건 150년 이상 지난 뒤의 일이다. 1766년 출간된 『증보산림경제(增補山林經濟)』에 처음으로 기록이 남아 있다.

도입된 시기나 영향력은 토마토의 경우와 얼핏 흡사해 보인다. 이탈리아의 대표 식재료로 여겨지지만 17세기나 되어서야 지금의 위상을 확보했다. 하지만 채소이고 빨갛다는 공통점 외에 둘은 딱히 비슷하지 않다. 토마토는 맛이라 착각하는 통각이 아닌, 진짜 맛을 책임지는 재료다. 쓴맛 외의 네 가지 기본 맛을 골고루 갖추고 있으며 글루탐산의 감칠맛마저 탁월하니 득세를 납득할 수 있다.

매운맛의 인기 비결과 세계의 용사 문화

물론 매운맛을 향한 애정에 아예 근거가 없는 것은 아니다. 정확하게 '맛'은 아니지만 통각이니 자극이고, 중독성을 지니고 있다. 캡사이신 탓에 점막이 갈라져 얻는 통증을 상쇄하기 위해 뇌에서 마약과 비슷한 엔도르핀을 분비한다. 죽을 듯 맵지만 죽지는 않는다. 뇌가 그걸 알고 대가로 쾌감을 안긴다. 두 속담을 '크로스오버' 해보면 '사서 고생 끝에 낙이 오는' 형국이다.

따라서 차력에 가까운 완식, 또는 '괴식'의 용사 선발 문화가 한국의 전유물은 아니다. 세계 곳곳에서 이미 성행 중이다. 대표 음식으로 커리가 있다. 우리나라에서도 느슨하게 익숙한 그 음식이 용사 선발의 기준으로 자주 쓰인다. 일본의 '카레'가 거의 완전히 자국화된 방식의 매운맛의 매개체라면, 미국의 커리는 인도의 정통성에 매운맛을 접붙여 승부한다. 셰프가 방독면을 쓰고 조리한다는 무시무시한 매운맛이다. 너무나도 무시무시한 나머지 만드는 이도 먹어본 적 없다는 매운맛이다.

미국에는 버펄로 윙(buffalo wings)이 있다. 물소 날개? 닭 날개다. 뉴욕 주 북부 아주 위쪽의 추운 동네 버펄로가 고향이래서 붙은 이름이다. 급한 손님을 치르기 위해 남는 재료로 만든 비공식 메뉴의 반응이 좋아 전통으로 자리 잡았다는 설이 딸려 온다. 옷을 입히지 않고 튀긴 닭 날개를 녹인 버터와 핫소스 위주의 소스에 버무린다. 무수할 정도로 다양한 종류의 핫소스가 존재하는 식문화다. 따라서 만년필 잉크 카트리지 바꿔 끼우듯 다른 핫소스만으로도 통각의 색채를 바꿀 수 있다.

재료도, 표정도 다르지만 중국 사천요리의 마라(麻辣)도 있다. 산초 열매로 폭발적인 얼얼함을 자아내지만 고추만큼 여운이 길지 않다. 확 터졌다가 금방 사라지는 매운맛이다. 중국 음식이 꽤 자리 잡은 한국에서도 쉽게 먹기 어렵다. 광동이나 동북, 대만식의 주류이기 때문이다.

한국 고추의 좁은 스펙트럼

이렇게 다들 혀에 섶을 올리고 알아서 불에 뛰어든다. 자원해서 용사의 여정에 오른다. 그럼 좋다. 매운맛에도 즐거움이 있다고 치자. 여전히 '맛있게 맵다'는 말이 안 된다. 용사의 여정을 따라 세계를 한 바퀴 돌고 다시 한국으로 돌아오면 특히 그렇다. 마치 매운맛이 한국 식문화 또는 요리 세계의 핵심인 것처럼 내세우지만 실제로 적절하거나 다채롭게 활용하지는 않는다. 한식의 매운맛 세계는 전혀 다채롭지 않다. 그저 매울 뿐이다.

달리 말하자면, 한두 가지 제한된 문법을 고집하는 한편 강도에만 변화를 준다. 한마디로 스펙트럼이 너무 좁다. 재료 자체의 다양성은 물론 활용도도 떨어진다. 고추는 매운맛만 지닌 채소가 아니다. 단맛도, 향도 품고 있다. 현재 용도 외의 잠재력이 있건만 그저 하던 대로 밀어붙이고만 있고, 그 저돌적 자세를 전통이라 착각하고 있다.

일단 재료의 다양성을 살펴보자. 세계에 고추가 한두 종이 아닐 텐데 오로지 몇 종류에만 기댄다. 겉보기에는 다양성이 분명 존재하는 듯하다. 농촌진흥청의 홈페이지에 의하면 49개의 종묘 회사나 기관, 개인이 고추 1268가지 품종을 신고 및 판매한다. 건고추용 품종만 해도 재배 방식에 따라 200개 품종이 훨씬 넘는다. 하지만 이런 식의 품종 분류는 소비자와 별 상관이 없다. 각 품종이 개별적인 정체성을 확보하지 못했기 때문이다. 달리 말해 소비자는 품종별 정보도 모르지만, 실제로 안다고 쳐도 그사이에 의미 있는 차이가 존재하는지 구분할 여력이 없다.

이를테면 말려 빻아 쓰는 건고추는 소비자에게 그저 '건고추'로 존재할 뿐이다. '천하제일'이니, '왕대박'이니 하는 품종 이름이 존재하지만 소비자를 위한 정보는 아니다.

시장의 조건도 이를 뒷받침한다. 품종과 상관없이 고추는 그저 대여섯 종류의 '일반명사형 정체성'을 품고 매대에 놓인다. 붉은 고추, 풋고추, 청양고추, 꽈리고추, 그리고 오이나 가지 고추 같은 기타 생식용 등이다. 그리고 매운맛이 아예 없어 종종 생각도 안 하고 넘어가는 피망, 즉 파프리카가 있다. 청양고추처럼 매운맛이 유난히 두드러져 구분되는 종류도 있지만 주로 시각적 특성에 기댄 범주화다. 그나마도 파프리카를 빼놓고는 생김새도, 색도 큰 차이가 없다.

물론 각 범주 안에서도 맛, 특히 매운맛의 강도나 표정이 다를 수는 있다. 하지만 소비자의 선택 단계에서 도움 되는 정보를 제공하는 경우는 거의 없다. 그나마 고춧가루가 '매운맛', '덜 매운맛' 정도의 느슨하고 주관적인, 따라서 정확히 헤아리기 어려운 지표를 종종 제공할 뿐이다. 그래서 고추 고르기는 때로 뽑기나 복권 사기와 같다. 누군가의 '적당히 칼칼함'이 한 끼 식사를 망치는 폭탄이 될 수 있다. 또한 매운맛의 득세로 종별 특성의 영역마저 희미해졌다. 이젠 꽈리고추조차 안 매운 것을 사기가 훨씬 더 어려워졌다.

라틴아메리카, 다양한 고추와 매운맛의 세계

이런 현실에서 라틴아메리카 고추들의 세계를 들춰보면, 과연 한국이 매운맛의 종주국이라 자처할 수 있는지 의심스럽다. 사실 멕시코와 남아메리카가 고추의 고향이다. 그에 걸맞게 일단 선택의 폭이 매우 다양하다. 멕시코를 비롯해 인접 지역에서 먹는 고추는 비공식적으로 몇백 종류에 이른다. 가장 많이 먹는 종류, 또는 타국의 식문화를 흡수하는 서양(정확히는 미국)의 입장 위주로 분류한 것만으로도 50여 종에 이른다. 전부 조금씩 다를뿐더러 정보가 이름과 생김새의 두 가지 지표에 담겨 있어 바로 드러난다.

색깔과 모양이 달라 기본적으로 쉽게 구분 가능한데, 각각 품종이 아닌 고유의 이름으로 불린다. 예를 들어 매운맛 열풍에 맞춰 한국에서도 대중화된 할라페뇨(jalapeño)나 하바네로(habanero)는 모두 멕시코와 남아메리카의 대표 고추다. 과자 등 대량생산 식품의 강한 매운맛에 차출되어 인기를 얻었다. 전자는 청록색에 길고 매끈하며 팽팽하고, 후자는 호박처럼 주로 주홍색에 둥글 넙적하며 껍질은 쭈글거린다. 게다가 각각의 매운맛 차이도 또렷하다. 한마디로 생김새만 보아도 각자의 개성을 파악할 수 있을 정도의 다양성을 갖췄다.

이러한 분류 체계는 남아메리카 매운맛 세계의 그저 맛보기일 뿐이다. 가공과 그 방법에 따라 고추가 변신하기 때문이다. 고춧가루를 내듯 말리거나 연기를 쏘이는 경우도 있는데, 그럼 아예 다른 이름을 붙인다. 가공을 통해 맛이 다른 고추가 되었으니 그에 맞춰 새로운 이름을 지어준다는 논리다. 예를 들어 할라페뇨는 날것일 때의 이름이다. 말려 연기를 쏘이면 치포틀레(chipotle)가 된다. 멕시코의 대표 소스인 몰레에는 안초(ancho)를 기본으로 쓰는데, 말린 포블라노(poblano)의 새 이름이다. 이 밖에도 구아히요(guajillo)를 말리면 미라솔(mirasol)이, 칠라카(chilaca)를 말리면 파시야(pasilla)가 된다. 고추와 매운맛을 중요하게 여긴다면 이 정도의 다양성은 지녀야 하지 않을까?

작명 철학 및 체계가 전부가 아니다. 활용 철학 또한 재료의 이름 짓기를 뒷받침한다. 고추를 말려 쓰기는 해도 가루내거나 빻기는 가급적 피한다. 맛, 정확하게는 향이 날아가버리기 때문이다. 그래서 말려 파는 제품을 사다가 직접 부수거나 갈아 쓴다. 슈퍼마켓에서 개별 포장된 말린 고추를 살 수 있다. 대중화된 통후추와 같은 원리다. 갈거나 부수면 미묘함은 모두 날아가고 가장 독한 매운맛만 남는다. 전통 대접받는 탕 등 각종 국물 음식 가게를 가보라. 직육면체 깡통의 가루 후추가 여전히 식탁을 굳건히 지키고 있다. 독한 톱밥 같다. 갓 갈아낸 후추의 입체적인 향과는 거리가 먼, 납작한 뉘앙스만 남아 있다. 고추도 마찬가지다. 매운맛의 원천, 고춧가루가 이렇지 않으리라는 보장이 없다.

지금도 향이 좋다고? 동의하지 않지만 마지막 순간에 갈거나 빻아서 쓴다면 더 좋을 수 있다. 가정에서는 가공이 불가능하다고 생각할 수도 있다. 하지만 말려 맛과 향을 낸 향신료가 한식의 중심이다. 그걸 적극적으로 쓴 음식이 또한 식문화의 중심이라, 가정에서 맛 보전을 위해 전용 냉장고까지 개발되었다. 그렇다면 고춧가루쯤 집에서 빻을 수 있는 도구 또한 진작에 시도했어야 하는 것 아닐까. 화학적인 작용 없이 순수한 물리적 조작만이 필요한 기계일 터이므로 김치 냉장고 수준의 기술까진 필요하지도 않다. 전동 양념 갈이도 이미 존재하니 백지 상태에서 시작해야 할 프로젝트도 아닐 것이다.

매운맛을 위한 발상 전환 1:
고춧가루 이해하기

발상 전환이 출발점이다. 매운맛이 그렇게 좋다면, 그래서 식탁에 꼭 올려 주도적 역할을 맡기려 든다면 좀 더 고민이 필요하다. 빻아놓은 것이든 직접 부수거나 갈든, 맛을 내는 방법도 더 나아질 수 있다. 고춧가루와 떼어놓을 수 없는 음식인 김치를 놓고 생각해보자. 굳이 가루를 써야만 할까?

멕시코를 비롯한 라틴아메리카의 예를 들었는데, 생고추와 말린 고추는 각각 일장일단을 지녔다. 날것을 말리면 수분이 빠진다. 향과 맛이 진해지는 대가로 신선함을 잃는다. 김치의 맛도 당연히 영향을 받는다. 여기서 질문을 던져볼 수 있다. 생고추를 써서 김치를 담글 수는 없을까? 젖산 발효의 최적점에 닿은 김치는 '상큼하다'는 형용사를 쓸 수 있을 정도로 신선한 맛을 낸다. 그 맛의 색채에 생고추가 신선함을 한 켜 더할 가능성도 있다. 또한 저장 및 보관의 여건도 엄청나게 좋아져서 신선함을 좀 더 적극적으로 추구할 수 있다.

모든 김치에 고춧가루를 쓰는 건 아니다. 아예 고춧가루가 빠진 백

김치도 있지만, 생고추를 써서 담그는 종류도 있다. 살펴보면 공통점이 있다. 물김치처럼 국물의 비율이 높은 김치에 주로 생고추를 쓴다. 물론 모든 김치에 국물은 기본이다. 염장을 통한 삼투압으로 재료의 수분을 빼내는 게 조리의 출발점이고, 같은 과정이 김치를 담근 뒤에도 계속된다. 채소의 수분이 계속 빠져나온다. 하지만 물김치류는 애초에 국물 위주로 먹는다는 전제 아래 담근 김치다. 이런 종류에 생고추를 주로 쓰는 이유는, 맛내기와 수분 비율의 제약이 일반적인 김치보다 덜하기 때문이다.

생고추를 갈아 포기김치를 담근다고 가정해보자. 아무래도 수분이 걸린다. 원하는 정도로 매운맛을 내기도 전에 고추에서 나온 수분이 제어되지 않을 가능성이 아주 높기 때문이다. 앞에서도 언급했듯, 김치의 정체성은 염장을 통한 수분의 통제에서 비롯된다. 저장성을 높이기 위해 주재료인 채소, 곧 포기김치의 배추에서 수분을 뽑아내는 것인데, 생고추를 써서 다시 수분을 더한다면 비합리적이다.

그래서 고춧가루로 김치를 담근다. 하지만 고춧가루를 바로 부어 재료를 버무리는 경우는 드물다. 거의 반드시 불린다. 물도, 액젓도 좋다. 포기김치라면 무채에 불린다. 이것은 모순이 아닐까? 생고추로 김치를 담그지 않는 이유가 수분의 통제 때문인데, 고춧가루에 굳이 다시 수분을 더하는 연유는 무엇일까. 대개 색깔을 꼽는다. 물이 생명의 상징 아닌가. 바싹 말라 있던 고춧가루에 활력을 다시 불어넣는 것이다. 겉보기만 놓고 본다면 좋은 전략일 수 있다. 보기 좋은 떡이 먹기도 좋다고 했으니까. 새빨간 김치가 허연 김치보다 맛있어 보이기는 한다.

한식의 품격

하지만 음식은 결국 입으로 먹는다. 김치라고 예외가 아니다. 색깔을 얻는 만큼 맛을 잃을 수도 있다. 실제로 김치의 먹음직스러운 빨간색은 과잉의 부산물이다. 정도의 차이야 존재하겠지만, 고춧가루는 물에 정확히 녹아들지 않는다. 날 고춧가루가 표면에 붙어 있지 않은 김치가 존재하던가. 더께처럼 심한 경우도 있다. 익숙하게 젓가락 한 짝으로 쓱 긁어내고 먹으면서도 잉여분을 덜어낸다는 생각은 하지 않는다. 고춧가루의 과잉이 의심조차 하지 않는 습관으로 굳은 탓이다.

게다가 고춧가루를 불리기 위한 물의 선택마저 철저하게 색깔 위주다. 찬물을 선호한다. 맛을 끌어내기에는 더 효율적일 수 있는 뜨거운 물은 안 된다. 색이 탁해져 보기 싫어지기 때문이란다. 정말 맛, 매운맛 때문에 고춧가루를 쓰는 것일지 의구심을 떨쳐버릴 수 없는 이유는, 심지어 뜨거운 물조차도 고춧가루의 맛을 끌어내기에 최선은 아니기 때문이다. 고추와 매운맛의 핵심인 캡사이신은 지용성이다. 물에는 그저 불어 걸쭉해질 뿐이고, 기름과 닿아야 제 맛이 녹아 나온다. 그래서 맛있는 짬뽕의 제1 조건이 '주문받아 그때 볶기'다. '그때'와 '볶기'가 똑같이 중요하다. 물에 그냥 고춧가루를 들이부으면 향이 제대로 살아나지 않으니 볶는다. 또한 볶아서 향을 끌어냈더라도, 묵히면 금방 날아가버린다.

물론 고춧가루나 캡사이신만이 짬뽕 맛의 열쇠는 아니다. 이구동성으로 꼽는 미덕, 짬뽕의 '불맛'은 이를 포함한 총체적 개념이라는 말이다. 총체적인 불맛이란 센 불에 올린 중국식 볶음 팬(웍)에 재료를 짧지만 화끈하게 볶아 재료, 특히 채소의 마이야르 반응 및 캐러멜화를 이끌어내었을 때의 맛을 의미한다. 높은 열로 인해 그을리기 직전의 상태까지 간 재료의 복잡하고 깊은 맛이다. 이 맛에 기름에 녹아 나온 고춧가루의 다양한 표정이 한데 어우러지는 것이다. 맛이 '피어난다(bloom)'는 표현을 쓴다. 고춧가루뿐만 아니라, 지용성인 거의 모든 향신료의 맛을 끌어낼 때 쓰는 동사다.

애초에 물에 불리는(그것도 색깔을 위해!) 김치가 고춧가루의 잠재력을 제대로 살려내지 못함은 명백하다. 의도를 십분 참작하여, 애초에 지방을 배제한 음식 만들기가 목표라면 그러려니 할 수 있다. 하지만 그만큼 맛은 희생될 수 있다. 삼겹살에 곁들이는 김치구이가 이젠 거의 기본으로 자리 잡았다. 왜 같이 구워 먹으면 더 맛있을까? 뜨거운 돼지기름에 고춧가루의 맛과 향이 피어오르고, 또한 가열을 통해 끌어낸 맛이 지방을 타고 더 잘 전달되기 때문이다.

볶아낸 국물은 짬뽕만의 미덕이 아니다. 김치찌개는 어떤가. 삼겹살을 노릇하게 굽듯 지진 기름에 김치 국물과 약간의 김치를 볶은 뒤 끓이면, 모든 재료를 한꺼번에 넣고 끓인 찌개와 비교가 안 될 정도로 진하고 맛있다. 역시 지방이 중요하다. 고통의 여정을 마친 완식의 용사들에게, 과일향 유청 음료가 큰 도움 못 되는 이유이기도 하다. 단맛이 상쇄해주는 듯 느낄 수 있지만 매운맛을 가셔내지는 못한다. 지방을 걷어내지 않은 우유나 보드카 등의 독주가 더 효과적이다. 지방이나 알코올이 캡사이신 막을 녹여 벗겨내는 원리다. 삼키지 말고 입을 헹군 뒤 뱉어내야 효과가 더 좋다.

이처럼 고춧가루를 그 속성에 맞게 효과적으로 조리하는 예가 근거와 더불어 분명하게 존재한다. 그러나 한국의 식문화는 개별 사례를 기반으로 선호도 또는 패턴을 분석해 일반적으로 적용 가능한 문법을 도출해내지는 않는다. 여전히 특수해 취급이다. 주문과 동시에 볶는 짬뽕, 불판에 올리는 삼겹살의 교훈은 각자의 자리에만 머문 채 전파되지 않는다. 육개장, 김치찌개, 오징어볶음은 어떤가. 닭도리탕도 있다. 물에 재료를 모두 풍덩풍덩 던져 넣고 펄펄 끓인다. 함께 물에 빠진 틈바구니에서 고춧가루는 제 맛을 내지 못한다.

재료의 속성을 이해한 최선과 그렇지 않은 차선(이라고 규정하기에도 열등한 방법)이 동등한 선택지 취급을 받는다. 나름의 이유는 있을 것이다. 국물이 탁해진다고 반대하는 경우를 종종 본다. 하지만 프랑스의 수프 콩소메처럼 맑음 자체가 목표이자 정체성인 음식도 아니다. 깨끗한 국물을 찾는다면 접근 자체가 아예 틀렸다. 물에 녹지 않은 고춧가루는 국물의 표면에 둥둥 뜰 뿐이다. 김치 위에 더께처럼 앉은 고춧가루와 마찬가지다. 제 역할을 다 못한 잉여라는 말이다.

매운맛을 위한 발상 전환 2:
고추 활용법의 개선

또한 매운맛을 무턱대고 전통이라 여기기엔 선을 확실히 넘었다. 강도 말이다. 완식의 용사를 소집할 정도의 매운맛은 한국 고추로 어림도 없다. 갈수록 매워진다지만 여전히 역부족이다. 그러므로 '용병'의 힘을 빌려야 한다. 프로스포츠에서 용병의 의미는 한마디로 '즉시 전력감'이다. 육성을 위한 시간과 자산을 투입하고 기다리지 않는 대신 연봉을 더 주고, 즉각적인 활약과 빼어난 기량으로 자신은 물론 팀의 성적마저 상승시키는 시너지 효과를 기대한다.

매운맛에도 그런 용병이 존재한다. 가공을 통한 농축으로 정수인 캡사이신만 화끈하게 뽑아 제공한다. 멕시코의 하바네로, 태국의 쥐똥 고추처럼 사람 잡는 매운맛의 고추를 가루나 액체로 만든 것이다. 인터넷 오픈 마켓은 물론 동네 중규모 슈퍼마켓에서도 살 수 있다. 쓰기 편하다. 조금만 써도 확실히 화끈하다. 게다가 가격도 싸다. 진정한 용병이다. 음식 만드는 입장에서는 안 쓰고 배길 재간이 없다.

물론 용병은 바람직한 표현이 아니다. 군대식 비유인 데다가 배타적 또는 차별적 의미를 담고 있다. 일본에서는 가이진(外人)이라는 표현을 쓴다. 어쨌거나 문제적인 이들 단어가 품고 있는 공통점, 즉 '바깥(外)'이 시사하는 바는 확실하다. 특히 '매운맛=한국의 맛'이라 믿는 이들이 고민해볼 화두다. 매운맛은 이제 한국적인 고추만으로 낼 수 있는 한계를 벗어났다. 맛도, 방법론도 그렇다. 우리가 전통적이라 믿는 강도로, 말려서 가루를 내는 방법으로 낼 수 있는 매운맛에는 한계가 있다. 한계 자체가 문제라는 말이 아니다. 다만 모순을 지적하고 싶을 뿐이다. 당신에게 쾌감을 안기는 요즘의 매운맛은, 믿고 싶은 것처럼 한식의 맛이 아니다. 캡사이신액의 쓰라림이다.

이보다 더 교묘한 존재도 있다. 청양고추다. 물론 한국에서 개발되었다. 뜬금없이 충남 청양군이 고향 행세를 하려 들지만, 사실 시험 재배

지역인 경북 청송과 영양에서 각각 한 자씩 따서 붙인 이름이다. 태국과 제주 고추를 교배한 것이라 하니 타는 매운맛의 근원을 단박에 이해할 수 있다. 하지만 현재 품종의 특허와 데이터베이스는 다국적 기업인 몬산토 소유다. 2005년에 팔렸다. 외국 기업에 돈을 주고 품종을 사야 낼 수 있는 맛이 과연 한국적인 것일까. 외국 고추의 힘을 빌리거나, 한국 품종이 다국적 기업에 팔린 사실 자체는 문제가 아니지만, 정황이 이러한데도 '매운맛=한국'이라는 딱지를 붙이려는 시도와 고집은 지극히 비합리적이다.

먹는 방법 또한 비합리적이기는 마찬가지다. 날것 그대로 식탁에 오른다. 맛봉오리를 완전히 파괴하는 매운맛을 식탁으로 끌어들여서는 고추장까지 찍어 먹는다. 원래 주문한 음식을 즐길 수 없을 정도로 맵다. 사실 그래서 식탁에 올린다는 이야기마저 들었다. 맵지 않은 풋고추를 내면 계속해서 더 달라고 요구하기 때문에 타산이 맞지 않는다고 한다. 이유를 막론하고 생고추를 그대로 먹는 식습관은 비효율적이다. 표면의 셀로판 막이 질길뿐더러 소화도 안 된다. 심지어 찌개 등에 넣고 끓여도 과육은 푹 무를지언정 껍질은 딱딱하게 남는다. 얼마든지 벗겨낼 수 있는 껍질이며, 벗겨내고 난 과육은 정말 부드럽다. 이처럼 고추를 즐겨 먹는다지만 기본 요리법조차 다양하게 발달하지 못한 현실이다.

고추 껍질 벗기기가 어려운 일도 아니다. 직화로 태워 긁어낼 수 있다. 진정한 고추의 종주국인 라틴아메리카의 방식이다. 가스불도, 가정용 토치도 좋다. 휴대용 스토브의 연료인 가스통을 달아 쓸 수 있으니 큰 부담이 없다. 게다가 직화는 우리에게 워낙 익숙한 조리 방법이니 심리적 장벽도 낮다. 겉이 새까맣게 타고 고추 껍질이 물집 잡히듯 일어날 때까지 그을린 다음 종이봉투나 밀폐 용기에 담아둔다. 열과 수증기 덕분에 껍질이 말끔히 분리된다. 물에 담가 긁어내면 부들부들한 속살이 나온다. 어떻게 먹어도 좋다. 서양식으로 식초에 절여도, 한국식으로 나물을 무쳐 먹어도 좋다. 덩치가 큰 파프리카에 가장 잘 어울리는 방법이지만 작은 고추에도 쓸 수 있다. 특히 요즘 등장한 오이 고추, '드셔보라 고추(가지와 교배종)', '구워먹네 고추(애너하임(anaheim) 고추와 거의 똑같다.)' 등 기본적으로 매운맛이 없는 종류에 잘 어울린다.

매운맛을 위한 발상 전환 3: 매운맛 국제 표준의 도입

마지막으로 매운맛의 표준화 및 지표화가 필요하다. 한국 고추의 세분화된 품종 분류가 소비자가 매운맛을 선택하는 데는 영향을 전혀 미치지 못한다고 했다. 모든 과일을 단맛, 즉 당도(brix)를 기준 삼아 일괄적으로 줄 세우는 현실이다. 왜 매운맛은 불가능할까. 표준 지표마저 존재한다. 스코빌 척도(Scoville scale)이다. 1912년 미국의 화학자 윌버 스코빌(Wilbur Scoville)이 최초로 개발해 이름 붙였다. 매운맛을 느낄 수 없는 단계까지 캡사이신을 희석했을 때 물의 비율을 수치로 삼는다. 이를 스코빌 단위(Scoville Heat Unit, SHU)라 표기한다. 요즘은 고성능 액체 크로마토그래피(HPLC)로 캡사이신의 농도를 직접 측정한다.

예를 들어 '토종의 자존심' 청양고추의 스코빌 단위는 조금씩 차이가 있지만 2500~8000 또는 4000~12000SHU다. 서양에서 본격적으로 칼칼한 매운맛을 내는 고추인 할라페뇨와 같은 급이다. 참고로 순수한 캡사이신액은 15,000,000~16,000,000SHU다. 가장 용맹한 완식의 용사(또는 자학의 왕?)도 감히 넘볼 수 없는 수치다. 표준은 수직 및 수평 비교를 가능케 한다. 김치 또는 각종 양념류를 통해 매운맛이 일상적인 한국에서 적극적으로 도입을 검토해야 한다. 걷어낼 수 없다면 선택의 기준만이라도 확실하게 제시할 필요가 있다. 최소한 고춧가루만이라도 매운맛을 수치화한다면 맛의 객관화에 큰 도움이 될 것이다.

또한 세계 표준인 SHU가 엄연히 존재하므로, 굳이 한국의 표준을 만들겠다고 고집을 피울 필요도 없다. 고추장 업계에서 별도의 표준안인 GHU(Gochujang Hot taste Unit)를 내놓은 시도가 큰 의미 없다고 보는 이유다. 2010년 KS 규격안으로 도입해 2011년 1월 1일부터 인증받은 고추장에 의무적으로 적용하는데, 순한 매운맛(30 미만)부터 아주 매운맛(100 이상)의 다섯 단계로 분류한다. 객관적인 지표를 적용하려는 시도는 바람직하다. 하지만 100년도 넘은 세계 표준을 두고 별도의 기준을 만들 필요는 없다. '매운맛=한국의 맛'이라는 믿음으로 세계 진출을 시도하려면 오히려 국제 기준을 적용하는 편이 잠재적 소비자의 이해를 돕는다. 인터넷으로 연결된 세계에서 천상천하 유아독존은 아무런 의미가 없다. 다르다고 반드시 독특한 매력이 되지 않는다.

【마늘의 매운맛】

결이 다른 매운맛이지만, 마늘의 쓰임새가 내포하고 있는 비합리적, 비효율적인 측면 또한 고추와 같다. 부산 출장길에 KTX 열차 내 TV를 통해 요리 영상을 보았다. 콩나물 무침이었는데, 끓는 물에 담갔다가 꺼내 온기가 가시지도 않은 콩나물에 고춧가루와 다진 마늘을 한 움큼 끼얹는 것을 보고 잡이 확 달아났던 기억이 생생하다. 마늘은 굳이 날것일 때 최선의 맛을 내는 재료가 아니다.

따라서 모든 음식에 생마늘을 더하는 것도 이해하기 어렵지만, 흔히 사용하는 다진 마늘을 정확하게 날것이라 보기도 어렵다. 「만능 양념장과 비효율적 맛내기의 문법」에서 살펴본 것처럼, 으깨거나 다져 세포막을 파괴한 마늘이라면 가장 독한 맛과 향만 살아남는다. 포장된 다진 마늘이 큰 의미 없는 이유다. 진정 마늘을 사랑해 모든 음식에 생것을 더해야 직성이 풀린다면, 진짜 생마늘을 쓸 일이다.

두말 할 것 없이 타협안이 존재한다. 필요할 때마다 껍질을 벗겨 쓰는 것이 최선이겠지만, 벅차다면 벗겨 파는 것도 얼마든지 살 수 있다. 최선은 아니지만 차선으로서는 손색이 없다. 이제 요리사라기보다 연예인인 미국의 안소니 부어댕(Anthony Bourdain)은 "직접 껍질 벗겨 쓸 수고를 감수할 수 없다면 마늘을 쓰지 말라."고 일갈한다. 생마늘을 적극 회피하는 서양 요리가 그러하다면, 고추와 마늘의 매운맛이 정체성의 핵심 요소라 믿는 한식은 과연 어떤 태도를 취해야 할까?

2. 고소함,
참기름 너머의 지방

2013년 봄의 일이다. 남의 나라에 삶의 터전을 잡고 한국에 거의 오지 않던 지인과 1박 2일, 짧은 일정으로 전라도 일대를 돌았다. 신안을 들러 완도를 찍고 강진에서 저녁을 먹은 뒤, 다음 날 선운사에 들르는 여정이었다. 서울로 돌아오는 길엔 젓갈과 건어물을 사러 곰소에 들렀다가 점심으로 회를 먹었다. 여정의 일부로 나쁘지 않은 경험이란 생각이 들었다.

그렇게 건어물 가게 주인에게 소개받은 횟집에 자리를 잡았다. 마침 도다리가 제철이었다. 7만 원짜리 한 마리를 시키자 소위 '쓰키다시'가 한 상 가득 깔렸다. 일반적으로 딸려 나오는 밑반찬류가 아니고 모두가 회였다. 생선부터 조개를 지나 전복까지, 둘은커녕 넷이서도 다 먹기 어려운 양의 생해물이 젓가락을 들기도 전에 먹는 이를 압도했다.

비단 양뿐 아니라, 참기름 또한 회를 압도했다. 가리비, 전복 등 패류에는 하나도 빠짐없이 참기름이 듬뿍 뿌려져 있었다. 진한 향과 미끌거리는 질감의 만남. 비록 수조지만 바닷물에 잠겨 살아 있는 생물을 방금 잡았으니 스스로도 살았는지 죽었는지 헷갈릴 상황이다. 그걸 노리고 굳이 활어를 잡아 먹지 않는가. 그런데 그 위에 참기름을 끼얹다니. 이런 경우는 처음이었다.

불은 물론 숙성의 손길도 입지 않아 입 안에서 씹어 조리를 해야 할 활어회다. 그나마 미약한 맛의 추가 한쪽으로 기운 상황, 흠뻑 끼얹은 참기름은 가뜩이나 쉬이 즐기기 어려운 회를 더 먹기 어렵게 만든다. 오래 타국에서 산 일행이 무슨 생각을 했는지는 모르겠지만, 적어도 나는 '회, 너마저!'와 '이것이 바로 진정한 한국의 맛' 사이에서 정신 못 차리고 갈팡질팡하는 스스로가 우스웠다.

참기름에 뒤덮인 한식

참기름이 대표하는 고소함을 빼놓으면 한식에서는 아무런 이야기도 할 수 없다. 그만큼 지배적이다. 비단 고소함의 영역에서만 독보적인 역할을 하는 수준이 아니다. 한국 맛의 전 영역에서 지배적이다. 참기름이 개입하지 않는 음식이 없다. 일단 모든 양념의 마무리는 거의 반드시 참기름이다. 고기든 나물이든 고추장, 간장 바탕의 양념류라면 예외 없다.

콩나물 무침에도 마지막에 꼭 참기름을 한 방울 떨군다. 그러나 콩나물은 콩을 검정 천으로 덮어 일부러 나약하게 기른 식재료다. 그만큼 섬세하고 짙은 맛과 거리가 멀다. 바로 앞 장에서 언급했듯 일단 독한 마늘부터 도움이 안 되지만 참기름 역시 대수롭지 않다. 습관과도 같은 '한 방울'이 생각보다 강한 영향을 미친다. 심지어 송편을 비롯한 떡, 한

과류의 마무리에도 참기름이 관여한다. 참기름 덕에 윤기가 흐르니 분명 먹음직스러워 보이지만 막상 입에 넣으면 실망스럽다. 생각만큼 맛있지 않거나 떡의 맛을 거스른다. 역시 참기름 탓이다. 모든 음식의 맛을 똑같은 색으로 뒤덮어버린다. 떡의 위치야 주식과 후식 사이에서 어중간하니 그럴 수도 있지만 한과는 분명한 피해를 입는다. 디저트로서 가능성에 타격을 받는다.

습관은 갈수록 몸집을 불린다. 정말로 한 방울에 그치는 경우가 별로 없다. 눈앞의 수조에서 꺼내 잡은 가리비나 전복에도 흠뻑 끼얹는다면 양념장 바탕의 음식에는 어떻겠는가. '양념 범벅'의 일원으로 빈약한 음식의 맛을 가리는 데 공헌한다. 대표적 예가 광장시장의 마약 김밥이다. 기껏해야 당근과 단무지가 든 어른 엄지 굵기의 김밥이다. 참으로 빈약하지만 과대 포장된 관광지 음식을 참기름이 살려준다. 참기름을 잔뜩 발라 윤기와 더불어 고소함의 외피를 두껍게 입힌다.

지나치지 않느냐고? 당연히 그렇다. 하지만 걱정 마시라. 간장과 겨자가 있다. 전자의 짠맛과 후자의 매운맛이 과잉을 깎아준다. 병 주고 약 주는 격이다. 밥, 즉 탄수화물을 씹어 나오는 단맛을 참기름으로 채우고 간장과 와사비로 깎는다. 끝없이 되풀이 할 수 있다. 계속 먹을 수 있다는 말이다. 나름의 중독성이 있으니 '마약 김밥'이라는 이름과 명성이 완전히 허황되었다고 볼 수는 없다. 그게 장점이기도 하다. 뜯어보면 나름의 논리로 저비용 고효율의 맛을 낸다. 소위 가성비 좋은 맛이다. 그렇다고 명물이나 원조 대접을 받거나, 외국 관광객에게 군이 소개할 수준의 음식이 아니다. 비위생적인 환경도 감안해야 한다.

정말 참기름을 쓰는지도 의심스럽다. 마약 김밥 1인분에 3000원이다. 반면 참기름은 국산이 아니더라도 500ml 한 통에 7000~8000원 꼴이다. 국산은 애초에 가정에서 미량 쓰기에도 언감생심인 현실이니 제쳐두자. 심지어 수입품도 마음 편하게 들이붓기에는 가격이 만만치 않다. 그렇기에 더더욱 참기름을 고집할 필요가 없다. 적당히 고소하면 그만 아닌가. 어차피 모든 기름은 고소하다. 마침 대안도 존재한다. 옥배유, 즉 옥수수 배아에서 뽑은 기름이다. 태우면 참기름의 맛과 비슷해지고 구분도 어려워진다. 마약 김밥 정도는 시장의 왁자지껄함에 휩쓸려 구분할 여유도 없이 넘기고 말 것이다.

'향미유'라는 물건도 있다. 식용유가 부피와 맛을 맡고, 5~10%의 참기름이 향을 책임진다. 매체에서도 "가짜 참기름"이라며 한참 문제 삼았다. 속이는 건 그 자체로 문제다. 하지만 진짜 관건은 참기름의 존재 그 자체다. 굳이 써야만 할까? 분명 만능도 아니고 현재에는 다른 대안도 많다. 식용유, 버터, 올리브기름, 심지어 볶지 않은 깨로 짠 기름까지. 지방의 지평이 비교할 수 없을 만큼 넓어졌다. 하지만 참기름에게 여전히 너무 많은 걸 기대한다. 질감과 향, 두 가지 역할을 한꺼번에 맡긴다.

불분명한 명성과 확고한 불신

참기름은 어떤 연유로 이다지도 굳건한 만능 조미료 역할을 맡았을까? 명성에 관한 실마리를 찾기가 쉽지 않다. 변변한 사료도 없고 현대 저작물도 존재하지 않는다. 참기름처럼 전지적인 조미료라면 관련 문화사 책 한 권 정도 있을 법하건만 눈에 뜨이지 않는다. 소위 인문학적 접근이라 며 빈약한 사료나 어원을 사골 우리듯 돌려 쓰는 책들이 넘쳐나지만, 정 작 필요하거나 만드는 데 품이 많이 드는 콘텐츠는 없다. 마크 쿨란스키(Mark Kurlansky) 같은 저널리스트가 필요하다. 그는 소금이나 대구 같은 대표 식재료를 중심으로 문화사를 재정렬한다. 그렇게 끈기로 밀도를 자아낸 한식 콘텐츠가 부족하다.

부득불 추론하자면, 채식이 실마리다. 통상적으로 한식의 미덕이 라 통하는 부분이다. 동의하지 않지만 참기름 남용의 빌미는 준다. 지방 을 지니고 있지 않은 채소에 두터움을 덧씌우는 역할이 필요하기 때문 이다. 참기름은 맛의 매개체인 기본 역할을 맡으면서 몇몇 경우에 향의 시너지 효과를 일으킨다. 대체로 곡물을 강하게 볶아 맛을 최대한 끌어 낸 뒤 압착한, 즉 꾹꾹 눌러서 짜낸 기름이다. 채소, 특히 말린 나물과 궁 합이 잘 맞을 수밖에 없다. 아니, 서로를 버틸 수 있다고 말하는 게 더 정 확하겠다. 참기름의 특성을 감안하면 말려 수분을 걷어낸 나물 정도는 되어야 기죽지 않고 제 향을 낼 수 있다. 식물성 기름이지만 오히려 어울 리지 않는 식물성 재료가 더 많다.

겉절이를 생각해보자. '겉만 절였다'고 해서 붙은 이름이다. 발효된 깊고 복잡한 맛 대신 갓 버무린 생생함을 택하는 음식이다. 이런 음식인 데도 참기름의 켜를 두툼하게 입혀낸다. 음식의 정체성을 훼손함은 물 론 다른 음식의 맛도 침해한다. 습관이 맛을 망친다. 평양냉면 전문점 우래옥에서 단품 식사류에 김치 대신 내주는 겉절이가 대표적인 예다.

일단 절이지 않은 배춧잎의 질감도 면과 어울리지 않지만, 진한 참기름이 냉면의 맛을 침해한다. 고춧가루나 조미료가 자아내는 부조화와는 별개다. 한국의 대표 식당 가운데 하나인 곳에서 내는 주력 반찬치고 생각 없음이 너무 묻어난다. 봄동도 참기름의 마수에서 자유롭지 않다. 겨우내 눈밭에서 더디 자란 배추를 역시 겉만 절인다. 추위의 가혹함과 맞바꾼 재료의 단맛 위에 참기름을 끼얹는다. 들기름이라도 마찬가지다. 재료의 맛에 대한 고려가 전혀 없다.

또한 참기름의 세계에는 기본으로 불신이 만연하다. 대량생산 제품을 믿지 않는 경향이 있다. 여전히 가내 수공업에 가까운 생산 방식을 선호한다. 소주병이 수호하는 불신의 세계다. 좋은 깨를 직접 구하고 믿을 만한 방앗간을 수배한다. 재료 바꿔치기의 위험이 없는 곳 말이다. 그래도 못 미더워 압착 및 추출 과정까지 지켜 서서 본다. 그렇게 노력과 수고를 들여 짜내는 고소함이건만 제 역할을 한다고 보기 어렵다.

지방 겹치기와 온도의 변화

현실과 기대만큼 참기름이 식물성 음식에 어울리지 않는다면 동물에는 어떨까. 참기름이 식물성 재료 가운데 말린 나물과 향으로 시너지 효과를 일으킨다면, 동물성 재료와는 질감 면에서 죽이 잘 맞는다. 지방 본래의 점성을 감안하면 참기름이 재료에 '묻어난다'는 표현이 가장 적절하다. 지방과 지방이 겹쳐지면서 조금씩 다른 질감이 따로 또 같이 다채

한식의 품격

로운 감촉을 선사하는 원리다.

양식에서 대표적인 예를 먼저 들어보자. 송로버섯(트러플(truffle)), 철갑상어알(캐비아(caviar))과 더불어 세계 3대 미식 재료라는 푸아그라(foie gras), 즉 거위 또는 오리의 간이다. 푸아그라란 기본적으로 과식(가바주(gavage)라고 부르는, 삽관을 통한 강제 사육법)으로 인한 지방간이니 과격하게 말하자면 기름 덩이다. 한식에서 밥을 먹듯 탄수화물인 빵을 멍석처럼 깔아준다. 푸아그라와는 어떤 빵이 잘 어울릴까. 기름 덩어리니까 소위 '담백'한 게 좋을까? 아니다. 반대로 지방을 많이 쓴 종류를 제짝으로 친다. 근거 없는 낭설이지만 마리 앙투아네트의 빵("브리오슈를 먹으라고 하세요!")으로 통하는 브리오슈(brioche)가 찰떡궁합이다. 브리오슈는 버터를 밀가루 대비 최대 90% 가까이 쓴다. 보통 식빵이 10% 안팎임을 감안하면 엄청나게 풍성한 빵이다. 버터 비율에 따라 부자(88%), 중산층(50%), 빈자(23.5%)의 브리오슈로 분류하지만, 버터 함량이 가장 낮은 종류도 식빵보다는 풍성하다.[21] 이렇게 지방을 덧대고 또 겹친다.

한편 결이 다른 대중 음식인 베이글 연어 샌드위치도 원리는 같다. 베이글은 기름기가 전혀 없고 쫄깃을 지나 질깃하기까지 한 빵이지만, 크림치즈가 질감을 보완하고 연어에게 다리를 놓아주는 역할을 맡는다. 크림치즈는 치즈로 분류되긴 하지만 기본적으로 우유에서 추출 및 농축한, 발효되지 않은 단백질과 지방 덩어리다. 이와 함께 흔히 공단(velvet)에 비유할 정도로 매끈한 연어가 맞물려 서로 안과 바깥 켜 역할

---

21 버터 비율 비교를 위한 브리오슈 및 식빵의 레시피는 Peter Reinhart, *The Bread Baker's Apprentice: Mastering the Art of Extraordinary Bread*(Ten Speed Press, 2001) 참고.

을 엎치락뒤치락 맡는다.

지방 겹치기의 핵심은 온도다. 밀도 또는 농도라 할 수 있는 질감과 관련 있는데, 그 또한 온도의 영향을 받기 때문이다. 음식이 완성된 시점에서 특정 상태로 겹쳐진 지방의 밀도 혹은 농도는, 먹는 과정에서 달라지는 온도에 따라 함께 변화한다. 이때 단수가 아닌 복수의 지방이므로 각각의 온도 및 밀도의 변화가 얽히고설키며 다양한 감촉을 자아낸다.

푸아그라나 베이글이 없더라도 지방의 다양한 감촉은 간단하고 쉽게 체험할 수 있다. 식빵 한 쪽을 따뜻하고 바삭하게 구워서 냉장고에서 바로 꺼낸 버터(가염을 권한다.)를 두툼하게 한 조각 저며 올린다. 입을 조금 크게 벌려 빵과 버터를 한꺼번에 베어 문다. 입을 벌리는 순간 위아래의 극적인 대조를 단박에 느낄 수 있다. 윗입술로는 차갑고 매끈하고 짭짤한 버터가, 아랫입술로는 따뜻하고 바삭하고 단 빵이 느껴진다. 이 둘을 씹으면 그사이 모든 중간 지점이 한데 섞이며 복잡다단한 맛의 경험이 찾아온다. 식빵 한 쪽과 버터 한 조각만으로 맛볼 수 있는 세계다.

푸아그라와 연어의 지방 겹치기 체험도 마찬가지다. 차갑게 먹는 게 기본이지만 세계 3대 미식 재료답게 푸아그라는 양 끝의 설정을 모두 선택할 수 있다. 간을 그대로 먹을 때는 뜨겁게 지진다. 겉으로만 형체를 간신히 유지할 정도로 익혀, 나이프를 대면 속이 마치 용암처럼 녹아내리는 극적 효과도 꾀한다. 빵을 중심으로 한 따뜻함의 중첩이다. 한편 간을 부스러뜨려 내부의 실핏줄을 걷어낸 다음, 다시 한데 뭉쳐 차가운 지방으로 재탄생시킬 수도 있다. 행주에 말아 만들어 프랑스어로 토르숑(torchon, 행주, 걸레라는 뜻)이라 일컫는다. 파테(pâté)의 일종으로 차갑게 먹는다. 버터와 질감이 비슷하다. 지진 푸아그라와 반대로, 빵을 중심으로 차가움의 중첩이다.

이처럼 지방의 질감을 활용할 때는 온도 또한 고려해야 최선의 경험을 끌어낼 수 있다. 하지만 한식에서 동물성 재료에 지방, 즉 참기름을 묻히는 방식은 한 가지다. 말 그대로 고기에 참기름을 묻혀 먹는다. 이 조합도 지방의 겹치기 효과를 내줄까? 어느 정도는 그렇지만 결코 극적인 효과를 자아내지는 못한다. 참기름은 상온에서 액체인 지방이므로 정확하게 질감의 대조를 얻을 수가 없다. 특유의 점도로 고기에 막을 입히므로 때로 불쾌할 수도 있다. 더군다나 맛도 고기와 썩 어울리지 않는다. 선택의 여지가 없던 과거라면 모르겠지만 다른 지방도 넘쳐나는 오늘날 여전히 제1 지방으로 꼽을 매력은 없다.

부족해서 못 먹는 시대는 지났지만, 고기는 아직도 또 언제나 귀한 식재료다. 반쯤 재미가 섞였지만 '님'이라는 접미사를 붙여 부른다. 그렇다면 이런 고기에 왜 군이 하고많은 지방 가운데 참기름일까. 고기별로 나눠 헤아려보자. 일단 닭고기는 제쳐놓을 수 있다. 치킨이든 닭갈비든, 양념에는 참기름을 섞지만 직접 찍어 먹는 경우는 드물기 때문에 질감 아닌 맛에만 영향을 미친다. 닭고기의 희미한 맛을 생각하면 다행스러운 일이다.

돼지고기는 어떨까. 모든 육류를 통틀어 불판에 가장 많이 올라가는 고기가 삼겹살이다. 이름처럼 '겹', 즉 경계가 뚜렷한 가운데 절반 이상이 지방인 부위다. 아무리 구워도 기름기가 계속 녹아 나온다. 구이에 적합하지는 않지만 어쨌거나 자기 기름에 목욕하는 팔자다. 군이 액상

기름을 덧바를 필요가 없다. 2부의 「직화구이」에서 더 자세히 다루겠지만, 목살은 삼겹살보다 더 구워 먹기 적합하지 않으니 아예 논외다. 한편 쇠고기는 돼지 삼겹살보다 앞가림을 한결 더 잘한다. 가장 비싼 고기답다. 마블링이라고 부르듯, 지방이 살코기 사이에 결을 이뤄 골고루 퍼져 있는 덕이다. 한국식 직화가 최선은 아니지만 여건을 잘 조성해 구우면 지방이 녹아 퍼져나와 맛과 질감의 막을 형성한다. 역시 참기름의 막은 불청객이다. 덧씌울 필요가 없다.

참기름 너머 풍요로운 지방의 땅

두루 헤아려보면, 결국 참기름은 어려운 여건에서 나름의 호의호식을 위한 회심의 한 수 아니었을까? 요리의 맨 마지막에 하나, 많아야 두 방울 정도 떨구는 재료, 향과 윤택함을 한꺼번에 주는 화룡점정의 수단 말이다. 과거, 특히 가난을 기원 혹은 원인으로 다루는 건 부담스러운 일이지만 그런 맥락의 산물일 수도 있다. 유일하게 존재하는 인상 강한 지방, 또는 호의호식의 방편이었을 수도 있다는 뜻이다.

하지만 그런 시대는 지났다. 호의호식(好衣好食), 영어로는 'living off the fat of the land'라고 한다. 지방이 가장 귀하고 가치 있는 선택임을 의미하는 표현으로, 16세기부터 쓰였다. 음악 팬이라면 1990년대 후반을 풍미한 프로디지(The Prodigy)의 음반 제목(『Fat of the Land』)으로도 기억할 것이다. 그렇다. 호의호식하려면 지방의 땅에 발을 들여놓아야 한다. 참기름 한 가지가 고작 방울 단위로 똑똑 흐르는 정도로는 택도 없다. 그렇다고 젖과 꿀의 대열에 지방까지 편입시켜 줄줄 흘러도 의미 없다. '땅'의 핵심은 다양성이다. 온갖 종류의 지방이 액체는 물론, 고체로도 존재하는 다양함의 땅이 필요하다.

군이 지방이 필요한가 반문할 수 있다. 열량과 한데 묶여 비만의 주원인으로 매도당하는 현실이다. 누구라도 지방 공포증을 쉽게 품을 수 있다. 지방이 건강에 나쁘지 않다는 연구 결과가 대중 서적에 담겨 속속들이 등장하고 있지만, 지방 유해론은 어차피 흔들리지 않는다. 그러나 앞서 말했듯 지방은 맛의 매개체다. 존재 여부에 따라 맛이 확실히 달라진다. '맛이 있다/없다'를 넘어 만족의 정도가 확연하게 차이 난다. 이점을 한식, 특히 현대화를 내세우는 요즘 한식이 간과한다.

이렇게 지방을 대하는 시각 등을 통해 한식은 물론 양식까지 포함한 한국의 식문화가 논란이나 문제의식에 대응하는 방식을 알 수 있다. 제기되는 문제의 내용 또는 세부 사항은 다를지언정 해결을 위해 적용하는 방식은 동일하다. 한식에서는 양념을 들어낸다. 짜고 달고 매운 게 문제라고 하니, 아예 장류부터 들어내고 시작한다. 120을 60~70 정도로 낮추기 어려우니 아예 0으로, 미세 조정 대신 거세를 택해버린다. 한편 양식에서는 기름을 쫙 뺀다. 모든 음식이 전기구이 통닭의 팔자로 전락한다.

그런 닭이 맛있던가. 가뜩이나 작은 것을, 얼마 안 남은 기름을 전부 뽑아내다 못해 말라 비틀어질 때까지 굽는 것이 전기구이 닭이다. 불꺼진 쇼윈도 오븐에 걸린 닭이 쓸쓸히 가게를 지키고 있는 한밤의 모습은 그로테스크한 외로움을 풍기는 도시의 풍경이다. 맛도 그만큼 외롭다. 뜻을 건덕지도, 재미도 없다. 원래 풍성하지도 않은 지방을 더 들어내려 헛심을 쓴다. 누구의 개념에서 건강할지 모를 일이나 맛은 없어진다. 양념은 조절이 필요하지만 지방까지 한데 묶어 배척할 이유는 없다. 예전에 비해 튀기거나 굽는 치킨에 밀려 많이 희귀해졌지만, 추억이나 향수만으로 소비하기에는 너무나도 뻣뻣하고 빈약하다.

지방의 역할과 의미

지방의 역할은 일상 차원에서 아주 쉽게 비교 체험 가능하다. 집에서 아예 불을 피우지 않는, 즉 음식을 하지 않는 이에게는 요거트가 있다. 무지방 제품과 아닌 것을 각각 사서 비교해보자. 같은 회사에서 각각 일반과 무지방으로 나온 제품이면 더 좋다. 경험으로서 맛(flavor) 전체를 비교한다. 고소함과 풍부함, 입과 혀에 닿는 감촉이 완연히 다를 것이다. 심지어 냄새도 다를 수 있다.

단순한 맛 비교에서 그치지 말고, 제품 포장에 적힌 원료를 비교해보면 훨씬 더 잘 이해할 수 있다. 지방을 빼지 않은 우유로 만들었다면 유산균 한 가지만 더해도 요거트를 만들 수 있다. 반면 지방을 걷어낸 요거트는 사뭇 다르다. 빠진 지방만큼의 감촉과 점도를 갈음하기 위해 젤라틴(주로 돼지 뼈나 껍질에서 추출하므로 완전 채식(vegan)을 지향하는 이라면 의식적으로 피해야 한다.)을 쓴다. 확연히 처지는 맛은 당으로 메울 텐데, 설탕 또한 지방만큼이나 공포의 대상이므로 올리고당 등의 대체 당류일 확률이 아주 높다. 결과는 질감과 맛 양쪽 측면에서 모두 느글거리는 가짜 건강식품이다. 오직 '건강함을 먹는다'는 정신 승리로 무장해도 헤쳐나가기 어려운 맛없음이다.

집에서 최소한의 조리를 하는 경우라면 계란으로 비교할 수 있다. 가장 흔한 식재료지만 잘 익히기는 어려운 계란 말이다. 지방의 유무가 맛에 영향을 미친다. 눌어붙지 않는 팬에 일단 기름을 넉넉하게 둘러 중불에 올린다. 팬 바닥 전체에 아주 얇은 막을 고르게 입히는 정도다. 식용유도 좋고 초벌 올리브기름도 괜찮다. 버터도 좋지만 발연점이 낮아 금방 거품을 내며 색이 변할 수 있다. 기름이 반짝이며 찰랑거릴 때 계란을 깨 올린다. 연기가 날락말락할 때까지 조금 더 기다려도 좋다. 취향에 따라 뒤집어 익혀도 되고, 안 익혀도 상관없다.

조리를 마치면 종이 행주로 팬 바닥을 말끔하게 닦아내고 다시 불에 올린다. 그리고 다시 계란을 올린다. 요즘 팬의 붙지 않는 코팅은 계란 100개 안팎이 한계라고 한다. 따라서 불을 최대한 줄여 이전 계란을 익히고 남은 열로 천천히 익히는 편이 좋다. 소금은 조건만 같게 만들면 쓰든 쓰지 않든 상관없지만 써야 맛이 더 좋아진다.

맛을 비교해보면? 첫 번째 계란의 승리일 것이다. 기름 자체의 맛은 물론, 기름이 눋지 않도록 도와주는 덕분에 더 적극적으로 익힐 수 있다. 특히 소금을 쓴 경우라면 확연히 느낄 수 있다. 가열과 불의 효과가 맛에 확실히 밴다. 한편 기름을 안 쓰고 천천히 익힌 것에 비해 바삭해진 가장자리의 고소함과 질감의 대조는 덤이다.

다양한 지방과 활용 요령 1:
버터

이진법적이라고 할 수 있을 정도로, 지방이 아예 없는 상태(0)와 있는 상태(1)의 차이는 굉장히 크다. 단 한 방울에 먹는 재미가 크게 갈릴 수 있다는 말이다. 단 한 방울. 참기름처럼 '단 한 방울'이다. 그래서 고소함과 지방의 문제는 간단하게 세 가지로 정리할 수 있다. 첫째, 한 방울이라도 쓰자. 즉 먼 옛날 참기름이 맡은 역할처럼 뚝, 떨어뜨려 맛의 경험치를 확 끌어올릴 수 있다. 둘째, 하지만 그 지방이 언제나 참기름일 필요는 없다. 여태껏 참기름 혼자 북치고 장구치다 못해 밴드를 지나 오케스트라까지 맡아왔다. 지방의 땅은 다양성으로 넘쳐난다. 잘 활용하면 강한 향과 산패, 가짜의 부담 없이 맛을 낼 수 있다.

마지막으로 다만 짝짓기의 수고는 조금 필요하다. 하나의 역할을 여럿에게 나눠 맡기려면 필요한 최소한의 노력이다. 일정 수준의 분류가 필요하다. '선 그어 연결하기'처럼 음식의 종류와 상황(대개 온도)에 맞는 짝을 기억하는 정도의 수고면 된다.

짝짓기의 기준은 크게 물성, 용도, 맛의 세 가지로 분류 가능하다. 먼저 물성은 온도 및 질감과 관련 있다. 상온에서 각각 액체와 고체 상태로 존재하는 지방이 있다. 물성을 잘 활용하면 음식을 한결 더 맛있게 먹을 수 있다. 구분 기준도 간단하다. 거의 대부분의 동물성 지방은 상온에서 고체 상태로 존재한다. 탄화수소의 연결 사슬이 곧고 촘촘한 포화지방이기 때문이다. 버터, 돼지기름(돈지 또는 라드(lard)), 소기름(우지 또는 탈로우(tallow)), 닭은 물론 프렌치프라이의 비밀 재료라는 오리 기름, 심지어 말기름도 있다.

한편 식물성 지방은 불포화지방으로 상온에서 액체다. 물론 예외가 존재하지만, 개발 동기 자체가 동물성 지방의 모방이라는 점을 이해하면 훨씬 분류가 쉽다. 쇼트닝과 마가린 말이다. 둘 다 어렵던 시절 동물성 지방의 대안 역할(쇼트닝은 라드, 마가린은 버터)을 맡기기 위해 과학적으로 고심해 만든, 연구실의 산물이다. 수소첨가(hydrogenation), 즉 경화 과정을 거쳐 식물성 기름을 고체로 굳힌다. 요즘은 올리브기름마저 마가린과 비슷한 공정을 통해 버터 같은 고체로 만들어낸다.

알아두면 좋지만 현재 한국 식문화의 지평에서 호의호식을 위해 딱히 필요하지는 않다. 마가린은 건강에 해로운 식품이라는 낙인(트랜스 지방)을 떨쳐버리려는 개발 및 홍보의 노력과 상관없이, 기본적으로 버터보다 열악한 지방이다. 쇼트닝도 마찬가지다. 연구소 출신인 덕에 버터보다 온도 변화에 덜 민감하고, 따라서 파이 껍질 등 페이스트리를 만드는 데는 유용하지만 라드의 경쟁 상대는 못 된다. 맛은 아예 비교 불가이고, 입 안에 막을 입히는 듯한 불쾌함을 남긴다. 트랜스 지방이 아니더라도 이래저래 동물성을 닮은 식물성 지방은 일단 제쳐놓아도 좋다.

그래서 버터는 버터다. 독보적인 위상을 누린다. 분류가 그리 복잡하지도 않다. 일단 소금 첨가 여부에 따라 무염과 가염으로 나뉜다. 생식, 즉 조리에 쓰지 않고 빵과 함께 먹는 용도라면 가염 제품이 좋다. 냉동 냉장이 대중화되지 않았던 시절, 다른 음식에도 그러했듯 방부제 역할을 하는 소금은 버터에 필수였다. 바뀐 시대에 맞춰서는 다른 역할과 의미를 찾을 수 있다. 여태껏 살펴본 소금의 역할이 그러하듯, 지방의 맛에 균형을 맞춰준다. 다만 수입 제품이 많고 각기 소금 비율이 달라 고를 때 확인할 필요가 있다. 무게 대비 2%를 넘어가면 확실히 짜서 맛의 균형이 깨진다. 짜면 많이 먹을 수 없으니 손해다. 1.5% 선일 때 균형이 잘 맞는다. 포장지를 한 번 훑어보는 것만으로 금방 확인할 수 있다.

소금 말고도 버터의 느끼함을 덜어주는 요소는 또 있다. 발효다. 요거트처럼 종균을 더해 발효하면 버터의 표정을 복잡 미묘하게 북돋아준다. 기본적으로 버터는 물리적 변화만 거쳐 만들어진다. 원심분리를 통해 크림에서 지방만 분리하여 만든다. 그래서 스위트 크림(sweet cream, 무발효 크림)이라 일컫는다. 발효 버터는 통제가 더 어려운 화학적 변화 공정을 거친다. 따라서 더 희귀하고 비싸다. 일반 버터의 1.5~2배는 비싸지만 값어치를 하고도 남는다. 비교해 먹어보면 차이를 단박에 알아차릴 수 있다. 유지방의 풍부함을 살짝 견제하며 퍼지는, 섬세하고 다채로운 결의 고소함이 있다.

일반 및 발효 버터에 각각 무염과 가염 제품이 존재하니 선택지가 총 네 종류다.(박쥐처럼 일반 버터에 발효액만 더한 제품도 간간이 존재하지만 예외로 쳐도 무방하다.) 대체로 발효 버터는 조금씩 먹는 생식용, 일반 버터는 한꺼번에 많이 쓰는 요리용으로 분류한다. 하지만 경제적 여건만 허락한다면 모든 경우 전자를 써도 무방하다. 빵 반죽 등에 써 가열할 경우 발효로 얻은 섬세한 맛을 잃는다는 의견이 있고 또 일견 신빙성도 있다. 하지만 그게 전부는 아니다. 발효 버터는 대개 더 좋은 원유-크림으로 만든다. 지방의 질이 좋고 함유량도 높으니 핵심 과정인 발효를 제쳐두고서라도 고급이다. 빵이나 과자를 구워도 맛이 훨씬 더 좋을 수밖에 없다. 이래저래 호의호식의 격이 올라갈 뿐이다.

그렇다면 버터는 어떻게 먹는가. 발효를 거쳐 소금 간까지 했으니 그 자체로 완성품이다. 따라서 최대한 손을 더하지 않고 그냥 먹으면 된다. 빵에 곁들이는 요령에 대해서는 이미 언급했다. 사실 거의 직관적으로 행동에 옮길 수 있기도 하다. 그렇다면 밥과는? 의외로 가장 간단한 선택이 최선이다. 간장 버터 비빔밥 말이다. 버터와 밥을 짝짓는다면, 사실 이보다 더 좋은 경우의 수를 생각해내기가 어렵다. 지방이 멍석을 깔아주는 가운데 고소함과 감칠맛, 짭짤함과 밥의 단맛까지 한꺼번에 아주 쉽게 맛볼 수 있다.

얼마든지 더 다듬을 수도 있다. 일단 질감부터 생각해보자. 온도의 차이를 최대한 활용해 대조를 줄 수 있다. 빵과 같은 요령이다. 차가운 버터를, 갓 지어 따뜻하다 못해 뜨거운 밥에 얹어 조금씩 녹여가며 비빈다. 버터가 녹는 지점에서 여러 단계의 맛과 질감을 한꺼번에 극적으로 느낄 수 있다. 버터가 녹는 정도에 따라 간장을 조금씩 더해도 되고, 밥을 간장에 먼저 가볍게 버무린 다음 버터를 더해도 좋다. 다만 후자의 경우 분배를 통해 온도가 먼저 떨어져 극적인 효과는 덜할 수 있다. 계란, 특히 노른자를 더해 고소함과 풍성함을 한층 더 보충해도 좋다. 한편 흰쌀의 미끈거림과 녹은 버터의 조합이 너무 질척거린다면, 맛과 질감의 대조 면에서 현미밥이 더 나은 선택일 수 있다. 겨나 눈이 붙어 있는 곡식이 더 풍부한 맛의 표정을 지니므로 지방과 훨씬 더 잘 어울린다.

다른 기름처럼 버터를 조리에 쓸 수는 없을까. 물론 가능하다. 버터를 녹여 음식에 풍부함을 불어넣을 수 있지만, 버터의 경우 그것이 가능한 범위가 아주 작고 짧음을 감안해야 한다. 발연점이 175℃로 낮기 때문이다. 참고로 튀김이나 볶음에 쓰는 대부분의 기름이 200℃를 훌쩍 넘긴다. 버터를 프라이팬에 녹여보면 알 수 있다. 거품을 내며 지글지글 끓은 뒤 곧 갈색으로 진해진 다음 바로 타버린다.

버터는 수분과 유지방, 유고형분의 결합이다. 열을 가하면 수분이 날아가고, 보호받던 유고형분이 노출되어 금방 타버린다. 따라서 온도를 높이 올려야 하는 볶음에는 어울리지 않는다. 요리계에서는 이를 보완하기 위한 속설이 한참 돌았다. 식용유, 올리브기름과 섞어 팬이나 냄비에 두르면 끓는점이 올라간다는 것. 하지만 근거 없는 낭설이다. 어쨌거나 버터는 미리 탈 뿐이다. 일반 기름에 버터의 맛을 더한다고 생각하는 게 차라리 합리적이다.

따라서 버터는 튀김이나 볶음처럼 고열이 필요한 것보다 은근히 끓이는 조리법에 더 잘 어울린다. 버터를 녹여 흰살 생선처럼 연약하고 맛도 소극적인 생선을 담가 은근히 익힌다. 은근히 삶기(poach)다. 지방이 물보다 더 효율적인 에너지원이라는 점을 활용함은 물론, 버터의 고급스러운 맛도 더할 수 있다. 한식에서도 충분히 응용 가능하다. 거의 언제나 과조리를 피할 수 없는 가자미 등 흰살 생선을 잘 익히는 방법이다. 또한 버터 간장 비빔밥을 예로 들었듯, 결과물은 한식의 전형적인 간장-식초 조합의 양념장에도 잘 어울린다.(물론 식초 대신 레몬즙을 쓰는 편이 훨씬 더 잘 어울릴 것이다.)

한편 버터를 완전히 녹이는 경우에도 쓰임새는 고체일 때와 크게 다르지 않다. 식물성 기름처럼 직접 가열해 조리에 쓰지 않는다. 차라리 소스에 더 가까운 방식으로 활용한다. 프랑스 요리에서는 물을 조금 섞어 완전히 녹인 버터(beurre monté)를 쓴다. 버터를 각 성분, 즉 물과 유지방, 유고형분으로 분리하면 굉장히 지저분해지기 때문에 이를 막기 위해 물을 섞고 온도를 올려 유화(乳化) 상태를 유지하는 것이다. 덕분에 재료 위에 바로 끼얹어도 유지방 부스러기로 인해 지저분해지지 않는다. 수분으로 닭 육수를 쓴다면, 직접 조리하지 않는 모든 지방으로는 이 녹인 버터를 사용한다.

맛과 윤기를 보태는 것은 물론 음식이 식지 않도록 돕는 막을 한겹 입혀준다. 이를테면 스테이크 위에 버터를 한 숟갈 올려준다.(어차피 우유가 소에서 나왔으니 안 어울릴 수가 없다.) 이왕 고급스레 먹겠다면 한식 구이에서도 차라리 참기름보다 더 나은 선택일 수 있다. 어차피 건강을 위한 선택이 아니라면 쾌락을 극대화하기엔 사뭇 나은 선택이다. 과감하게 버터를 쇠고기에 짝지어 내는 '용자'의 출현을 기대해본다. 어쩌면 더 이상 새롭게 내놓을 것이 없는 한국 식문화, 특히 고기 직화구이에서 마지막 숨은 카드일 수도 있다. 불판에 고기를 구우며 버터를 녹여 찍어 먹는 설정, 괜찮지 않은가. 스테이크도 과격하게 끓는 버터를 표면에 끼얹어가며 굽고, 다 익은 뒤에도 버터 조각을 얹어 낸다. 쇠고기와 우유의 조합이니 어울리지 않을 수 없다.

버터의 정수는 지방이지만 기본적으로 물과 공존하는 상태이므로, 수분을 아예 걷어버려 가치를 높이는 경우도 있다. 정제 버터나 기(ghee)가 그렇다. 버터를 끓이면 일단 녹은 다음 수분이 날아간다. 그렇게 버터의 정수만 남아서 '정제'했다고 말한다. 귀한 지방의 존재에 걸림돌인 수분 따위를 걷어냈으니 더 깨끗해졌다고 일컫는다. 한편 기는 조금 다르다. 수분을 걷어내는 것에서 끝나지 않고 은근히 더 끓여 유당을 캐러멜화한다. 그래서 맛이 더 복잡하다.

무엇보다 훨씬 더 규제력이 강한 종교적 채식 문화를 지닌 인도에서 기가 맛과 풍부함을 덧씌우는 역할을 한다는 걸 기억할 필요가 있다. 그보다는 느슨하지만 채소 위주의 식문화를 꾸려온 한식에 하나의 실마리 노릇을 한다. 정확하게 비교 가능한 채식 문화는 아니지만 한식과 인도 음식의 개성을 감안하고 비교해볼 때, 각 식문화에서 참기름과 기가 담당하는 역할이 서로 대등한 것일까? 달리 말해, 음식의 맛과 지방 함유량 등을 분석한다면 참기름과 기가 각각 음식에 보태는 요소나 작용하는 원리가 같느냐 하는 물음이다.

참기름을 한식의 고유 요소로서 진정 귀하게 여긴다면 한 번쯤 생각해볼 문제다. 정제 및 캐러멜화 과정을 거쳐 표정이 풍부하지만 압도하지는 않기 때문에 기는 바탕을 이루는 지방은 물론, 강조를 위한 향신료까지 양쪽 모두의 용도로 쓸 수 있다. 밥과 커리 같은 음식에서 볶음 등의 기본 조리에 식용유처럼 관여하는 한편, 인도식 팬케이크 도사(dosa) 같은 음식에는 찍어 먹는 소스 역할을 맡는다. 발연점도 200℃ 이상으로 높아 튀김에도 활용 가능하다. 사실 참기름의 발연점도 같은 수준이라 이론적으로는 튀김에 쓸 수 있다. 하지만 실제로는 그런 경우가 드물다. 왜 그럴까. 이 지점에서 두 지방의 방향이 갈린다. 애초에 소량으로 쓰는 귀한 지방이란 인식의 영향을 무시할 수 없다. 그냥 먹기도 아까운 기름을 들이부어 튀김에 쓸 수 있겠는가. 하지만 그보다도 역시 향이 걸린다. 깨를 태우다시피 볶아 짜낸 참기름의 강한 향은 튀김에 불필요한 맛의 켜를 덧씌울 수 있다. 또한 우위를 따지려는 의도는 아니지만, 동물성 및 식물성 지방 사이의 풍부함 차이도 존재한다. 참기름이 열악한 지방이라기보다, 버터가 워낙 훌륭한 지방인 것이다.

다양한 지방과 활용 요령 2:
올리브기름

굳이 참기름이 아니더라도 한식의 채소 음식, 정확하게는 반찬에 더 잘 어울릴 지방이 있다. 바로 올리브기름이다. 지중해를 중심으로 한 유럽 지역에서의 쓰임새가 얼핏 비슷해 보여 '올리브기름=유럽의 참기름'이라는 말도 나온다. 오해 또는 착각이다. 맛의 성격만 따져보더라도, 올리브기름은 참기름처럼 소량만 써 악센트를 주는 용도로 쓸 이유가 없다. 그리고 이는 맛의 맥락과도 관련이 있다. 참기름, 들기름은 깨를 볶은 다음 짠다. 앞에서도 말했듯 '볶았다'는 고상한 표현이고 사실 태웠다고 말하는 게 적확하다. 그만큼 강한 맛을 끌어낸다.

하지만 올리브기름의 기본은 냉각 압착(cold press)이다. 차가운 환경에서 가열을 거치지 않은 재료를 짜 기름을 뽑아냈다는 의미다. 덕분에 두 기름은 특유의 향을 지닌다는 공통점을 지니지만, 향의 성격은 굉장히 다르다. 참기름이 무겁고 진하다면, 올리브기름은 가볍고 화사하다. 가상의 지평선을 그린다면 전자의 향은 그 아래로 깔리고, 후자의 향은 그 위로 떠오른다. 게다가 우리가 가장 흔히 올리브기름이라 여기는 건 초벌(extra virgin)이다. 올리브에서 첫 번째로 짜낸 기름으로 그만큼 맑고 깨끗함을 강조한다. 비단 투명도만을 가리키는 것이 아니다. 맛도 마찬가지다.

그래서 정리하자면, 올리브기름은 참기름보다 많이 쓸 수 있다. 느끼함 없이 음식에 풍부함을 주는 바탕 역할을 일단 충분히 할 수 있다는 말이다. 또한 특유의 향으로 채소와 잘 어울리기도 한다. 정서적 장벽? 검증 여부를 떠나 지중해 식생활이 건강에 최선인 것처럼 세계적으로 통하고 있다. 그 한가운데에 올리브기름이 있다. 덕분에 없는 집이 없다. 추석 등 명절 선물 세트로도 나오지 않던가. 몸에 좋다며 생식이 더 잘 어울리는 올리브기름으로 부침개를 부치기보다 차라리 나물 등 채소 요리에 적극적으로 끌어들이는 편이 훨씬 더 효율적이다. 취나물 등 말린 나물의 향과 기본적으로 잘 맞물리고, 호박 등 생으로 먹는 채소와도 어울린다.

그래도 한 방울 똑 떨구는 재미를 버릴 수 없다면 고급 올리브기름도 있다. 작은 통에 담겨 정말 조금씩, 참기름마냥 악센트만 주는 용도다. 산패를 막기 위해 주로 불투명한 용기나 깡통 등에 담겨 팔린다. 물론 다른 기름도 마찬가지다. 또한 깨에서 짜낸 기름을 굳이 꼭 써야만 하겠다면, 넓어진 선택의 폭을 적극 활용하는 것도 방법이다. 올리브기름처럼 볶지 않은 깨에서 짜낸 기름도 이제 존재한다. 참기름 쓰는 습관이 싫지만 떨쳐버릴 수 없을 때 좋은 대안일 수 있다. 그 밖에 호두, 개암(헤이즐넛)에서 짜낸 기름도 있다. 모두 적은 양으로 맛에 방점을 찍어주는 데 참기름보다 더 나은 역할을 할 수 있다.

올리브기름으로 전을 부치면 안 되나? 당연히 그렇지 않다. 다만 상황에 따라 '고급'이 곧 '더 맛있음'을 담보하지 않을 수 있다. 초벌로 짜낸 올리브기름은 완전히 다목적용이라 보기 어렵다. 따라서 일반 식용유보다 더 비싸지만 경우에 따라 안 쓰느니만 못하다. 발연점이 아주 높지 않고, 특유의 맛이 가열을 통해 변하는 경우도 있어 모든 음식에 좋은 영향을 끼치지 않기 때문이다. 일반적으로 튀김에 어울리지 않음은 너무 명확하다.

또한 2부에서 자세히 다루겠지만 '전=열등한 튀김'이므로 굳이 전에도 쓸 필요가 없다. 튀김만큼 과격한 조리법은 아니지만, 오히려 전이 올리브기름으로부터 더 나쁜 영향을 받을 수 있다. 전자는 조리 후 기름을 최대한 걷어내는 걸 전제 삼지만 후자는 그러지 않는 탓이다. 따라서 원료, 제조 방법 등을 고려할 때 딱히 께름칙하지 않은 지방 가운데 가장 저렴하고 손에 넣기 쉬운 식용유가 제일 잘 맞는다. 기름의 일반적인 고소함과 완만하고 고른 열에너지 매개체로서의 본연의 역할만 딱 한다. 그러면서도 발연점이 높아 과격한 조리에도 적합하다. 서양 요리책에서 '식용유를 중립적 기름(neutral oil)'이라 일컫는 이유가 있다.

모든 식용유가 다 같지는 않다. 식용유란 가열 가능한 조리용, 식물성 액상 지방의 통칭이다. 일상 조리의 영역에서는 크게 세 가지를 꼽을 수 있다. 카놀라, 콩기름, 옥수수기름이다. 뒤의 둘과 달리 카놀라는 특정 원료의 명칭이 아니다. 영어 유채씨(rapeseed)의 부정적 어감을 가리기 위해 만든 조어다. 1970년대 캐나다 유채기름연합회에서 'Canada+ola(기름(oil))'로 만들었다는 설, 'Can(ada)+o(il)+l(ow)+a(cid)'라는 설이 있다. 발연점이 200℃ 안팎이므로 튀김(평균 165℃)에 적합하다. 다만 고온 가열 시 발암물질이 발생한다는 등 건강에 미치는 악영향 논란이 있다. 그것이 걸린다면 고민 말고 콩기름, 옥수수기름 등으로 갈아타면 그만이다. 한국에서는 널리 쓰이지 않지만 땅콩기름, 홍화씨기름, 쌀겨기름(미강유)도 많이 쓴다. 올리브기름도 초벌만 아니라면 얼마든지 튀김이나 볶음에 쓸 수 있다.

설탕, 탄수화물과 더불어 지방은 공공의 적 취급을 받는다. 그래서 한국 식문화도 조건반사적으로 지방을 배척해왔다. 하지만 문제는, 한식은 여태껏 지방을 적극적으로 수용해본 시기도 없다는 점이다. 여태껏 참기름 하나에 매달려왔다. 다양한 물성과 맛의 지방을 원하는 경우에 개입하는 조리법이 발달하지도 못했다. 덕분에 강한 양념 위주의 맛내기 문법 또한 궁극적으로 손해를 보아왔다. 맛의 멍석이자 바탕인 지방을 배제했으니 제 맛을 풍성하게 낼 수 없었다는 뜻이다. 무차별적으로 압도하는 양념의 맛을 다듬어야 한다면, 그 열쇠 하나는 맛과 만족감을 증폭해주는 지방이 쥐고 있다.

3. 구수함,
된장과 치즈의 호환성

국산 치즈의 허망함

마지막 10분을 죽이기 위해 부산역 대합실을 어슬렁거리다 치즈 판매대를 발견했다. 안동 녹차와 요거트 등의 유제품을 파는 매장이었다. 말하자면 치즈는 꼽사리 껴 팔리는 상황이었다. 치즈, 특히 국산의 위상이 그렇다. 적나라한 표현을 쓰자면 꼽사리고, 좀 우아하게 문자를 쓰자면 참으로 계륵 같은 존재다. 어쨌든 한 덩이 사가지고 기차에 올랐다.

기회가 닿을 때마다 국산 치즈를 사본다. 소규모 개인 생산자의 제품 말이다. 한국 식문화의 다양성을 감안한다면 존재 자체가 반가울 수 있다. 그래서 손을 뻗지만 실제로 반기기는 어렵다. 가격과 품질 사이의 불균형 탓이다. 품질에 비해 가격이 너무 높다. 결국 상품으로서 가치가 없다는 말 아닌가. 일단 이 치즈 이야기를 마저 해보자. 이름부터 의미심장한 '숙성 치즈'다. 일반명사를 제품의 이름으로 쓴다. 점원은 "숙성된 맛이라 와인과 먹어야 어울린다."고 귀띔해줬다. 자랑스러움이 살짝 배어났다. 그래서 얼마인가. 100g에 10000원이었다.

이것이 대체 얼마만큼 비싼 건지 감을 잡기 어려울 수 있으니 비교를 해보자. 대상은 흔히 '치즈의 왕'이라 불리는 파르미지아노 레지아노다. 프랜차이즈 피자집의 톱밥 같은 노란 가루가 아니다. 수레바퀴 같은 덩어리에서 쐐기 모양(wedge)으로 쪼깨어낸 진짜 말이다. 24개월 숙성된 제품이 코스트코 같은 양판점이나 인터넷에서 같은 무게에 3000~5000원대다. 최고급은 아닐지언정 그만한 돈을 치르면 역사와 전통이 맛과 합치하는 치즈를 먹을 수 있는 것이다. 워낙 유명한 치즈다 보니 구하기 어렵지도 않다. 그에 비하면 품질이 아무리 좋아도 만 원은 비싸다. 터무니없대도 과언이 아니다.

사실 품질이 가격보다 더 문제다. 우유에서 단백질을 응고시키고 굳혀 걷어내면 치즈의 기본 조건만을 갖출 뿐이다. 세월을 통해 숙성시켜야 치즈가 진짜 맛을 품는다. 한국 치즈의 취약점이다. 일단 숙성 치즈 자체가 아주 드물다. 대부분이 소위 '스트링 치즈'라 불리는, 결이 세로로 길게 쭉쭉 찢어지는 종류다. 피자의 감초 같은, 수분을 뺀 모차렐라와 비슷하다. 그나마 소규모 생산자의 치즈는 진짜에 속한다. 우유와 응고 효소, 소금 정도로만 만든다는 말이다. 일반적으로는 아직도 가공제품이 치즈라 통한다. 치즈를 녹이고 젤라틴 등으로 굳혀 개별 포장해, 질감과 맛을 희생시키고 휴대성 등 편리함을 얻은 것이다. 요즘엔 마트 등에서 진짜 치즈도 제법 팔고 있지만 인식은 크게 바뀌지 않았다.

이제 저 치즈의 상품명이 그저 '숙성 치즈'가 된 것을 이해할 수 있겠는가. 특정한 명칭 붙이기를 주저하기 이전에, 숙성 사실 자체를 부각하고 싶은 심산의 산물이다. 그나마 이름이 부끄럽지 않게 숙성 치즈의 특징이라 할 만한 맛을 일정 수준 지니고 있었다. 긍정적이었다. 하지만 절대적으로는 미약한 수준이었다. 많이 대중화된 보통 수입 치즈(비가공 제품)에 비하면 약하다는 말이다. '숙성 치즈'라 간신히 자칭할 수 있는, 체면치레 가능한 정도였다.

현재 조건에서는 이미 가격만으로도 경쟁력이 전혀 없기 때문이다. 노하우를 정량화하기란 분명 어려운 일이다. 하지만 먹어보면 치즈라는 음식을 모르고 만들었다는 걸 알 수 있었다. 대부분의 국산 치즈가 그만큼 완성도가 높지 않다. 대량 생산품은 더 처참하다. 가공 치즈로부터 탈피하겠다는 시도가 지우개와 정말 똑같은 질감의 생모차렐라 치즈인 형편이다.

우유의 위기와 빈약한 유제품

한식을 논하는 자리에서 왜 치즈로 운을 떼었을까. 일단 우유 소비량까지 살펴보자. 현재 한국에서 우유는 별로 인기가 없는 음식 또는 식재료다. 이유는 간단하다. 영양적 가치를 앞세워 기능식품처럼 소비되던 시대가 지났기 때문이다. 초등학교, 정확히는 국민학교를 다니던 80년대 기억이 난다. 거의 의무처럼 우유를 단체 급식했다. '우유 먹으면 키 큰다'는 근거 없는 믿음도 통했다.

하지만 이제 굳이 우유를 먹지 않아도 상관없다. 영양, 특히 칼슘이 그렇게 중요하다면 다른 식품에서 얻으면 된다. 보충제도 차고 넘치고,

심지어 더 편한 섭취원으로 말랑거리는 우유 사탕도 나왔다. 약도 아닌데 굳이 비린내를 참아가면서 마실 필요가 완전히 없어졌다. 비린내? 맞다. 각자 다르게 느낄 수는 있지만 한국 우유는 맛이 없다. 옆 나라 일본만 비교해봐도 차이가 현저하다. 생산성 좋은 홀스타인(Holstein) 품종 100%인 현실도 바뀌지 않았다. 맛이 나은 저지(Jersey)는 이제 도입 시도 중이다. 이래저래 우유를 마시라고 권할 여건이 아니다.

한식의 맥락에 우유를 끼워 넣을 자리도 없다. 서양이라면 제과제빵을 비롯한 페이스트리 전반의 자리가 넓고, 일반 음식에도 우유나 크림을 쓴다. 하지만 한식의 전반적인 맛과 우유는 확실히 잘 어울리지 않는다. 타락죽 같은 예외는 있지만 현재형이 아니니 딱히 의미가 없다. 캡사이신의 힘을 빌린 폭발적인 매운맛을 가셔내는 데 쓸모가 있을 뿐이다. 게다가 유제품을 활발히 쓸 정도로 서양의 제과제빵 문화를 받아들여 발달시키지도 못했다. 여전히 가공 버터나 팜유 위주로 제품을 만들어 '100% 버터/동물성 크림'이 엄청난 부가가치라도 되는 양 통한다.

게다가 동양인의 80%가 유당 불내증(lactose intolerance)을 겪는다. 우유의 유당을 소화하지 못하니 마시면 속이 더부룩하거나 심하면 설사도 한다. 젊은 세대에게는 덜하다고 하지만, 인구 가운데 다수가 우유를 잘 소화하지 못하는 건 사실이다. 하지만 이런 현실에서 유당 없는 우유는 여전히 희귀하다. 4대 주요 유업 회사(서울, 남양, 매일, 파스퇴르) 가운데 매일유업 한 곳의 제품만 마트급 소매점에서 살 수 있다. 나머지는 만들지 않거나, 특별히 주문 배달을 해 받아야 한다.

왜 이다지도 구하기 힘들까. 전화로 물어보면 수요가 없다는 답을 듣는다. 믿기 어렵다. 존재를 모르거나 필요가 없어 안 먹거나. 유당 불내증의 존재 자체를 의식하지 않고 계속 일반 우유를 먹거나, 수고를 감수하고 먹을 시도조차 아예 하지 않는 것이다. 여기에 1995년의 고름 우유 파동과 흡사한 우유 음모론(골다공증의 원인, 항생제 등)이나 담합에 가까운 유가연동제까지 감안하면, 이것은 우유의 진정한 위기가 맞다. 소비량이 적어 분유를 만들어 저장하거나 차라리 수출을 할지언정 유가연동제 때문에 가격은 못 내린다. 덕분에 안 팔려도 여전히 비싸다. 유통비가 우유 가격의 절반 이상을 차지한다. 기형적이라고 말할 수밖에 없다.

자, 이제 변죽을 다 울렸다. 본격적으로 논의를 시작하자. 이런 현실에서 치즈와 같은 가공 유제품이 우유 소비의 대안이 될 수 있을까? 가격 경쟁력이 있다고 가정한다면, 치즈가 유제품 소비 촉진에 의미 있는 역할을 할 수 있느냐는 말이다. 가능성이 낮다. 맛에 대한 인식 때문이다. 아직도 치즈는 낯설다. 통하는 패턴이 이를 입증한다. 가공 치즈 위주인 것도 그렇지만 '어린이용'과 맞물려 순한 맛을 부각한다. 숙성하지 않은 치즈가 대세인 이유다. 우유의 시대는 갔지만 치즈의 호소력은 미완의 진행형이다. 소비 패턴이 여전히 영양 또는 효능 위주다.

치즈 등갈비? 의미 없다. 일단 이 원고를 쓰는 시점에서 이미 저물어가는 추세다. 또한 등갈비가 아니더라도 거의 모든 음식을 문자 그대로 '뒤덮고' 있는 치즈가 100% 우유 치즈고, 국산이라면 아무도 걱정할 필요가 없다. 하지만 언제나 우유 바탕이 아니고, 굳이 그래야 할 필요도 없지만 국산도 아니다. 음식 가격에 맞출 수 있는 국산 치즈가 존재 가능한지도 의문이다. 고급은 아니더라도 족보는 있는 서양 치즈의 세 배 가격이라고 했다. 아무래도 회의적일 수밖에 없다.

이런 가운데 어린이용 영양식품으로나마 치즈가 호소하는 현실을 다행스레 여겨야 하는 걸까. 나름의 논리는 있다. 치즈는 발효로 농축한 우유다. 굳이 영양분 섭취를 따지자면 우유보다 효율은 높다. 게다가 제조 과정에서 분해되니 유당 불내증 걱정도 없어진다. 하지만 한 발짝 물러나 큰 그림을 보면 여전히 의문이 남는다. 치즈가 한식의 맥락에 좀 더 파고들 수는 없는 걸까?

녹은 질감이 쫄깃함보다 질김에 더 가깝기는 해도, 등갈비와 치즈의 만남은 나름 창의적이다. 지방과 고소함이 매운맛을 덜고 풍부함을 더하는 역할을 맡기 때문이다. 놀랍게도 최소한의 개념을 고려한 조합이다. 무차별적으로 뒤덮지만 않아도 거부감은 훨씬 덜할 것이다. 특히 신선도가 좋지 않은 해물과의 조합은 극악이다. 향을 죽이므로 신선해도 해산물과 궁합이 금기시되는 것이 치즈다. 해물 파스타의 마무리를 치즈로 하지 않는 이유가 분명하다. 질 안 좋은 해산물에 쓰면, 냄새는 물론 녹은 치즈와 맞물려 환상적인 질김의 듀오가 탄생한다.

따라서 마냥 폄하할 수만은 없는 치즈 등갈비지만, 아무래도 음식 또는 치즈의 세계에서는 변죽만 울리는 수준이다. 아주 기본적인 치즈가 아주 기본적인 역할을 맡을 뿐이다. 이보다 더 적극적인 치즈가 적극적으로 맛에 가담할 수는 없는지 궁금하다. 이 사고의 핵심은 한식의 구수함을 구성하는 주요 요소인 발효 장류, 특히 된장과 궤를 함께하기 때문이다.

치즈와 된장, 발효를 거친 구수함의 호환 가능성

치즈는 동물성, 된장은 식물성 단백질을 발효했지만 같은 개념의 산물이다. 발효, 즉 '통제된 부패' 말이다. 결과물도 비슷한 표정을 지닐 수밖에 없다. 물론 아예 둘 간의 '크로스오버'를 시도하는 음식도 있다. 중식의 취두부다. 우리에게도 너무나 익숙한 두부, 즉 식물성 단백질 덩어리를 발효한다. 결과물은 놀랍도록 치즈와 비슷하다. 특히 한식의 시각에서 거부감을 느끼는 방향으로 그렇다. 좋게 말하면 쿰쿰하고, 나쁘게 말하면 고린내를 풍긴다. 강하게 발효한 건 '괴식'의 영역에 속한다.

하지만 그 맛과 향이 정말 그다지도 지독한 수준일까. 한식의 된장도 절대 뒤지지 않는다. 더한 것도 얼마든지 있다. 발효의 극한 영역에 이른 홍어는 어떤가. 국산이면 한 점 만 원에도 팔린다는, 고가의 식도락거리다. 또한 그 정도로 극단적인 발효 음식이 한국 고유의 식문화는 아니다. 스웨덴의 수르스트뢰밍(surströmming, 혐기 발효 청어), 이탈리아의 카수 마르주(casu marzu, 구더기 발효 치즈) 등 다양하다. 웬만한 나라는 하나씩 갖추고 있다. 다 함께 '세계 괴식' 리스트에서 순위를 다툰다. 거꾸로 된장을 치즈에 비유한다면, 일반적인 된장의 강렬함은 에푸아스(époisses)와 동급이다. 부르고뉴 지방의 연질 치즈로, 발 냄새 수준으로 쿰쿰하다. 강렬함과 묵직함으로는 푸른곰팡이가 눈에 보이는 블루 치즈 계열(영국의 스틸튼(stilton), 이탈리아의 고르곤졸라 등)보다 한 수 위다.

같은 개념에서 출발했다. 맛과 향도 비슷하다. 그런데 왜 된장은 구수하고 치즈는 발 냄새를 풍기는가. 쌈장이나 된장에 고추를 푹 찍어 먹는 입이 왜 레스토랑의 치즈 코스는 외면하는가. 미각보다 정서적 장벽 탓이 크다. 정확하게는 다르지도 않지만 다르다고 여기며 배척하거나 틀리다고 치부한다. 심지어 '다름'과 '틀림'을 구분 못한다. 안타깝지만 이것이 현재 한식의 시각이다.

기회 닿을 때마다 강조했고 2부의 「김치」에서 다시 한 번 짚고 가겠지만, 발효 음식은 한국 고유의 문화가 아니다. 그리고 고유함을 내세우는 사고 방식은 한식에게 되려 해롭다. 한식을 상대화함으로써 다른 식문화의 장점을 파악하고 활용하는 변화의 시도를 배척하기 때문이다. 무엇보다 맛의 개념에 대한 이해가 너무 부족하다는 게 가장 큰 문제다. 뭐든지 처음에는 낯설다. 음식은 특히 정서적 측면을 감안하면 더욱 그러하다. 가장 효율적인 극복 방법은 유사점의 파악을 바탕으로 한 집중 공략이다. 이를 위해서는 맛을 개념적으로 이해해야 한다. 그래야 연결 고리가 보인다. 실례도 이미 존재한다. 기본적으로는 앞서 「감칠맛」에서 언급한 액젓의 귀향과 같다. 출신에 얽매이지 않고, 각자의 맛 세계를 확장해줄 요소를 찾아 활용하는 태도가 필요하다.

6년 전, 스페인의 셰프 호안 로카(Joan Roca)와 인터뷰를 가진 적이 있다. 삼형제가 각각 셰프, 소믈리에, 페이스트리 셰프를 맡아 레스토랑 엘 세예르 드 칸 로카를 운영한다. 미슐랭 별 셋에 매년 집계하는 세계 레스토랑 순위에서도 다섯 손가락 안에 드는 음식의 창조자는, 흥미롭게도 된장의 가능성에 대해 언급했다. 카탈루냐 지방의 전통 치즈인 투피(tupí)와 어울릴 것이라는 의견을 냈다.[22] '투피'란 치즈를 숙성하는 단지, 즉 항아리를 의미한다. 항아리에서 발효되는 식물성 및 동물성 단백질이니 된장과 치즈가 안 어울릴 수 없다. 그리고 실제로 이러한 아이디어를 적용한 아뮤즈 부슈(amuse-bouche, '입을 위한 놀라움'이란 프랑스어로 양식 코스 처음에 등장하는 한 입 거리 맛보기 음식)가 등장했다. 세계의 맛(Comerse un Mundo)이라는 요리의 일환이었다.

비슷한 경우가 이탈리아에서도 있었다. 역시 6년 전, 박찬일 셰프는 신문 칼럼을 통해 고추장의 양식 진출을 소개했다. 함께 일하던 요리사가 연수 떠난 이탈리아 레스토랑의 메뉴에 초고추장을 선보였다는 이야기다.[23] 매운맛과 전분의 뻑뻑함을 산으로 잘 조절하면 초고추장은 생선과 잘 어울린다. 이 경우 그네들이 즐겨 먹는 백도포주 식초를 썼다는 것이다. 바로 우리가, 정도의 차이는 있지만 둘을 짝짓는 이유와 같다. 그 결과 초고추장은 생선 카르파치오의 소스로 자리 잡았다.

엘 세예르 드 칸 로카의 사례는 '한국 된장의 우수함에 감복했다'는 논조로 소개되었다.[24] 이탈리아의 사례가 담긴 칼럼의 제목은 "이탈리아에서 통한 한식"이다. 이 같은 사례들을 한국 사회가 어떻게 소비하는지 잘 드러나는 대목이다. 개념을 이해한 선례를 활용해서 한식을 풍성

22 이용재, 「기억은 영감의 샘이다: 호안 로카 인터뷰」, 《루엘》(2011년 12월호), 96~99쪽.

23 박찬일, 「박찬일의 음식 잡설 8 이탈리아에서 통한 한식」, 《중앙일보》(2011.6.21), http://news.joins.com/article/5667036.

24 배지영, 「미슐랭 스타 셰프의 비밀 소스는 한국의 '장류'?」, 《중앙일보》(2015.9.1), http://news.jtbc.joins.com/article/article.aspx?news_id=NB11021617.

하게 가꿀 생각과 시도는 하지 않는다. '우수한 우리 한식'이라 결론 내리고 만족하는 데 그쳐버린다.

현실도 그렇다. 이미 무수히 많은 반례가 존재한다. 개념적 이해 없이 도입했다가 실패한 경우 말이다. 흔히 '퓨전'이라 부르는 음식이 100% 여기에 속한다. 단순한 물리적 결합에 그친다. 각각의 논리로 짜여진 A와 B라는 두 가지 음식을 합치면 같은 수준의 논리를 갖춘 새로운 음식이 될 거라는 안이한 발상의 결과물이다. 어떤 예가 있을까. 한식이 바탕인 경우, 김치가 필요 이상으로 개입하면 일단 위험하다. 김치 치즈 탕수육 같은 음식 말이다.

양식이라면 피자가 가장 위험하다. 역시 엄청나게 많다. 멀쩡하게 치즈 바탕인 피자에 팥을 섞었다는 '팥피자' 등 '한국식'을 표방하는 종류라면 확실하다. 또 다른 이탈리아 대표 음식 파스타는 짬뽕과 적극적으로 교배당하며 망가지고 있다. 디저트로는 미숫가루 빙수가 발군이다. 빙수 위에 콩가루를 얹으니 먹을 때 비강으로 들어가 재채기가 난다. 한편 빙수가 녹으면 콩가루와 섞여 질척해진다. 한식의 재료를 사용한다는 발상에 파묻혀 '사용자 경험(User Experience)'을 전혀 고려하지 않은 대재앙이다.

이런 난장판 가운데서 한국계 미국인 셰프 코리 리(Corey Lee)의 퓨전론이 상황 판단에 도움을 준다. 좀 더 정확히 말하면 '반(反)퓨전론'이다. 그는 캘리포니아 샌프란시스코의 레스토랑 베뉴의 셰프다. 미국 최고의 셰프 토마스 켈러(Thomas Keller)의 총괄 주방장으로 일하며 쌓은 프랑스적 접근 방식과 한식을 비롯한 아시아의 맛을 접목한 요리 세계를 선보인다. 푸아그라로 채운 샤오룽바오(小籠包), 살짝 덜 익은 사발면 (정확하게는 농심 새우탕면) 면발을 연상시키는 국수 등이 식탁에 오른다. 디저트로는 깻잎 아이스크림을 낸다. 2015년 개업 5년 만에 미슐랭 별 셋을 받은 그는, 이러한 요리로 인해 받게 되는 '퓨전'의 의미에 대한 질문에 "그것은 물리적인 결합을 일컫는 말"[25]이라 답한다. 개념적인 이해를 바탕으로 자연스레 진화한 자신의 요리와는 다르다는 말이다.

다시 원점으로 돌아와 생각해보자. 결국은 물리적인 결합에 불과한 퓨전의 홍수 속에서 한식의 정체성이란 무엇인가. 구수함은 한식의 전유물도 아니다. 된장은 어떤가. 중국까지 건너갈 필요조차 없다. 일본의 미소(みそ)도 있지 않은가. 맛이 다르다고 반론하겠지만, 그렇기 때문에 의미가 있다. 훨씬 폭넓어진 현실 덕분에 같은 개념의 산물인 다양한 맛을, 내 것으로 만들 기회를 얻는다. 구수한 만큼 텁텁한 한국 된장에만 기대지 않고, 다양한 표정의 감칠맛을 얻을 수 있다. 심지어 잘 고르면 같은 가격대에서 더 '된장스러운' 제품도 나온다. 이제 장독대보다 플라스틱 용기에 담긴 제품에 의존해야 할 확률이 높은 현실을 감안하면 그렇다. 모두가 일단 존재 자체만으로 거부감을 품는 첨가물이 문제가 아니다. 요즘은 '엑기스'류의 온갖 조미료가 섞여 나온다. 콩과 균으로만 담가 발효로 복잡함을 얻는 조미료가 된장이지만, 마트 수준의 일반적인 창구에서는 이제 그런 된장을 되려 찾기 어렵다.

이런 현실에 아이러니하게도, 기본 재료로만 담근 수입 미소를 싸

---

25 《젠틀맨》(2013년 1월호)에 게재되었던 코리 리와의 인터뷰. http://bluexmas. com/7381.

게 살 수 있다. 정말 '맛'을 원한다면 무엇을 선택하겠는가. 인터넷만으로 전 세계의 문화를 앉아서 접할 수 있는 세계를 살면서, 굳이 열등한 '우리 것'을 택해야 할까? 고민이 필요 없는 문제다. '일본 된장'의 거부감을 들어 반발하기엔 스시를 필두로 한 일본 음식점이 널렸고, 설사 흉내만 내는 수준이라도 미소시루(みそしる, 미소로 만든 일본식 된장국)를 내는 2017년이다. 동시에 '진짜' 된장은 쉽게 사기 어려운 2017년이다.

단순한 거부감은 쓸모가 없다. 특히 음식 담론의 말단부에서 올려다보면 너무나도 그림이 뚜렷하다. 장을 보고, 칼과 불을 다뤄, 내 한 몸 먹을 한 끼를 만드는 입장 말이다. 영양과 맛, 돈과 시간의 좌표가 한데 얽히는 삶의 현장에서 음식과 함께 뒹굴면, 이 모든 고유성 및 정체성 이데올로기는 허울 좋은 탁상공론으로밖에 보이지 않는다. 그야말로 먹고 살기 바쁘다. "아침에 우유 한 잔, 점심에 패스트푸드"라는 가사가 나온 지도 거의 사반세기가 흘렀다.

한국에서 한식은 이미 섬으로 존재하지 않는다. 설사 섬으로 존재하더라도 모든 것이 뒤섞인 세계 식문화의 바다에서 드문드문, 낙도와 무인도와 열도와 군도로, 여러 형태의 섬들로 존재한다. 서로 멀고 심지어 파도마저 거칠다. 이러한 혼재의 양상에서 질서를 찾는 방법은 단 하나다. 혼재 자체를 인정하고, 개념적 이해를 바탕으로 각 요소의 관계와 의미를 재설정하는 길뿐이다. 물살을 거스르고 흩어진 작은 땅덩어리를 모은다는 건 불가능하다. 거대한 바닷물의 흐름으로부터 벗어날 수도 없다. 한식의 정체성이라 굳게 믿는 구수함은 나의 식탁을 위해서만 존재하는 비법의 카드가 아니다. 이를 납득, 인정하고 눈을 바깥으로 돌

한식의 품격

릴 차례다. 사실은 이미 늦었을지도 모른다.

【구수함과 후각】

경험으로서의 맛 가운데 사실 80% 이상을 후각이 차지한다. 달리 말해, 우리가 '맛'이라고 여기는 경험의 상당 부분이 사실은 향이다. 따라서 후각적인 요소는 음식에서 굉장히 중요하다. 같은 음식에 향신료나 허브 등만 달리 써 마무리해도 사뭇 다른 표정을 불어넣을 수 있다. 한식에서는 이러한 후각적인 측면에 대한 이해가 굉장히 떨어진다. 무엇보다 대부분의 긍정적인 '냄새'라는 게 발효된 장류를 바탕으로 한 구수함(예를 들어 된장), 즉 낮게 깔리는 냄새다.

한편 대부분의 냄새는 부정적인 요소로 인식되어 '잡내'와 마찬가지의 의미로 통한다. '돼지고기의 잡내를 잘 잡았다.', '잡내 하나 없이 맛있다.'는 표현이 칭찬으로 통한다. 냄새를 없애버려야 할 것으로 여기고 있기 때문에 실제로 음식에서 재료의 냄새가 그다지 나지 않는다. '내음'이 냄새와 다른 뉘앙스를 지닌 표준어로 자리 잡았다는 사실도 시사하는 바가 있다. 모든 것을 파묻어버리는 양념장 문화와 애초에 향이 별로 없어 표정이 희미한 식재료(동식물성 재료 모두 마찬가지)도 한몫 거든다. 그리고 한식의 경계를 넘어 양식에서도 마찬가지다. 허브나 향신료의 뉘앙스가 현저하게 떨어져 대체로 표정이 밋밋하다.

전반적으로 강한 향 자체를 부정적이라 여기고, 그 결과 표정이 또렷한 음식을 부담스러워한다. 커피의 경우 잘 볶은 원두를 갈아내 얻는 다채로운 향보다, 주요 특징 한두 가지만을 남긴 인스턴트를 선호하는 경향도 있다. 박사과정 강의에서 여러 종류의 원두를 직접 갈아 내려 마시는 시음 수업을 했는데, 원두 약간에 동결건조 커피를 섞은 최근의 '믹스'류가 놀랍게도 가장 좋은 반응을 얻었다. 그 밖에도 맛의 핵심인 고수나 박하 등을 배제하는 '현지화'를 거친 베트남 쌀국수를 내놓는 등 사례는 차고 넘친다.

4. 시원함과 뜨거움,
   국밥과 냉면의 양극

케케묵은 우스개 하나 읊어보자. 최대한 짧게, 트위터식으로 140자 안에 맞추겠다. 부자가 목욕탕에 간 이야기다. 아버지가 먼저 열탕에 몸을 담그고는 아들에게 말한다. "어, 시원하다. 어서 들어오거라." 아들도 따라 몸을 담갔다가 기겁하고 뛰쳐나온다. "시원하다더니, 세상에 믿을 놈하나 없네!"(99자다!)

대체 얼마나 뜨겁기에 아버지를 감히 놈이라 부르는가. 대부분 목욕탕의 온탕은 30℃대, 놈이 튀어나오게 만든 열탕도 고작 40℃대다. 반면 뚝배기에 담겨 펄펄 끓는 채로 나오는 국이며 탕은 100℃를 넘긴다. 물은 100℃에서 끓지 않던가. 하지만 소금 간을 더했으니 순수한 물보다 끓는 점이 높아진다.

한식의 핵심인 국물은 그렇게 펄펄 끓는다. 하지만 '시원하다'며 즐긴다. 심지어 미화한다. "입김을 후후 불어 마시는 뜨거운 국물의 시원함과 청량함"[26]의 매력이라 설명한다. 참으로 꿈보다 좋은 해몽이다. 극단적으로 뜨거운 음식을 입에 넣고 삼키는 과정을 신체는 고통으로 감

26 　정수현·정경조, 『손맛으로 보는 한국인의 문화』(삼인, 2014), 61쪽.

각한다. 지나치게 온도가 높은 탓에 온도 수용기(temperature receptor)
가 순간 오작동해, 정반대로 아주 차갑다고 느끼는 현상이며 일종의 경
고 메시지다. 모순냉감(paradoxical cold)이라 일컫는다. 애초에 아주 높
은 온도로 인한 극단적인 환경이 아니었더라면 느낄 수 없는 변화다. 아
들이 열탕에서 느낀 배신감의 원인도 같다. 다만 그는 아버지에게 속았
으니 어쩔 수 없다고 치자. 하지만 펄펄 끓는 국물의 고통은 대부분 자초
한 것이다. 스스로 병 주고 약 주는 형국이고, 일종의 자학 아닐까.

극단적인 온도 설정과 부실한 온도 개념

이다지도 극단적인 온도 설정이 바람직할 리 없다. 무엇보다 먹기 불편
하다. 국물은 수분이고, 수분은 윤활 작용을 한다. 밥이든 고기 등의 건
더기든 국물에 잠기면 편하고 빠르게 먹을 수 있다. 하지만 펄펄 끓는다
면 불가능하다. 구강과 내부 기관 전체에 철이라도 씌우지 않는 한 바로
떠먹을 수 없다. 배가 고프다고 그대로 떠 넣었다가는 혀를 데고 입천장
도 벗어질 것이다. 덜어 먹을 그릇? 손님이 북적북적한 점심시간에는 분
위기 살펴가며 부탁해야 한다. 애초에 잔뜩 깔아놓은 반찬 탓에 접시든
공기든 더 달라고 하기도 멋쩍다. 따라서 신체의 안녕을 위해 음식을 앞
에 놓고 본의 아닌 명상의 시간을 가져야만 한다.

시원함만 미화의 대상이 아니다. '한국식 국밥은 패스트푸드이자
슬로우푸드'라는 그릇된 믿음도 있다. 주문 이후 빨리 낼 수 있으니 패

스트푸드지만 재료를 오래 끓여 만드는 음식이니 슬로우푸드라는 논리다. 양극단의 장점만을 취합하니 좋다는 주장인데, 조리 방식만으로 음식의 가치를 정한다는 점이 일견 너무 순진하고 단순하다. 단지 오래 끓이면 느린 음식이 되는 걸까? 무엇보다 이런 판단에는 재료에 대한 고려가 전혀 없다. 공장식 사육 및 도축으로 잡은 소나 돼지를 단순히 오래 끓인다고 느린 음식으로 거듭나지는 않는다. 뒤집어 생각해도 똑같다. 제철, 또는 지역의 '느린' 재료로 만든 햄버거는 어떤가. 눈앞에서 뚝딱 만들어내므로 그냥 패스트푸드일까? 논의의 허점이 드러난다. 느린 음식은 철학의 산물이지 조리 방법의 적용이 아니다.

게다가 정녕 느린 음식이라고 해도 펄펄 끓여 내니 말짱 도루묵이다. 온도 탓에 느리게 먹을 수는 있지만 음미할 수 있는 여건은 아니다. 뚝배기를 비울 때까지도 온도가 내려가지 않는 뜨거움을 대체 어떻게 즐길 수 있는가. 느리다고 무작정 좋지도 않다. 내가 원하는 속도일 때 의미 있다. 한국의 국물과 뚝배기는 먹는 속도를 억지로 늦춰야만 상해를 입지 않도록 설정되어 있다.

흔히 '밥과 국'이라 짝짓는다. 밥이 중심이지만 국물 음식도 빠질 수 없는 한식의 핵심 요소다. 그런 음식의 온도가 극단적으로 뜨겁고, 이를 미덕으로 여긴다. 요리 세계 전체의 온도 개념이 부실하다고 봐도 무방하다. 실제로 그렇다. '뜨거워서 시원함'은 한국 식문화 전반에 영향을 미친다. 따뜻함과 뜨거움 사이의 차별점이 존재하지 않는다.

가장 두드러지는 예가 커피다. 섬세하고 복잡한 맛을 살리기 위해 끓는 물에서 추출하면 안 되고, 내온 걸 바로 마실 수 있을 정도로 따뜻하되 뜨거워서는 안 된다. 굳이 수치를 언급하자면 70℃대를 넘기면 안된다. 커피의 수준이 높아졌지만 여전히 한참 더 가야 한다. 기본적으로 도구로 정확히 확인하는 수치의 중요성에 대한 개념이 들어서지 않았다. 감에 지나치게 의존하는 경향이 이미 수치로 확실히 정립된 세계를 침범해 약화한다.

프랜차이즈는 어차피 초단기 공간 임대업이 그 본질이 되었으므로 아예 기대조차 하지 않는다. 자기 공간 없는 학생 등에게 자릿세를 음료값으로 갈음하고 시간 단위로 공간을 빌려준다. 하지만 소규모 로스터리 카페에서도 김이 무럭무럭 나는 커피를 내면 절망스럽다. 전문점을 표방하고 콩도 직접 볶지만 온도 맞추기에는 실패한다. 따뜻함과 뜨거움의 차이를 이해하고 제대로 적용한 음식을 못 먹어본 탓일 수도 있다.

아메리카노나 드립커피처럼 물을 많이 써 완성하는 종류만 그렇다면 넘길 수 있다. 희석하는 물만 뜨거웠노라고 애써 생각할 수 있기 때문이다. 하지만 원액이자 정수인 에스프레소마저 가차 없다. 참깨처럼 볶아, 또는 구워 맛을 끌어낸 커피콩은 매개체가 지방이다. 원하는 맛만 끌어내기 위해 온도와 압력을 엄격히 통제한다. 또한 추출의 핵심은 고압이지 고온은 아니다. 김이 무럭무럭 난다면 최소한 75℃ 이상의 고온에서 추출했다는 방증이다. 최선의 맛과는 거리가 멀다.

뜨거운 국물 음식의 딜레마

음식을 왜 이다지도 뜨겁게 먹는 걸까. 먹고 살기가 몇 곱절 나아진 오늘날, 부피를 늘리기 위한 국물 음식의 태생은 한계이자 딜레마다. 양 아닌 맛으로 먹으려면 정체성을 대폭 개편해야 한다. 고기 등 재료를 아끼지 말고 두툼함과 감칠맛을 키운다. 맛은 당연히 좋아질 것이다. 하지만 과연 수지타산이 맞을까? 음식점에서 필요 이상으로 화학조미료나 다대기라 불리는 진하고 자극적인 양념에 기대는 이유다. 특히 '서민 음식'을 향한 정서적 가격 저항에 맞추다 보면 그럴 수밖에 없다. 고기 없는 공업의 승리. 쇠고기 맛 조미료 등으로만 육수 내는 요령이 비법이라 통하는 요즘이다. 아예 고기 없이도 넘길 수 있는 고기 맛 국물을 낼 수 있다면 그것도 기술이고 높이 살 만하다. 그만큼 능수능란한 음식을 만나기도 하늘의 별따기다. 기술의 극단으로서 맛내기를 찾아보기 힘들다는 말이다.

고기 없는 고기 국물은 자신을 속속들이 드러낼 수 없다. 맛이 없기 때문이다. 그래서 극단적으로 뜨겁거나 차가워야 되려 술술 넘어간다. 자글자글한 맛의 세부 사항을 느낄 수 없어야 먹을 수 있다. 순댓국이든 설렁탕이든, 펄펄 끓는 국물의 뚝배기를 끝까지 비워보라. 명상하는 셈 치고 완전히 식을 때까지 기다려보는 것도 좋다. 처음과 끝의 맛이 극적으로 다를 것이다. 식었을 때 거부감이 없다면 좋은 국물이다. 같은 맥락에서 나트륨 과다 섭취도 국물 음식의 온도를 낮추면 현저히 줄일 수 있다. 간을 세게 한 국물이라도 너무 뜨겁거나 혹 차가우면 맛을 잘 느낄 수 없기 때문이다.

모든 액체-국물 음식이 바로 먹을 수 없을 정도로 뜨겁게 나오는 것은 아니다. 예외가 있다. 하지만 차마 대안이라고는 일컬을 수 없을 정도로 과거의 산물이다. 역사의 뒤안길로 거의 자취를 감춘 토렴 말이다. 퇴염(退染)에서 왔다는 토렴은 일종의 강제적인 급속 온도 조절 방식이다. 찬밥에 뜨거운 국물을 여러 번 끼얹어 온도를 맞춘다. 부산의 돼지국밥, 나주의 곰탕 등에서 전통 조리 문법의 일부로 대접받기도 한다.

온도가 낮아져 편하게 바로 먹을 수 있음을 토렴의 장점이라 꼽지만 단점도 만만치 않다. 좋으나 싫으나 핵심인 밥 알갱이가 완전히 풀어져 나온다. 죽에 가깝다면 과장이고, 낱알이 흩어져 수분을 잔뜩 머금고 있다. 훌훌 넘길 수 있으니 '이것이 한국식 패스트푸드의 정수?!'라고 생각할 수는 있으나, 그만큼 완결된 음식으로서 격은 떨어진다. 가뜩이나 정서적인 가치 부여에 반비례해 밥이 하찮아지는 현실 아닌가. 아직도 토렴을 전통이요 미덕이라 주장하는 경우를 보는데, 식은 밥에서 출발하는 토렴이 대안일 수는 없다.

한식의 밥과 국의 물리적 결합, 또는 융합이 애초에 잘 맞는 조건인지부터 의문이다. 한식의 밥은 끈끈한 알갱이가 밀도 높은 덩어리를 이룬다. 아밀로펙틴(amylopectin)이라는 전분 때문이다. 그 덩어리를 먹는 것이 한식의 식사 양식이다. 반면 국은 수분을 통해 이를 풀어지게 만든다. 전분 때문에라도 밥의 저항은 크다. 온도와 찰기가 함께 엮이니, 두 요소 모두 잘 조절되어 먹기 편한 상태를 만들기가 어렵다. 찰기가 덜하려면 밥은 뜨거워야 한다. 국의 온도를 낮추는 데 결정적인 역할은 못 한다. 반면 온도가 낮은 밥을 국에 더하면 밥이 잘 풀리지 않거나, 온도가 너무 많이 내려간다. 이러니저러니 어긋남이 발생한다.

공간 전개형 상차림의 한계

시원하지 않은 시원함과 국물 문화에 대해 생각하다 보면, 결국은 한식의 가장 기본적인 설정에까지 생각이 미친다. 소위 공간 전개형, 즉 한상차림의 태생적 한계 말이다. 모든 음식을 한 상에 담아 한 번에 낸다. 열원과 인력은 언제나 상대적으로 부족할 수밖에 없다. 아무리 많다고 해도 한꺼번에 담아내야 할 음식의 가짓수에 비하면 그 둘이 달릴 수밖에 없는 것이다. 따라서 한 상에 다 같이 나오더라도, 음식들 간 온도의 위계질서는 존재한다. 어떤 음식은 다른 음식을 반드시 기다리기 마련이다. 일반적인 경우 온도의 주도권은 밥과 국물 음식이 가져간다. 국을 기본으로 찜이나 탕 등이 이 무리에 속한다. 이들이 반드시 뜨겁게 나오기 위해 다른 음식은 희생한다. 높은 자리를 차지하는 음식은 아주 뜨겁고, 나머지는 정확한 온도의 개성을 고민하기조차 어렵다.

높은 온도의 음식만 어려움을 겪는 것도 아니다. 적당히 차가운 음식도 드물다. 한식에서 차갑고 시원한 맛에 먹는 음식이 존재하는가? 국물만 놓고 보아도 뜨거운 음식과 똑같다. 냉면을 보라. 얼음을 갈아 넣어 정수리가 지끈거릴 정도로 차갑다. 과연 먹는 과정에서 얼음이 녹는 것까지 계산하고 맛을 낸 것일까 의심스럽다. 그런 종류를 제쳐둔다면 적절한 차가움을 품은 냉면, 국물 음식이 드물다. 그 외에는 대부분이 상온에서 비슷한 온도로 상에 오른다. 아이러니하게도 상대적으로 소박할 수밖에 없는 집에서 온도의 통제가 더 쉽게 가능하다. 음식의 가짓수가 적을수록 차려 먹는 시점에서 온도 손실이 적어지기 때문이다.

전라도식 또는 한정식이라 일컫는, 공간이 부족해 접시를 겹쳐놓을 정도로 어마어마한 규모의 상차림일수록 오히려 완성도는 떨어진다. 예외가 없는 건 아니다. 한상차림에서도 온도의 미덕을 잃지 않는 음식으로 상머리에서 부쳐주는 육전, 휴대용 가스레인지를 올려놓고 먹는 찌개 등을 꼽을 수 있다. 하지만 이는 역시 위계질서를 충실하게 따르는 예일 뿐, 전체의 관계에 대해 고민한 결과는 아니다. 또한 온도가 섬세하게 조절 또는 유지되는 경우도 드물다. 뚝배기와 크게 다르지 않다. 그저 계속 끓는다. 반복 정리하자면, 온도 조절의 부재는 공간 전개형의 태생적 한계일 가능성이 높다. 따라서 해법이 있어도 국소적일 수밖에 없다.

무너지는 중간 온도 지대

한편 온도 개념의 부재는 이제 더 이상 양 끝점에서만 두드러지는 현상이 아니다. 중간 지점에서도 최적점과 이를 뒷받침하는 논리가 무너지고 있다. 대표적인 희생양이 족발이다. 차갑게, 또는 상온에 가깝게 먹는 음식이었는데 온도가 갈수록 올라간다. '서울 3대 족발' 가운데 하나라는 성수족발에선 아예 뜨끈뜨끈한 걸 낸다. 국물 없는 조림이나 찜에 가깝다. 유명세를 타는 소위 '순위권'의 족발이 그 지경이라면 이미 상당 수준 전파되었다고 보아도 무방하다. 뜨거운 족발이 이제 표준마냥 통한다.

살코기는 결대로 쪼개진다. 콜라겐의 껍질은 끈적거려 느글거리는 한편 질기다. 둘을 수합하면 충격의 강도가 크다. 살코기가 부스러질 정도로 익었지만 껍질은 질경질경 씹어야 할 정도로 분해가 덜 되었다. 가장 큰 결점은 따로 있다. 온도 때문에 껍질과 살코기의 켜가 완전히 분리된다. 두 요소가 그나마 자연스레 물리적으로 공존할 수 있는 여건을 부정해버린 셈이다. 재료인 족 자체에 간이 잘 안 되어 있어 이미 맛이 없는 족발이다. 거기에 따뜻함이 더해지면 젓갈이나 쌈장의 힘을 빌려도 먹기 어려울 정도로 한층 더 느끼하고 느글거린다.

지방과 젤라틴이 조직과 구조를 책임지는 음식은 온도가 높아질수록 체계가 깨진다. 두 요소가 결착(binding)을 책임지기 때문이다. 돼지머리가 육면체의 편육이 되는 과정의 핵심 말이다. 삶아서 살을 발라 뭉치고 싸서 눌러놓으면 살코기가 한데 붙어 새로운 덩어리로 거듭난다. 그래서 지방이나 젤라틴은 풀에 비유해도 크게 무리가 없다. 온도가 내려가면 살코기를 접합하는 역할을 한다. 다시 온도가 올라가면 지방과 젤라틴이 녹아 흐물거리고 결국 덩어리가 분리되어버린다. 족발은 물론 머리고기 등의 조각 편(片) 자를 쓰는 음식이 같은 범주에 속한다. 온기는 이미 족발을 잠식하고 스멀스멀 조금씩 같은 범주의 다른 음식들로 옮겨가고 있다.

한편 콜라겐과 젤라틴의 장점을 최대한 누려야 할 탕류도 족발과 마찬가지 상황에 처해 있다. 우려 먹는 족, 우족 말이다. 국물은 펄펄 끓는 채로 뚝배기에 담겨 나오지만 정작 건더기인 족은 딱딱하거나 질기다. 너무 오래 끓이면 풀어지거나 뼈에서 떨어져 상품 가치가 떨어진다고 판단되므로 덜 익혀 낸다. 이런 상태가 쫄깃함, 즉 미덕으로 둔갑해 팔린다. 꼬리나 도가니 등 연골이나 힘줄이 많거나 운동을 많이 하는 부위도 마찬가지다. 뼈에서 깨끗하게 떨어지지 않을 정도로 덜 익힌다. 그런데 국물만 혀가 델 정도로 뜨겁다.

온도 개념 (재)정립의 요소들

따뜻하고 뜨겁고 뜨뜻하고 뜨뜻미지근하다. 말은 언제나 다양하고 풍성하다. 그러나 정작 이들 형용사군이 묘사하는 대상 가운데 하나인 음식은 다양성의 수혜를 입지 못한다. 뜨거운 것은 펄펄 끓도록 뜨겁고, 차가운 건 냉장고에서 바로 나와 이가 시리다. 두 극단 사이에 얼마나 많은 상태가 존재하는가. 또한 각 상태를 최적이라 결론 내릴 때 과연 재료의 특성이나 물성은 고려하는가. 온기가 감정적인 측면에서 음식에 대한 기대를 높일 수는 있다. 냉기가 즉각적인 쾌감의 '펀치'를 날릴 수도 있다. 하지만 음식은 감성이나 극적인 순간에만 호소하기 위해 존재하지 않는다. 마음 이전에 몸으로, 그것도 시간을 들여 먹는다. 그릇을 받자마자 느끼는 극단적 쾌감, 순간적인 점에 존재하는 감각보다 첫 입부터 자리에서 일어나기 전까지 시간 축 위에서 전개되는 전체 경험을 고려해 음

식의 온도를 설정해야 한다. 따뜻하고 뜨겁고 뜨뜻하고 뜨뜻미지근하게,
그렇게 말의 맛을 살린 음식 맛은 볼 수 없는 걸까?

원론적인 방안을 제안해본다. 일단 기기가 필요하다. 온도계 말이
다. 저울과 더불어 간단하게 요리에 가장 큰 변화를 불러일으킬 수 있는
도구다. 치킨과 튀김의 영역에선 이미 필수로 자리 잡았다. 국물 음식에
도 당연히 필요하다. 수치의 존재를 인식하고, 이를 감각과 짝짓는 과정
의 핵심 길잡이다. 100℃면 펄펄 끓는다. 70℃라면 편안하게 먹을 엄두
를 낼 수 있다. 국물 음식이라면 밥 또한 함께 고려해야 한다. 변수라기보
다 상수다. 가스 불과 밥솥과 온장고의 여건에서 국과 밥의 온도는 최대
한 일정한 게 맞다. 국을 펄펄 끓여 낸다면 밥의 양과 시간(짓는 시간, 보관
시간 및 상태 변화) 등을 고려해서 최종 목표 온도를 설정하고 조정할 수 있
다. 끊임없이 조리하는 주방이라면 실험을 통해 최선의 결과를 도출할
수 있다.

그리고 온도 개념을 확장 및 전파할 수 있다. 비단 음식에게만 온도
가 중요 요소인 것이 아니다. 재료의 온도가 완성품에도 영향을 미친다.
품질 외에도 GIGO를 적용할 수 있는 또 하나의 측면이다. 이를테면 차
가운 재료는 열원의 에너지를 빨리 빼앗아가니 조리의 효율이 떨어진
다. 냉장고에서 갓 꺼낸 고기나 생선 같은 경우다. 스테이크처럼 두툼하
게 썬 고기라면 초기 온도가 급격히 낮아질 경우 마이야르 반응을 제대
로 얻을 수 없다. 한편 아주 짧게 데쳐야 하는 채소도 물의 온도를 지나
치게 빼앗는다면 회복에 시간이 걸리므로 조리 시간이 불필요하게 늘
어날 수 있고, 결과물에도 당연히 영향을 미친다. 따라서 냉장고에서 바

로 꺼낸 고기를 불판으로 직행하는 습관은 재고가 필요하다.

마지막으로 육수를 짧게 헤아려보자. 굳이 팔팔 끓일 필요가 없다. 대류로 인한 물리적 유화가 일어나 오히려 국물이 탁해진다. 동물의 뼈나 고기, 지방으로 국물을 내면서 맑음을 추구하는 냉면 육수, 곰탕 등의 형용모순적 경향까지 감안한다면 오히려 최대한 살포시, 80℃ 정도에서도 충분히 진국을 우려낼 수 있다. '펄펄 끓음'의 미덕을 강박적으로 강요하지는 않았는지 돌아볼 일이다.

5. 쫄깃함,
떡과 오징어와 고기의 씹는 맛

시각은 어김없이 새벽이었다. 춥고 또 희미했다. 정확히 기억나지 않지만, 12월 30일이었을 것이다. 정황을 헤아려보면 그렇다. 적어도 하루는 꾸덕꾸덕 말려야 썰 수 있기 때문이다. 가래떡이라는 음식 말이다.

밤새 불린 멥쌀을 분쇄기에 세 번 통과시켜 아주 곱게 빻는다. 시루에 안쳐 찌면 성근 조직의 떡으로 화한다. 그야말로 시루떡이다. 덩이덩이 떼어 기계에 꾹꾹 밀어 넣는다. 압착 및 압출의 과정을 거친 긴 떡 줄기가 꾸역꾸역 비집고 나온다. 한꺼번에 세 갈래씩, 바로 떠놓은 물에 잠긴다. 적당한 길이까지 기다렸다가 가위로 싹둑 잘라 건져내고 또 너는 일은 방앗간 주인의 몫이다. 하지만 가장 먼저 집어 맛을 보는 건 나의 몫이다. 첫새벽에 일어나 할머니를 수행하는 대가였다. 쌀이 든 '다라이'를 들고 가서 가래떡을 담아 오는 과업의 보상이었다.

찬물에 몸을 담갔다 나와도 가래떡은 여전히 뜨끈하다. 춥고 희미한 겨울 공기를 헤집고 김을 무럭무럭 피어올린다. 한 입 문다. 일단 표면에서는 부드럽게 끊긴다. 하지만 윗니와 아랫니가 서로 만나는 지점에서는 저항한다. 큰 무리 없이 씹히지만 그만큼 쉽사리 끊기지는 않는다.

쫄깃함의 속성

그것이 쫄깃함이다. 좀 더 정확하게는, 쫄깃함이 유일하게 미덕일 수 있는 맥락이다. 쫄깃함의 핵심은 탄성과 저항이다. 그리고 모든 상황에서 얻을 수 있는 성질이 아니다. 무엇보다 재료가 가능 여부를 결정한다. 첫째로, 조리 즉 물리적, 화학적 변화를 거친 결과물이 덩어리여야 한다. 달리 말해, 조리의 목적이 덩어리 만들기인 경우다. 단백질을 예로 들어보자. 육류든 조류든 어패류든, 큰 덩어리로부터 작은 덩어리를 잘라내 조리한다. 과정을 거칠수록 부피가 작아진다. 따라서 단백질은 기본적으로 쫄깃함이 미덕일 수 있는 재료가 아니다. 유일하게 단백질이 쫄깃함의 가능성을 갖도록 하는 조리 과정은 건조다. 육포, 오징어포 등을 들 수 있다. 하지만 저항만 존재하지 탄성은 없다. 또한 그 저항도 장기보존을 위한 궁여지책의 부산물이다. 미생물 발생 억제를 위한 수분 제거의 결과인 것이다.

물론 조리의 결과물이 덩어리라고 무작정 쫄깃함이 지향점일 수는 없다. 무턱대고 쫄깃함을 기대하면 곤란하다. 그래서 둘째, 재료 특유의 물성이 중요하다. 쌀은 아밀로펙틴이라는 전분을 함유하고 있다. 원래 입자의 구조가 꼬여 있는데, 치대어 압축력을 가하면 한층 더 복잡하게 꼬인다. 다시 말해 끈적하게 엉겨 붙는다. 절구나 떡메도 좋고, 현대식 기계도 좋다. 재료 특유의 물성을 활성화하는 과정을 거쳐 탄성을 확보한다. 밀도 마찬가지다. 같은 역할을 단백질이 맡는다는 점만 다르다. 밀가루에 물을 더해 반죽하면, 글루테닌(glutenin)과 글리아딘(gliadin)이 결합해 글루텐이 된다. 역시 사슬처럼 꼬여 있다. 떡과 비교 가능한 정도는 아니지만 역시 특유의 탄성을 지닌다.

쫄깃함은 결국 곡물 재료 특유의 물성이 조리 방법과 만나 형성되는 탄성이다. 조건이 들어맞을 경우, 조리의 성공이 곧 쫄깃함이다. 나머지는 전부 정반대다. 한식이 쫄깃함이라 믿는 속성은 많은 경우 조리 실패의 지표다. 특히 동물성 재료, 단백질의 경우에 그렇다. 조리에 실패한 단백질은 쫄깃해진다. 그럼에도 불구하고 널리 쓰인다. 미덕 대접마저 받는다. 한마디로 쫄깃함은 질감 면에서 '담백함'과 같다. 일단 어디에나 쓴다. 의미의 규정과 구분이 전혀 안 되어 있다. 탄성이 강해 웬만큼 씹지 않으면 삼킬 수 없는 음식도 쫄깃하고, 과조리로 단단해진 음식도 쫄깃하다. 음식이 지닌 탄성을 일컫는 어휘가 복수로 존재하지만, 오직 쫄깃함만이 긍정적인 의미로 통한다. 따라서 문제는 언어의 사용보다 상태와 현상의 인식이다. 부정적인 것을 긍정적이라 여긴다. 쫄깃함과 질김을 구분하지 않는다. 재료의 일반적인, 또는 고유한 성질에 바탕을 둔 조리의 목표 설정에 대한 이해가 없다.

미덕이 된 쫄깃함의 사연

아주 또렷하게 기억하는 일화가 있다. 몇 년 전에 후배 부부와 저녁을 함께 먹었다. 아주 가끔 만나지만 귀한 사람들이었다. 고민 끝에 연남동의 한 중식당으로 초대했다. 활 우럭찜이 대표 메뉴였다. 생선을 잡아 쪄내고, 파채를 푸짐하게 얹어 팔팔 끓인 기름 간장을 끼얹는다. 기름 막을 입은 싱싱한 생선 살의 단맛과 간장의 감칠맛, 숨이 완전히 죽지 않은 파채의 아삭함과 향긋함이 한데 어우러진다. "정말 맛있네." 후배가 말했다. "생선 살도 쫄깃하고."

쫄깃이라. 내색은 하지 않았지만 먹으며 계속 머리를 굴렸다. 과연 이 생선은 쫄깃한 걸까. 우럭은 흰살 생선이다. 살이 차지고 단단하다. 기름기가 넘친다고도 할 수 없다. 부드럽지 않은 생선이다. 게다가 활어를 잡아 바로 쪘다. 신선함과 맞바꾼 사후강직(rigor mortis)도 감안해야 한다. 게다가 아직도 기억한다. 그날따라 생선이 평소보다 조금 더 과조리되었다. 당시 워낙 자주 먹었던 터라 바로 알아차릴 수 있었다. 찜은 수증기의 열에너지를 빌린 간접 조리 방식이다. 수증기 자체는 굉장히 뜨겁지만 완만하게 간접적으로 재료를 익힌다. 과조리의 원인이 찜보다 마무리로 끼얹은 뜨거운 기름일 가능성이 높았다. 대세에 지장 있는, 즉 잘못된 조리라 탓할 수준은 아니었지만 과조리는 확실했다. 하지만 생선은 단단했으면 단단했지, 쫄깃하지는 않았다. 어쨌든 한 가지는 확실했다. 이들이 음식을 칭찬하는구나.

쫄깃함은 삼단논법을 거쳐 칭찬이 된다. '쫄깃하다, 씹는 맛이 있다, 좋은 음식이다.'의 과정이다. 씹어야 한다. 그래야 맛있고 한국 음식답다. 심지어 한국계 미국인마저도 "한국 음식의 특성은 씹힘(chewiness)"[27]이라 소개한다. 그의 전문 분야인 양식 요리에서 가장 부정적으로 여기

---

27 Beverly Kim, "Quinceañera," *Top Chef*(2011,11,16).

는 바로 그 씹힘을, 한국 음식 세계의 내재적, 생득적 특징이라 믿는 것이다. 대체 미덕으로서 쫄깃함은 어디에서 온 걸까? 쫄깃함에 대한 애호는 논리적인 분석이나 잣대로는 채 이해하기 어려운 측면이 크다. 논의자체가 쉽지 않다. 이러한 상황이 '쫄깃함=미덕'이라는 믿음을 강화하고 자연화하는 데 기여하고 있지 않을까. 그런 만큼 반발과 반감을 일으키기 쉽더라도, 무언가 씹혀야 긍정적으로 여기는 이 집단적 의식과 태도의 연유를 좀 더 헤아려보자. 일단 반자동적으로 가난에 혐의를 둔다. 정확하게는 가난이 낳은 불신이다.

가난하면 먹을 게 없다. 식재료의 양이 부족하다. 입은 줄지 않는다. 가진 것의 부피를 최대한 늘려 나눠야 한다. 그래서 나온 음식이 국이며 죽이다. 물을 부어 오래 푹 끓인다. 당연히 씹을 게 없다. 그나마 존재하는 건더기도 이 사이에서 그대로 뭉개진다. 정확하게 무엇을 먹는지 확인할 길이 없다. 그래서 불안해진다. 가난과 부재가 낳는 불안이다. 이 불안이 전지전능해져 온갖 음식 종류를 누비며 영향을 미친다.

한 파티셰의 이야기를 소개해본다. 7~8년 전의 일이다. 일본에서 공부하고 실무를 경험한 베테랑이 돌아와 가게를 열고는 고민에 빠졌다. 15년 동안 갈고닦은 무스(mousse) 솜씨가 생각보다 잘 안 팔리기 때문이었다. 이제는 환경보호를 위해 쓰지 않는 프레온가스로 부풀려 올린 거품의 정발제를 무스라 부른다. 제과의 무스도 똑같은 원리로 만든다. 계란 흰자를 거품기로 올린 머랭(meringue)으로 공기를 불어넣은 뒤 젤라틴 등으로 형태만 유지할 정도로 굳힌다. 덕분에 입에 넣으면 사르르 녹는다. 바로 그렇기 때문에 인기가 없다고 했다. 씹어야 뭔가 먹는 것 같다는 반응이 왕왕 나온다고 말했다.

일단 입에 넣고 무언가 씹혀야 음식같이 여긴다고 철석같이 믿기엔 석연치 않은 구석도 분명히 남아 있다. 같은 가난이 씹기 또한 강요하기 때문이다. 초근목피(草根木皮)라는 고사성어가 있고, '똥구멍이 찢어지게 가난하다'는 속담은 또 어떤가. 국이나 죽의 단계 너머에는 풀뿌리와 나무 속껍질의 가난이 존재한다. 푹 끓여도 씹어 삼키기 힘들다. 씹을 게 없는 가난보다 죽어라 씹어야만 하는 가난이 더 버겁다. 당장 주림은 면할 수 있을지 몰라도, 나중에 더 큰 대가를 치러야 한다. 그래서 결론을 내리기 어렵다.

이 둘 사이 어디쯤의 가난이, 쫄깃함을 전지전능한 미덕으로 둔갑시킨 걸까. 구체적인 지점을 짚어내기에는 현재 한식 내에서 쫄깃함이 차지하는 전지전능함 자체에 체계나 당위가 부족하다. 그런 탓에 가난의 경험과 기억이 낳은 불신, 그리고 재료나 조리에 대한 개념의 부재가 맞물려 음식의 질감에 반영된 결과가 아닐까 추정할 따름이다.

조리 실패의 쫄깃함

인류는 불의 발견과 더불어 비약적으로 발전했다. 재료를 익혀 먹을 수 있게 됨으로써 소화 및 영양 섭취 여건이 좋아진 덕분이다. 하지만 단순한 익히기는 고작 재료 '극복'의 1단계일 뿐이다. 재료가 단순히 날것에서 익은 것으로 상태만 바뀐다. 조리는 기본적으로 극복의 과정, 즉 식재료를 그 특성에 적합한 방식으로 분해하는 과정을 포함한다. 따라서 앞서 언급한 몇몇 예(가래떡처럼 덩어리 만들기)를 제외한다면, 쫄깃함은 조리의 실패이자 1단계 극복의 산물일 뿐이다. 아직도 많은 식재료가 쫄깃함의 굴레에 얽매여 극복의 2단계로 올라서지 못하고 있다. 재료의 물리적 특성에 맞춰 설정한 분해로 얻어지는, 가장 먹기 편한 상태 말이다.

앞서 모든 동물성 재료, 즉 단백질은 쫄깃함과 상관이 없다고 밝혔다. 달리 말해 쫄깃함의 폐해에 무시로 노출되어 있다. 각 재료별 특성과 피해 사례를 가볍게 살펴보자. 가장 큰 피해를 입는 어패류부터. 시계 바늘을 1970년으로 돌려보자. 고(故) 길창덕 화백의 만화『순악질 여사』가 연재를 시작한 해다. 단행본으로 읽었는데, 가장 또렷하게 기억하는 일화가 있다. 남편이 술에 취해 늦은 밤 예고도 없이 손님을 데려왔다. 화가 날 수밖에 없는 일이다. 그는 자전거 튜브를 잘라 술안주로 내놓는다. 만취한 남편과 친구는 오징어인 줄 알고 밤새 씹는다. 술에 얼큰히 취해 구분도 못 했다.

요즘 오징어는 자전거 튜브도 아닌데 질기다. 데치거나 볶는 등 서로 다른 조리법을 적용했다지만 결과는 대부분 같다. 한참 씹어야 한다. 열원의 통제(세기와 지속) 및 매개체(수분이나 지방, 또는 조리 도구)의 적확한 적용이 없기 때문이다. 어중간한 불에 어중간하게 올려 어중간하게 익힌다. 한마디로 주먹구구의 산물이다. 조리의 원리나 개념에 대한 체계적인 연구가 부재하다 보니 구체적인 가이드라인을 제시하지 못하는 것이다. 훌륭하고 비교적 싼 단백질 원천이지만 소화가 잘 안 되는 재료가 오징어다. 그래서 '3분 아니면 30분'이라는 말이 있다. 오징어라는 재료의 조리 최적점이 양 끝에 존재한다는 의미다. 아주 잠깐 조리하거나, 시기를 놓치면 은근히 푹 익혀 분해해야 한다. 결대로 찢어지다 못해 부스러지는 결과를 감안한다면, 양쪽 다 부드럽게 먹을 수 있지만 역시 잠깐 익히는 게 최선이다.

나머지 해산물, 특히 새우나 조개 등도 마찬가지다. 이들은 절지동물 또는 연체동물이다. 단어의 뜻 그대로 무른 살을 보호하기 위해 딱딱한 껍데기를 두르거나 뒤집어쓰고 있으므로, 이를 분리해낼 수 있는 정도의 조리법이라면 충분하다. 홍합이라면 물에 잠긴 채로 끓일 필요도 없다. 뜨거운 김을 5분만 쏘여도 껍데기가 열리고 바로 먹을 수 있다. 건강 염려 없이 익었을 뿐만 아니라 입 안에 전혀 저항 없이 부드럽다. 쫄깃하다 못해 오래 끓여 부스러지는 술집 공짜 안주와는 다른 세계의 음식이다.

만들기가 어렵지도 않다. 기술보다 의식의 문제다. 안 익히거나 아주 익히는 양 끝점이 아닌, 재료에 맞는 중간 지점이 존재한다는 의식이 필요하다. 바로 앞에서 언급한 온도와 마찬가지다. 재료에 맞는 지점이 실로 다양하게 존재한다. 특성을 이해하고 각 지점으로 이끌어주기만 하면 된다. 새우는 어떤가. 대부분이 냉동 후 해동된 상태로 팔린다는 점을 염두에 두자. 그렇지 않다면 날것으로도 먹을 수 있고, 또한 기본 상태가 부드러운 재료다. 쫄깃함의 은총은 재료에게 저지르는 폭력이나 다름없다. 새우의 제철에 서해안에서 먹는 소금'구이' 같은 것 말이다.

철은 맞을지 몰라도 정확히 그 지역에서 나지는 않는 새우를 소금 깐 냄비에 올린다. 그리고 뚜껑을 덮는다. 소금이 제 역할을 하려면 수분이 빠진 뒤 한데 모여 열 전도체로서 켜를 이룰 수 있어야 한다. 두꺼운 팬을 갖춘다면 애초에 필요 없겠지만, 어쨌든 뚜껑을 덮으면 큰 의미가 없어진다. 결국 찜에 가까운 방식으로 과조리하는 결과를 낳는다. 요즘 유행인 새우장도 크게 다르지 않다. 게보다는 껍데기가 무르고 얇건만 간장에 푹 담근다. 단백질의 변성이 일어나 살이 꼬들거린다. 이래저래 인간의 욕심에 새우 등이 터져버린다.

고기(모든 포유류와 가금류의 근육 및 장기)의 질김은 인과관계가 조금 다르다. 물론 과조리는 어느 경우에도 모든 조리 실패의 첫 번째 원인으로 꼽을 수 있다. 불판에서 끝없이 타들어가는 고기를 생각해보라. 그저 방치하기만 하면 이룰 수 있는 가장 '쉬운 실패'다. 열쇠는 언제나 물이 쥐고 있다. 가열하면 근섬유의 수축이 일어나고 수분이 빠져나온다. 고기가 촉촉함을 잃어버리고 질겨진다. 통상적인 고기 조리의 실패다.

하지만 반대 지점이 더 중요하다. 과조리의 반대라면? 안 익혀 먹는 상황이다. 너무 안 익힌 고기 역시 질다. 단순한 조리 시간의 조정만으로 해결할 수 있는 문제는 아니다. 다시 말해 단순하게 과조리의 대척점에 놓인 실패가 아니라, 훨씬 복잡한 좌표에 놓여 있는 문제. 단순히 덜 익힌 게 아니라 적절히 익히는 데 실패해서 질기다. 곧 총체적인 조리 전략의 실패라 할 수 있다. 조리 시간은 물론, 부위의 특성을 고려하지 않고 천편일률적으로 적용하는 조리 방법까지 함께 맞물려 발생하는 결과이기 때문이다. 그 결과 불완전한 조리를 '입'에서 완결한다. 현존하는 거의 모든 조리 형식이 그렇다. 단 하나도 중간 지점을 찾는 데 성공하지 못한다.

쫄깃함의 세계화?
역사화 또는 상대화의 필요성

떡으로 대표되는 쫄깃함의 가치가 이제 더 이상 쌀의 독점 영역이 아니라는 사실도 알아둘 필요가 있다. 떡의 쫄깃함이 전통 한식의 핵심 가치라는 유추도 더 이상 통하지 않는다는 말이다. 감자나 옥수수 등에서 추출한 전분은 쌀보다 한층 더 강한 쫄깃함을 줄 뿐 아니라, 쌀처럼 쉬 굳지도 않는다. 원래 하루만 지나면 굳는 것이 '자연'스러운 찹쌀떡이 며칠을 지나도 말랑함을 잃지 않는다면? 동네 마트나 편의점에서 쉽게 살 수 있는 개별 포장 제품의 성분표를 확인해보라. 아니면 타피오카 가루도 있다. 90년대 말 등장해 한참 인기를 누렸던 깨찰빵의 찰기는 밀가루도 아니고 쌀가루는 더더욱 아니다. 타피오카 가루는 화학적 가공 과정을 거쳐 변성전분(modified starch)으로 탈바꿈한다. 라면 면발이 붙는 걸 막아주는 바로 그 원료다.

한식의 성공적인 해외 진출을 절실히 원하는가? 좀 더 적나라하게 질문을 바꿔보자. 미국과 유럽 등의 소위 1세계에 한식을 팔고 싶은가? 그렇다면 정말 진지하게 쫄깃함과 씹는 맛의 당위성에 대해 고민이 필요하다. 그들에게는 씹는 맛이 통하지 않는다. 'chewy', 'gummy', 'rubbery' 등이 씹어야 하는 음식의 상태를 표현하는 단어인데, 정도의 차이는 존재하지만 하나같이 부정적인 의미다. 지금까지 살펴본 이유 때문이다. 음식의 완성이란 재료의 이해를 통한 두 단계의 극복이라는 인식이 뚜렷한, 부드러움을 미덕으로 삼는 식문화다. 버터나 비단, 우단

(각각 buttery, silky, velvety) 같은 단어로 표현된다.

어쨌든 쫄깃함과 씹는 맛은 한국의 맛이니 밀어붙이겠다면? 일단 좋다. 이국적 특성이 관심을 끌 가능성은 충분히 존재한다. 1세계는 언제나 소비할 이국적 문물을 찾아 헤맨다. 그들 생활과 밀접하고 즉각적인 즐거움을 안기는 음식은 언제나 이국적 소비 대상의 중앙에 자리 잡는다. 아시아를 예로 들면, 중국과 일본 음식은 이미 세계화된 식문화로 확고하게 자리 잡았고, 태국과 베트남 음식이 뒤를 잇는다. 그다음으로 한식의 차례도 왔다. 뉴욕의 한식당이 미슐랭 별을 받았던 몇 해 전의 상황 말이다.

하지만 호기심의 불길은 대개 화르르 타올랐다가 금방 사그라든다. 세계 진출의 원동력으로는 부적합하다. 은근하지만 꾸준히 타면서 영역을 넓혀나가는 불길이 훨씬 더 의미 있다. 한식의 세계적인 저변은 약하다. 뉴욕의 한식당이 받았던 별은 반짝 빛나고 사라졌다. 중식이나 일식, 심지어 베트남식처럼 시골 동네 상가에 비자국민이 운영하는 식당이 존재할 정도로 널리 퍼지지 못했다. 한국 및 아시아 음식을 접목한 파인 다이닝으로 미슐랭 별 세 개를 받은 레스토랑 베뉴의 한국계 셰프 코리 리가 지적한 바 있다.[28]

이처럼 기본적으로 저변이 약한 데다 한국 밖에선 부정적으로 통하는 쫄깃함까지 내세운다면 과연 성공할 수 있을까. 우리는 한식의 세계화를 일방통행으로 여기는 경향이 있다. 우리가 즐겨 먹는 것을 그대

---

28 코리 리와의 미발표 인터뷰 원고, http://bluexmas.com/7381.

로 내밀면 외국에서도 환영받으리라는 다분히 순진한 발상이다. 그래서 객관적인 검증의 절차를 밟지도 않고, 고민도 없이 접시를 내놓는다.『식객』같은 만화에서 볼 수 있는 '이렇게 맛있는 걸 대체 왜 안 먹어?'라는 생각으로. 물론 세계의 음식이 따지고 보면 비슷한 원리로 만들어지므로, 모두들 문턱이 높다고 여기는 김치나 된장 등 발효식품류도 거듭 먹다 보면 친숙해질 수 있다. 하지만 하루 세 끼를 먹는 인간이 낯선 세계의 낯선 음식을 얼마만큼의 관용을 가지고 거듭해서 시도할 수 있을까? 그런 시도의 가장 걸림돌이 될 요소가 질감이고 핵심인 쫄깃함이다. 씹기 어렵다면 먹기도 어렵다고 받아들일 가능성이 너무 높다.

한식은 자문해볼 필요가 있다. 왜 씹는 맛을 중요시 여기는가? 여섯 가지 한식의 맛이라는 주제로 살펴본 모든 '맛'이 그렇지만 논리적인 답을 듣기 어렵다. 언제나 '한식이니까' 수준을 벗어나지 못한다. 프랑스혁명과 레스토랑의 출현을 출발점으로 잡아도 최소 300년은 넘을, 성문화된 이론과 논지로 정립된 단단한 벽을 뚫기에는 미약하다. 그 미약함의 가운데에 쫄깃함이 존재한다. 다소 불완전하게 자리하고 있긴 하지만 담백함은 미덕이라 충분히 내세울 수 있다. 하지만 쫄깃함은 다르다. 한식의 대외적 위상을 실용적, 전략적으로 고려할 때 가장 약한 연결 고리 (weakest link)다. 게다가 엄밀히 따져 쫄깃함은 편안함을 내포할 수 있는 담백함과 같은 결로 흐를 수 있는 질감도 아니다. 힘줘 씹어야 한다. 불편하다. 이래도 고민하지 않겠는가?

한식의 품격

6. 담백함 또는 슴슴함,
    인지부조화의 맛

담백한 돼지 목살

지하철 환승을 위해 긴 복도를 정신 없이 걷다가 광고를 보았다. 미국 돼지고기다. 중년으로 보이는 여성 요리 전문가가 모델이다. "맛있게 드세요, 담백한 목살." 행여나 열차를 놓칠세라 종종걸음 치는 가운데, 생각은 담백한 돼지고기에 꽂힌다. 과연 돼지고기가, 그것도 목살이 담백한가. 그럴 리가 없다. 돼지고기는 담백하지 않다. 지방의 부재를 의미하는 형용사로 담백함을 썼다면, 정확하지 않은 표현이다. 돼지에서 비계가 갈수록 줄어드는 건 사실이다. 소비자가 원하기 때문이다. 한마디로 '마른 돼지'가 선호되었다. 한편 그에 대한 반동으로 복고가 유행이기도 하니 그나마 다행일까. 망갈리차(Mangalica, 원산지 헝가리)나 버크셔(Berkshire, 원산지 영국)처럼 지방이 많은 옛 품종이 다시 점차 인기를 얻고 있다. 하지만 그와 무관하게 돼지고기가 정확하게 담백한 식재료는 아니다. 특히 목살은 삼겹살 다음으로 가장 지방이 많은 부위다.

'담백한 안심'이라면 설득력이 있다. 운동도 하지 않고 지방도 전혀 없는 완전한 살코기니까. 닭고기의 자리를 비집고 들어가고자 등심과 더불어 '제2의 흰 고기'로 홍보하는 부위다. 하지만 목살은 다르다. 삼겹살이 수직으로 지방층을 지녔다면 목살(사실 정확하게 말하자면 어깨 부분의 살, 즉 목 바로 뒤에서 어깨로 연결되는 부위)은 수평으로 지방이 살, 정확하게는 근육의 다발을 감싸고 있다. 가장자리에 붙어 나오는 비계 덩어리도 빼놓을 수 없다. 잘 녹지도 않고 씹으면 질감이 아주 불쾌하지만 어쨌든 지방이다. 설사 예전에 비해 많이 빠졌다고 해도 비계하면 돼지, 돼지하면 비계다. 그런데 담백하다니?

전능한 이름과 무력한 의미

비단 돼지고기뿐이겠는가. 담백함은 전지전능하다. 거의 모든 음식 평가의 잣대다. 미덕 대접까지 받기도 한다. 담백하면 좋고, 그렇지 않으면 나쁜 음식이다. 한 청주 광고에는 안주로 "담백한" 도미회가 등장한다. 그렇게 절대 담백할 수 없는 음식조차 무차별적으로 딱지를 뒤집어쓰는 형국이다. 돼지고기의 자식뻘인 소시지의 경우 더 기가 막힌다. 미국산 등에서 마블링이 차츰 드러나고 있지만, 돼지는 소와 달리 지방이 켜 또는 겹의 형태로 몰려 있다.

소시지는 돼지고기의 지방 불균형을 '분해 후 재조립' 과정을 통해 해소한 음식이다. 켜를 허물어, 즉 살코기와 비계를 갈아 고루 섞는다. 달리 말해 살코기만으로 뻑뻑하니 지방을 섞어 부드러움과 맛, 감촉 등을 보정하는 음식이다. 그런데 담백함을 내세워 광고한다. 지방이 없는 소시지는 존재하기도 어렵고 설사 있더라도 맛이 좋을 리 없다. 그러든 말든 오늘도 담백한 소시지는 인지부조화의 껍질(casing)을 입고 식탁에 오른다. 담백하면 잘 팔리기 때문이다. 물론 정말 담백하지는 않다.

그나마 담백함이 지방의 부재만을 의미한다면 다행이겠지만, 그보다 훨씬 더 크고 전능하다. 담백함이 사용되는 갈래가 한 가지 더 있다. 양념, 더 나아가 간을 덜 한 상태를 묘사하는 데까지 쓰인다. 그래서 또 다른 미덕인 슴슴함과 느슨하게 맞물린다. 대체 담백함이란 어떤 개념이기에 모든 음식에 걸쳐, 그것도 두 갈래로 최선을 담보하는 마법의 단어로 자리 잡았는가? 말을 뜯어보면 한없이 허무하다. 담백, 곧 맑고(淡) 흰(白) 상태다. 말뜻에 어울리는 음식이 단박에 떠오르지 않는다. 딱 하나 있기는 하다. 그러나 오늘날 먹을 일이 거의 없는 음식이다. 맑고도 흰 음식, 쌀로 끓인 미음 말이다.

심지어 아플 때 먹는 음식도 서양식인 수프 등을 포함, 선택의 폭이 넓어진 지 오래다. 뜨거운 물만 부으면 되거나, 캔만 따면 먹을 수 있는 유동식도 존재한다. 계산을 통해 영양소도 골고루 갖추고 있다. 미음 대신 먹을 수 있는, 효율 좋고 편한 대안이 많으므로 굳이 담백함에 집착할 필요가 없다. 따라서 문자 그대로의 담백함은 매력도 없고, 음식의 미덕을 묘사하기에 좋은 형용사가 아니다. 인성이라면 모를까. 담백한 인간. 좋을 수 있다. 하지만 담백한 음식은 현재 한국에서 통하는 의미대로라면 맛이 있을 수 없다.

이렇게 실제로는 유명무실해졌다고 보아도 무방할 개념이 오늘날,

한식을 아우르는 최선의 상태인 양 통한다. 정확하게는 군림하고 억압한다. 의미 그대로도 최선이 아닌데 무분별하게 쓰이는 상황은 군림이요, 돼지고기는 물론 소시지처럼 절대 적용할 수 없는 음식에도 쓰이는 것은 억압이라 할 만하다. 두 갈래로 문제다. 첫째, 개념에 충실하더라도 맛은 없다. 지방과 소금은 음식의 맛을 책임지는 가장 중요한 두 요소다. 백번 양보해 지방은 빠질 수 있다 쳐도 소금 없이는 맛이 완성될 수 없다. 이 둘의 부재를 담백함이 옹호한다. 결과적으로 맛없음을 옹호하는 꼴이다.

게다가 한식에는 영원히 김치가 따라붙는다. 설사 쌀미음이 담백함 그 자체라고 치자. 과연 그대로 먹는 경우가 얼마나 될까? 고춧가루로 버무리고 발효가 깊이와 차원을 불어넣은 김치는 담백한 음식이 아니다. 밋밋함의 가운데를 잘라 자신의 맛으로 전체를 압도한다. 모든 음식에 개입하는, 전지전능한 한식의 맛 보정자다. 가뜩이나 중립적 탄수화물인 쌀미음이 김치 맛을 뒤집어쓰면 다른 음식이 된다. 정확하게 담백한 상태가 아니다

둘째, 헤아려보면 한식의 현실에 충실하지도 않다. 한식의 울타리 안에 욱여넣는 어떤 음식도, 실제로는 전혀 담백하지 않다는 말이다. 1부 전체에 걸쳐 현재 한식의 맛이 얼마나, 어떻게 자극적인지 들여다보고 있지 않은가. 매운맛과 단맛이 주도권 싸움을 벌인다. 지방도 생각만큼 인색하지 않다. 직화구이의 불판에서 녹아 줄줄 흐른다. 한식은 아니지만 현재 한국 식문화에서 즐겨 먹는 양식과 교차하는 지점에서도 절대 빠지지 않는다. 피자는 어떤가. 치킨도 있다.

짠맛 실종과 불균형의 맛

양념이나 지방의 측면에서 한식은 담백함과 거리가 먼 가운데, 앞서 말한 자극적인 맛에서 오직 짠맛만 빠지는 경우는 많다. 건강염려증이 가장 만만한 대상(easy target)만 집중 공략한 결과다. 그 결과 한식, 즉 가장 폭넓은 의미의 한국 음식(양식 포함 한국에서 만드는 모든 음식)의 맛은 대부분 균형이 맞지 않는다. 마이야르 반응 등 재료에서 뽑아낼 수 있는 맛을 외면하고 매운맛과 단맛 위주의 양념으로 뒤덮기 때문이다. 지방은 때로 풍성하지만 그럴 경우에도 소금이 잘라주지 못해 느끼하다.

소금의 부재와 그로 인한 불균형을 '슴슴함'이라 포장한다. 심지어 표준어도 아닌, 이북 사투리다. 정확하게는 심심함이다. 담백함과 카르텔을 형성해 바람직한 음식의 선입견이라는 쌍두마차를 이끄는 말 가운데 하나다. 바람직한 한식의 맛을 묘사하는 형용사로 은근슬쩍 자리잡았다. '맛집' 블로거에게는 기본이자 필수다. 심지어 매체에서도 들먹인다. 좀 써줘야 맛을 안다는 대접을 받는다. 그 탓에 '슴슴함=맛있음'으로 통한다.

이런 현실이, 슴슴함의 득세가 어리둥절하다. 낯선 어휘이기 때문이 아니다. 그 반대로 굉장히 익숙하다. 어린 시절, 식탁의 절반 이상을 구성하는 맛의 뿌리가 이북이었다. 기억을 더듬어보면 주로 김치, 그것도 잘 익은 포기김치 속잎의 맛을 묘사하는 형용사였다. 파랗고 얇은 윗동 말고 하얗고 두툼한 아랫동을, 젓가락으로 가늘지만 길지 않게 갈라 밥에 올려 먹는다. 그 맛을 슴슴함이라 칭했지만, 그 말은 오로지 내 식탁의 울타리 안에서만 머물렀다. 바깥에서는 쓰는 경우를 보지 못했다. 그리고 2002년 한국을 떠났다가 거의 10년 만에 돌아왔더니 슴슴함이 표준어처럼 통한다. 그동안 무슨 일이 일어난 걸까.

슴슴함 자체를 부정적으로 여기지 않는다. 사실 어감도 표준어인 심심함보다 덜 심심하다. 다만 담백함과 마찬가지로 환상에 가까워서 문제다. 존재하지 않거니와 달성하기도 어렵다. 대체 슴슴함이란 어떤 상태일까. 표준어에는 두 가지 선택이 존재한다. 심심함은 음식 맛이 조금 싱거운 상태를 의미한다. 한편 삼삼함도 있다. 심심함보다 더 긍정적이다. 조금 싱거운 것 같지만 맛이 있다는 의미로 통한다. 두 형용사의 의미 차이를 감안하면 슴슴함은 삼삼함에 가깝다.

관건은 다섯 가지 기본 맛을 통해 살펴본 것처럼 짠맛과 신맛, 감칠맛의 긴밀한 조화 및 협력이다. 모자라다 싶은 소금 간의 여백을 나머지 둘이 메운다. 신맛은 짠맛과 함께 균형을 잡고 단조로움을 막아주며, 감칠맛은 두께를 더해 만족감을 더한다. 어렸을 때 먹은 김치는 매운맛과 짠맛이 두드러지지 않았지만, 신맛과 감칠맛 덕분에 균형이 맞았다.

슴슴함의 허상

평양냉면의 위상 덕분에 전반적인 이북 음식이 슴슴함의 대표 대접을 받고 있지만, 각 맛의 구체적인 표정을 살펴보면 회의를 느낀다. 고춧가루는 갈수록 매워지고 있다. 이런 고춧가루가 김치 등에 쓰이는 것은 물론, 몇몇 전문점에서는 개성이라도 되는 양 냉면 위에 고명이나 조미료처럼 올라간다. 당연히 입에 넣자마자 즉각 통각으로 첫인상을 강하게 남긴다. 신맛은 언제나 타는 싸구려 양조 식초나 빙초산이 맡는다. 언제나 옆구리를 쿡쿡 찔러댄다. 한편 대량 조리와 빠른 회전 탓에 발효의 최적 구간에 머무르지 못해 김치는 웬만하면 덜 익은 채로 식탁에 오른다. 물론 공짜 반찬이니 큰 기대를 걸어서도 안 된다. 슴슴함이 정녕 한식의 미덕이라 여길 만큼 격 높은 맛이라면, 맛내기 재료를 포함한 현재의 접근 방식으로는 이루기 어려워 보인다. 평양냉면은 우리가 믿는 만큼 슴슴하지 않다.

개중에 훨씬 더 진지한 고민과 노력의 산물도 종종 존재한다. 소위 저염 김치다. 벽제갈비-봉피양 같은 업체에서는 별도 연구 조직의 결과물을 상용화해 유료 메뉴로 올린다. 일단 김치를 돈을 따로 내고 주문해서 먹어야 하는 별개의 음식으로 규정한 것만 해도 바람직하다. 따라서 그 시도를 높이 사지만 계속해서 먹고 싶은 맛은 아니다. 소금 간이 부족한 김치를 억지로 발효시킨 맛이 난다. 심심하거나 삼삼하지 않고 그냥 싱겁다. 다른 맛이 살아나지 않을 정도로 소금을 안 쓴 맛이다.

그래서 역시 김치라면 어머니가 집에서 담근, 기억의 산물이 최고라는 이야기를 하고 싶은 것은, 절대 아니다. 30년도 더 묵은 기억이다. 나 또한 그 맛을 100% 정서적으로만 기억하고 있을 가능성도 높다. 김치를 별도의 유료 메뉴로 개발해 팔려는 시도는 좋다. 염도를 최대한 낮춰보려는 연구 또한 높이 산다. 하지만 먹어보면 더 세밀한 맛의 조정이 필요함을 느낀다. 짠맛 이야기다. 한두 발짝 싱겁도록 물러나면 될 것을,

언제나 서너 발짝 이상 뒷걸음 친다. 이런 김치를 먹으면 자포자기의 유혹에 시달린다. 굳이 이렇게까지 애를 써서 김치를 먹어야 하는 걸까?

또 다른 슴슴함의 표상인 이북식 만두는 어떤가. 일단 소의 몸통 역할인 두부가 슴슴함이라 믿기 쉬운 인상의 대부분을 구축한다. 이를 우연(기술의 부족)인지 필연('손'을 강조하기 위한 전략 및 의도적 조잡함)인지 분간하기 어렵지만 주방에서 직접 밀었다고 짐작하기 쉬운, 두툼한 밀가루 피에 싼다. 그리고 이 두 요소에 소금 간이 거의 또는 아예 안 되어 있다. 결과적으로 텁텁하고 뻑뻑하다. 여기에 또 다른 두 가지 요소가 이북식 만두를 슴슴/심심함의 중심에서 더욱 멀리 끌고 간다. 마늘과 참기름이다. 전자는 소에 묻혀버려 탈이다. 그대로 증기를 통해 간접 가열만 되니 장점인 단맛은 발휘하지 못하고 단점인 맵고 아린 맛만 낸다. 한편 후자는 속은 물론이거니와 종종 피에도 참견해 텁텁함을 증폭한다.

낄 데 안 낄 데 전부 찾아가는 참기름이니 소는 그렇다 치자. 반죽에까지 참기름을 왜 더하는 걸까. '생활의 지혜' 영향이다. 끈기가 생겨 찌거나 끓여도 터지지 않는다는 주장이다. 그러나 실제로는 정반대다. 지방은 밀가루의 찰기를 책임지는 글루텐의 결합에 방해 요소로 작용한다. 글루텐 사슬을 짧게 끊어주기(shorten) 때문이다. 그래서 버터를 넉넉히 더해 반죽한 영국식 비스킷의 일종을 쇼트케이크(shortcake)라 일컫는다. 스콘도 같은 원리로 만드는 사촌 격이다. 결국 참기름을 더해 얻는다는 만두피의 찰기는 지방을 더해 얻는 매끈함을 혼동한 것이며, 슴슴함의 장애물이다. 모든 이북 음식의 상징이래도 과언이 아닐 평양냉면에 대해선…… 이미 살펴보았다. 무심해 보이는 국물 아래로 자글자글한 잡맛이 끓는다. 그 여운을 뉴슈가 또는 사카린이 붙잡고 길게 늘인다. 보이는 만큼 평화롭지 않은 시스템이 바로 평양냉면의 국물이다.

과잉의 인정과 결핍의 극복

슴슴함과 담백함. 본질적으로는 결핍의 다른 결이다. 하지만 어떤 연유로 미덕이라 대접받게 되었을까. 일단 음식을 향한 금욕주의의 발현을 생각해볼 수 있다. 쾌락적인 음식은 나쁘다는 믿음을 신봉한다. 건강과 영양은 물론 중요하다. 하지만 인간에게는 쾌락을 누릴 권리가 있다. 음식에서 쾌락의 기본 수단은 지방과 소금, 설탕이다. 쾌락의 존재와 방법론을 인정하지 않고서는 식문화가 발전할 수 없다. 물론 모든 것은 과유불급이다. 지나치면 없느니만 못하다. 이들도 예외는 아니다. 아니, 이들이 핵심이다. 인류가 세 요소, 즉 설탕, 소금, 지방의 과잉을 의도하는 만큼 통제하지 못하는 것도 사실이다. 끊이지 않는 건강 논란이 이를 방증한다.

하지만 이분법적으로 해결할 수 있는 문제도 아니다. 적절한 관계 설정은 현대 음식 문화에서 인류의 가장 큰 어려움 가운데 하나다. 중간 지점을 찾기가 너무나도 어렵다. 그래서 고심 끝에 극단적인 선택을 하고 만다. 존재와 부재 가운데 하나를 선택하는 것이다. 또한 그 과정에서 제도와 구조에 기댄다. 정책 등의 힘을 빌려 존재 자체를 없애거나 보호막 역할을 해주기 바라는 것이다. 금연이나 금주와 비슷한데, 외면해서는 안 될 사실이기도 하다. 탄수화물-당의 중독성은 현재 가장 첨예한 논란거리다. 가공식품, 청량음료 등 원천이 산지사방에 널렸고 또 싸다. 너무나도 쉽게 손에 넣을 수 있다. 개인적인 차원에서 절식 등의 해결책을 세우고 지키기가 너무 어렵다. 단 청량음료의 포장 단위를 규제하는 뉴욕 시의 정책이 보호막의 대표적인 예다. 과섭취를 막고자 레스토랑, 패스트푸드점, 극장이나 운동 경기장에서 최대 포장 단위를 500ml로 제한했다.

담백함과 슴슴함의 남발과 인지부조화는, 이러한 현실을 외면하려는 심리 상태에서 나온 고육지책일지도 모르겠다. '담백'한 도미회를 맵고 달고 시큼한 초고추장에 푹 찍어 먹지만 슴슴하다고 믿는다. 덕분에 안심할 수 있다면 다행이겠지만, 굳이 그럴 이유가 있을까? 내가 먹는 것의 실체를 정확하게 이해하는 것이 적절한 관계 맺기, 거리 두기에는 더 도움이 된다. 효율적인 인간관계를 위해 상대방을 정확히 파악하려 시도하는 것과 같다. 지방과 설탕과 소금의 과잉은 현실이다. 이를 직시하고 그 안에서 적절함을 찾는 편이 낫다. 0과 10의 사이에는 여러 세부 단계가 존재한다. 굳이 10이 무서워 0에 얽매일 필요가 없다. 사이의 가능성을 부정한다면 식탁은 결핍으로 빈곤해진다. 현재의 과잉 상태를 인식 및 인정하는 것이 차라리 모든 음식에 담백함의 굴레를 씌워 억압하는 것보다 현명하다.

상태를 정확하게 묘사하는 것도 인정의 일환이다. 부재와 결핍을 긍정적이라고 여긴다면 차라리 그 상태를 정확하게 묘사하는 편이 낫다. 소금 간이 약하면 짜지 않다. 기름이 적으면 느끼하지 않다. 담백함이나 슴슴함의 블랙홀에 굳이 욱여넣을 필요가 없다. 미각적 자기 기만의 무한 반복에서 벗어나지 못할 뿐이다.

담백함과 슴슴함을 빌려 인지부조화를 호명했다. 세계 공통의 맛과 한식 고유의 것이라 믿는 맛까지 모두를 논하고 맨 마지막에서야 다루었지만, 더 나은 식문화를 위한 첫 번째 극복 대상이다. 안다고 철석같이 믿을 때 가장 위험할 수 있다. 맛만 놓고 본다면, 한국 식문화의 상황이 그러하다.

마무리, 맛의 별

진짜 존재하는 종류와 그렇다고 믿기 어려운, 일종의 정서적 습관 같은 종류를 포함하여 맛에 대해 두루 살펴보았다. 그 길고 개념적인 여정을 제안으로 마무리한다. 한식의 전반적인 맛 향상을 위한 '맛의 별'이다. 전혀 새로운 개념이 아니다. 기본은, 맛을 살펴보며 종종 언급한 바 있는 식품 연구자 바브 스터키(Barb Stuckey)가 잡았다. 음식이 맛있으려면 두 별이 빛나야 한다.

첫 번째 별은 감각의 별이다. 미각을 비롯해 시각, 청각, 촉각, 후각의 다섯 가지 기본 감각이 각각 한 꼭지씩 맡는다. 한편 두 번째는 미각만의 별이다. 즉 짠맛, 단맛, 쓴맛, 신맛, 감칠맛의 다섯 가지 기본 맛이 각각 한 꼭지씩 맡는다. 관건은 균형이다. 각 꼭지가 하나의 음식 안에서 균형을 이루며 존재해야 음식이 맛있다.

우리에게도 친숙한 별이라 이해와 기억이 쉽다. 어린 시절부터 습관적으로 그려왔던, 한 번에 이어 그릴 수 있는 별이다. 한 번에, 다섯 귀퉁이가 모두 똑바르게 균형 잡힌 별 그리기. 맛의 균형을 잡는 과정과 흡사하다. 또한 그렇게 균형을 맞춰 그린 별이 더 빛나 보인다. 음식도 마찬가지다. 다섯 가지 맛의 균형이 잡혔을 때 맛있다. 별을 예쁘게 그려놓고, 즐겨 먹는 한국 음식을 떠올리며 어떤 맛이 부족한지 헤아려보자. 몇 가지 거치지 않아 금세 유형을 발견할 수 있을 것이다. 특히 지금까지 살펴보았듯, 불거져 나오는 단맛의 귀퉁이를 아주 쉽게 파악할 수 있다.

혼동을 막기 위해 한 가지 덧붙인다. 균형 잡힌 별의 형상은 일종의 비유로 작용한다. 다섯 가지 맛의 절대량으로 균형을 잡는다는 의미가 아니다. 개별 음식에서 균형을 이루기 위해 필요한 각 기본 맛의 비율은 천차만별로 상대적이다. 또한 각 맛 자체의 정체성도 감안해야 한다. 가령 앞서 강조했던 것처럼 화학조미료는 적은 양으로도 충분한 두께를 보탤 수 있다. 절대량으로 균형을 맞춰 소금과 설탕, 식초, 조미료를 똑같이 몇 g씩 써야 한다는 의미가 아니다. 달리 말해, 일단 다섯 가지 맛의 동시다발적인 존재를 확보해야 하고, 서로 간의 관계에 따라 상대적인 양을 조절해 다섯 가지 맛이 공존해야 음식이 맛있게 빛날 수 있다.

마지막으로 별이 빛나려면 배경이 필요하다. 별은 하늘에 걸려 있지만, 맛의 별에게는 멍석의 비유가 더 적확하다. 맛의 멍석, 지방 말이다. 공간적 배경으로 작용해, 다섯 가지 맛을 증폭해주는 한편 점성으로 여운도 형성한다. 별이 오랫동안 빛나듯 음식의 경험, 즉 맛도 시간의 축 위의 움직임이다. 맛은 1차원의 점보다 2차원의 함수에 더 가까우며, 최종적인 인상은 균형이 두루 잡힌 구와 같은 3차원적 형상으로도 시각화할 수 있다. 다만 현대 한식의 맛이 지방의 부재 속에서 매운맛과 단맛이 강하게 작용하는 설정으로 변하다 보니, 맛을 1차원적인 점으로 인식하는 경향이 점점 더 강해진다. 좁은 멍석 위에서 희미하게 명멸하는 비뚤어진 별. 현재 한국 음식의 맛이다.

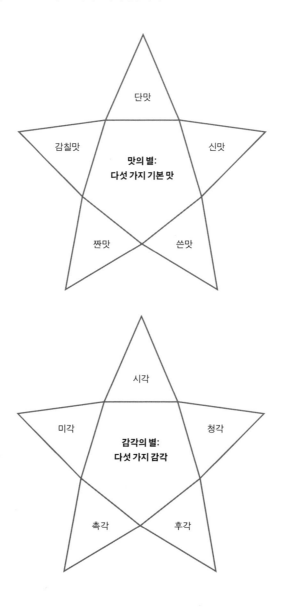

2부
몸, 조리의 원리

1. 밥,
탄수화물의 위상과 역할

그때에 놀보 마누라가 부엌에서 밥을 채리다가 가만히 들으니 웬 사람 죽이는 소리가 나지. 들어 본즉 저의 시아재 홍보가 매를 맞거늘, 필연 매 맞고는 안으로 들어올 줄을 짐작하고, 밥 채리던 주벅을 들고 포수 고라니 목 잡듯 중문에 와서 딱 잡고 섰을 적에, 홍보가 울며 들어오겄다. "아이고 아짐씨, 형수씨. 사람 좀 살리시오." 놀보 마누란즉 놀보보다 성질이 장팔이나 더 솟겄다. "아재배암인지, 동아배암인지, 까딱하면 돈 달라, 쌀 달라, 성가시러 못 살겄구만. 돈 갖다 맽겼던가? 또 쌀 갖다 맽겼어? 아니 돈, 아나 밥." 밥 채리던 주먹으로 뺨을 영산 나드기 징 치듯 탁 붙여 놓니, 홍보가 뺨을 맞고 가만히 만져보니 밥티가 들어 앵겼구나. 그 통에라도 밥티를 떼다 입에다 넣으며, "아이고 형수씨, 그 주걱에 밥 많이 좀 묻혀서 성헌 이 뺨 좀 마나 때려 주시오."[29]

—「홍보가」

---

29 국립국어원 언어정보나눔터 데이터베이스 자료에 게시되어 있는 『판소리 홍보가 사설과 주석』(뿌리깊은 나무, 1987)에서 인용, https://ithub.korean.go.kr/user/total/database/etcView.do.

탄수화물의 풍경: 켈로그와 포스트

1890년, 찰스 포스트(Charles Post)는 미시건 주 배틀크리크 요양원에 도착했다. 아내와 딸을 데리고 일리노이 주 스프링필드를 떠나 캘리포니아와 텍사스를 거친 지 2년 만이었다. 치료책을 찾아 미 대륙 곳곳을 누빈 여정의 끝이었다. 그는 건강이 나빴다. 충만한 사업가적 기질만큼의 성공을 거두지 못한 탓이었을까. 진단은 신경쇠약증(neurasthenia). 신경질과 달리 후천적으로, 내외의 자극에 대해 과민하게 반응하여 초조함과 피로가 찾아오는 질환이었다. 당시 유행하던 병으로 신체적, 정신적 과로가 원인으로 꼽혔다. 병이 유행을 탄다니 웃기는 일이지만, 실제적인 인과관계가 없고 오늘날의 기준으로는 의학적 근거 없는 진단과 병명이었기에 가능한 것이었다.

하지만 19세기의 분위기는 나름 진지했다. 모두가 진짜로 받아들였다. 배틀크리크 요양원은 신경쇠약증 치료의 선봉이었다. 원장인 존 하비 켈로그(John Harvey Kellogg) 박사는 미국인의 건강 악화 주범을 차와 커피로 꼽았다. "심각한 위협"이며 심장질환, 뇌졸중, 조루 등의 원인이라 주장했다. 논리가 이렇다 보니 치료의 제1 조건으로 생활 습관의 개선을 꼽았고, 핵심은 당연히 식생활 재편이었다. 즉 식이요법으로 병을 고친다는 것. 동생인 윌 키스(Will Keith Kellogg)와 함께 직접 대체식도 개발했다. 얼핏 보기엔 채식 위주였지만 핵심은 곡물이었다. 종교적 영향을 감안하면 실로 자연스런 결정이었다. 제칠일안식일 예수재림교의 영향을 받은 한편, 형제는 실베스터 그레이엄(Sylvester Graham) 목사의 추종자였다.

그는 18세기 동기상구(同氣相求)와 흡사한 논리로 식이요법을 통한 치료를 주창한 인물이다. 지방을 먹으면 살찌고, 동물의 고기를 먹으면 그것처럼 난폭해진다는 발상이었다. 따라서 채식 위주의 치유적 식생활을 주창했고, 그 일환으로 통밀가루를 개발한 장본인이기도 하다. 오늘날 '그레이엄 밀가루'로 통한다. 일반 통밀가루와 달리 배젖, 그리고 겨와 눈을 따로 분리해 간다. 전자는 곱게, 후자는 거칠게 갈아 한데 합친다. 아직도 건강 식재료 대접을 받지만, 종교적 색채는 탈색된 지 오래다. 뉴욕식 치즈케이크의 바닥판(crust)의 재료가 바로 이 그레이엄 크래커다. 잘게 부순 크래커에 녹인 버터를 섞어 틀에 깐다. 여하간 1894년, 약간의 우연에 힘입어 구운 옥수수 플레이크(toasted corn flake)가 탄생했다. 모든 시리얼의 조상이자 여전히 현역인, 켈로그의 콘플레이크다.

요양과 대체식에도 포스트의 건강은 눈에 띄게 좋아지지 않았다. 켈로그 박사는 오래 못 살 것이라는 진단마저 내렸다. 부인 엘라는 절박한 마음에 다른 가능성에 매달린다. 이번에는 사이언톨로지였다. 그녀의 사촌인 전문가 엘리자베스 그레고리의 충고를 받아들였다. '모든 병은 마음에 달렸으니 그저 떨쳐버리고 먹고 싶은 대로 먹으면 된다'는, 참으로 단순하고 명료한 내용이었다. 덕분인지 그의 건강은 회복되었고, 배틀크리크 요양원을 떠났다. 그리고 전문가의 조언과 자신의 경험을 아울러 대안 요양원 라 비타 인을 차린다. 말이 좋아 '대안'이지 사실은 '카피'고 '짝퉁'이었다. 이어 커피 대용이자 건강 음료인 포스텀(Postum)과 시리얼 그레이프 넛(Grape Nut)을 출시했다. 요즘으로 치자면 공격적인 '미투(me too)' 전략의 실행이다. 두 제품이 성공하자 그는 요양원을 정리하고 제품 개발과 홍보에 몰두한다. 현재 다국적 종합식품회사인 포스트의 시초다. 켈로그를 좇아 결국 그는 성공했고, '선구자적 모방자'라는 후세의 평가를 받는다.

탄수화물의 위상1 : 2017년, 미국

시계를 100배속 정도로 돌려 2017년으로 돌아오자. 세상이 아주 많이 변했다. 시리얼의 위상도 엄청나게 변했다. 하늘과 땅 차이다. 19세기임을 감안해도 미심쩍은 주장이기는 했지만 더 이상 시리얼은 건강식 대접을 받지 못한다. 외려 해로운 음식 취급을 받는다. 원인을 꼽자면 여럿이겠지만 결국 한 줄기로 합쳐진다. 그저 탄수화물인 탓이다. 얼마 전까지 세계는 열량 위주의 건강론을 믿어왔다. 섭취와 소비하는 열량의 숫자 놀음을 통해 체중이 늘고 준다는 믿음이다. 모든 음식과 신체 활동의 가치를 열량이라는 단위의 수로 환산한다. 섭취한 숫자가 쓴 숫자보다 크면 과잉이니 살이 찌고, 반대면 결핍이니 살이 빠진다는 논리를 적용해왔다. 모두가 현재에도 믿고 있는 건강 이론이다.

열량 위주의 체중 증감 논리는 제1차 세계 대전 전후로 미국을 통해 주도권을 잡았다. 이전까지는 지방의 유동성에 대한 이론이 주도적이었다. 식재료로서 그렇듯 지방은 고체와 액체로 존재한다. 몸에서도 마찬가지인데, 물성과 축적 등을 췌장에서 인슐린으로 관리한다. 그리고

한식의 품격

탄수화물은 그 인슐린의 분비를 촉진한다. 간단히 말해 탄수화물을 많이 먹으면 인슐린이 많이 분비되어 지방이 축적된다는, 즉 살이 찐다는 이론이었다. 비단 탄수화물뿐만 아니라 단당류 및 다당류 전체에 적용되어, 설탕부터 쌀이나 밀로 대표되는 탄수화물군 전체가 같은 영향을 미친다고 간주하는 것이다. 그 결과 "호랑이 힘이 솟아난다."는 콘푸로스트의 건강식 '코스프레'는 끝이 났다. 탄수화물에 맥아당을 입혀 만든 시리얼 아닌가. 아침거리로도 적합하지 않고, 건강식은 더더욱 아니다. 모두가 건강에 나쁘다고 믿는, 콜라 같은 탄산음료와 크게 다를 바 없다. 이런 주장과 이론이 요즘 설득력을 끊임없이 확보하고 있다. 지난 10년 동안의 일이다.

탄수화물의 위상 2: 2017년, 한국

이제는 좌표를 옮기자. 한국이다. 굳이 19세기와 현재 미국의 이야기로 운을 뗀 이유는 무엇인가. 이 책을 시작하면서 건강에 대한 논의는 최소화하겠다고 밝힌 바 있다. 심지어 당 중심의 체중 증감 이론마저도 논리의 중간중간 느슨한 연결부가 존재한다. 과학이 완전히 밝혀내지 못한 것이다. 따라서 목적은 따로 있다. 탄수화물의 풍경을 조망하기 위해서다. 실제 소비 양상과 상관없이 탄수화물의 입지는 분명히 바뀌었다. 여전히 당(탄산음료!)과 함께 맹렬히 소비되고는 있지만, 서양에서 탄수화물은 식문화의 중심이 아니었다. 특히 정서적인 측면에서 그렇다.

세계보건기구 등이 제시하는 이상적 식단조차 탄수화물의 비율이 가장 높다. 전체의 50% 수준인데, 조리를 비롯한 성분과 재료의 성질을 감안한 합리적 결과다. 탄수화물이 그나마 싸고 조리가 쉬우며 가장 거부감이 적기 때문이다. 특정 단백질(고기)이나 섬유질(채소 및 과일)을 싫어하는 경우는 많아도 탄수화물을 싫어하는 경우는 드물다. 그만큼 먹기 편하고 또한 소화도 쉽다. 하지만 서양에서 식탁의 중심은 엄연히 단백질이다.

한식의 사정은 다르다. 밥이 중심이다. 반찬은 밥을 거들기 위해 존재한다. 어원조차 받쳐준다. '밥(飯)의 찬(饌)'이다. 정서적으로는 여전히 밥이 밥상의 무게중심이다. 그렇다면 자격을 더 꼼꼼하게 검증해야 하지 않을까. 탄수화물의 위상이 급격히 바뀌어가는 현실에서, 우리는 밥을 예전 그대로의 시선으로 바라봐도 될까? 여건이나 맥락, 또는 정황이라고 해도 좋다. 흥부가 뺨에 한 톨이라도 더 붙여 오기를 간절히 원하던 생명의 밥은, 이제 세계 멸망의 잠재적 원흉 취급마저 받고 있다. 단박에 내칠 수도 없고 그럴 이유도 없지만 여태껏 먹어왔던 대로 먹으면 되는지, 과연 잘 먹고 있는 것인지 살펴볼 필요가 있다.

밥과 빵을 위한 변호

밥과 빵, 어느 것을 더 좋아하는가. 한쪽을 고르고 근거를 둘 이상 들어 뒷받침하시오.

4~5년 전 '투잡'을 뛰었다. 사실은 두 번이나 시도했다. 두 마리 토끼 모두 놓치는 수가 훨씬 많다는 걸 알았지만, 글쓰기로 생계를 유지하기란 어려운 일이었다. 특히 취재 대상이 음식이라면 더 만만치 않다. 그래서 감히 시도해보았다. '배운 게 도둑질'이라 말할 상황은 아니었지만, 어쨌든 영어 작문을 가르쳤다. 유학이다 뭐다 10년 가까이 미국에서 공부하고 밥 벌어먹고 살았고, 돌아와서는 글을 썼다. 그럼 영어 작문을 가르칠 수 있겠군. 그렇게 들어온 제의에 응했다. 문자 그대로 정말 '뛰면서' 살았다.

학원계에는 언제나 틀이 존재한다. 영작문도 마찬가지였다. 핵심은 물론 논리다. 공개된 주제(약 150선)에 대한 찬반 가운데 하나의 입장을 취하고 두세 단락의 논거로 뒷받침한다. 주제는 대체로 사회적이다. 이를테면 "국가는 대학에 들어갈 때까지 학생들에게 같은 국가 지정 교과 과정을 의무적으로 가르쳐야 한다.(A nation should require all of its students to study the same national curriculum until they enter college.)"와 같은 사안이다.

학원의 틀을 따르자면 모범 답안을 만들어 암기를 강조했어야 맞지만 내키지 않았다. 운에 맡겨 답을 외우기보다, 전체의 구조와 논리의 전략을 이해하는 편이 훨씬 효율적이었다. 물고기를 잡아주기보다 낚시하는 법을 가르치는 격이다. 처음엔 고통스럽지만 익숙해지면 웬만한 주제가 나와도 쓸 수 있다. 또한 이후 어떤 상황에서도 유용하게 써먹을 수 있다. 경험에 바탕한 믿음이 있었고, 남들처럼 하기도 싫었다.

단문 쓰기 등의 기본 과정을 거치고 나면 본격적인 논리 및 작문 훈련이 시작된다. 나는 그걸 '투잡' 중 다른 쪽 세계에서 고민하던 주제를 빌려와 개시했다. "밥과 빵, 어느 것을 더 좋아하는가. 한쪽을 고르고 근거를 둘 이상 들어 뒷받침하시오." 굳이 따질 필요가 있을까. '한국인=밥'인데? 그렇지 않다. 40대 이하의 연령대라면 분명 고민한다. 계속 줄고 있는 쌀 소비량이 무엇을 시사하겠는가. 밥을 덜 먹기 때문이고, 거기에는 이유가 있다. 빵은 간편한 반면 밥은 번거로울 수 있다. 업무든 공부든 과업에 바쁠 때, 앉은 자리에서 빵으로 끼니를 해결하는 경우도 많다. 그런 현실에서 착안했다. 모두는 자기 식생활의 주체고, 식생활은 삶의 핵심 가운데 하나다. 생활과 밀착된, 뻔할 수도 있는 사안이 오히려 논리와 사고 향상에 도움이 되리라 믿었다. 작문은 다음과 같이 브레인스토밍(brainstorming) 과정을 거친다.

	밥	빵
전통	그렇다	아니다
도구(용기/식기구)	필요하다	필요 없다
반찬	필요하다	필요 없다

이를 바탕으로 시험의 유형을 충실하게 따르는 연습용 글을 써보자. 원래는 영어로 쓰는 것이지만, 시험을 위한 것이 아니므로 그냥 한글로 쓰겠다.(어느새 이 책의 목적이 바뀌고 있다?)

밥과 빵, 어느 쪽을 더 좋아하는가? 밥이 한국인의 전통 식사 수단이기는 하지만, 나는 빵을 택하겠다. 무엇보다 편의성 때문이다. 빵은 간편하다. 용기와 식기 등 도구가 필요 없어 손으로 먹을 수 있고, 또한 반찬도 필요하지 않다.

1. 알곡을 삶아 익힌 밥은 그 자체의 조리는 비교적 간편하지만, 반드시 용기가 필요하다. 또한 밥알 전분의 끈적함 때문에 맨손으로 먹을 수도 없다. 반면 빵은 그보다 복잡한 과정을 거친다. 알곡을 빻은 가루를 물에 반죽해, 발효를 거쳐 오븐에 구워야 한다. 대신 손으로 바로 먹을 수 있으니 훨씬 편하다. 또한 빵의 조리는 거의 대부분 외주로 이루어지므로 신경 쓸 필요 없는 문제다. 한편 밥의 경우 (삼각)김밥 등의 예외가 존재하지만, 역시 손에 묻지 않도록 싼 포장을 의식하며 먹어야 하니 일반적으로 빵만큼 편하지는 않다. 도구 또한 갖춰야 한다.

2. 반찬의 유무 또한 편의성에 영향을 미친다. 최악의 경우 빵은 그냥 먹을 수 있다. 자체에 소금 간이 되어 있고, 마이야르 반응으로 겉껍데기와 속살의 맛이 다르다. 맛이 덜 단조로운 것이다. 반면 밥은 끓여 만들기 때문에 한 가지 맛을 지니고 있으며 소금 간도 되어 있지 않아 밋밋하다. 빵도 햄이나 치즈 등의 맛으로 도움을 받지만, 밥과 달리 그러한 부재료의 용기 역할까지 겸할 수 있다. 한편 밥을 반찬과 함께 먹으려면 최소한 한 개 이상의 용기와 식기가 반드시 필요하다.

이런 사실을 감안할 때, 나는 밥보다 빵이 더 좋다. 엔트로피 증가 법칙에 의해 세계는 갈수록 복잡해진다. 이런 가운데 먹고 차리는 데 시간이 많이 걸리는 밥보다는, 훨씬 편리한 빵을 주식으로 선택하겠다.

빵으로 비춰보는 밥과 한식:
밥과 빵의 정체성과 역할

이 짧은 글이 당신을 설득하지 못해도 괜찮다. 밥의 가치를 살피고 그 의미를 확실히 짚어보려는 의도였다. 밥을 최고라 여겨 반드시 고수해야 한다고 믿는다면 한마디로 밥을 더 잘 알아야 한다. 그래서 빵부터 들먹였다. 거리를 재설정하기 위해서다. 밥과 우리의 거리는 너무 가까워서 그 가치에 대해 제대로 생각해보지 못하는 것들이 있다. 한 번쯤 거리를 좀 떨어뜨려놓고 볼 필요가 있다. 밥이란 어떤 음식인가.

밥을 위해 다시 빵으로 돌아가보자. 빵은 우리에게 어떤 음식인가. 두 가지 모순된 시각이 공존한다. 첫째, 빵의 시점에서 볼 때는 밥과 동일시한다. '쌀:밥=밀:빵'의 관계를 곧이곧대로, 지나치게 1차원적으로 해석한다. 기본 탄수화물이니 같은 종류의 음식이라 여기는 것이다. 이해할 수 있다. 쌀과 밀은 세계 전체를 통틀어 양대 핵심 탄수화물이다.

세계가 쌀과 밀 문화권으로 양분된다는 주장도 있는데, 정확히 우리가 먹는 쌀을 두둔하는 것이라 보기는 어렵다. 다른 결의 쌀이 존재하기 때문이다. 아밀로펙틴(아밀로스(amylose)와 함께 쌀의 2대 전분) 함유량이 높아 찰기 있는 자포니카(Japonica), 즉 단립종을 주식으로 삼는 식문화권은 전체 쌀 문화권의 일부다. 한, 중, 일 삼국이라 보아도 무방하다. 중국의 인구가 워낙 많으니 큰 비율을 차지하지만, 자포니카는 세계 쌀 생산량의 10%에 불과하다. 나머지는 소위 '날리는 쌀', 아밀로스 함유량이 높은 장립종을 먹는다. 태국 등 동남아시아에서 먹는 쌀이다.

둘째, 밥의 시점에서 볼 때는 빵을 폄하한다. 밥에 비하면 빵은 영원한 간식이다. 빵만으로는 배도 부르지 않고 맛도 만족스럽지 않다는 이유다. 어찌 보면 당연한 결과다. 빵 자체가 맛과 포만감을 갖춰 먹을 수 있는 맥락을 갖추지 않기 때문이다. 밥을 반찬이 보좌하는 형국과 조금 다르다. 빵은 정서적으로도 보조적인 역할을 맡는다. 빵을 먹어 배를 불리지 않는다는 의미다. 주식으로 단백질을 먹고, 그 맛을 북돋아주는 역할을 빵이 맡는다. 접시의 소스를 닦아 먹거나, 샌드위치 가운데의 햄이나 채소를 보좌한다. 얼핏 밥과 반찬의 관계와 비슷해 보일 수도 있다. 하지만 사뭇 다르다. 일단 단백질을 중심으로 삼기 때문에 비율이 다르고, 나머지 요소가 단백질을 거들기 위해 동원된다. 한식에서는 밥이 중심이고 반찬이 거들며, 단백질의 비율이 높지 않을 수도 있다.

한국 식문화에서 빵이 그렇게 존재하는가? '식사빵'이라는, 어찌 보면 다소 우스운 개념이 등장한 것도 채 10년이 안 되었다. 끼니로 먹을 수 있는 빵이라는 개념인데, 새롭지만 전혀 새롭지 않다. 그저 빵다운 빵일 뿐이다. 그 이전에는 밥 같은 빵 위주였다. 위에서 말한 두 가지 모순된 시각이 교차한 결과물이다. 밥의 개념으로 접근한 빵이란 밀가루 반죽을 먹기 위한 음식이 아니다. 반죽은 소시지나 견과류를 얽어주기 위한 매개체다. 그런 빵이라야 인기를 얻는다. 또한 가성비의 논리가 이를 부추긴다.

심지어 인기라는 식사빵에조차 건과 및 견과류가 가득하다. 공기를 불어넣은 반죽이 거의 보이지 않는 빵도 많다. 밀만 썼다 뿐이지 쌀을 쪄 만든 콩찰떡과 다를 게 없다. 기본 재료에 발효의 힘으로 불어넣는, 맛의 개념 또는 추상적인 맛에 대한 이해가 없다 보니, 부재료가 전면에 나서 '눈에 보이는 가치'를 보증해야 한다. 그 결과는 밀 덕분이 아니라 무화과나 호두 때문에 맛있는 빵이다. 콩이나 보리가 맛있어서 밥이 맛있어진다는 평가 기준이 존재하는가? 그렇지 않다. 밀과 쌀이 인류의 기본 양대 탄수화물이고, 밥과 달리 발효를 통해 부재료 없이도 복잡한 맛을 불어넣을 수 있다는 걸 감안하면 빵은 지나치게 폄하당한다.

말하자면 한국의 식문화에서 빵과 밥은 굉장히 모순적인 동일화 과정을 거쳐 인식 속에 자리 잡았다. 밥의 기준이 빵에 무차별적으로 적용되어 폄하와 차별의 빌미로 작용한다. 최대한 양보해 밥과 빵을 개념적 위상이 같은 음식이라 여길 수 있다. 기본이자 핵심인 양대 탄수화물. 그러나 공통점은 거기서 끝이다. 둘은 더 이상 다를 수 없는 음식이다. 저 짧은 연습용 글에서 간단히 다룬 차이점에 대해 좀 더 찬찬히 살펴보자. 다만 앞의 글에서 더 자세한 설명이 필요 없는 사안은 건너뛰겠다.

빵 만들기와 밥 먹기의 난이도

한식과 밥을 우월하다 여기는 이들은 원재료의 특성에 따른 조리의 난이도 및 복잡도를 근거로 내세운다. 빵의 조리 과정이 훨씬 복잡하다는 주장이다. 얼핏 보면 일리 있다. 비교해보자. 원재료의 재배와 수확 이후 각 재료가 완결된 음식이 될 때까지의 과정이다.

밥: 도정-세척-조리(대개 전자동 전기 압력 밥솥)

빵: 도정-제분-반죽-1차 발효-성형-2차 발효-조리(오븐구이)

보나마나 밥의 승리? 아니다. 잘라 먹은 또는 얼핏 헤아리기 어려운 전후 사정까지 보아야 한다. 빵 만들기가 더 어려워 보이는 것은 사실이다. 밀의 물성 탓이다. 알곡을 삶아 먹을 수 없으니 이를 극복하기 위해 밀을 빻아 가루를 내고 반죽을 만들어 발효해 빵을 굽는다. 확실히 어렵기는 어렵다. 김치 담그기가 어려운 이유는 발효 때문이다. 빵도 마찬가지다. 발효는 당을 먹고 이산화탄소를 배출하는 효모의 신진대사다. 빵은 발효를 통해 맛과 다공질의 질감 모두를 얻는다. 발효를 두 번이나 거친 다음 화덕에 구워야 한다. 공간을 데우는 설비가 필요한데, 집에 갖추기가 쉽지 않다. 물론 가정용 오븐이 보급되기는 했지만 에너지가 많이 들뿐더러 효율도 떨어진다. 특히 장작을 때우던 시절엔 더했다. 빨리 온도가 오르지 않아 어렵고, 그렇게 달군 공간을 오래 쓸 수 없으니 아까웠다. 따라서 각 주거 단위가 필요한 양을 개별적으로 만들어내기란 비효율적이다.

덕분에 빵 문화권에서는 외주가 발달했다. 완제품을 파는 제빵사는 물론이거니와 공동체별 화덕이 존재했다. 수요를 모아 열에너지의 낭비를 최대한 방지할 수 있다. 일정 시간 불을 지펴놓고, 순서대로 집에서 만든 반죽을 들고 가 굽는다. 물론 관리인도 있다. 북아프리카에는 아직도 이런 문화의 흔적이 남아 있다.

밥에 이러한 외주 시스템을 도입할 수 있을까? 불가능하지는 않지만 걸림돌이 많다. 가장 큰 장애물은 보존이다. 밥은 쌀에 수분을 더해 만드는 음식이다. 반면 빵은 밀에 일단 수분을 더하지만 최종 조리 과정에서 걷어내는 것을 목표로 삼는다. 그래서 제빵사들은 '말린다'는 표현을 쓴다. 수분을 제거했으니 보존성이 좋다. 게다가 자연 발효종으로 구운 경우라면 특유의 효모 활동으로 인한 높은 산도 때문에 더 오래 두고 먹을 수 있다. 상온 보관이 아주 편하다.

반면 수분을 머금어 음식이 된 밥은 상온에 오래 둘 수 없다. 두 갈래 과정을 통해 쉽게 변질한다. 첫째, 수분으로 인해 쉬어버린다. 미생물이 번식하기 좋은 환경이니 쉽게 부패한다. 둘째, 전분의 노화가 일어난다. 특히 저녁 나절 음식점에서 받아든 밥이 지나치게 푸석한 경우가 많다. 점심 이전 한꺼번에 지어 보온통에 보관하니 더 빨리 노화한다. 냉장실도 마찬가지. 오직 냉동만이 노화를 멈추는 데 효과가 있는데, 역시 빵에 비해서는 효율이 떨어진다. 복원력이 약하다. 한번 덩이진 쌀은 얼렸다가 데워도 갓 지은 상태에 가까운 생생함을 되찾지 못한다. 반면 빵은 가능하다. 밥에 비하면 원상태에 훨씬 가깝게 돌아온다.

종합하면 즉석밥이나 도시락 가게 등의 공업적 방안에 기대지 않는 한, 밥은 장기 보관과 외주가 불가능하다. 따라서 길은 한 갈래다. 밥을 개인이, 그것도 자주 지어야 한다. 먹는 입장에서는 편할 수 있지만 취사 담당자에겐 고역일 수 있다. 취사를 포함한 가사노동이 대부분 여성에게 일방적으로 할당되어 있는 한국의 상황에서 소위 '따뜻한 집밥'이란 성차별적인 노동 착취의 산물일 가능성이 매우 높다.

또한 밥은 도구가 없으면 먹기 어렵다. 덩이를 이루기는 하지만 빵과는 사뭇 다르다. 끈끈한 밥의 알갱이가 살아 있는 채로 성글게 붙어 있다. 공기든 접시든, 반드시 용기에 담아야 한다. 또한 입과 손 사이를 매개하는 연장도 필요하다. 종합하면 좋든 싫든 추가적인 절차와 형식을 갖춰야 한다는 결론이 나온다. 격식, 나쁘지 않다. 인간이니 인간답게 먹으면 좋지 않겠나. 하지만 앞서 말한 것처럼, 격식을 차리기 위해 노동하는 손은 과연 누구의 것인가. 나 자신이라면 상관없다. 스스로 선택할 수 있기 때문이다. 밥은 분명 조리 노동 시간이 길어지게 한다. 과연 밥이 태생적으로 요구하는 형식을 현실의 부담에 맞춰 조정할 수 있을까. 쉽게 '그렇다'는 답이 나오지 않는다.

비관적인 전망을 뒷받침할 결정적 예가 있다. 바로 '밥버거'다. 밥을 햄버거 빵처럼 틀에 넣어 눌러 빚고, 사이에 최소한의 반찬을 끼운다. 햄버거처럼 빵에 맞는 덩어리도 아니고, 잘게 조각낸 햄 등이 들어간다. 모양과 구성 원리를 차용했지만 지금껏 늘어놓은 밥과 빵의 근본적 차이 때문에 밀도가 높고 무겁다. 밥을 먹도록 도와주는 반찬의 양은 소위 격식을 차리는 상차림에 비해 더 줄었다. 빠르고 편하게 먹을 수 있는 밥을 표방했지만 매장에선 여전히 도구를 일회용으로 비치한다. 결국 이것은 김밥류보다 한 걸음 더 물러선, 밥의 최종 퇴화형이다. 전쟁통에 먹었다는 주먹밥과 다를 게 없다. 아니, 어쩌면 딱 들어맞는 음식이다. 2017년 한국의 삶도 전쟁에 가까우니까. 입시든 과업이든 적응이 어려운 삶이다. 밥버거는 이러한 현실을 적나라하게 반영한 궁여지책이다.

독립 가능한 탄수화물의 조건

밥은 반찬 없이 먹을 수 없다. 바로 밥의 결정적인 한계점이다. 지위에 걸맞는 존재감을 지니지 못한다. 포만감은 큰 문제가 아니다. 어쩔 수 없는 상황이라면 그냥 맨밥만 먹으면 된다. 문제는 맛이다. 음식에서 가장 중요한 문제. 한식의 중심인 밥에게는 혼자 해결할 능력이 없다. 굳이 패거리를 그러모아야 한다. 빵은 안 그런가 반문할 수 있다. 다시 한 번, 빵은 한 번도 중심 노릇을 상정한 적이 없었다. 스스로도 하지 않고, 식사 주체인 사람도 시도하지 않는다. 게다가 본격적으로 맛의 영역에 들어가 비교해보면 밥과 성격이 사뭇 다르다. 세 가지 요소가 결정적인 역할을 한다. 발효와 소금, 마이야르 반응이다.

빵에서 발효와 소금은 상보적으로 존재한다. 발효로 반죽이 부풀어 오를 때, 조직에 힘을 불어넣는 단백질 글루텐이 소금의 영향을 받는다. 밀가루의 단백질 글루테닌과 글리아딘이 만나 글루텐이 될 때, 이를 강화하는 역할을 소금이 맡는 것이다. 따라서 맛을 떠나 빵에 꼭 필요한 재료다. 전통적인 이유로 소금을 배제하는 이탈리아 투스카니 지역의 전통 빵(Pane Tuscano)을 빼놓는다면, 소금 간 없이 반죽하는 빵은 존재하지 않는다. 정확한 계량이 필수인 제빵의 특성상 비율도 정해져 있다. 제빵사의 백분율(baker's percentage)이라 부르는 법칙으로, 무게 대비 밀가루의 1.6~2.0%가 적당한 소금의 양이다. 밀가루 100g으로 반죽한다면 소금은 1.6~2.0g을 쓴다는 말이다. 오랜 세월에 걸쳐 정립된 과학적 표준이다. 종종 '건강식'을 표방해 소금을 의도적으로 넣지 않는 빵을 파는 곳들이 있는데, 제빵사의 백분율을 감안한다면 소금은 소량만 쓴다. 따라서 염분 섭취에 큰 의미가 없다고 보아도 무방하다.

소금 간을 한 빵 반죽을 길게는 사나흘에 걸쳐 발효한 뒤 오븐에 굽는다. 맛이 어우러질 수밖에 없다. 오븐에서 앞서 말한 '말리기' 단계가 끝나면 표면의 아미노산이나 당이 열과 반응해 색이 짙어지는 한편, 복잡한 맛이 생겨난다. 한국의 진열대에서는 허옇다 못해 파리한 빵을 많이 보는데, 밥 문화권에서 빵의 특성을 이해하지 못한 부작용의 결과물이다. 진한 색이 돌면 탔다고 믿는다. 마이야르 반응이 필요 없다면 굳이 오븐에 구울 필요도 없다. 호빵처럼 찌면 그만이다. 한편 마이야르 반응은 질감에도 영향을 미친다. 겉껍데기는 바삭해지고, 보호받은 속살은 부드럽고 촉촉하다. 같은 음식에서 다른 맛과 질감의 지대가 동시에 존재하는 것이다. 밥은 못 누리는 장점이다.

빵을 거울 삼아 밥을 비춰본다고 했다. 밥은 소금 간을 하지 않고 짓는다. 결국 반찬을 통해 간의 100%를 채워야 한다. 맛을 반찬에게 외주하는 셈이다. '외주'라고 말하니 그럴싸하게 들리지만 사실 하청이다. 사회적 문제인 다단계 하청을 식탁에서도 맛보고 있는 셈이다. 그뿐만이 아니다. 소금 간과 가열로 맛을 끌어내는 것('소금+열=맛')이 요리의 기본임을 감안하면, 사실 쌀의 맛조차 제대로 끌어냈다고 볼 수 없다. 간을 하지 않는 게 표준으로 통한다. 오로지 반찬의 부재가 예외의 원인으로 작용한다. 김밥 등 반찬을 줄이거나 들어내고자 하는 경우에만 소금 간을 한다. 그렇더라도 간하는 시점은 밥을 짓고 난 다음이다. 앞뒤가 맞지 않는다. 김밥도 뜯어보면 한상차림의 축소판이다. 반찬이 밥에 싸여 있는 상황 아닌가. 하지만 간을, 그것도 밥을 지은 다음에 한다. 맛을 들이는 것이 목적이라면 짓기 전 쌀에 소금 간을 하는 게 더 효율적이다.

백미 중심 밥 문화와 대안으로서 현미

이러한 밥이 식문화의 중심이다. 간도 하지 않은, 단조로운 맛의 탄수화물. 재료의 선택 또한 단조로움을 더한다. 쌀 말이다. 흰쌀, 즉 백미를 고집하는 이유는 무엇인가. 하얀 속살이 나올 때까지 깎아냈다는 표현이 더 잘 들어맞도록, 쉽게 벗겨지지 않는 껍질을 벗겼기 때문에 쌀은 하얗다. 그만큼 열 번 이상의 도정으로 모든 것이 깎여 나가고 공허한 단맛만 남은 속살이다. 이런 쌀을 생명의 상징이라 여긴다.

어린 시절 밥을 남길라치면 핀잔을 들었다. "굶는 아프리카 아이들을 생각해보라."는 이야기를 듣곤 했다.(재밌는 건, 미국의 또래는 한국전쟁에 참전한 할아버지로부터 "굶는 한국 아이들을 생각해봐라."는 말을 들었다고.) 생명의 상징이라지만, 이미 솥에 안치기 전 쌀은 죽어 있다. 생명의 핵심인 눈도, 그를 보호해주는 겨도 깎이고 없다. 오로지 배젖만 남는다. 쌀에서 가장 큰 비율을 차지하는, 눈의 양분이다. 밥상에 오르기 훨씬 전 이미 생명의 상징은 사라지고 없다.

생명의 상징으로서 곡식, 더 나아가 쌀의 의미를 살리고 싶다면 가공 방법을 재고할 필요가 있다. 동물을 생각해보자. 일단 잡으면 모든 부위를 최대한 활용해야 한다. 차마 비계 한 조각도 아까워 함부로 버릴 수 없다. 그래서 모든 부위를 각각에 맞는 방식으로 조리해 먹는 문화가 발달했다. 굽고 끓이고 삶아 먹고, 그래도 남는 부위는 소금을 쳐서 말린다. 갈거나 뭉쳐 아예 새로운 덩어리의 고기도 만든다. 재료 극복을 위한 인력 소모가 워낙 큰 데다가 기계문명 시대의 미덕인 대량생산과 정반대의 철학과 방향성 때문에 차츰 쇠락했다가 요즘 부활해 각광받는다. 소위 '머리부터 꼬리까지(head to tail)'의 식문화다. 장인 수준의 기술 또는 기예(craftsmanship)를 갖춘 손의 소규모 공방(artisan)이나 고급 레스토랑이 주도한다. 게다가 다른 식문화에 국한된 이야기도 아니다. 한식의 족편이나 순대, 돼지머리 편육도 같은 결의 문화에 속한다.

식물 또는 곡식의 '전체 먹기'는 훨씬 간단하다. 동물에 비해 훨씬 공이 덜 든다. 최대한 손을 대지 않으면 된다. 채소나 과일은 이미 그렇게 먹고 있다. 쌀 먹는 방법도 충분히 재고할 만한 여지가 있다. 음식과 맛의 모든 측면에서 두루 합리적이다. 물론 가장 중요한 건 맛이다. 사과 같은 과일을 생각해보자. 껍질째 먹어야 가장 맛있다고 한다. 맛이 살과 껍질 사이에 깃들어 있기 때문이다.

쌀도 마찬가지다. 먹기 위해선 겨를 벗겨내지 않을 수는 없지만, 맛을 최대한 즐길 수 있는 범위 내에서 살려둘 수 있다. 동물 전체 먹기 식문화 부흥을 도운 기술의 10분의 1 수준만으로도 충분히 가능하다. '영양은 현미, 맛은 백미'라지만 그것도 옛날 이야기다. 현미밥도 이제 단지 영양만이 아닌 맛의 측면에서 그 장점을 들여다볼 때가 되었다. 흰쌀밥과 마찬가지로 끝은 달지만, 거기까지 이르는 경치는 현미밥이 훨씬 더 다채롭다. 그저 눈 양옆을 가리고 쏜살같이 단맛으로 달려가는 것이 아니라 숲도 나무도, 물도 있는 길을 천천히 거니는 맛의 여정이다. 더욱이 '본연의 맛'을 찾는 한식의 집착을 감안하면 당연코 현미밥이 보다 훌륭한 선택지다.

질감의 결도 맛과 같다. 흰쌀밥은 일관적이고 지나친 매끈함을 남기고 입 안에서 녹아내린다. 반면 현미밥은 각 알갱이의 표정을 최대한 살리면서 씹는 즐거움을 선사한다. '씹는 맛' 좋아하는 한식이니 현미가 충분히 사랑받을 수 있다. 기술의 발달로 조리의 총체적 효율도 훨씬 높아졌다. 발달한 압력 밥솥 덕에 꺼끌거림과 거친 질감도 이제 과거의 이야기다. 또한 맛은 살아 있으면서 부드러운 즉석 현미밥도 존재한다. 직접 해 먹는 것보다 비싸지만 40분을 기다릴 수 없는 상황이라면 그것의 20분의 1의 시간에 최선의 결과를 얻을 수 있다. 100% 현미밥이 부담스럽다면 흰쌀과 1:1로 섞을 수도 있다. 맛과 질감이 사뭇 달라질 것이다.

건강 담론을 최소화하고 있지만, 현미밥이 더 안전한 탄수화물이라는 견해도 있다. 섬유질 덕분에 천천히 분해되어 빠른 흡수로 인한 혈당의 급상승을 막기 때문이란다. 이렇게 탄수화물의 팔자는 역전된다. 빵도 그렇다. 200년 전까지만 해도 부드럽고 먹기 편한 흰 빵은 아무나 먹기 어려운 음식이었다. 반면 중산층이나 노동계급은 겨나 효소 때문에 잘 부풀어 오르지 않아 푸석하고 단단한 통곡물빵을 물로 넘겨야 했다. 하지만 시대가 바뀌었다. 건강을 위해 통곡물빵이 다시 인기를 얻기 시작했고, 저온 장기 발효나 자연 발효종 등으로 통밀의 한계를 극복하는 제빵 기술 덕분에 질감이며 맛도 비약적으로 개선되었다. 이에 비하면 곡식을 그대로 끓이는 밥은 훨씬 간단하다. 이미 존재하는 현미를 더 열심히 먹기만 하면 된다. 반복하자면 기술도 충분히 받쳐준다.

현미밥과 쌀을 향한 인식의 전환

하지만 현미밥으로의 전환은 단순한 식생활의 변화가 아니다. 밥, 그리고 백미밥의 상징적인 의미를 감안하면 (사회간접자본의 재고에 가까울 정도로) 한식의 패러다임 그 자체의 변화라고 해도 과언이 아니다. 단지 조리의 문제만 놓고 보면 간단하지만, 이면에는 훨씬 뿌리 깊은 발상 전환의 과제가 기다리고 있다. 현미의 특성 때문에 쌀을 솥에 안치기 전까지의 모든 연결 고리를 다시 들여다봐야 하는 까닭이다. 아직까지도 쌀은 저장식품이라는 인식이 강하다. 떨어지면 안 된다. 그래서 대단위로 사서 언제나 쟁여두는 기본 식재료다. 이는 한편 쌀에 '남은 것이 없어' 가능했다. 금방 산패하기 쉬운 겨나 눈의 지방 등이 모두 깎여 나간 상태 말이다. 달리 말해 이미 죽어서 더 이상 죽지 않으므로 오래 두고 먹을 수 있었다.

통밀빵이 다시 인기를 얻게 된 데에도 같은 인식이 작용했다. '흰 밀가루=죽은 밀가루'라는 인식이다. 현재 우리가 먹을 수 있는, 제분된 채로 팔리는 모든 밀가루의 처지다. 이를 극복하고 밀의 맛을 최대한 즐기려면? 도정과 제분을 최대한 늦춰야 한다. 모든 식재료, 특히 곡식이나 향신료 등은 분해되는, 즉 빻아지고 갈리는 순간부터 맛이 변하기 시작한다. 특유의 맛을 내주는 모든 요소가 상온에서 금방 변질한다. 결국 보관과 유통의 문제가 현미밥으로 전환하는 데 가장 큰 과제다. 그리고 이를 위해 인식의 전환이 필요하다. 기술이 발달한 현대에 쌀을 굳이 포대 단위로 사서 쟁여두고 먹을 필요가 없지 않은가.

현미밥의 최종 과제는 '맛있는 밥'의 방법론에 대한 인식 전환이다. 현재 맛있는 밥의 방법론은 두 갈래로 나뉜다. 한 갈래는 도구, 즉 밥통으로 향해 있다. 좋은 밥솥이 맛있는 밥을 지어준다는 논리다. 그러나 밥솥은 이미 발달할 만큼 발달했다. 압력 외의 자잘한 부가 기능에 의미가 있을까. 열전도를 위한 황동 내솥이니 하는 것들 말이다. 계속해서 등장하지만 대세에는 영향을 미치지 않는다.

두 번째 방법론은 재료, 즉 쌀로 흐른다. 좋은 재료가 맛있는 음식의 선결 조건이라는 논리다. 한식, 특히 직화구이를 통해 집착하는 재료론과 궤를 같이 한다. 하지만 신기하게도, 고급스러움을 좇는 방법이 완전히 잘못되었다. 바탕은 같다. 무농약, 유기농과 같은 자연을 모사한 재배법을 강조한다. 오리, 우렁이 등도 등장한다. 충분히 이해할 수 있다. 하지만 그럼에도 불구하고 생명의 흔적을 완전히 깎아버린 흰쌀을 고집한다. 모순적이다. 자연을 최대한 모사한 재배 환경을 선호한다면, 결과물인 쌀도 최대한 자연에 가까운 방식으로 먹어야 하지 않을까. 심지어 밥통도 이를 훌륭하게 소화할 능력을 갖췄다. 식품 구입처 가운데 가장 고급인 백화점 지하 식품 코너를 둘러보라. 보통 쌀 가격의 다섯 배 이상인 1kg당 2~3만 원대의 쌀이 모조리 백미다. 심지어 진공 포장 등으로 공기 접촉을 차단하지도 않는다. 품질 저하의 원인을 깎을 만큼 깎아내기는 했지만 안이한 포장이다. 먹던 대로 먹을 뿐이다.

이러한 인식의 연결 고리, 나태함 또는 관습을 완전히 끊고 재편해야 한다. 밥통이나 재배 환경 등도 중요하지만, 쌀의 신선함과 맛을 최대한 잃지 않는 방향으로 선회해야 한다. 방법은 소량 가공 및 소포장이다. 변화는 이미 현재진행형이다. 고급 백화점도 아닌 대형 마트가 중심이 되어 즉석 도정 쌀을 판매하고 있다.(백화점도 기계는 갖추고 있지만 마트만큼 적극적으로 판매하지 않는다.) 시도 자체는 바람직하지만 갈 길이 멀다. 흰쌀 중심의 사고에서 여전히 벗어나지 못한다. 대단위로 현미를 들여와 매장에서 도정해 파는데, 여전히 현미는 거쳐가는 과정으로, 흰쌀을 최종 결과물로 상정하는 것이다.

그 탓에 품질 관리에서 헛점이 보인다. 포장을 뜯으면 바구미가 튀어 나오는 경우도 있다. 어찌 보면 당연한 일이다. 홀랑 깎아낸 흰쌀에 비하면 벌레에게도 먹을 게 많다. 하지만 유통 등의 관리는 강화해야 한다. 현미는 상온에 두면 맛이 금방 변한다. 지방이 존재하니 산패할 확률도 사뭇 높아진다. 역시나 냉장 보관이 답이다. 냉장고의 해악을 읊는 대중 철학자가 인기를 얻는 현실이지만, 러다이트적 사고는 쌀은 물론 어떤 식재료의 최선을 즐기는 데에도 도움이 되지 않는다.

과연 가능한 일일까. 잡아당기니 더 큰 뿌리가 딸려 나오는 잔디처럼 문제가 갈수록 커진다. 쌀의 가치 전체를 놓고 고민해야 한다. 밥을 먹는 비율이 점차 떨어지고 있다. 또한 앞에서 언급한 소수의 고가 제품군을 제외한다면 쌀값이 헐값이다. 1kg 4000~5000원대에 먹을 만한 즉석 도정 쌀을 살 수 있다. 유통 관리를 강화하려면 돈이 들고, 이는 고스란히 최종 가격에 반영될 것이다. 현재보다 더 비싸지면 소비가 더 위축되지 않을까. 단기적으로는 충분히 그럴 가능성이 있다. 하지만 좀 더 넓게 볼 필요가 있다. 맨 처음으로 돌아가, 쌀을 잘 먹지 않는 이유를 생각해보자. 불편하기 때문에 안 먹는다. 반찬이 필요하다. 이는 어쩔 수 없는 문제다. 하지만 그게 전부는 아니다. 유통 등의 문제도 영향을 미친다. 한마디로 좋은 쌀을 꾸준히 살 경로가 부족하다.

새로운 쌀 유통 시스템과 쌀의 다양성

소위 '큐브 세대', 즉 집이 아닌 방을 주거 단위로 삼는 젊은 세대일수록 어려움을 겪는다. 특히 보관이 난제다. 공간 자체뿐 아니라, 설비도 부족할 수 있다. 다시 말해, 5~10kg짜리 포대를 쟁여놓고 먹을 환경이 안 된다. 단순한 산수로도 확인할 수 있다. 밥통에 딸려 나오는 계량컵으로 1인분이 150g이다. 5kg짜리만 사다 놓아도 소진에 열흘 이상 걸린다. 이는 하루 세 끼, 밥만 지어 먹는다고 가정할 때의 경우이고 하루 한 끼라면 한 달 이상이다. 직장인이라면 사실 하루 한 끼 먹기도 어렵다. '저녁이 없는 삶'이 모두의 굴레인 시대 아닌가. 흰쌀이든 현미든, 맛이 계속 떨어지는 걸 끌어안고 억지로 먹어야 한다.

대안은 정기 구독 시스템이다. 힌트는 커피에서 얻었다. 직접 콩을 굽는 로스터리 가운데는 주나 월 단위로 커피콩을 부쳐주는 프로그램을 운영하는 곳이 있다. 정기간행물과 똑같은 원리로 돌아간다. 다만 결제는 대부분의 경우 주나 월 단위로 이루어진다. 콩을 배송할 때마다 돈이 나가는 것이다. 커피가 가능하다면 쌀에도 가능성이 있지 않을까. 소포장 위주로 단위 기간마다 즉석 도정해 보내주는 시스템. 넓지 않은 땅덩어리라 거의 대부분의 지역이 일일 택배 생활권인 데다가, 최대 2kg 이내의 소포장이라면 운송 부담도 크지 않다. 등기로도 배송할 수 있다.

물론 가격은 여전히 걸림돌이다. 커피는 기호식품이고, 그에 맞춰 가격대가 형성되어 있다. 한국에서는 특히 비싸 100g에 6000원대 이상이고 대개 10000원 수준이다. 쌀은 같은 무게가 400~500원대다. 사업을 하기엔 견적이 나오지 않을 수도 있다. 하지만 최소한 이론적 토대는 검토할 가치가 있다. 특히 유행처럼 번지고 있는 스타트업의 창업 소재나, 이제 드물게 남은 동네 쌀가게의 활로가 될 수 있다. 대형 마트의 틈새에서, 동네를 기반으로 즉석 도정 쌀 배달 시스템으로 호소하는 전략이다. 얼핏 보면 우유 배달과도 비슷하지만 2017년에는 분명 차이가 있다. 무엇보다 우유는 이제 도처에 널린 편의점에서 쉽게 살 수 있다. 그러나 쌀은 다르다. 아직도 편의점에 제대로 진출하지 않았다. 20kg짜리 푸대를 쌓아놓고 팔아야 하는 시대는 지났다. 쌀과 밥이 그토록 중요한 한식의 핵심이라면, 그 둘을 중심으로 형성되는 한식 식문화의 지평 전체를 샅샅이 고민할 시점이다.

같은 맥락에서 쌀의 다양성에 대해서도 좀 더 고민할 가치가 있다. 앞서 찰기 있는 쌀이 세계 생산량의 10%라고 했다. 나머지는 장립종, 소위 날리는 쌀이다. 찰기가 부족하다는 이유로 마치 열등한 종류인 양 폄하해왔지만, 특유의 장점이 분명히 존재한다. 들러붙지 않아서 볶음에 딱 들어맞는다. 밥 한 톨마다 기름을 자르르 입힌, 덩이지지 않은 볶음

밥의 미덕을 높이 사는가? 일단 서로 엉기고 보는 자포니카 계통의 쌀에게는 '미션 임파서블'에 가깝다. 하지만 붙지 않는 쌀이라면 얘기가 다르다. 집에서도 볶는 맛을 충분히 즐길 수 있다. 전분이 매개체인 고추장의 끈적임에는 어울리지 않지만, 커리와 같은 스튜 계열의 진득한 국물 음식과 훨씬 더 잘 어우러진다. 한편 죽을 끓여도 질감이 또 다르다. 군이 찰기 있는 백미에만 집착할 필요가 없다. 다양하게 먹는 즐거움을 즐길 권리가 있고, 이를 한식의 가장 기본이라는 쌀의 변화로부터 얻을 수 있다.

2. 반찬,
밥상 전체를 위한 과제

반찬의 정경

"외지에서 오셨어요? 그럼 더 잘 해드려야 되는데. 반찬 많이 드렸어요."
진짜 반찬이 많았다. 하나, 둘, 셋······ 일곱, 여덟. 5000원짜리 '정식'이었
다. 출장차 내려간 부산에서의 아침이었다. 목표로 삼았던 돼지 국밥집
이 전부 문을 열지 않은 상황이었다. 그래서 조금 급한 마음으로 골목을
헤매다가 찾은, 유일하게 문을 연 집이었다. 대신 정식 한 가지만 가능하
다고 했다. 여덟 가지 반찬이 상에 올랐다. 두 가지 미역 줄거리에 멸치
볶음, 연근조림, 시금치, 콩나물, 김치, 그리고 정확하게 볶음인지 조림인
지 분간이 어려운 견과류까지 여덟 가지였다.

북어 쪼가리가 얼핏 보이는 미역국과 온기가 준수한 밥 한 공기까
지 놓고, 나는 속으로 열심히 머리를 굴렸다. 어떻게 먹어야 좋을까. 밥
을 중심에 놓고 각 반찬과 관계 맺는, 맛의 네트워크를 그려보려 했다.
답이 나오지 않았다. 일단 반찬이 너무 많았다. 가짓수는 물론 한데 합
친 절대량도 혼자 먹기엔 넘쳐났다. 밥 한 공기 가지고는 도저히 분배가

불가능했다. 한 가지 반찬으로 밥 한 공기도 충분히 먹을 수 있을 수준이었다. 맛의 조합 또한 계산이 서지 않았다. 모두 너무 비슷했다. 김치와 멸치볶음의 매운맛을 빼놓고는 짠맛, 신맛과 감칠맛, 심지어 한식에서 흔한 단맛마저도 희미했다. 밥, 즉 탄수화물의 단맛을 빼놓는다면 한 입 먹고 다음 한 입을 끌어당길 요소가 거의 없다시피했다. 맛이든 가짓수든 양이든, 어차피 절반 이상 남겨야 할 운명이었다. 남긴 반찬은 어디로 가는 걸까?

이런 반찬의 정경이 낯설지 않을 것이다. 그래도 이 정도면 양반이다. 더한 경우도 많다. 시든 당근 쪼가리가 멜라민 접시에 담겨 올라온다. 색이 누렇게 바래고 가장자리는 불에 그을린 싸구려 접시 말이다. 좀 더 싱싱한 채소가 올라올 수는 있다. 하지만 그 정경 자체를 지배하는 개념은 어딜 가도 한결같다. 최소한의 조리 개념의 손길조차 입지 못한 무엇인가('음식'이라고 일컫기 어렵다.)가 상에 올라와 가짓수를 채운다.

비싸다고 달라지지 않는다. 강진 한정식 골목에서 잘 만든 저녁 한 상을 받은 적 있다. 3만 원에 더할 나위 없는 차림새였지만, 그런 상에도 찐 브로콜리가 올라온다. 여태껏 먹어본 것 가운데 가장 훌륭한 브로콜리이기는 했다. 이상적인 중간 지점 찾기의 실패가 그야말로 밥 먹듯 잦은 식문화의 현실에서 드물게도 아삭함이 훌륭히 살아 있는 채소였다. 그래도 찐 브로콜리는 찐 브로콜리일 뿐이다. 맛을 향한 목표 의식과 비전을 가지고 가치를 불어넣은 과정을 거치지 않았다. 심지어 소금 간도 안 되어 있었다. 한마디로 요리의 결과물이 아니다. 이런 반찬이 잔뜩 깔린 상은 '풍요 속 빈곤'의 정확한 구현이다.

허울뿐인 선택과 자율성의 반찬 문화

반찬 문화의 허무함 또는 무의미함을 곱씹는다. 항상 따라붙는 자화자
찬을 향한 허무함이다. 한식은 먹는 이가 골라 맛을 조합할 수 있는 '선
택의 식문화'라고 주장한다. 이론상으로는 가능하다. 반상(飯床) 같은 규
율이 존재했기 때문이다. 물론 긍정적이라 두둔하려는 의도는 아니다.
애초에 음식과 맛 이상의 차원을 통제하려던 개념이니 그럴 수 없다. 궁
극적으로는 신분제 강화 방안의 일환이었다. 하지만 맛의 윤곽을 잡는
최소한의 역할은 할 수 있다. 조리법에 따라 음식을 구분해 올리고, 재료
나 온도 등도 규정한다. 각 요소가 준수할 규칙이 존재한다면 전체의 틀
도 그에 따라서 잡힐 수 있다.

하지만 반상은 더 이상 아무도 따르지 않고 거의 잊힌 이론이자 과
거다. 반상을 적용한 상차림을 찾아보기 어렵다. 전통이라기보다 유산
에 더 가깝다. 이제 반찬은 '질보다 양'으로 수렴하는 집합체로 전락했
다. 가짓수가 많아 보여도 결국 집합적으로는 양이 많아 보이기 위한 전
략일 뿐이다. 시든 생채소처럼 질이나 맛의 보장보다 가짓수를 늘리기
위해 '깔아주는' 것들이 주를 이룬다. 설사 풍요 속 빈곤에서 자유롭더
라도, 맛의 중복 현상은 못 피한다.

집 근처의 순댓국집 이야기를 해보자. 국물은 당연하고 순대조차
직접 만든다. 밥도 압력솥으로 20인분씩 자주 짓는다. 노포라며 이유 없
이 떠받드는 묵은 음식점에서 내는 풀기 죽은 밥에 비해 몇 급이나 위
다. 종합하면 서울 시내 7000원짜리 끼니 음식으로서 훌륭하다. 반찬을

빼고 따져도 그렇다.

오히려 반찬을 받으면 심경이 복잡해진다. 군이 이걸 다 내놓아야 할까. 무생채와 깍두기, 양대 빨간 반찬이 각을 잡는다. 각각 하나씩이니 일단 접시가 둘이다. 풋고추와 생양파가 한 접시, 찍어 먹으라는 쌈장이 또 한 접시다. 돼지고기 바탕 음식이니 새우젓이 빠질 수 없다. 그래서 접시만 도합 5개다. 순댓국 뚝배기와 밥공기도 헤아려야 한다. 각각 본그릇과 뚜껑 또는 받침을 포함해 둘씩 4개다. 숟가락 1개와 젓가락 한 벌까지 합하면, 도합 11개의 식기가 1인의 식사를 위해 동시에 상에 오른다. 여기에 소주라도 한잔 곁들인다 치자. 12개. 가로 60cm, 세로 45cm의 식탁이 금세 좁아진다.

실속은 별로 없다. 생채소를 지적했듯 요리의 부재를 대표한다. 한편 깍두기와 무생채의 관계에서는 '맛 선택과 조합이 가능한 자율성의 한식'이라는 상찬의 허무함이 드러난다. 다양성을 좇기에는 각 요소가 이미 너무 고착되었다. 현재의 한식은 재료를 먼저 고려하는가? 아니다. 일단 장류와 그 바탕의 양념이 먼저 존재하고 거기에 재료를 조합한다. 재료를 초월, 압도하는 요리 문법이 존재한다는 말이다. 반상의 문법이라는, 조리법에 따른 분류보다도 한층 더 아래다. 더군다나 문법은 퇴화를 거듭한 끝에, '서너 가지 만능 양념장'으로 납작해졌다. 이젠 구분도 모호하지만 다른 조리법이 다른 맛을 보장해주지도 않는 현실이다.

양념 위주의 접근 방식이 재료를 압도하고 맛의 중복을 낳는다. 재료의 특성을 거의 무시하고 각각 똑같거나 흡사하면서 100%의 맛을 지니는 양념끼리 겹치고 또 충돌한다. 주요리까지 감안하면 중복은 더 확실히 두드러진다. 김치찌개에 굳이 김치 반찬을 곁들여야 할까? 굳이 빨간 김치가 아니더라도, 똑같이 맵거나 짠 반찬을 함께 먹어야 할까? 진정 맛의 조합을 의도한다면 이런 반찬을 낼 수가 없다. 마지막으로 새우젓, 간장 같은 젓갈, 장류가 방점을 찍는다. 국이든 고기든 핵심 요리에는 간조차 하지 않는다. 불 위에 있는 음식에 소금을 더하는 것과 불을 다 거친 음식에 소금을 더하는 건 다르다고 여러 번 강조했다. 후자는 맛을 완성하지 않은 경우다. 자율성과는 거리가 멀다. 애초에 다른 의도가 낳은 결과다.

질서가 필요한 반찬 구성

쟁점은 질서를 향한 의미 부여다. 자율성을 논하려고 해도 최소한의 질서는 필요하다. 물론 맛의 세계로 대상을 국한할 경우다. 뼈대 또는 얼개. 식사 경험을 위한, 최소한의 맛의 윤곽을 잡아주는 것이다. 각 반찬은 이상적인 경우 별개의 요리다. 자체의 완결된 맛을 지님과 동시에, 상위에 오른 반찬 전체의 그림에서 독자적이면서도 의미 있는 요소여야만 한다. 냄새는 빼놓더라도, 다섯 가지 기본 맛(짠맛, 단맛, 신맛, 쓴맛, 감칠맛)과 질감의 조화 및 대조를 고려한 결과물이어야 한다는 말이다. 그러나 현재 한식의 자율성을 옹호하는 주장은 이러한 윤곽의 존재를 전제하지 않는다. 그저 상에 반찬을 깔듯 맛을 나열하고, 그 우연적이고 무작위적인 조합을 자율성이라 임의로 규정하는 꼴이다. 따라서 한식의 자율성에 대한 주장은 자화자찬보다 정당화에 더 가깝다.

자율성 논란은 여기에서 그치지 않고, 더 중요한 개념의 부재를 시사한다. 맛의 비전을 고안하고, 집단의 노력을 동원해 실현하는 주도자의 부재 말이다. 셰프든 주방장이든 그런 주도자가 존재하지 않는다. 부재 자체가 문제라기보다 부재를 강요하는 인식의 토양이 문제다. 철학이나 비전을 바탕으로 맛을 완성하고, 이를 제안할 수 있는 권한을 인정하지 않는다. 그래서 언제나 '입맛은 주관'인 것이다. 입맛에 선행하는, 객관적 영역의 맛의 기준을 바탕으로 만들어진 음식의 존재를 모른다. 그 부재를 자율성이라고 믿고 있을 뿐이다. 드라마는 대장금 같은 존재를 조명하고 부각하지만 현실에서 그런 주도자는 존재하지 않는다.

7000원짜리 순댓국집의 사례로 결론을 내는 것이 아니다. 그 위로 올라가도 마찬가지다. 재료의 질이 좋아질 수는 있다. 각 반찬의 완성도가 높아질 수도 있다. 하지만 대개 그 지점에서 그친다. 맛의 경험 전체에 대한 비전은 보이지 않는다. 한술 더 떠, 주요리와 반찬 사이에 깊은 균열이 두드러져 보이는 경우도 있다. 반찬을 별개이면서도 열등한 과업으로 인식해 '찬모'에게 맡겨버린 결과다. 평양냉면을 예로 들어보자. 인지부조화는 어디에나 존재하노라니, 정확하게 '담백'하거나 '슴슴'하지는 않지만 그런 맛을 지향하는 음식과 뻘건 양념이 범벅된 반찬이 함께 올라온다.

반찬 문화가 내재하는 차별과 폄하

한식에서 고춧가루가 가장 안 어울릴 수 있는 음식이 평양냉면이다. 정확한 이북식 요리 및 맛의 문법에는 이견의 가능성이 상존하지만, 그 정통성 여부와 상관없이 반찬이 주요리의 균형을 철저하게 깨뜨린다. 과연 두 세계는 맛의 언어로 대화를 나누는 것일까? 음식만 놓고 보면 아닌 것 같다. 대화를 나눠본 적 없이 자기 일만 해온 결과로 보인다. 고깃집도 사정은 같다. 고기를 써는 사람이 조리장이고, 반찬은 여전히 찬모의 일이다. 칼질을 폄하하려는 의도가 아니다. 반찬과 그를 만드는 이의 위상에 대한 평가절하를 지적하는 것이다.

이 평가절하의 정상화는 반찬의 가치를 총량적 우세에 두는 한 거의 불가능에 가깝다. 변수가 늘어날수록 통제와 예측은 더 어려워지기 마련이다. 상을 가득 메우고도 모자라 접시가 두 층으로 쌓이는 '한정식'의 미덕을 찬양하는 현재 풍토에서는 음식의 본질인 맛에 집중하는 경향이 뿌리내리지 못한다. '양보다 질'은 늘 다른 세계의 만트라일 것이다. 게다가 반찬의 생산 주체와 성역할의 고정관념도 감안해야 한다.

앞서 사용한 '찬모'라는 표현은 음식점 주방에서 흔히 쓰는 말이다. 여기엔 반찬을 만드는 주체가 여자라는 고정관념이 반영되어 있다. 그리고 이런 고정관념은 결국 가정 내에서 고착된 성역할의 확장이다. 불평등은 또한 맛의 주도권을 만드는 이로부터 앗아간다. 주로 요리를 담당하는 여성들, 엄마들은 가부장적 위계 속에서, 먹는 이로부터 만드는 이의 권위와 비전을 인정받고 존중받지 못한다. 이러한 현실 역시 여러 요소들 간의 관계와 소통을 고려하여 맛의 경험 전체를 설계하는 데에 장애로 작용한다.

한식 개인화를 저해하는 젓가락

반찬 문화를 여러 각도에서 조금 더 살펴볼 필요가 있다. 맛도 중요하지만 사회적인 영향 또한 무시할 수 없다. 일단 모두가 지적하는 음식물 쓰레기와 반찬 재활용 문제가 있다. 쓰레기 자체는 세계적 차원에서 해결할 문제지만, 반찬 재활용은 어떤가. 한 상에 개별적으로 담아내는 형식이 빌미를 제공하는 것은 아닐까. 재사용 문제는 결국 위생과 직결된다. 남의 젓가락, 궁극적으로는 침이 닿은 반찬을 먹는 것이기 때문이다.

젓가락이라는 도구 또한 한식의 개인화, 곧 한식이 1인을 위한 식사 형식으로 자리 잡는 데에는 긍정적인 영향을 미치지 못한다. 반찬 문화에 딸려 다니는 젓가락이 되려 반찬 문화의 단점을 가린다. 젓가락의 개입만으로 개인화가 가능하다고 믿게 만듦으로써 현상 유지에 기여한다. 단점을 정당화하는 것도 모자라 심지어 젓가락 우월론마저 끼웠는다. '젓가락질 잘해서 지능/기술/손재주가 좋다'는 주장을 들어보았을 것이다. 물론 근거가 없다. 젓가락질을 잘한다는 건 운동감각이 좋다는 의미지 지능과는 관계가 없다.

이를 제쳐놓더라도 젓가락은 우리가 믿는 만큼 의미 있는 도구가 아니다. 음식과 맛의 맥락으로 좁혀놓고 살펴보아도 마찬가지다. 크게 두 가지 근거를 들 수 있다. 첫째, 젓가락질 때문에 동양 또는 한국의 식문화가 우월하지 않다. 보통 젓가락질의 미세 조정이 섬세함(finesse)을 요한다는 걸 그 근거로 삼는데, 편협한 시각의 산물이다. 그런 주장의 가장 흔한 예가 생선 살 발라내기다. 젓가락을 써야 생선을 훨씬 더 효율적으로 먹을 수 있으니 우월하다는 것이다.

얼핏 그럴싸하다. 한국식으로 조리한 생선은 젓가락을 써야 훨씬 더 잘 발라낼 수 있다. 구이든 조림이든 포크와 나이프로는 당연히 어림도 없다. 하지만 반전이 있다. 서양 식문화는 식탁에서 포크와 나이프만으로 편하게 먹을 수 있도록 주방에서 생선 손질을 완결한다. 당연히 기술도 존재한다. 등뼈 바로 밑에서 저며 포를 떠내고, 잔 가시는 핀셋으로 뽑아낸다. 대가리와 뼈는 낭비하는 게 아니냐고? 끓여 소스 등의 바탕으로 쓴다. 젤라틴이 풍부해 감촉이 좋고, 생선에서 나왔으니 생선 요리와 결이 같다. '머리부터 꼬리까지' 낭비 없이 쓰는 셈이다. 반면 젓가락질로 발라내야 하는 생선은 그 노동과 기술을 먹는 이에게 고스란히 전가한다. 뒤에서 다룰 직화구이와 마찬가지로 조리의 외주다. 그런다고 100% 발라낼 수도 없을뿐더러, 한꺼번에 많이 먹지도 못한다. 조각조각 부서진 단백질은 뭉치는 탄수화물인 밥을 먹기 위한 보조 수단의 역할밖에 맡지 못한다.

또한 젓가락을 이용해 음식을 같이 먹는 문화가 정확하게 공동체 의식을 형성한다고 보기도 어렵다. 엄밀히 따지자면, 음식을 한 접시에 담아놓을 뿐이지 각자가 먹는 시차가 다르기 때문이다. 한 식탁에 같이 앉은 이가 음식을 가져가는 행위에 주의를 기울이지 않아도 되고, 음식을 같이 나누는 과정이 수반되지도 않는다. 반면 중식당에서 음식을 나눠 먹는 방식을 생각해보라. 각자의 접시에 음식을 더는 동안은 '나누는 행위' 자체에 주의를 기울인다. 젓가락을 쓰지 않는 서양식 또한 가정식이라면 나눔의 순간이 존재한다. 각 음식을 한데 접시에 담은 다음, 나눠 먹는 형식을 취한다. 서로 접시를 돌리거나 먼 데 있다면 가져다주기도 한다. 요컨대 젓가락과 나눔은 상관이 없다.

아니, 젓가락이 오히려 고른 분배를 방해할 수 있다. 개인화가 불가능한 반찬의 폐해를 강화하는 것이다. 먹는 행위를 함께 나누는 식탁을 구성하기 위한 기본을 갖추지 않은 채 젓가락만 놓으면 공유의 여건을 확보한다고 믿는다. 공동으로 먹는 반찬의 위계질서가 식사 참가자의 위계질서와 궤를 같이하는 상황이라면? 젓가락은 공유에 아무런 공헌도 할 수 없을 것이다. 반면 반찬의 형식이 원치 않는, 형식적인 공유를 강제한다. 1인 식사를 위해 열 가지가 넘는 그릇이 올라오지만 흥미롭게도, 사람이 늘어도 그릇이 그에 비례해 늘지는 않는다. 형식적 공유를 전제로 반찬을 깔기 때문이다. 궁극적인 문제는 위생이겠지만, 양 조절 및 분배 또한 어렵다. 각자가 먹는 양을 정확히 모를 수 있다는 말이다. 먹는 이를 위한 게 아닌, 형식적인 공유일 뿐이다.

반찬 문화와 세대 갈등

반찬 문화의 더딘 개인화는 음식을 가운데 두고 세대 갈등도 조장한다.

한국은 빠르게 고령화가 진행되는 사회다. 뒤집어 말하면 그만큼 젊은 연령층이 적다. 출생률은 계속해서 떨어지고 있다. 아직 갈 길이 멀기는 하지만 사회도 개인화되고 있다. 혼자 밥을 먹어야 할 일이 많아지고, 이를 즐기는 경우도 늘어난다. 그에 맞춰 다양한 선택도 가능해졌다. 서양 음식 말이다. '정크푸드'라고 손사래 치며 즉각 배척하기 쉽다. 하지만 설사 적으로 여기더라도 전략을 꿰뚫어볼 필요는 있다. 패스트푸드는 적어도 영양학적 측면에서 정확하게 계산된 수치를 식사와 함께 제안한다. '균형 잡힌 식사'라는 최소한의 논리, 과학, 궁극적으로는 이성적 근거를 제시한다. 세계화와 더불어 흔하고 쉬운 표적인 입지를 자각하고 내놓은, 일종의 방어 전략이다.

칼로리의 숫자 놀음은 대부분의 인식과 달리 엄청나게 유용하지 않다. 하지만 최소한 먹는 것에 대한 윤곽이 실용적인 차원에서 훨씬 뚜렷하다. 선택의 근거를 제시해주는 것이다. 반찬 문화는 이런 형식이 내재된 음식과 경쟁해야 한다. 1인 식사에 적합하고, 심지어 선택을 돕는 기본적인 정보 또한 제공하는 음식 말이다. 하지만 한식당들은 경쟁은 커녕 바뀐 토양에 유연하게 대처도 못하고 있다. 1인 식사 손님을 거부하는 음식점이 여전히 많다. 직장인 밀집 지역에서 "점심시간에 1인 손님 받지 않는다."는 문구를 붙여놓는 곳을 쉽게 볼 수 있다. 받으면서도 달가와하지 않는 기색을 대놓고 드러내는 곳도 흔하다. 많은 그릇과 그를 수용하기 위한 식탁을 혼자 차지하는 손님이 달가울 리 없다. 현실을 감안하면 거의 이해가 갈 법하다. 하지만 1인 식사에 적합한 식사 양식을 고민하지 않아 벌어지는 상황이니 자승자박이라 할 수 있다.

유일하게 헤아려야 할 요인이 있다면, 반찬 문화의 또 다른 부작용, 바로 노동과 공간의 문제다. 한상차림과 반찬의 형식에 맞추려면 수많은 식기가 필요하다. 1인 한 끼에 거의 열 개 정도다. 음식점 식기의 기본적인 수준이 떨어질 수밖에 없는 이유다. 많이 필요하고 회전도 잦다. 갖추는 데도 돈이 들지만 훼손도 빠르다. 좋은 걸 쓸 이유가 없는 것이다. 그을린 멜라민 식기는 어디에서나 만날 수 있다. 폐업한 뷔페에서 가져왔는지, 엉뚱한 상호가 찍힌 접시가 동네 밥집 식탁에 오른다. 자원의 재활용이라 긍정하기엔 그릇의 질이 너무 떨어진다.

식기의 유지 관리도 어렵다. 많은 것도 문제지만 작은 데다가, 그런 접시엔 주로 장류를 담는다. 장류의 바탕이 끈적한 전분이라 잘 씻겨 나가지도 않는다. 설거지가 힘들다. 보관은 어떤가. 공간을 충분히 확보해야 하는데 그러기 위해서는 돈이 든다. 임대료는 한국 요식업의 비용에서 가장 큰 비중을 차지한다. 아니면 손님을 받을 공간이 그만큼 줄어들어야 하기 때문에 결국 수익률과 맞물릴 수밖에 없다.

반찬 문화 개선책 1:
역할 뒤집기

반찬 문화 개선의 관건은 궁극적으로 인식의 변화다. 반찬이 놓이는 상 또는 식탁은 식사와 끼니의 장이다. 한식의 고민거리가 응집되어 있다고 해도 지나친 말이 아니다. 두 가지 방향으로 변화를 모색할 수 있다.

첫 번째는 음식의 울타리 안에서 찾아야 할 변화로, 역시 두 갈래로 살펴볼 수 있다. 과제는 위계질서의 확보다. 첫째, 반찬의 형식을 살리면서 '양보다 질'을 추구할 수 있는 현실적 방법론을 고민한다. 핵심은 만족감, 감각의 층위에서의 포만감이다. '밥을 먹기 위한 반찬'의 인식을 완전히 역전시키자. 그럼 '반찬을 먹기 위한 밥'이 된다. 단맛으로 전반적인 식사를 보좌하는 역할을 밥에게 맡기고, 포만감은 분담시킨다. 탄수화물이 전담할 수 있는 감각적 측면에 중점을 두는 것이다. 한마디로 밥으로 배불리지 말자는 말이다. 35년 가까이 묵은 요리책조차 "밥과 찬의 분량을 반반 정도로 하는 것이 자라나는 어린아이들에게 좋다."[30]라고 명시한다. 그사이 올림픽도 치렀고, 국민 소득도 세 배 가까이 늘었다 (1982년 9899달러, 2015년 추정치 2만 7600달러). 밥으로 배를 불릴 이유가 전혀 없다.

비워야 할 밥의 자리를 채우는 것은 단백질이나 섬유질의 몫이다. 발상의 전환, 정확하게는 습관으로부터의 탈피가 필요하다. 공통적으로 간을 덜 할 필요가 있다. 양념 결합 위주의 조리법에서 벗어나야 한다. 일단 단맛을 덜어낸다. 짠맛은 상대적으로 덜하지만, 염려스럽다면 감칠맛과 신맛을 동원해 이들의 삼각관계 속에서 균형을 찾는다. 한편 섬유질, 즉 채소는 조리법을 적극 검토해야 한다. 익히면 맛도 살아나지만 소화도 더 잘 된다. 굳이 날것이라고 더 좋지 않고, 쌈이 최선의 형식은 아닐 수 있다. 불고기를 통해 두 해법을 동시에 찾을 수 있다. 고기는 간을

---

30 한복려·황혜성, 『애정이 담긴 도시락: 삼성 가정요리 990』(삼성출판사, 1984), 11쪽.

줄여 반찬의 멍에를 벗긴다. 한편 채소는 재미처럼 불판에 얹어 구워 먹는 비중을 늘린다. 음식점에서는 오븐 등으로 구워 부분 조리한 채소를 불판에서 고기와 함께 최종적으로 익혀 먹는 방식을 도입할 수 있다. 다만 간이 강한 김치는 채소군에 포함시키지 않는다.

한편 포만감과 조금 결이 다른 만족감으로도 반찬의 세계를 재편할 수 있다. 열쇠는 지방이 쥐고 있다. 맛을 증폭해줄 뿐 아니라, 특유의 감촉으로도 만족감을 선사한다. 기본적으로 매운맛이 맛의 중심으로 장착되다시피 하면서도 지방을 증폭용으로 활용하지 않아, 한식의 맛은 때로 지나치게 한쪽으로 쏠린 한편 날카롭다. 지중해식 식단의 미덕 등이 전파되며 올리브기름이 대중화된 지 오래다. 버터도 있다. 조금만 써도 큰 효과를 얻을 수 있는 요소가 지방이다. 식은 갈비찜 위에 허옇게 켜를 이루듯 흥건하지 않고도 제 역할을 할 수 있다.

반찬 문화 개선책 2:
맛의 큰 그림 재편

지방을 한 자락 깐다고 전제하고, 두 번째 개선책으로 나아가기 위해 한 발짝 뒤로 물러서 큰 그림을 보자. 맛의 큰 그림 말이다. 기본으로 돌아가, 일단 다섯 가지 기본적인 맛의 개별 및 상관관계를 이해한다. 이를 바탕으로 각각의 상호작용을 최대한 고려하여 반찬을 계획한다. 너무 어려운 일이라고? 그렇지 않다. 기본은 이미 갖추고 있다. 고기에 곁들이는 쌈을 생각해보자. 생채소라 먹는 효율이 떨어지지만, 최소한 맛의 역학 관계는 분명하다. 느끼함이든 단백질의 감칠맛이든, 잎채소의 쌉쌀함이 적당한 선에서 끊어주고 입맛을 돋운다.

한국 대표인 김치는 어떤가. 고춧가루와 발효의 신맛이 압도적인 건 분명하다. 덕분에 고기를 진하게 우려낸 국물 음식에는 잘 어울린다. 잠깐, 결코 간을 말하는 게 아니다. 그건 소금의 몫이어야만 한다. 간은 소금으로 맞추고, 김치의 신맛은 국물의 진한 여운을 끊어주도록 임무를 분담해야 한다는 말이다. 그렇게 우리가 즐기고 있는 음식 조합과 구성에 맛의 관계 및 상호작용이 이미 활용되고 있다. 재발견하여 확인하고 다듬으면 된다. 물론, 성공 확률을 높이기 위해서라도 반찬의 가짓수를 줄여야 한다. 닭과 달걀의 문제일 수 있지만 일단 가짓수부터 줄이고 시작해야 한다.

반찬 문화 개선책 3:
반찬 수 줄이기와 주문식단제 도입

반찬 가짓수 줄이기는 사회적인 인식의 변화와 관련되어 있다. 두 번째로 모색해야 할 변화다. 반찬은 곁들이 음식이며 윤곽 또는 얼개가 없다고 했다. 이는 맛뿐 아니라 인식 면에서도 마찬가지다. 곁들이라고 인식하다 보니, 주요리에 대한 대가만 치르면 계속해서 먹을 수 있는 것이라고 여긴다. 소위 '무한 리필'의 문화다. 모든 가치는 돈으로 환산 가능하다. 반찬도 마찬가지다. 무엇이든 주는 만큼 돈이 나간다. 세상에 공짜가 대체 어디 있는가. 그런데도 반찬을 계속 요구한다. 난색을 표하면 '정이 없다'고 치부하는 분위기가 아직도 팽배하다. 요식업이지 자선 사업이 아니다.

또한 '리필'의 한 가운데에는 김치가 있다. 김치는 태생이 그러한 한국 음식 가운데서도 한층 더 노동 집약적인 데다가 만들어 바로 먹을 수 있는 것도 아니다. 한마디로 주력 판매 상품인 음식만큼, 때로 그보다 더 많은 힘이 들어간다. 정서적으로 식사의 중심이지만 전체 상차림의 구성에서는 곁들이일 수밖에 없다. 끊임없이 내주는 것은 불합리하다. 선을 그어야 한다.

어떻게 선을 그어야 할까. 중대한 과제라면 정책 수준의 강제력이 필요하다. 관건은 맛과 그 맛을 일궈내는 노동에 정당한 대가를 지불하는 것이다. 이미 시도한 적도 있다. 이름도 찬란한 '주문식단제.' 하필 군사정권의 산물이라 지지하기가 껄끄러운 건 사실이다. 올림픽 등의 국제 행사를 앞두고 위생 여건을 개선하겠다고 도입했지만 군대식 밀어붙이기로도 성공하지 못했다. 반발이 워낙 컸다. 토요일 저녁의 코미디 쇼에서 "정나미 떨어져 밥 못 먹겠다."며 반찬은 물론 그릇이며 수저까지 바리바리 싸들고 가 음식점에서 탕과 밥만 시켜 먹는 풍자를 선보일 정도였다. 권위주의 정권이 강압적으로 시행한 제도였지만, 사실 기본적으로 정책 수준의 통제에는 부작용의 가능성이 따르기 마련이다. 작금의 현실을 감안하면 제안하기가 어렵다.

하지만 따져보면 이것 말고는 달리 방법이 없다. 공짜라서, 음식값에 포함되어 있다고 생각하니까 계속 리필해 먹는 것 아닌가. 돈을 받는 시스템을 도입하고 법으로 강제할 필요가 있다. 쓸데없는 소비를 줄이면 두 종류의 이득을 얻을 수 있다. 반찬의 질을 높이는 한편 음식물 쓰레기도 줄일 수 있다. 생각해보자. 비빔밥에 반찬이 필요한가? 비단 전주가 아니더라도, 비빔밥을 시키면 반찬이 꼭 딸려 나온다. 대부분 종류가 겹치는 구성이다. 비빔밥은 그 자체로 식사가 가능하게 구성한 일품요리다. 그런데 왜 반찬을 겹쳐 낼까. 맛의 문제를 넘어 자원의 낭비다.

차선책도 분명히 있다. 2017년이다. 1980년대에는 상상조차 못 했던 기술의 발전으로 껄끄러움을 최대한 덜어낼 수 있다. 이제는 단점이라 확신하는 반찬의 특성 가운데 하나는, 무수히 변형이 가능하다는 점이다. 이는 곧 앞에서도 밝혔듯, 논리가 없다는 것이다. 공짜인 것과도 연관된다. 일단 가짓수를, 식탁을 채우는 것 자체가 제1 목표다 보니 맛의 논리가 없는 음식이 나온다. 이를테면 브로콜리 게맛살 볶음 같은 것. 미국의 한 요리 연구가는 맨해튼에서 1인 기본 40달러짜리 한식 직화구이 고깃집에서 내온 브로콜리 게맛살 볶음을 "먹을 수 없는 것(inedible)"이라며 비판했다. 고급 식재료가 아닌 게'맛'살을 굳이 브로콜리와 얽어야 할 필요가 있을까. 물론 맛의 논리도 설득력 없다. 널리 볶음 요리의 재료로 꼽히는 고기와 브로콜리의 조합에서 단순히 고기를 게맛살로 대체한 것이라면, 그것은 실패다.

반찬 문화 개선에 활용 가능한 스마트 기술

무수히 변형 가능한 모든 반찬을 범주화 및 성문화해 메뉴에 기재하는 것이 번거롭다면, 횟수 또는 종류를 기준으로 과금하는 체계도 얼마든지 가능하다. 예를 들어 주식과 밥(또한 추가 과금 대상이다.) 외에 기본 서너 가지 찬을 낸다면, 기본 1회 이후, 또는 접시별로 추가금을 받는 것이다. 후자는 회전 초밥집에서 골라 먹고, 먹은 접시만큼 계산하는 시스템과 같다. 이미 통용되는 방식이고, 단지 초밥을 위한 것도 아니다. 일부 기업의 구내 식당에서는 같은 시스템을 통해 반찬을 고를 수 있다. 먹을 것만 가져가고, 돈도 그만큼만 낸다. 이것이 더 합리적인 체계 아닐까. 추가 비용은 당연히 반찬의 질을 높이고 전체 체계를 정비 및 구축하는 데 쓴다.

좀 더 엄밀히 따져보면, 성문화해 메뉴에 기재하는 것도 충분히 번거롭지 않은 방법을 찾을 수 있다. 효율적인 관리가 가능한 모바일 솔루션을 얼마든지 구축할 수 있고, 이미 현재형이다. 생활의 필수 요소 가운데 하나인 음식 관련 앱은 이미 스마트폰의 도래와 더불어 등장한 지 오래다. 음식 주문 및 배달 앱은 기본이고 요리나 식단은 물론, 요식업 및 자영업 운영을 위한 앱 등이 존재한다. 반찬이 정말 매일 바뀐다고 하자. 메뉴, 특히 반찬 관리 앱을 만들어 영업 전 업데이트한다. 각 반찬과 가격 정보만 입력하면 끝이다. 이를 태블릿 등 모바일 기기에 깔아 메뉴로 쓴다. '전산화'가 이미 케케묵은 단어처럼 느껴질 정도로 각종 기술이 발달한 시대에, 이 정도의 시스템 구현이 어렵다면 그만큼 한식이 음식 외적인 영역에서도 효율적이고 동시대적인 시스템 구축에 실패했다는 방증일 것이다.

반찬 선택은 실시간으로 무선 네트워크를 통해 음식점의 서버, 또는 포스(POS)로 전송된다. 심지어 앉은 자리에서 태블릿과 카드를 통해 바로 계산할 수도 있다. 우래옥 본점 같은, 주도적인 위상의 한식당에서 식사만 따로 선불을 받아 카드를 들고 계산대를 오갈 이유가 사실은 전혀 없는 것이다. 요즘 휘청이는 트위터의 창업자 잭 도시(Jack Dorsey)는 모바일 결제 시스템 스타트업인 스퀘어의 창업자이기도 하다. 스마트폰의 헤드폰 단자에 끼우는 단말기로 신용카드 결제가 가능한 시스템이 핵심이다. 물론 유일한 모바일 결제 시스템도 아니다. 반찬 문화 자체를 뿌리부터 뜯어고칠 수 없다면 최소한 인프라만이라도 노동력과 음식의 낭비를 최대한 막을 수 있는 방안을 찾고, 적극적으로 도입 및 적용해야 한다.

불가능하다고 여기는가? 모두들 스마트폰 화면을 들여다보며 다니는 2017년이다. 그런 세태를 부정하고 비판하는 전략으로 지지 세력을 결집하는 대중비평가도 물론 존재한다. 발달한 문명, 과학기술 등을 비판하는 전략적인 현대판 러다이트랄까. 냉장고의 가치를 부정하는 철학자도 여기 속한다. 근거 없는 유기농, 제철주의 찬양 또한 마찬가지다. 다 큰 의미 없다. 쉽고 나이브하면서 근시안적인 방편이다. 과학과 기술로 자연을 극복하거나 거스르는 삶은 인간의 생존을 위해 필수적이다. 일부의 믿음과 달리, 자연은 인간에게 친절하지 않기 때문이다.

굳이 스마트폰과 모바일 생태계를 예로 든 이유가 있다. 다른 일상의 분야와 마찬가지로, 한식에게 필요한 비전이나 미래의 실마리를 얻을 수 있는 출발점이라 믿기 때문이다. 얼마 존재하지도 않는 옛 문헌을 뒤져 서구화와 실생활의 파도 사이에서 휩쓸려 사라진 전통을 울궈 먹으려 들기보다 바로 지금, 여기에서 존재하는 방법론을 최대한 활용해 작지만 개념적인 변화부터 꾀해야 한다.

지금 한국 사회가 겪고 있는 모든 갈등의 원인은 한 줄로 압축 가능하다. 아무도 정당한 대가를 치르려 들지 않는다. 대가를 치러야 하는 이는 어떻게든 틈바구니 사이를 비집고 빠져나와 책임을 회피한다. 질보다 양의 추구, 미덕으로 전락한 반찬 문화도 마찬가지다. 우리는 한 끼 식사를 위해 들이는 노동에 정당한 대가 치르기를 일부 거부해왔다. 그러면서 정을 구실 삼아 정당화해왔다. 맛의 정당한 대가는 어떻게 찾을 수 있을까. 물론 음식 안에서 답을 찾아야겠지만, 우리의 일상이 그렇듯 발전하는 과학 및 기술이 조성해줄 수 있는 여건에도 촉각을 곤두세우고 열린 태도로 받아들일 때 비로소 가능해지지 않을까?

3. 김치,
손맛과 정서적 음식

"그러니까 김치를 담가 먹는다고요?" 종종 접하는 반응이지만 호기심 이상의 감정이 담겨 있을 때가 있다. '(남자가) 김치를 (직접) 담가 먹는다' 는 것에 대한 표면적인 의문 이상이 담긴 의사 표현이다. 또한 더 짧은 의문사로 함축할 수 있는 감정도 느껴진다. '왜', '군이' 또는 '어떻게'다. 얼핏 달라 보이지만, 세 질문 사이에는 아주 큰 교집합의 영역이 존재한다. 한마디로 '더 솜씨 좋은 존재가 만드는 걸 얻을 수 있는데 왜 군이 직접 담그는가?'라는 질문이다. 김치를 둘러싼 모든 담론은 이 너른 교집합의 영역에서 실마리를 찾을 수 있다.

그렇다. 담가 먹는다. 명색이 음식평론가 아닌가. 내 손으로 음식을 해 먹는 건 직업적으로도 중요한 일이다. 직접 조리를 해봄으로써 이해의 폭이 넓어진다. 음식 저술 자체에 대한 책을 쓴 다이앤 제이콥(Dianne Jacob)은 '적절한 거리를 둔 이해'가 의미 있는 덕목이라 말한다. 그냥 이해가 아니다. 그래서 요리사가 음식 저술에 더 유리하지는 않다는 주장도 있다. 생산자였던 전력이 오히려 거리 두기를 어렵게 만들 수 있기 때

문이다.[31]

하지만 순전히 직업적인 이유에서 만들어보는 음식은 거의 없다. 생활인으로서 필요가 언제나 먼저다. 먹고 살아야 하니까. 직업인으로서 이해는 덤으로 딸려 온다. 김치는 아마 가장 생활인으로서의 정체성 쪽으로 기운 음식일 것이다. 좋든 싫든 한국인에게는 인이 박인 음식 아닌가. 절대 그냥 음식일 수가 없다. 김치는 모든 한식의 구성원 가운데 가장 큰 감정적 가치를 품는다. 따라서 김치 자작은 단순한 생활과 음식 영역에서의 독립이 아니다. 혀와 머리에 강하게 아로새겨져 있던 맛의 주도자로부터 생활과 기술은 물론, 감정적으로도 독립한다는 의미다. 나의 김치 자작도 바로 그런 동기에서 시작했다.

'김치 자작 원년의 해'의 속사정

오히려 감정적 의미가 실용적 의미보다 더 크니 조금 거창하게 명칭을 붙여보자. '김치 자작 원년의 해' 어떤가. 나의 원년은 2003년이었다. 이제 15년 차에 접어든다. 개인적인 사연을 소개해볼까. 김치는 거의 언제나 먹을 만큼 삶에 완전 밀착되어 있을 뿐만 아니라, 온습도에 예민하게 반응하는 발효식품이다. 김장철만 되면 터지는 택배 사고처럼, 그만큼 사건 사고(?)의 가능성도 높다. 좋든 싫든, 한국 사람이라면 김치에 얽힌

---

31 Dianne Jacob, *Will Write for Food* (Da Capo Press, 2005), p. 48.

사연 하나쯤 안 품고 살 수가 없다.

유학 초기의 일이다. 2002년에 한국을 떠나 많은 것으로부터 멀어졌지만 그 한가운데에 어머니가 있었다. 울타리를 벗어났다는 의미다. 물리적인 거리는 물론, 정서적인 영향력에서도 일정 수준 벗어났다. 어머니의 김치로부터 처음으로 멀어졌다. 하지만 적극적으로 해법을 찾을 생각은 애초에 없었다. 담가 먹을 엄두도 나지 않았지만 필요도 느끼지 못했다.

남의 나라지만 한식의 불모지는 아니었다. 오히려 한국보다 나은 구석도 분명히 존재했다. 캘리포니아에서 나오는 쌀과 과채는 기본적으로 한국의 평범한 것보다 품질이 낫고, 고기는 질을 논하기 이전에 귀하다는 심리적인 장벽이 일단 존재하지 않는다. 한인이 많이 사는 대도시를 중심으로 한국보다 더 폭발적이고 풍성한 맛의 한식 문화가 발달하는 것도 당연하다.

그런 여건 속에서 김치 욕구의 충족이란 어려운 일이 아니었다. 물론 어머니의 김치 같은 건 없었다. 충청도와 이북의 중간 지점에 만나, 고춧가루나 젓갈을 너무 많이 쓰지 않은 김치. 온순하다는 표현이 딱 들어맞는 김치였다. 하지만 고춧가루와 젓갈로 무친 채소, 특히 배추라는 것은 존재했다. 크고 작은 한인 슈퍼마켓이 존재했고, 각자 자체 조리한 김치를 팔았다. 맛도 비슷했다. 정확하게 말하자면 맛의 부재가 그러했다. '나쁘다'는 말이 아니다. 둘을 혼동하는 경우가 잦은데, '맛이 없다'는 표현은 굉장히 다양한 범위와 상태를 함축하고 있다. '나빠서 먹지 못할 상태'도 맛이 없는 상태에 속하지만 '먹을 수는 있으나 감흥은 없는 상태'

도 마찬가지다. 한인 슈퍼마켓의 김치는 하나같이 후자에 속했다. 채소는 싱싱하고 고춧가루는 풍부하다. 빨갛고 고소했지만 깊은 발효의 맛이나 신맛은 없었다. 말하자면 겉절이에 가까웠다. 흥미롭게도 두고 익혀도 김치 맛이 발효의 혜택을 극적으로 입지 않았다. 어느 시점에서 국물이 부글부글 끓어오르지만 그 과격함에 걸맞는 맛이 채소에는 배이지 않았다. 물론 파는 음식의 숙명처럼, 위생에 대한 입소문은 언제나 무성했다.

만족스럽지 못한 나날들이었지만 말이 썩 잘 통하지 않는 가운데 공부해야 하는 상황에서, 김치는 설사 중요하더라도 신경 쓸 겨를이 없는 대상이었다. 밤 새워 과제를 마치고 고속도로를 달려 수업을 듣던 적 응기였다. 진부하기 짝이 없지만 끼니나 제대로 챙기면 다행이었다.

그러던 어느 날, 일이 터졌다. 아니, 정확하게는 터질 뻔했다. 우체국 직원이 국제 특급 우편 상자를 들고 나타났다. 그런데 그의 표정이 부루퉁했다. "냄새 나!(It stinks!)"라며 작은 상자를 던지듯 건네고는 사라졌다. 정말로 냄새가 났다. 딱지를 보니 한국에서 날아온 것이었다. 아아. 이미 확실했다. 황급히 뜯어보니, 정말 김치였다. 정확하게는 파김치와 총각김치, 오이지무침이었다. 진공 포장을 했건만 발효로 이산화탄소가 차올라 터지기 직전까지 부푼 상태였다. 냄새도 당연히 새어나올 수밖에 없었다. 저녁상에 올리기는 했지만 도무지 젓가락이 가지 않았다. 이미 맛도 변했지만 그보다 마음 때문이었다. 굳이 이렇게까지 해야 하는 걸까. 형언하기 어려운 서글픔에 휩싸여, 숟가락을 놓기가 무섭게 전화를 걸었다. 불같이 화를 냈다. 다시는 그런 시도하지 마시라 당부했다.

한식의 품격

김치가 정말 터졌으면 망신살이 뻗쳤을까 봐? 아니다. 서양에서 김치로 치를 법한, 전형적인 고욕을 말하려는 게 아니다. 다 큰 자식이 바다 건너 다른 나라로 떠났다. 부모의 마음이야 헤아릴 수 있지만 먹고사는 문제, 특히 김치까지 걱정할 필요가 없다. 그들이 아직도 삶에 영향 미치기를 원하더라도 안 될 일이다. 모든 일에는 때가 있다. 다른 영역에서 그럴 여건이 못 된다면, 식탁만이라도 독립해야 한다. 내가 내 맛의 주도자로 발돋움할 시기고, 또 동기였다.

그래서 이를 악물었다. 김치 독립선언의 순간이었다. 많은 부모가 그러하듯 사 먹는다는 근심에서 해방될 수만 있다면 문제는 조금 더 간단해진다. 김치는 그야말로 한식의 한가운데에 있는 음식이다. 음식의 자급자족을 원한다면 사실은 김치가 선결 과제다. 어려운 과제지만 먼저 해결할 수 있다면 기술은 물론 정신적 장벽 또한 넘은 것이므로 이후로는 쉬워진다. 일촉즉발의 잠재된 사건 사고를 좋은 동기 삼기로 마음먹고 소매를 걷어붙였다.

이제 기억이 희미하지만, 시작은 인터넷의 힘을 빌렸을 것이다. 깍두기였다. 입문용으로 그만큼 쉬운 김치가 없다. 차차 풀어놓겠지만 김치 조리의 양대 고비는 절임과 발효다. 감을 잡기가 쉽지 않다. 위급한(?) 상황이라면 깍두기는 전자를 건너뛰고도 담글 수 있다. 무의 수분을 미리 걷어내지 않아도 먹을 수 있는 상태가 나온다. 무엇보다 처음부터 잘 될 수 없으니 기대치를 조정하고 경험치를 쌓는 게 관건이었다.

그리고 다음 번 한국 방문 때 김치 요리책을 한 권 사왔다. 종갓집의 비법이나 한국 발효 음식의 우수함에 대한 장광설, 그만큼 잔뜩 늘어놓은 장독대 사진으로 가득 찬 두터운 책이 아니었다. 채 100쪽도 못되게 얇고, 과정 사진 위주로 덤덤한 구성이었다. '용건만 간단히'를 몸소 보여주는 가운데, 슬로건이 인상적이었다. "평생 안 담그고 살래?" 그렇다. 아예 안 먹을 것이 아니라면 익히는 법을 익혀야 한다. 단순히 맛의 차원이라면 먹지 않을 수 있지만, 감정의 차원에서는 그렇지 않다. 한식에서 차지하는 위상을 감안하면 김치는 식탁의 독립을 인증해주는 문턱과 같았다. 그렇게 책을 참고해 더듬더듬, 김치를 담가 먹기 시작했다.

10여 년이 흘렀다. 분명 진전은 있었다. 적어도 더 이상 더듬거리지는 않는다. 하지만 포트폴리오 다각화는 이루지 못했다. 애초에 그것을 목표로 삼지도 않았다. 현실과 노력의 2차원 좌표 위에 적절한 점을 찾아 타협했다. 열 손가락에 꼽히는 가짓수의 기본 김치를 필요에 따라 크게 힘들이지 않고 담글 수 있는 수준이다. 말하자면 한정된 어휘를 비교적 유창하게 구사하는 정도랄까. 하지만 생각은 충분히 쌓였다. 좋든 싫든 가장 한국적인 음식을 세월 위에 올려놓고 쌓아온, 맛과 그 제반 화제에 대한 생각이다. 한번 정리해보자.

손맛의 의미

김치를 담글 때마다 생각한 개념이 있다. 누구나 짐작 가능한 그것, 바로 '손맛'이다. 한식에서 가장 추앙받는 개념이다. 심지어 음식 저술의 한 장을 구축한 마이클 폴란(Michael Pollan)마저 이 손맛을 다룬다. 짐작했겠지만 그 동기가 바로 김치다. 2013년 작 『요리를 욕망하다』에서, 그는 전문가를 찾아다니며 요리를 배운다. 불(바비큐), 물(스튜), 공기(빵), 발효(사우어크라우트(sauerkraut)) 등 '기본 4원소'를 활용하는 대표 요리다. 스승을 찾아 미국 전역을 돌아다니는 여정의 마무리로, 그는 한국의 김치 전문가와 가진 교습을 서술한다. "단지 혀의 맛봉오리에 닿는 화학적 자극 이상의 맛"의 개념으로서 손맛에 대한 이야기를 들었다는 것이다. "단순한 맛 이상의 맛, 만드는 사람의 개성의 흔적"이라 그는 손맛을 이해한다. 더 나아가 "사랑의 맛"이라고 규정하며, 요리와 맛을 찾아 나선 여정의 기록을 마무리한다.[32]

'사랑의 맛'이라. 좋다. 아름다울 수도 있다. 하지만 너무 추상적이고 정확하게 이해하기 어렵다. 어물쩍 넘어가기 쉽고, 그만큼 발전에는 도움이 안 될 수 있다. 사랑의 힘을 빌려 저 수준에서 놓아두는 건 방치이자 안일한 자세에 가깝다. 한식의 중요한 개념이라면 속속들이 구체적으로 규정해 성문화할 필요가 있다.

그 출발점은 어디인가. 일단 초자연적인 능력이 아님을 인정하기다. 손맛은 초능력이 아니다. 그렇게 믿고 싶을 수 있지만 손에서 알 수 없는 맛의 성분이나 조미료가 배어 나와 음식의 맛을 더 좋게 만들지 않는다. 그럼 대체 무엇일까. '손맛이 있다'는 표현은 찬사다. 맛있는 음식에 붙이는 말이지만, 그냥 맛있는 것이 아니다. 음식이 가장 긍정적으로 맛있을 때 '손맛'이라는 찬사를 붙인다. 열쇠는 '손'이다.

---

32 마이클 폴란, 김현정 옮김, 『요리를 욕망하다: 요리의 사회문화사』(에코리브르, 2014), 415쪽.

세 갈래로 이해할 수 있다. 첫째, 손은 인간의 모든 미세한 움직임을 가능케하는 말단 부위다. 음식과 요리의 울타리 안에서도 이런 믿음이 통한다. 칼을 비롯, 수많은 조리 도구로 효율성을 추구하지만 아직도 '최고의 도구는 손'이다. 서양에서도 마찬가지다. 까고 찢고 버무리는 모든 일을 손이 한다. '조물조물'도 있다. 손이 맛을 불어넣는다는 의미를 내포한, 손맛의 의태어다. 따라서 손맛이 살아 있다는 말은 맛있음의 결이 섬세함을 의미한다.

두 번째, 손맛은 일관된 맛있음의 원동력이다. 우리는 어떤 존재를 손맛의 구현자로 인식하고 인정하는가. 동의하지 않지만 통념의 기준을 부득이 빌려 설명하자면, 할머니와 어머니 같은 이다. 반드시 바꿔야 할 가부장제의 구속에서 가사일을 도맡아 수행하는 존재다. 이들이 지속적인 반복 및 시행착오를 겪으며 수련한, 즉 성문화된 수치와 출발점의 도움 없이 체득한 일관성이 맛에 속속들이 배어 있다. 한편 숭고하지만 부작용도 크다. 이미 언급한 성역할 문제뿐 아니라, 계승이 어렵다. 도제적 인식도 강화한다. 음식을 진정 잘하려면 계량하지 않고 '감'에 의존하는 것이라는 통념이 아직도 걷히지 않는다. 손맛의 소유자는 기본적으로 계승자를 불신하는 경우가 대부분이다. 물론 발전을 저해하는 문제다.

세 번째, 손맛은 개인적인 맛이다. 첫 번째의 손이 섬세함이나 정확함을 의미한다면, 이 손은 그 대척점에서 감정적인 측면을 의미한다. '손길' 같은 단어에 배어 있는 손의 가치다. 손맛이 깃든 음식은 특정인을 식사의 대상으로 지정하고 만든 것이다. 손맛이 집밥의 핵심 가치인 이

　　　　　　　　　　　　　　　　　　한식의 품격

유다. 물론 파는 음식에도 손맛의 미덕을 적용하는 경우가 있지만, 그 목적 자체가 집밥과의 유사성이다. 마지막으로 이 세 가지 의미를 연결 지어주면 총체적인 손맛의 규정이 된다. 일관적인 섬세함을 개인적인 차원에서 구현해낸 맛, 또는 그 역량이 바로 손맛이다.

손맛의 가치와 레시피를 향한 오해

손맛에 대한 나의 입장은? 기본적으로 과대평가되었다고 생각한다. 여건에 따른 미세 조정은 언제나 가능하지만, 손맛 예찬은 그걸 과대평가한다. 손맛은 요리라는 과정 자체를 아예 특수해라 여기는 인식 또는 편견을 강화한다. 다시 말해 조리에서 요리로 넘어서는 과정을 신비감과 불신의 장막으로 가리는 원동력이다. '집밥 위기'라는 현실을 개탄하면서도, 오히려 집밥을 이해하는 일을 더 어렵게 만드는 인상을 지속해서 주입한다. 문턱만 계속해서 높이는 꼴이다. 따라서 계승이 진정 필요한지에 대한 의문은 잠시 접어두고, 계승을 위한 가장 효과적인 수단으로서 레시피를 제안한다.

대부분 레시피는 손맛의 정반대 존재라고 믿을 것이다. 그렇지 않다. 그렇게 여기기 때문에 음식과의 거리를 좁힐 수 없다. 일상과 더 가까워질 수 있는 음식을 자꾸 밀어내는 셈이다. 의식주, 삶의 기본 3요소 중에서 개인이 선택에 따라 가장 쉽게 외주를 주지 않을 수 있는 요소다. 음식과의 거리를 좁히는 데에 레시피가 가교나 매개체 역할을 맡을 수 있다.

어떻게? '시행착오'와 '반복'에 주목한다. 모두가 높은 가치를 두는 손맛의 핵심이지만 그만큼 이루기가 어렵다. 정확하게 말하자면 시행착오와 반복의 환경 자체를 일구는 것이 거의 불가능하다. '저녁 없는 삶'이 일상다반사라 사 먹기조차 때로 어려운 현실 아니던가. 또한 가사-요리 전담 인력의 존재 자체가 현대적 개인의 삶과는 맞지 않을뿐더러, 설사 존재하더라도 3~4인으로 구성된 핵가족을 책임지는 경우가 대부분이다. 많은 양의 김치를 한꺼번에, 그것도 자주 만들어야 할 조건이 아니다. 한마디로 시행착오와 반복을 통해 일관적인 섬세함을 구현할 능력을 개인적인 차원에서 체득할 수 있는 여건을 갖추기 어렵다.

바로 거기가 이론적으로는 레시피가 개입하는 지점이다. 레시피는 요리 주체의 시행착오를 대신 겪음으로써 성문화된 조리법이 존재하지 않던 시절에 비해 높은 지점에서 시작할 수 있도록 돕는다. 칼질처럼 조리에 대한 최소한의 이해가 있다는 전제 아래, 조리자의 출발선을 앞당겨주는 역할을 담당하는 것이다. 이를 위한 레시피의 의무는 먼저, 또 자발적으로 실패하기다. 벌어질 수 있는 실패의 시나리오를 파악한 뒤, 각각의 예방 및 해결책을 제시할 수 있어야 한다. 일종의 실험인 셈이다.

그렇다면 김치를 위한 레시피의 핵심은 무엇일까. 고민할 것 없이 가장 어려운 과정, 시행착오가 많이 필요한 과정이다. 소위 '감'을 쌓아야 이해할 수 있다고 생각되는 두 가지, 즉 채소의 절임 및 발효 상태다. 이를 최대한 가늠할 수 있는 가이드라인을 제시하고, 경험이 적은 이가 실패할 확률을 낮추는 것이 김치 레시피의 관건이다. 제 몫을 하기 위해 공신력 있는 레시피는 수없는 실험을 반복한다. 조리 환경도 주방이라기보다 연구실에 가깝다. 그렇게 만들어진 결과물을 책 또는 회원제 온라인 사이트의 콘텐츠 등의 형태로 판매한다.

현재 한국 요리책에 담긴 레시피는 이러한 개념과 인식이 전반적으로 부족하다. 대부분이 라이프스타일의 홍보에 집착하는 아마추어리즘의 산물이다. 가히 힙스터 헌장(Hipster Manifesto)이라 할 수 있는《킨포크》의 출현과 음식 문화의 유행 이후 한층 더 심해졌다. 그럴싸한 음식 사진과 글 몇 줄로 퉁친다. 좋은 레시피라면 사진, 심지어 그림 하나 없이도 설명이 가능하다는 사실을 외면한다. 레시피가 완성되기 이전의 시행착오와 반복의 단계가 존재하지 않는다. 한마디로 실제 조리를 위한 길잡이로서 자격 미달이다. 레시피를 쓰고 만드는 주체도 딱히 신경 쓰지 않는 듯하다.

이데아의 구현이자 기록이라고 할 수 있는 셰프의 요리책(monologue/anthology) 또한 거의 없다. 책을 낼 만큼 고유한 세계를 축적한 셰프도 드물지만 품, 즉 돈이 많이 드는 사업이라 선뜻 손을 대지 않는다. 당연히 셰프 혼자 만드는 책이 아니다. 일단 구술의 문서화, '스토리텔링' 등을 담당할 공동 저자와 사진가 등이 필요하다. 그리고 일반인이 잘 모르는 또 다른 핵심 인력이 꼭 필요하다. 바로 레시피 전문가다. 셰프에게 내재된 레시피를 끄집어내 그가 체득한 전문적인 언어로 기술하는 한편, 독자가 최대한 오차 없이 구현할 수 있도록 미리 품을 들여 미세 조정하는 일을 담당한다. 말하자면 요리책 제작 역시 하나의 산업인데, 시장이 작고 내리막길인 한국어 도서 시장에서 시장성이 없어 안 만든다고 생각하는 편이 차라리 속 편하다.

황폐한 한국 식문화 콘텐츠의 틈바구니에서 그나마 두 요건, 즉 셰프의 이데아 및 현실적인 레시피를 동시에 만족시키는 요리책을 펴내는 이가 있을까. 유일하게 한 명 있다. 바로 백종원이다. 음식 좀 안다는 자칭 미식가나 집밥 찬양론자에게 2015년 공공의 적으로 입지를 굳힌 이 말이다. 참으로 공교로운 일이 아닐 수 없다. 그를 향한 적대적 시선에는 레시피는 물론 요리 전반에 걸친 그릇된 믿음, 또는 선입견이 배어 있다. 한마디로 '레시피 무용론'이다. 레시피로는 요리를 배울 수도, 제대로 된 맛을 낼 수도 없다는 입장이다. 음식과 요리를 감정의 산물로만 보는 시각이다.

이 무용론은 레시피 문화가 발달한 서양에서도 사라지지 않는 입장이다. 숙달된 맛의 주도자 옆에서 보고 배우는, 즉 도제 시스템만이 요리 교습에 유효하다는 주장이다. 의미가 없지는 않다. 특히 레시피의 의미와 기능을 상기하는 데 큰 도움을 준다. 하지만 이는 크게 보아 레시피를 향한 오해다. '레시피=조립 매뉴얼'이라는 오해 말이다. 프라모델을 예로 들어보자. 각 조립 단계는 개별적 과업이다. 굳이 전체 과정을 미리 아울러 보지 않고, 팔이면 팔, 다리면 다리처럼 부분을 만드는 과정에만 집중해도 문제가 없다. 개별적인 부분을 합쳐 전체를 만드는 과정을 마지막에 반드시 거치기만 하면 된다.

음식은 다르다. 거의 대부분의 경우 불이 개입한다. 그것은 화학적 변화가 핵심이고, 따라서 전체의 과정이 훨씬 더 연속적, 유기적이라는 뜻이다. 미리 전 과정과 결과물을 아울러 이해하고 준비하지 않으면 실패할 가능성이 높다. 무엇보다 관찰을 통해 각 단계의 최적 구간을 파악할 수 없어지기 때문이다. 카레처럼 기본적인 음식을 만든다고 가정하자. 고기를 볶고 그 기름에 향신료(카레 가루)를 볶은 뒤 물을 붓고 채소를 더해 끓여 만든다. 고기를 볶는 동안 시간이 남으므로 그사이에 감자나 당근 같은 채소의 손질을 할 수 있을 거라 믿기 쉽다. 하지만 실제로 냄비를 불에 올려 조리를 시작하면 그럴 여유가 없다. 주의를 기울이지 않으면 요리의 질은 떨어질 수밖에 없다.

또한 이미 살펴보았듯 우리에겐 그럴 여유가 없다. 체득한 레시피를 전수해줄 사람도, 그럴 시간도 없다. 설사 전수해줄 이가 존재한다고 해도, 높은 확률로 육아의 부담을 공유할 가능성이 높다. 이런 현실에서 요리까지 대물림하기를 바라는 건 모두를 망치는 욕심 아닐까. 이미 기존의 가치를 전수하자는 압력이 억압으로 작용하는 2010년대다. 관혼상제가 대표적이다. 이런 현실에서 음식마저 체득을 유일한 습득의 수단으로 규정한다면, 과연 자가 요리의 세계가 지속 가능할 수 있겠는가.

김치의 문제1:
발효 음식의 난이도

자가 조리의 현실적인 어려움 위에, 김치 담그기와의 거리를 더 벌리는 인식마저 가세한다. 이러한 기본 여건에 김치를 올려놓아 보자. 김치는 곧바로 '의문'의 대상으로 전락한다. 의문의 내용은 여러 가닥으로 나뉘지만 모두 정체성을 향한 의문이다. 첫 번째 의문은 발효식품으로서 정체성을 향한다. 기본적으로 김치는 저장 음식이다. 모든 핵심 조리 과업의 목표가 장기 저장을 위한 미생물 발생, 즉 부패의 억제다. 염장은 수분을 들어내는 한편 염도를 높임으로써 부패를 늦추는 기본 방어 전략이다.

한편 유산균 발효는 공격, 그 가운데서도 선제 공격이다. 이로운 균으로 발효함으로써 해로운 균에게 여지를 주지 않는 동시에, 높아진 산도로 부패를 억제하는 원리다. 따라서 자연 발효종을 쓴 빵은 신맛이 강한 한편 일반 효모를 쓴 것보다 유통기간이 길다. 결국 김치 조리의 요점은 수분 관리와 활동(또는 신진대사)을 멈추지 않는 유산균의 통제이고, 이는 모든 저장식품의 정체성을 책임지는 핵심 원리이자 전문적인 기술에 가깝다. 요컨대 일반 음식보다 훨씬 만들기가 어렵다. 그런데 한국의 식문화는 이런 발효 저장 식품을 맛의 핵심이자 기본으로 삼는다. 한술 더 떠, 가치나 정체성이 가정의 맥락을 떠나면 훼손된다고 굳게 믿는다. 김치는 물론이거니와, 이미 시대가 바뀌었지만 장류 또한 가정에서 만들어야 제 맛이라는 것이다. 과연 그러할까.

미생물의 관리 때문에 저장식품은 온도와 습도에 민감하다. 그래서 대부분의 경우 발효 음식의 완성은 장인의 몫이다. 미세한 변화를 감지하고 그에 맞춰 세부 조정 할 수 있는 능력을 갖춘 전문가 말이다. 정확히 통제할 수 있는 공간, 즉 작업장도 필수다. 돼지 뒷다리를 염장해 만드는 햄(이탈리아의 프로슈토(prosciutto), 스페인의 하몽(jamón), 미국 남부의 시골 햄)이 그러하고, 치즈도 마찬가지다. 소규모 생산의 공방 문화 부활 덕

한식의 품격

에 가정에서 자작하는 문화가 생겼지만 취미 수준이다. 직접 만드는 즐거움 위주이지 전문성을 좇지는 않는다는 말이다.

하지만 김치는 어떠한가. 일단 한국의 기후 조건부터 발효식품에 적합하지 않다. 사계절의 온습도 변화가 심하기 때문이다. 김치 냉장고 덕분에 사정이 나아졌지만, 저장에 국한될뿐더러 이를 갖추려면 일반 냉장고보다 더 큰돈이 든다. 게다가 대다수 한국인의 거주 공간은 발효식품의 조리 및 저장에 적합한 환경이 전혀 아니다. 김장 배추를 쌓고 펼칠만한 공간이 없다. 즉 가정의 환경은 물리적으로만 따져보아도 김치 조리에 적합하지 않다. 전라도의 절임 배추가 나오지 않았더라면 많은 배추가 여전히 욕조에서 절여질 것이다. 핵심 과정인 절임을 집에서 하지 않으면, 그것이 집에서보다 더 전문적으로 완수되었다 하더라도 정체성이 훼손된 김치라고 여기기 때문이다.

김치 앞에 놓인 걸림돌 자체가 정서적인 종류다. 어떠한 형식으로든 외부 혹은 대량생산 제품을 꺼린다. 공장이든 공방이든 전문적인 대량 생산자는 물론, 일반 개인의 소량 생산품도 달갑지 않게 여긴다. 거부감을 이해는 할 수 있다. 하지만 거부감을 느끼는 주체와 그걸 떨쳐내기 위해 김치를 만드는 주체가 같지도 않다. 여성이 담그고 남성은 먹기만 한다. 요약하자면, 전문적인 공간에서 전문적인 기술로 만들어야 할 속성의 음식을 아마추어가 만들도록 강제한다.

김치의 문제 2:

중심 역할 못하는 주식

한식 식탁은 김치 하나만으로 꾸릴 수도 없다. 문자 그대로 한 종류의 김치만 담가 해결할 수도 없고, 김치 한 가지의 음식만 올려 먹을 만한 맛의 그림이 나오지도 않는다. 김치는 엄청나게 노동 집약적인 반찬 문화의 중심이다. 고강도 노동을 퍼부어야, 독자적으로 제 역할은 못하지만 맛의 그림을 이루는 하나의 요소를 만들어낼 수 있는 것이 반찬 문화다. 다시 말해 김치란 비효율적인 노동과 빈약한 개별성의 핵심이다.

따라서 김치는 반찬 전체의 허무한 개별성을 대표한다. 설사 제 아무리 맛있다고 하더라도(이것마저 태생적으로 미심쩍지만 조금 뒤에서 상세히 다루겠다.) 독자적으로는 완결된 음식의 역할을 전혀 할 수가 없다. 천편일률적으로 강한 매운맛, 짠맛, 젓갈이 매개체인 발효의 맛이 한데 겹쳐 완급이나 강약 조절 없이 몰아붙이는 맛을 낸다. 경우에 따라 역시 목소리 큰 단맛이 가세하는 경우도 잦다. 따라서 강한 맛을 중화하는 요소 없이 김치만 외따로 놓고 즐기기가 어렵다.

지극히 한국적인 맥락이라면 큰 문제가 되지 않을 수 있다. 언제나 밥이 따라붙기 때문이다. 아니, 김치가 밥에 따라붙는다. 하지만 이러한 설정이 어디에서나 보장받을 수 있다고 여기는 건 착각이다. 한국 전통 식문화 홍보의 대표 주자로 김치를 내세울 때 습관적으로 저지르는 판단착오다. 한마디로, 김치는 우리에게나 익숙한 음식인데 한반도의 물리적, 정서적 울타리를 벗어나도 똑같을 것이라고 착각하는 것이다.

최근 미국 등지에 내세운 김치 광고도 한 치의 오차 없이 그러한 판단 착오를 드러낸다. 우리에게나 친숙한 연예인이 한복을 입고 김치 한 종류 덜렁 담긴 접시를 들이민다. 김치라는 명칭 외에는 별다른 설명도 없다. 광고 형식부터 한국에서나 잘 먹히는 것이다. 연예인의 유명세로 광고 상품 또는 브랜드에 가치의 당의정을 입히는 방식이다.

성공적인 광고는 제품이 이끌어낼 수 있는 라이프스타일의 변화를 순간에 보여주는 데 집중한다. 말하자면 스토리텔링을 주요 전략으로 삼는 것이다. 스토리의 부재. 그것이 외국에 호소하려는 김치의 가장 큰 과제다. 언급한 광고를 외국인이 본다고 생각해보자. 김치가 무엇인지, 심지어 어느 나라의 음식인지도 감을 잡기 어려울 것이다. 더욱이 맛의 영역으로 넘어가면 한층 더 호소하기 어려워진다. 단순히 못난 광고 탓이라면 속 편하겠지만 그렇지도 않다. 김치 자체의 한계가 반영된 결과다. 김치를 먹는 방법을 제시하려면 결국 정체성에 대한 고민을 하지 않을 수 없다. 우리는 김치를 단독으로 먹지 않는다. 언급했듯 반드시 밥에 따라붙고, 그나마 최대한 단독적인 경우가 막걸리나 맥주의 안주다. 이 마저도 논리는 밥과 같다. 탄수화물의 단맛에 짠맛, 발효의 감칠맛이나 신맛 등등을 대조해 얻는 경험이다. 한정된 공간과 기회를 최대한 활용하려면 고질적인 효능 타령보다 우리가 생각하는 최선의 즐길 수 있는 맥락을 제안할 수 있어야 한다.

게다가 김치의 서양식 개념은 '절인 채소(pickled vegetable)'이다. 단백질을 음식의 주재료로 설정하는 식문화권에서는 영원히 부수적인 요소다. 염장과 발효가 바탕이므로 정확하게 건강식품 쪽으로 명함을 들이밀 수 있는 종류도 아니다. 게다가 김치의 중핵인 발효의 맛은 즉각 긍정적으로 호소하지 않을 가능성이 높다. 기본적으로 발효가 관여하는 음식은 학습이 필요한 맛(acquired taste)을 지녔다고 말한다. 이해와 음미에 시간이 걸리며, 소수를 위한 맛일 수 있다.

물론 서양에 발효 음식이 흔치 않다는 말이 아니다. 발효 음식은 세계 어느 식문화권에나 존재한다. 김치와 가장 흡사한 절인 채소만 놓고 보더라도 유태인의 코셔 피클이 있다. 오이지와 아주 흡사할뿐더러 다른 피클과 달리 젖산 발효를 거쳐 만든다. 익숙해지는 데 시간과 노력이 필요한 맛이라는 점에서 김치가 자리를 잡더라도 우리가 원하는 방향이 아닐 가능성이 높다. 핵심적인 젖산 발효의 신맛을 구분하지 못하고, 식초로 보태는 신맛으로 이루어진 샐러드 정도로 받아들일 수 있다. 매운맛은 태국 고추로 낸다. 그런 건 한국의 김치가 아니라고? 모두를 일일이 설득하기란 불가능한 일이다.

만능 맛 보정 요소,
김치 응용과 치환의 방법론

그럼 김치에겐 어떤 길이 최선일까. '가장 한국적인 것이 가장 세계적인 것'이라는 말은 대부분의 경우 틀린 것이지만 얄궂게도 김치에게는 통한다. 한식에서 김치를 먹는 방식이 세계적으로도 최선이라는 말이다. 우리는 김치를 어떻게 먹는가. 어떤 경우에도, 어떤 음식에도 곁들여 먹는다.

이것이 좋다는 말이 아니다. 어떤 맥락에도 김치가 어울린다는 믿음에 정서적 필요, 좀 더 적나라하게 말하자면 강박관념이 맞물려 어떤 식탁에도 김치가 등장한다. 이러한 맹신 자체는 분명히 보정이 필요하다. 맛이 섬세한 메밀을 즉석 제분한 면의 일본식 소바조차 서울에서는 깍두기가 곁들여진다. 김치가 두루 잘 어울리기 때문이 아니라, 모든 맛을 압도하기 때문이다. 게다가 차갑게 먹는다. 비슷한 맛의 표정(flavor profile)을 지닌 한국 음식 가운데서도 두각을 나타낼 만큼 강한 맛이다. 앞서 반찬 문화를 다루며 지적했듯, 밥과 반찬의 상차림이 다양한 맛의 선택지를 구현하지도 않는다. 사실 거의 모든 한식이 구현하는 맛의 조합은 기본이 밥(탄수화물)의 단맛 위에서 폭발하는 김치의 맛이다. 그렇지 않아도 비슷한 양념이 지배하는 반찬들의 맛 조합이 최종적으로 김치에 뚫려 스러진다. 한식 밥상 위에서 벌어지는 맛의 약육강식, 적자생존이다. 한마디로 김치는 전지전능하다.

바로 이 전지전능함을 적극 활용할 필요가 있다. 홀로 먹을 수 있는 음식인 양 설정하지 말고, 어떤 음식에도 '어울리는' 곁들이, 또는 만능 맛 보정 요소로 홍보하는 것이다. 주안점은 발효를 통한 신맛, 수분을 빼고도 남아 있는 채소의 아삭함이다. 전자는 지방을 잘라주고, 후자는 부드러움의 결에 방점을 찍어 질감의 대조를 만들어내는 역할을 맡는다. 둘 다 서양 요리에서 아주 흔하게 쓰이는 논리 또는 전략이다. 따라서 비교적 쉽게 치환이 가능하다.

2014년, SNS에서 '김치 블러디 메리'의 사진이 돌아 잠깐 화제가 된

적이 있다.[33] 화제의 중심에는 언제나 그렇듯 한식 세계화의 정당성 논란이 있었다. 이와 함께 보드카 대신 소주, 토마토 주스 대신 김치 국물을 쓴 칵테일이 얼마나 정체불명의 괴식인가 하는 것이었다. 특히 개인이 블로그를 통해 올린 글이 한국관광공사 홈페이지를 통해 소개됨으로써 국가 및 관 주도의 한식 세계화 사업을 향해 축적된 반감이 함께 터져 나왔다.

하지만 하나만 알고 둘은 모른다고 했던가. 본의 아니게 한바탕 난리를 불러일으켰지만, 김치 블러드 메리는 한국인의 시각에서 바라보는 만큼 말도 안 되는 음식이 아니다. 기본적으로 해장 칵테일이기 때문이다. 한식에서는 뜨겁고 때로 매운 국물로 숙취를 걷어내지만, 양식에서는 커피나 오렌지 주스 같은 음료, 햄버거처럼 기름진 음식이 비슷한 역할을 맡는다. 그 가운데 블러드 메리가 비교적 시원하게 속을 뚫어주는 칵테일이다. 토마토의 신맛과 감칠맛이 해장의 기본이지만, 거기에 서양의 발효 조미료라 할 수 있는 우스터 소스까지 더한다. 맥아 식초와 과일 등에 안초비, 즉 멸치를 더해 발효시켜 감칠맛이 두드러지는 조미료다. 게다가 해장술이다. 장기적으로는 건강에 악영향을 미치지만 일시적으로 숙취를 쫓아내는 설정이다.(서양에서는 이를 개털(hair of the dog)이라 표현한다. 개에게 물리면 그 털을 태워 바른다는 민간요법에서 유래한 말이다.) 김치 국물의 신맛과 감칠맛은 발효의 산물이라는 측면을 비롯해 개념적으로 토마토와 우스터 소스의 조합을 대체할 수 있다.

33 배진영, 「'김치 블러디 메리' 칵테일 논란… 이런게 한식 세계화?」, 《아시아경제》(2014.4.14), http://www.asiae.co.kr/news/view.htm?idxno=2014041409285208464.

한편 논란의 김치 칵테일을 고안한 장본인이 외국인이라는 사실이 시사하는 바가 있다. 양식과 한식을 모두 개념적으로 이해했다는 방증이다. 따라서 현재형의 한식에 얽매이지 않고, 맛의 원리를 바탕으로 정체성을 잃지 않는 범위 내에서 응용이 가능했던 것이다. 어느 지점에서 동결 또는 봉인된 한식을 전통이라 여기는 보수적 시각에서야 말도 안 되는 잡탕에 불과할 수도 있다. 하지만 개념적인 이해를 바탕으로 맛을 치환했고, 그 과정에서 한식 울타리 안의 재료를 썼다. 이런 접근을 이해하고 받아들일 필요가 있다.

물론 김치의 핵심 맛이 모든 음식에 통하는 것은 아니다. 일단 섬세한 해산물은 제쳐놓아야 한다. 특히 서양 주요리의 재료로 자주 쓰이는 흰살 생선은 김치에 압도당한다. 역시 발효가 정체성을 좌우하는 치즈를 해산물 요리에 쓰지 않는 것과 같은 논리다. 하지만 고기라면 가능성은 열려 있다. 겉을 지져 거칠게 조리한 스테이크, 모든 맛이 한데 잘 우러나도록 뭉근히 푹 끓인 스튜라면 김치의 강한 맛에 눌리지 않는다.

불판에 함께 올려 쇠기름에 구워 먹는 배추김치, 삼겹살을 더해 푹 끓인 김치찌개와 같은 원리다. 게다가 이미 충분히 응용되고 있다. 어쩌면 한국보다 더 한국적인 로스앤젤레스의 한국계 셰프 로이 최(Roy Choi)가 이러한 조합으로 성공을 거두었다. 미국화된 멕시코 음식인 부리토(burrito) 등의 고기를 한국식으로 양념한 것으로 치환하고, 김치를 일반적인 절인 채소처럼 사용한다. 쌀이 조금 다르기는 하지만, 부리토에는 밥도 들어간다. 이 셋을 얇은 밀전병인 토르티야(tortilla)에 싼다. 분명 멕시코 음식이지만 한국적인 맛도 난다. 덕분에 그의 음식은 큰 인기를 얻었다.

그보다 더 중요한 건 인식이다. 멕시코 음식의 문법을 빌렸지만, 궁극적으로 그는 한국의 맛을 구현하는 셰프로 여겨진다. 이러한 방법론은 제법 친숙하다. 로스앤젤레스 아닌 외국 도시에서도 김치를 얹은 '한국식' 타코를 먹을 수 있다. 심지어 LA소공동순두부처럼 역수입까지 되었다. 한국에서도 김치를 적극적으로 쓴 미국식 멕시코 음식을 먹을 수 있다. 다만 미국에서 먹을 수 있는 것만큼 성공적이지는 않다. 한식의 강박적인 단맛이 적극적으로 개입하는 탓이다. 그로 인해 맛의 결이 흐트러져버리니 김치의 입지도 따라 좁아지는 것이다.

누차 강조하듯, 김치는 한식에서 가장 중요한 음식이다. 앞서 설명한 치환과 응용의 방법론이 시사하는 바에 따라, 더 큰 그림을 볼 필요가 있다. 한식 전체의 세계화 방안이다. 이 책 전체가 현재의 한식에서 결핍된 내실을 지적하기 위한 것이므로 세계화 담론이나 시도를 그다지 지지하지 않는다. 그러나 한식 세계화가 꼭 필요한 것이라면, 음식의 위계질서에 바탕을 둔 두 갈래 전략으로 접근해야 한다. 각각 '상향식(bottom-up)'과 '하향식(top-down)' 접근법이다.

식문화에 어떻게 적용할까. 상향식은 친숙한 일상 음식에서 정체성에 극적인 영향을 미치지 않는 요소를 치환한다. 불고기 부리토가 한국적인 재료를 서양 음식에 접목한 예라면, 스팸 김치찌개는 그 반대의 경우다. 짐작이 어렵지 않다. 이런 방식으로 일상 음식의 차원에서 차근차근 파고들어 저변을 넓히는 전략이다.

반면 하향식은 위에서 아래로 내려오는 것이니, 가장 고급스러운 음식으로 승부하는 전략이다. 한국에서도 가장 고급스럽고 또한 전통적이라 여기는 음식에서 시작하는 것이다. 소위 '파인 다이닝 한식'이 될텐데, 구현이 한층 더 어렵다. 이런 음식에 대한 인식이나 공감대가 형성되어 있지 않기 때문이다. 그에 해당하는 대상을 찾기도 어렵다. 숯불 위에 올라가는 투플러스 생등심? 아니다. 차라리 과거의 궁중 요리, 그도 아니라면 사대부 요리가 더 가까울 것이다. 특정 시대의 형식을 최대한 재현한 음식이다. 설사 번거롭고 허례허식으로 점철되었을지언정 계승을 위한 재현은 반드시 필요한 상황이다. 먹을 수 있는 형식으로 남겨놓아야 비판도 분석도 가능해진다. 어떤 음식이 한국의 오트 퀴진(haute cuisine) 자격을 갖추었을까.

기대 감소 시대의 김치

다시 김치로 돌아오자. 기대 감소의 시대라고 한다. '감소'라는 단어가 그렇듯, 당연히 긍정적인 상황을 의미하지 않는다. 핵심은 저성장이다. 더이상 예전, 즉 70~80년대만큼 전대미문의 고도성장을 할 가능성은 없어졌다. 한마디로 허리띠를 졸라매야 하는 상황이 닥쳐온 것이다. 이런시대에 발맞춰 기대 감소의 대상이 되어야 할 한식이 존재한다면 제1순위가 바로 김치다. 기대 감소의 대상은 소유권이다. 모두가 나의 것으로여기고 있지만 사실 그렇지 않다. 시행착오를 통해 기술을 갖춘, 고도로숙달된 소수 전문 인력이 노력한 결과물을, 우리는 마치 바로 나의 산물인 양 착각해왔다.

지나치게 가까운 사람끼리는 허물을 보지 못하거나, 보더라도 건설적인 비판을 주기가 어렵다. 김치와 우리의 관계가 그렇다. 지나치게 당연시하고 허물을 보지도 못한다. 김치를 중심으로 황폐해진 밥상의 정경도, 그 황폐함이나마 건사하려고 안간힘을 쓰는 주방의 손에 무관심하다. 내 입에 들어갈 수만 있다면 그만이라는 이기심도 당연히 큰 몫을 했다. 이제 그 이기심을, 기대를 줄여야 할 시대다.

단계별로 대안을 제시해보자. 일단 무심함, 또는 느긋함이 필요하다. 극단적으로 말해 김치 없이도 죽지 않는다. 근 30년 전에 가르침을 준 이가 있다. 중학교 국사 교사였다. 수업 내용은 잘 기억나지 않지만 몇 번에 걸쳐 김치의 무용함을 피력한 그의 말은 또렷하다. "아니, 그거 뭐 무생채나 무쳐 먹으면 되는 거 아냐?"

틀린 말이 아니다. 같은 김칫거리 채소를 절여 고춧가루로 버무린다. 절이기는 마찬가지지만 배추에 비하면 관리가 훨씬 쉽다. 게다가 채를 써니 훨씬 빨리 절일 수 있다. 도구, 즉 채칼로 효율을 높일 수도 있다. 한편 익히는 과정은 완전히 건너뛸 수 있다. 감칠맛이 필요하다면 젓갈을, 신맛만 필요하다면 식초나 레몬즙을 더하면 그만이다. 그렇지 않아도 물'김치'라며 다시마 우린 물에 고춧가루와 식초를 타서 내는 현실이다. 유산균 발효의 복잡한 신맛이 양조 식초의 독하고 얄팍한 신맛으로 대체된다. 좋으나 싫으나 30년 전 무생채의 철학을 거부감 없이 받아들일 수 있는 환경이다.

한편 금전적인 가치로 교환 가능한 노동력을 감안하면, 훨씬 적은 노력으로 근접한 가치와 만족을 얻을 수 있는 대안은 존재한다. 압도적인 짠맛과 신맛, 감칠맛 등을 품은 채소가 굳이 김치여야 할 필요는 없다. 유태인식, 즉 코셔로 만든 발효 오이 피클이나 소금물에 절인 올리브, 일본식 채소 절임 츠케모노(漬物) 등, 선택의 폭도 다양하다. 모두 같은 맛의 개념을 공유하는 음식이다. 자르고 가셔내거나 방점을 찍는 역할이고, 따라서 호환 가능하다. 발효가 개입할 수도, 않을 수도 있지만 식초 물김치의 현실 안에서 타협 가능하며, 품질이 보장된 기성품을 쉽게 살 수도 있다.

기어이 김치의 울타리 안에서 머물러야 성이 찬다면 사 먹는 방법이 있다. 사 먹는 김치는 발효식품의 생명인 온습도를 훨씬 더 조절하기 쉬운, 산업 및 공업적 여건에서 담근 것이다. 다시 말해 발효 음식은 통제가 생명인데, 그 통제를 김치 냉장고보다 더 잘해내는 환경에서 만든 김치다. 집에서 담그는 김치도 절임 배추를 써 한 단계 부담을 줄일 수 있다. 이미 김장 배추 시장의 상당 비율을 점유해, 2015년 기준 김장 가구의 49%가 사용 의향을 밝혔을 정도다.[34]

김치와 함께 부엌의 타자 탈피하기

내가 원하던 그 맛이 아니라고? 김치는 집에서 담가야 한다고? 절임 배

---

34 박상용, 「김장철 '믿지 못할 절임배추'… 대책 없는 유통 체계」, 《노컷뉴스》(2015.11.25), http://www.nocutnews.co.kr/news/4509039.

추도 안 된다고? 진정 그렇다면, 그제서야 비로소 당신이 움직일 차례다. 지금껏 부엌의 타자였다면 김치를 통해 그 불명예를 벗을 기회라는 말이다. 지금까지 너무나도 당연하게 그렇노라 여겼던 김치는, 여태 인식하지 못했을 수도 있지만 당신의 전유물이 아니었다. 관계를 정확하게 재정립할 차례다. 물론 기대의 감소가 본격적으로 요구된다. 내가 10여 년의 세월 동안 조금씩 걸어왔듯 시간이 걸릴 것이다. 그래도 완전함에는 이르기 어려울 것이다. 당신의 김치를 지금껏 책임졌던 손이 내는 맛과는 비교도 안 될 만큼 열등한 결과물이 나올 가능성이 아주 높다.

하지만 감내해야 한다. 그렇게 기대를 접고 조금씩 움직이다 보면, 당신도 숙달의 단계에 접어들 수 있을지 모른다. 설사 실패하더라도 그 과정에 충분한 가치가 서려 있다. 우선 역지사지의 깨달음을 단적인 예로 들 수 있겠다. 또한 한식의 모든 길은 김치로 통한다. 가치나 개념 같은 추상적인 요소도 좋고, 배추 쪼개기처럼 한없이 소소하고 실용적인 기술도 좋다. 그 안에서 배우고 얻을 수 있는 가치가 당신의 식탁을 풍요롭게 만들어줄 것이다. 보이는 것일 수도, 보이지 않는 방식일 수도 있다.

길고, 때로 지난할 수도 있는 여정의 첫 단계를 제시해본다. 김치 레시피, 정확하게는 깍두기를 위한 레시피다. 깍두기는 구하고 손질하기 쉬운 재료들로, 절이지 않고도 담글 수 있다. 다소 반칙이지만 무엇보다 첫발 떼는 부담을 대폭 줄여주는 것만으로도 의미 있다. 다만 확실히 짚고 넘어가자. 레시피 제작과 제시는 분명히 내 영역의 일이 아니다. 김치와 레시피의 각 전문가가 손을 합쳐 구현해야 할 비전이다. 다만 비법과 스토리텔링을 뺀, 그야말로 '담백한' 레시피가 필요하다. 가장 자극적인 음식에는 역설적으로 가장 담백한 레시피가 최선이다. 대신 자세해야 한다. 반복하건대 시행착오와 반복을 최소한으로 줄여줄 수 있어야 한다. 그런 레시피를 제안한다. 안정적인 결과를 이끌어내기 위한 것이기도 하지만, 양식 및 정보의 적합한 밀도에 대한 제안이기도 하다.

| 깍두기 레시피 |●

재료:

무 큰 것으로 1개 또는 2kg

파 25g

고춧가루(중간 굵기) 35g

젓갈 25g

고운 소금 15g

다진 마늘 15g

다진 생강 5g

설탕 7g (선택)

도구:

식칼(날 길이 20cm 이상)

● 박경미,『생애 처음 김치 담그기』(삼성출판사, 2005)를 바탕으로 수정 및 보완했다.

도마(무보다 큰 것)

김치 용기(가로, 세로, 높이 각각 20x10x10cm)

저울

재료의 및 도구의 선택:

1. 파: 소규모, 특히 1인 가족이라면 다듬어놓은 제품을 사는 게 훨씬 편하다. 시간과 노력을 대폭 줄여주는 한편, 재료 낭비의 우려도 근본적으로 차단해준다. 한편 재료의 간소화를 위해 파로 단일화했지만 쪽파, 미나리 등의 향신채를 얼마든지 더할 수 있다.

2. 젓갈: 깍두기에는 새우젓을 많이 쓰지만, 많은 양을 쓰지 않는다면 멸치나 까나리 액젓류가 장기 보관 및 사용에 훨씬 편하다. 다른 음식에 감칠맛을 더하는 등 용도도 훨씬 다양하다(1부「다섯 가지 기본 맛」의「감칠맛」참고).

3. 무: 겨울 것이 가장 맛있다지만, 무는 사시사철 쉽게 구할 수 있는 김치의 기본 재료다. 질을 좇는다면 백화점 식품 매장이 최선이고, 대형 마트, 동네 마트, 재래시장 순이다. 동네 마트는 품질이 빼어나지 않지만 접근성이 좋고, 소분 및 손질해 파는 경우가 많다는 이점이 존재한다.

4. 김치통: 약 5L들이. 3분의 1에서 넉넉하게는 2분의 1의 여유 공간이 필요하다. 담근 다음 날, 간을 보정하거나 갑자기 익어 끓어 넘치는 걸 방지하는 데 필요하다. 한편 장기 사용을 위해서는 냄새가 배지 않는 유리나 플라스틱 재질이 좋다. 아니면 싼 플라스틱을 소모품 삼아 자

주 바꾸는 방안도 있다.

5. 저울: 2~3만 원에 거의 모든 요리 및 생활의 탄탄한 표준을 마련할 수 있다. 필요 없을 것 같지만, 막상 써보면 없이 살기 어려워진다.

조리:

1. 재료를 손질한다. 무는 윗동의 청과 아랫동의 뾰족한 뿌리를 잘라내고, 잔뿌리도 떼어낸다. 받아놓은 물에 담가 솔로 문질러 흙을 닦아내고 헹군 뒤, 종이 행주로 물기를 걷어낸다. 채소 껍질 벗기개로 최대한 얇게 껍질을 벗겨낸다. 한편 파는 흰 밑동 부분만 재료 길이의 직각 방향 0.2cm 두께로 썬 뒤, 한데 모아 잘게 다진다. 칼을 쥐지 않은 손의 손가락을 칼등 위로 올려, 날의 곡선에 맞춰 전후좌우로 가볍게 움직인다.

2. 양념을 만든다. 밥공기보다는 크고 우묵한 대접에 고춧가루, 젓갈, 마늘, 생강, 설탕(선택)을 한데 담아 잘 버무려둔다.

3. 무를 썬다. 눕혀 재료 길이의 직각 방향 2.5cm로 썬다. 이를 다시 눕혀서 직경 또는 단면적이 비슷한 것 두세 쪽을 겹친다. 칼로 3등분한 뒤, 그대로 잡고 90도 돌려 다시 3등분한다. 무가 클 경우 좀 더 많이 등분해도 좋다. 목표 치수는 2x2x2.5cm다.

4. 버무린다. 직경 30cm안팎의 대접(주로 스테인리스 재질)에 썬 무를 담는다. 고운 소금을 약 30cm 높이에서 엄지와 검지로, 최대한 고르게 솔솔 흩뿌린다. 장갑을 낀 두 손으로 두어 번, 전체를 가볍게 버무린다. 2에서 만들어둔 양념을 더해 손아귀에 가볍게 힘을 주어 버무린

다. 전체에 골고루 버무려져 색이 고르게 들 때까지 되풀이한다.

5. 통에 옮겨 담는다. 최대한 고르게 담아 표면이 평평해지도록 장갑 낀 손으로 가볍게 눌러준다. 뚜껑을 닫아 실온에 둔다.

6. 간을 보정한다. 담근 직후에는 젓갈의 강력한 짠맛 때문에 정확한 간을 가늠하기 어려우므로, 하루 뒤 확인한다. 맛을 보아 못 먹을 정도는 아니지만 꽤 짜다 싶을 정도면 적당하다. 아니라면 고운 소금을 뿌려 전체를 국자나 주걱, 장갑 낀 손으로 가볍게 버무린다.

7. 맛을 들인다. 간을 보정한 뒤 하루 더 실온에 둔다. 다만 계절에 따라 차이가 크므로 상태를 확인한다. 국물에서 거품이 올라오고 불쾌한 냄새가 날 때 냉장 보관을 시작한다. 보름에서 한 달까지 두고 먹을 수 있다.

후기

2년 넘게 걸린 이 책의 집필이 막바지에 접어들면서, 나는 김치를 끊었다. 담그기를 멈췄다. 힘들어서는 아니다. 지금까지 늘어놓았듯 아주 능숙하진 않더라도 김치 담그기가 그리 어려운 일은 아니었다. 목적은 따로 있다. 습관에서 벗어나고 싶었다. 정서적 습관 말이다. 요즘 내가 꾸려나가는 식단에서 김치는 딱히 필요하지 않다. 맛의 원리만 놓고 보면 오히려 균형을 깨는 역할일 수 있다. 그래서 시도한다. 없이도 버틸 수 있을

지 지속 가능 여부는 모른다. 앞으로 쭉 절실하지 않을 수도 있고, 어느 날 문득 생각이 나서 채소를 사러 나갈 수도 있다. 지금 당장은 내 식탁에 김치가 오르지 않으며, 딱히 생각나지도 않는다.

그리고 또 1년이 흘렀다. 탈고하고도 그만큼의 시간이 지날 때까지 책이 나오지 않았으므로 그 후의 상황을 기록할 기회를 부득이하게 얻었다. 이후로도 나는 김치를 거의 담그지 않았다. 오이가 가장 싱싱한 여름에 가볍게 담갔던, 무침에 가까운 한두 번의 소박이가 있었을 뿐이다. 금단증상이나 동요 같은 건 없다. 어차피 밖에서 먹을 기회가 있고, 편의점의 김치도 최소한의 역할은 한다. 그마저도 많이 먹진 않는다. 때로 '내가 담근 김치의 맛'이라는 정확하고도 구체적인 경험이 가끔 생각나지만, 몸을 움직여 김치를 담글 만큼의 적극적인 동기 부여는 되지 않았다. 아직까지는 그렇다.

4. 국물,
조리의 목적과 선택 1

닭볶음탕

질문자: 여주희

등록일: 2016. 2. 22.

조회: 180

일본어 전공자입니다.

닭도리탕이 닭과 일본어 토리(닭)가 합쳐진 바르지 못한 말이라고 되어

있잖아요?? 하지만 이건 설일 뿐이고 제가 알기론 도리는 도려내다, 도

리다의 뜻으로 닭을 토막 내어 끓인 탕이라는 건데 어째서 어감이 비슷

하다는 걸로 닭도리탕이 닭볶음탕으로 바뀐 건지요? 어른들도 닭을 도

려내서 끓인 탕이란 걸 아시던데요. 볶음탕이라는 건 조리법부터 달라

지지 않습니까?? 명확하게 자세히 알려주시면 감사하겠습니다.

[답변] 닭볶음탕

답변자: 온라인가나다

답변일: 2016. 2. 23.

안녕하십니까?

알고 계신 대로 '닭도리탕'의 '도리'의 어원은 불분명합니다. 다만, '도리'가 어원이 무엇인지보다는 과거부터 '닭볶음'이 '표준국어대사전' 이전 사전부터 '닭볶음'이 등재되어 있었으므로 어원이 불분명한 '닭도리탕'보다 기존부터 쓰인 '닭볶음'을 사용한 '닭볶음탕'이 더 적절하다는 점을 고려하시기 바랍니다.

아울러, '도리다'는 '종이를 가위로 도리다/사과의 상한 부분을 도렸다'처럼 '둥글게 빙 돌려서 베거나 파다'를 의미하므로 토막 내는 의미로 보기 어렵다는 점을 참고하시기 바랍니다.[35]

닭찜과 닭도리탕의 간극

"남 씨! 남 씨!" 아침이면 그를 깨우는 외할머니의 목소리가 온 집 안에 쩌렁쩌렁 울렸다. 남 씨는 재봉사였다. 외가는 만주 용정에서 이북을 거쳐, 충남 예산에 뿌리를 내렸다. 외할머니는 양장점을 열어 생계를 꾸렸다. 이제는 기억이 많이 희미해졌지만, 당신이 이전에 관련된 일을 한 적이 없었음은 확실하다. 말하자면 먹고살기 위해 시작한 일이었다. 본정통의 부인양장점집. 만주 시절부터 천주교를 믿었던 외가는 예산에서 그렇게 통했다. 아주 많은 시간이 흐르고 나서야 '본정통'이라는 명칭이

35 http://www.korean.go.kr/front/onlineQna/onlineQnaView.do?mn_id=61&qna_seq=93507.

일본어 혼마치(本町通, 일제 시대 충무로 일대에 붙여진 길 이름)의 한독이라는 걸 알았다.

그토록 힘들여 남 씨를 깨운 아침, 외가의 밥상에는 닭찜이 올라왔다. 증편, 만두와 더불어 유일하게 기억이 남아 있는 외가의 3대 음식 가운데 하나다. 나는 소위 외탁을 했지만 친가의 음식에 더 익숙했다. 게다가 외가의 분위기는 굉장히 호방해서 모이면 외식도 많이 했다. 집밥에 크게 구애받지 않았다. 갈비도 굽고 탕수육도 시켜 먹었다. 그것도 쇠고기 탕수육이었다. 친가에선 없는 일이었다. 언제나 할머니가 음식을 만드셨다. 외식이란 존재하지 않았다. 그래서 음식에 대한 기억이 각자 다르다.

여태껏 외갓집의 닭찜을 기억하는 이유는 법랑 냄비 덕분이다. 둥근 자개상 한가운데에 맨 마지막으로 오르던 둥글고 큰 냄비. 하얀 바탕에 보라색과 노란색의 꽃무늬가 찍혀 있었다. 간장 바탕의 다소 거무스름한 국물이 자작했고 맵지 않았으며, 토막 친 닭과 함께 감자와 당근도 들어 있던 음식을 외가에서는 분명히 '닭찜'이라 불렀다.

맛이 어떠했는지 이제는 당근만 기억난다. 오래 익힌 채소의 달착지근함 말이다. 오랫동안 그런 음식을 나는 '닭찜' 한 가지로 기억했다. 자작한 국물에 뭉근하게 오래 끓인 닭 요리. 어머니도 가끔 비슷한 음식을 만들어주셨다. 닭을 간장 바탕 양념에 재웠다가 끓였다. 똑같이 닭찜이라 불렀지만 서로 얼마나 비슷했는지는 기억이 희미하다. 어머니의 맛은 내가 기억하는 한 친가의 그것을 상당 부분 흡수했기 때문이다.

그래서 '닭도리탕'이라는 음식의 존재를 처음 알았을 때, 두 가지 측면에서 놀랐다. 첫째, 어떻게 이제서야 알았을까. 불과 10여 년 전의 일이었으니 적어도 20년 이상 대중적인 음식을 아예 그 존재조차 모르고 살았던 자신에게 놀랐다. 게다가 닭도리탕을 처음 먹어본 곳이 한국도 아니었다. 교포를 상대로 엉터리 장사를 하는 애틀랜타의 어느 한인 카페였다. 대학 선배를 오랜만에 만났는데, 밥을 먹자며 시킨 음식이 닭도리탕이었다.

그렇게 서른 직전에 닭도리탕이라는 음식을 처음 받아들고, 그 조악함에 나는 두 번째로 놀랐다. 뻘건 국물이 흥건한 데 토막 친 닭이 드문드문 둥둥 떠 있었다. 살은 이미 과조리로 퍽퍽했고 껍질은 누글누글하고 또 질겼다. 뻘건 국물과 허연 닭고기의 대조가 기묘했다. 국물의 맛과 간이 하나도 배어 있지 않노라는 증거이리라. 정말 그러했다.

밥을 안 먹었다며 잘 먹는 선배를 보고 있노라니 다른 음식의 기억이 떠올랐다. 군대 식단의 닭고기 찌개였다. 밥과 국을 동시에 조리할 수 있는 취반관(보일러)에 모든 재료를 한꺼번에 넣고 끓여 만든다. 그래서 빨간 국물에 퍽퍽한 살과 누글누글한 껍질의 닭고기가 둥둥 뜬 채로 식판에 담긴다. 거의 똑같았다. 그야말로 시장이 반찬이었고, 줄 때 먹지 않으면 배고픔에 시달릴 테니 마다할 수 없는 음식이었다. 그런 곳은 세상에서 한국 군대 한 군데여야만 했다. 그런데 군대 수준의 음식을 미국의 한국식 카페에서 먹었다. 나는 고개를 숙이고 맛있게 먹는 선배의 가마를 물끄러미 쳐다보기만 했다. 뭔가 이상하다.

닭도리탕의 명칭 시비와 조리법의 논리

서울의 닭도리탕도 딱히 다르지 않다. 국물은 벌겋고 흥건하지만 닭은 허옇고 간이 배어 있지 않다. 찬찬히 뜯어보면 단순한 조리의 실행, 즉 닭을 끓이는 문제가 아니다. 재료의 선택부터 조리의 개념까지, 각 단계의 판단 착오가 켜켜이 쌓인 총체적 난국이다. 형식이 전제하는 완성도가 닭찜에 비해 많이 떨어진다. 요즘은 국립국어원까지 끼어들어 음식의 격을 한 단계 더 낮춘다. 명칭 시비다. 한없이 부차적이어야만 할 사안이 음식의 형식 논리를 무시하는 바람에 가장 먼저 따져보아야 할 문제로 격상(?)되었다. 이제 음식의 영역을 벗어났다. 사공도 너무 많다. 조금 과장을 보태 산꼭대기에 올라앉은 배 꼬라지다.

무엇이 문제인가. 국립국어원의 판단에 의하면 이름이 문제다. '닭도리탕'은 우리말이 아니라는 것이다. '도리'가 새를 뜻하는 일본어 '토리 (鳥)'에서 유래했다고 추청한다. 따라서 닭도리탕은 '모찌떡', '오뎅탕', '삐까번쩍'같이 일본어와 한국어가 합쳐진 조어이므로 순화해야 한다고 주장한다. 매체에서도 거의 정기적으로 짚고 넘어간다.[36] 그래서 내놓은 대안이 이제 일상어로 자리 잡은 '닭볶음탕'이다. 닭볶음탕이라 불리는 음식 자체도 별 맛이 없지만, 음식 이름이 거리를 더 벌려놔 맛을 한층 더 떨어뜨린다.

---

36 강영훈, 「구라쳤다, 뽀록났다, 공람, 가압류…일본어 잔재 부끄럽다」, 《연합뉴스》 (2016.8.15), http://www.yonhapnews.co.kr/bulletin/2016/08/12/0200000000A KR20160812169300061.HTML.

이유는 두 가지다. 첫째, 일단 조리 과정에 볶음이 개입하지 않는다. 또한 설사 개입하더라도 닭이라는 재료의 본질 또는 물성을 감안한 맛내기 전략에 아무런 보탬이 되지 않는다. 1.5kg 미만의 작은 동물을 통째로 먹는다. 대개 동물이 자연적으로 갖는 부위 및 관절을 따라 토막을 치니 모양도 크기도 조금씩 다르게 나뉜다. 마트 등에서 미리 토막 내 포장한 것을 '닭볶음탕'용으로 분류해 판매하니 쉽게 확인할 수 있다. 등뼈를 따라 대칭으로 반을 가른 가슴(다시 수직으로 반 갈라 한 쪽당 두 토막으로 갈린다.), 날개(관절 따라 두 토막. 맨 끝은 버린다.), 허벅지와 다리(봉)의 구성이다. 소나 돼지처럼 큰 동물과 달리 분해된 각 부위가 판상형이 아니다. 육면체나 원통형에 가깝다.

다음은 동물을 둘러싸고 있는 껍질이다. 닭 껍질은 지방 위주에 단백질과 약간의 탄수화물, 수분으로 이루어져 있다. 따라서 가장 비율이 높은 지방 다스리기가 조리의 관건이다. 특히 살과 껍질 사이의 지방을 녹여내고 수분을 끌어내는 한편, 단백질과 아미노산을 땔감으로 마이야르 반응을 얻어내야 한다. 그래야 맛이 더 좋아지는 것은 물론, 이미 지방과 수분을 충분히 빼내 끓인 뒤라도 닭 껍질이 훨씬 덜 누글거린다. 질감이 한결 낫다. 아예 닭 껍질을 벗겨내면 되지 않겠느냐고? 맛과 향의 매개체인 지방을 들어내면 맛이 떨어지는 것은 물론, 보호해줄 껍질이 없어져 가뜩이나 작고 퍽퍽한 닭이 더 과조리의 위험에 노출된다. 껍질의 지방 다스리기는 볶음을 통해 얻을 수 있는 효과가 아니다. 특히 한국식의 어중간한 볶음으로는 택도 없다. 어쨌든 별 상관없다. 널리 통하는 레시피는 볶음을 적용조차 하지 않기 때문이다. 네이버 등지에서 유통되는 레시피의 공통점만 요약 정리하면 다음과 같다.

1. 닭을 찬물에 넣고 끓인다.
2. 양념장과 채소를 넣고 더 끓인다.
3. 먹는다.

볶음의 자리가 아예 존재조차 하지 않는다. 이래도 '볶음탕'이라 부를 이유가 있을까? 물론 적합한 언어 순화인지부터 따져볼 필요가 있다. 일본어 혼재의 혐의만으로 군이 뜯어고쳐야 하는지 이해하기 어렵지만, 백번 양보해 설사 순화가 필요하다고 치더라도 본질인 음식(기의)이 아닌, 이를 둘러싸고 있는 단어(기표)만을 고려한 형식 놀이, 실적 쌓기에 지나지 않는다.

이게 끝도 아니다. 볶음탕이라는 순화된 명칭에 맞춘 레시피가 블로그를 중심으로 퍼져나가고 있다. 정말 닭을 볶다가 물을 붓고 끓인다. 낮은 온도에서 오래 익히는, 그 비효율적인 한국식 볶음 말이다. 회색의 닭에 국물을 붓고 끓인다. 점입가경이다. 억지로 만들어낸 말에 조리법을 비롯한 음식의 정체성 자체를 끼워 맞추는 것이다. 쓰지 말아야 할 케케묵은 군대식 농담마저 떠오른다. "옷을 몸에 맞추지 말고 몸을 옷에 맞추어라." 말에 끼워 맞추면 음식이 망가진다.

볶음이 비효율적이라면 대안, 아니 정답은 무엇일까? 앞에서 껍질을 다스리는 게 관건이라 했다. 비단 닭뿐만 아니라 대부분의 육류와 생선의 조리 과제다. 껍질을 잘 익혀 마이야르 반응으로 복잡한 맛을 끌어내는 한편, 껍질과 살 사이의 지방을 녹여 촉촉함과 풍부함을 불어넣는다. 또한 살을 보호하는, 껍질 본래의 생물학적 기능이 거들어 육질이 마르는 것을 막아준다. 이를 제대로 끌어내기 위해서는 높은 온도의 정적(靜的) 조리, 바로 지짐(searing)이 필요하다. 넓고 우묵한 냄비에 기름을 살짝 두르고 중불에 뜨겁게 달궈, 토막 낸 닭을 껍질이 가장 많이 붙은 면부터 뒤집어가며 고르게 지진다.

말만 놓고 따져보든, 아니면 재료와 조리의 논리를 감안하든, 닭볶음탕에 '볶음'의 자리는 없다. 설사 이 음식에 닭을 볶는 과정의 자리를 정말로 마련할 수 있다고 가정해도 닭볶음탕이라는 명칭 변경이 정당화되지는 않는다. 한식에서 재료의 조리 과정을 겹쳐 이름 붙인 음식이 없기 때문이다.

모호한 국물 음식의 문법

진정 닭도리탕의 순화를 원한다면 진짜 과제는 '도리'와 '볶음' 사이의 간극, 또는 분쟁 해결이 아니다. 밥을 제외하면 국물 음식은 김치와 더불어 가장 지배적인 한식의 조리 문법이다. 국을 필두로 탕, 찌개, 전골, 조림, 찜 등 다양하다. 하지만 명칭과 조리법, 또한 조리법과 조리법 사이의 경계가 너무나도 모호하다. 어떤 기준으로 이 모든 국물 음식을 범주화하는가?

예를 들어, 국과 찌개는 어떻게 다른가? '밥 옆에 놓으면 국, 식탁 한

가운데 놓이면 찌개'라고 답할 수도 있지만 단순하게 상 위에 놓이는 위치를 기준 삼은 분류일 뿐, 정확하게 조리법의 차이를 내포하지 않는다. 물론 위치로 형식을 유추할 수는 있다 있다. 개인 그릇에 담겨 밥 옆에 놓이니 국은 묽고 건더기가 적다. 반면 찌개는 상 한가운데 공통으로 놓이니 건더기의 역할이나 비중이 크다. 말은 된다.

그렇다면 찌개와 탕은 또 어떻게 다른가? 사전적 정의를 빌려 탕을 국의 '업그레이드'판이라 여길 수도 있다. 건더기의 역할이나 비중이 크다는 공통점은 있지만 찌개는 공동 음식, 탕은 개인 음식이다. 역시 그럴싸하다. 하지만 이토록 말썽인 닭도리탕이 또 걸린다. 대개 큰 냄비에 담아 식탁 한가운데에 놓고 끓여 먹는다. 감자탕이나 해물탕도 마찬가지다. 그럼 이런 탕류와 전골의 차이점은 무엇인가? 요즘은 둘 다 끓이면서 먹는다. 좋은 설명이 떠오르지 않는다. 또한 해물탕이나 감자탕을 식탁에서 끓여놓고 먹는다면 왜 삼계탕은 각자의 뚝배기에 담겨 나올까? 그럼 동대문 근처에서 양은 대야에 담아내는 닭 한 마리 칼국수는 국과 탕과 찌개 가운데 어디에 속하는가? 좋은 답이 떠오르지 않는다.

조림과 찜은 어떨까. 같은 쇠고기라도 간장 국물에 갈비를 끓이면 찜이지만 사태나 홍두깨를 끓이면 조림이다. 일단 찜의 정의부터 모호하다. 재료를 증기에 익히는 간접 조리 방식, 즉 찐만두의 조리 방식과 왜 같은 명칭을 쓰는 걸까. 뜯어보면 두 가지가 조리의 목적이 다르지 않아 한층 더 모호해진다. 재료의 분해와 간 또는 맛 들이기다. 재료에 따라 명칭이 달라졌지만, 부위의 특성을 살펴보면 오히려 명칭이 밝히고 있는 조리법이 뒤바뀌었다.

사태나 홍두깨는 기본적으로 난감한 부위다. 지방이 거의 없으니 융통성을 갖기도 어렵다. 국물에 담가 끓여도 들이는 노력만큼 간이 잘 배지 않고, 오래 끓이면 뻣뻣해진다. 그 지점을 아예 넘겨 더 오래 익히면? 부스러져버린다. 양지머리로 만드니 부위는 조금 다르지만 통조림 콘비프의 질감을 닮는다. 따라서 굳이 구분하자면 그런 부위를 쪄야 한다. 상대적으로 짧게 익혀야 한다는 말이다. 반면 갈비는 젤라틴으로 분해되는 콜라겐은 물론, 요즘 추세라면 마블링 덕분에 지방도 비교적 풍성하다. 오래 푹 익혀야 분해되고, 과조리의 위험도 사태나 홍두깨보다 적다. 따라서 조림이 더 적합하다.

물론 이러한 분류의 시도조차 최근 등장해 완전히 자리 잡은 김치찜 앞에서는 무력해진다. 김치찌개와 차이점이 무엇인가? 국물의 차이? 그렇다면 역삼동 뒷골목의 기사식당 등지에서 파는 북어찜은 왜 국물이 그다지도 흥건할까? 찌개도 아니고 국에 가깝다. 들여다보면 볼수록 더 모호해진다.

국립국어원이 그렇게 음식의 언어에 관심이 많다면, 차라리 국물 음식과 관련된 언어의 총체적 재정비를 고민해보면 어떨까. 국과 찌개와 탕과 전골과 조림과 찜 등의 언어적, 사전적 정의와 음식의 문법을 최대한 일치시키는 작업 말이다. 나도 손 놓고 가만있지 않겠다. 그 바탕 역할을 할 수 있을 만한, 국물 음식의 기능과 의미 등을 정리해 제안한다.

국물의 기능

국물이 꼭 필요한가? 때로 국물을 향한 집착에 피로를 느낀다. 이를테면 자기 밥도 만들고 차려 먹을 줄 모르는 남자들의 국물 타령 말이다. '아내가 차려주는 아침 밥상'의 판타지 또는 로망은 언제나 국물의 존재를 전제한다. 아침도, 밥상도 언감생심이지만 국물이 빠지면 둘 다 의미가 없어진다. 최근의 예능 프로그램 「꽃보다 할배」에서는 국물 음식을 먹겠다고 호텔에서 무리하게 취사를 강행해 물의를 빚기도 했다.

물론 집착을 이해 못 하는 바는 아니다. 밥이 수분을 부른다. 음식을 입에 넣으면 침이 배어 나와 윤활 작용을 한다. 씹고 삼키는 데 도움을 준다. 물을 비롯해 모든 음료가 기본적으로는 같은 역할을 맡는다. 특히 탄수화물의 수분 보충에 가장 결정적이다. 서양의 대표 국물 음식 수프(soup)도 마찬가지다. 어원도 뒷받침해준다. '국물에 적신 빵'이라는 의미의 통속 라틴어 수파(suppa)에서 프랑스어(soupe)를 거쳐 수프가 되었다. 수프에 적신 빵을 따로 숍(sop)이라고도 일컫는다.

밥에 따라붙는 국물에도 똑같은 역할을 기대할 수 있다. 다만 영향력은 조금 다르다. 빵은 기공(氣孔)을 지닌 덩어리다. 따라서 수분을 스펀지처럼 흡수한다. 밥도 집합적으로는 덩어리지만 그를 이루는 개별 요소가 살아 있다. 한중일의 밥이라면 쌀의 전분인 아밀로펙틴이 강한 결착제 역할을 한다. 국은 밥알 사이로 수분을 보충해 조리, 즉 밥을 짓는 과정에서 강화된 결착력을 약화하는 역할을 맡는다. 들러붙은 밥알을 느슨하게 떼어준다는 말이다.

한식의 품격

또한 국물은 열에너지와 맛의 매개체다. 완만하면서도 효율적으로 열에너지를 재료에 전달한다. 기름보다는 열효율이 떨어지지만 물 특유의 중립적 특성, 즉 점도가 없고 맛에 영향을 미치지 않는 성질이 이를 상쇄한다. 찜은 석연치 않으니 제치더라도, 조림의 효과적인 매개체 역할을 맡는다. 물이 매개체인 시스템은 급격한 온도 상승과 그로 인한 과조리로부터 안전하다. 덕분에 느린 조리를 통한 분해와 맛 들이기가 동시에 가능해진다. 굳이 팔팔 끓이지 않아도 국물은 최적의 환경을 제공하고, 그 대가로 재료에서 우러나온 맛을 받아 한데 아우른다.

가난한 태생 혹은 태생적 한계 벗어나기

다만 재료와 물의 비율이 떨어질 때 가난의 음식으로 전락할 위험이 상존한다. 부족한 재료의 양을 늘려 먹기 위한 방편, 즉 생계형 음식이라는 말이다. '우리다'나 '고다' 같은 동사도 원재료와 국물의 비율이 적절할 때나 쓸 수 있다. 그렇다면 적절한 정도를 어떻게 판가름할 수 있을까. 간단하다. 밥 없이 국만 먹어도 포만감을 느낄 수 있는 정도가 적절하다. 물론 국물로 배를 채우는 상황은 제외다. 건더기가 충분해야 한다. 그러나 그런 국물 음식이 생각보다 흔하지 않다. 밥을 말아 먹지 않으면 포만감을 느끼기 어렵다. 어찌 됐든 탄수화물, 즉 밥의 보조 역할인 것은 국물 음식의 태생적 한계이기도 하다. 재료, 특히 단백질로 배를 채울 만큼 먹을 수 있다면 왜 굳이 물에다 끓이겠는가.

물론 예외는 있다. 재료의 정수를 농축한 국물 음식도 존재한다. 상어 지느러미나 해삼, 전복 등 온갖 산해진미로 끓여 그 냄새에 부처가 담을 넘는다는 중국 요리 불도장(佛跳牆)이 있다. 불도장이 지나치게 고급이라면 부이야베스(bouillabaisse)도 있다. 프랑스 남부 항구도시 마르세유가 고향인 생선 수프로, 국물과 건더기에 각각 별개의 재료를 쓴다. 흰살 생선이나 새우 위주로 국물을 내고 건더기는 버린 뒤, 새 재료를 더해 익힌다. 덕분에 해산물 맛의 켜가 두터운 국물을 맛볼 수 있다. 다른 프랑스 국물 요리 콩소메와 접근 방식이 흡사하다. 고기 바탕 국물에 다시 고기를 더해 맑게 거르는 동시에 두터움을 더하는 것이다.

자잘한 차이가 있다면, 부이야베스의 경우 국물은 버리는 재료로 내는 것이 기본이다. 생선이라면 살을 발라낸 대가리와 등뼈, 새우라면 껍데기를 쓴다. 그러나 불도장이든 부이야베스든 정확하게 재료의 정수를 농축해 먹는 국물 음식으로서, 정찬 또는 코스의 맥락에서 양보다 질과 맛을 즐기기 위한 수단이라는 점이 중요하다.

이런 예외를 빼놓는다면 국물 음식은 대체로 생계형이다. 비단 우리나라만의 사정도 아니다. 이탈리아에는 아예 '가난한 이의 수프(zuppa povera)'라는 이름의 음식도 존재한다. 적은 양의 고기로 낸 국물에 남은 빵이나 구황작물인 감자를 넣어 포만감을 끌어낸다. 대표 수프라고 할 수 있는 미네스트로네(minestrone) 같은 국물 음식도 파스타를 더해 걸쭉함과 탄수화물로 마무리한다.

한편 샌프란시스코에는 치오피노(cioppino)라는 수프가 있다. 이름이 풍기는 분위기 때문에 이탈리아 음식 같다는 착각을 불러일으키지만 '조금씩 보태다(chip in)'라는 영어 표현에서 유래한 이름이라는 게 정설이다. 부이야베스의 고향 마르세유처럼, 각자 잡아 조금씩 보탠 해산물(특히 팔 수 없는 것)을 같이 끓여 선착장의 공동 끼니로 삼은 음식이라고 한다. 십시일반의 정신을 담은 음식이랄까.

가난함의 팔자에서 벗어나기가 앞서 살펴본 온도 개념과 더불어 한식 국물 음식의 과제다. 언제나 멀겋다. 한마디로 먹을 게 없다. 도가니탕이나 꼬리곰탕을 생각해보자. 기본적으로 양이 적어 귀하고 비싼 재료로 만든다. 따라서 가격대가 올라가더라도 배는 여전히 멀건 국물에만 밥으로 채워야 한다. 꼬리곰탕은 국산보다 싼 수입산을 쓰더라도 기본이 만 원대 중반이다. 싸지도 않지만 한식 특유의 반찬 문화가 격을 한층 더 떨어뜨린다. 반찬의 가짓수를 늘려 높아진 가격에 대한 기대치를 맞춘다. 하지만 천편일률 맵고 짠 반찬, 먹어도 그만 안 먹어도 그만 아닌가. 한 그릇 2만 원이라는 파스타만 문제 삼을 상황이 아니다.

도가니탕은 스지(筋), 즉 힘줄의 도움을 받아도 변변치 않다. 갈비탕도 마찬가지다. 푸짐함을 자랑한다며 "왕갈비탕" 등으로 이름 붙인 음식을 종종 보는데 수입산의 혜택을 입은 메뉴다. 대강 삶은 갈비를, 역시 멀건 국물에 담아 낸다. 뼈 빼면 빈곤한 살이지만 그마저도 잘 뜯기지 않는다. 익히기만 했지 완전히 분해하지 않았기 때문이다. 한마디로 비싼 국물 음식도 실속이 전혀 없다. 국물 음식의 멍에인 조미료가 개입하지 않고는 두께나 깊이 있는 국물을 만들기가 어렵다. 그리고 조미료가 개입하면 언제나 잡맛이 붙어 다닌다.

국물의 순혈주의와 강박관념 벗어나기

내실 없는, 즉 비싸지만 여전히 가난한 국물 음식의 팔자는 어떻게 고칠수 있을까? 건더기는 일단 제쳐놓아도 좋다. '국물' 음식이지 '건더기' 음식이 아니다. 바탕인 국물이 견고해야 건더기도 의미 있다. 해법은 의외로 간단하다. 국물의 순혈주의 또는 정통성에 대한 강박관념에서 벗어나 원점으로 돌아간다. 반드시 재료가 국물과 건더기 모두에 개입해야할 필요가 없다. 국물을 낸 재료를 굳이 다 먹을 필요가 없다는 말이다. 귀한 재료라면 그것을 익힐 바탕, 즉 국물을 별도의 재료로 미리 만들면된다.

정육을 뺀 나머지 부위를 적극 활용하면 가능하다. 잡뼈, 잡육 다좋다. 그대로 먹을 수 없는 '잡'부위로 더 진한 국물을 낸다. 마장동 축산물 시장에 살던 시절, 종종 어시장의 잡어와 같은 형식으로 잡육이 팔리는 광경을 보곤 했다. 어딘지도 정확히 모를 부위의 뭉텅이가 주인과쓸모를 기다리고 있다. 육가공은 필요에 맞춰 뼈에서 살을 발라내 작은덩어리로 다듬는 과정이다. 상품성이 없는 자투리가 나올 수밖에 없다. 부위도 모양도 일정치 않다. 물이 아울러줄 수 있는 최상의 재료다.

생각해보자. 국물 음식이 현재 겪는 위기, 즉 가치 하락은 어디에서야기된 것인가? 국물의 근본적인 물성을 악용한 탓이다. 이러나저러나국물이니 부피만 확보하면 된다는 인식, 맛에 큰 차이가 없을 거라는 안이함이 국물 음식을 벼랑으로 내몰았다. 커피 프림이며 다시다, (지나친)화학조미료는 국물 음식의 고질적인 문제다. 재료와 공정의 세분화로 개선 및 극복 가능하다.

프롤로그에서 언급한 평양냉면, 즉 차가운 국물 음식의 해법과 결국 같다. 기본 바탕인 국물과 재료를 분리하는 것이다. 흔히 '편하게 먹기 위해 재료를 낭비한다'고 생각하는 서양 요리의 기본 철학이 이렇다. 닭이든 생선이든, 살을 깨끗하게 발라내고 남은 부위로 육수를 내 음식에 맛의 켜를 더하는 방식이다. 물론 순수하게 맛만을 위한 해법도 아니다. 사업체라면 단가도 절약할 수 있다. 또한 비단 핵심 재료만 국물에서 분리해야 하는 것이 아니다. 맛의 세부 사항을 결정하는 마늘이나 파 등의 부재료도 마찬가지다. 맛을 완전히 국물에 바쳤다면 굳이 먹을 필요가 없다. 완전히 물크러진 파나 마늘이 대체 얼마나 맛있을 수 있겠는가. 이제 과감히 버릴 때다.

재료뿐만 아니라 조리 과정 또한 순혈주의와 강박관념에서 자유로워질 필요가 있다. 물론 앞에서 언급했듯 물은 '멀티 태스킹'이 가능하다. 분해와 맛 들이기를 동시에 수행할 수 있다. 하지만 둘을 똑같은 비중으로 좇는다면 조리는 실패할 가능성이 높아진다. 갈비찜(또는 조림)을 예로 들어보자. 갈비를 부드럽게 하는 동시에 간을 딱 맞추면서 국물의 양 또한 적절히 남기기란 매우 어려운 일이다. 세 변수의 균형을 한꺼번에 맞추려다가 실패하기 쉽다. 대개 국물이 졸아들 때까지 고기를 넣고 끓이다가 고기가 짜지거나 과조리되어 푸석해진다.

재료와 국물의 간을 굳이 똑같은 세기로 맞춰야 할 이유가 없다. 한식의 기본은 양념장 문화 아닌가. 생고기 직화구이나 족발 같은 음식은 대개 재료 또는 음식에 0, 양념장에 100의 간을 몰아주는 방식으로 맛을 낸다. 불균형이 표준처럼 통하는 맛의 세계다. 갈비찜이 이런 수준의 불균형을 좇을 필요는 없지만, 갈비와 국물이 동시에 맛의 목표 지점에 도달해야 할 이유도 없다. 목표점의 70~80%까지는 함께 끓이는 동시에 고기를 먹기 편한 상태로 분해하는 것을 목표로 삼고, 이후 고기와 국물을 분리해 맛의 세기를 조정한다. 고기는 건져내고 국물만 졸여 간을 맞출 양념으로 삼는다.

이때 국물을 걸러 제 몸 바쳐 맛을 불어넣은 재료도 건져내 버린다. 이런 방법을 통해 음식점에서도 좀 더 체계적인 대량 조리가 가능해진다. 먹기 편한 상태로 분해한 고기를 분리 보관했다가 맛을 정확히 맞춰 놓은 국물을 더해 전체를 가열해 낸다. 식탁에서 팔팔 끓일 필요도, 그럼에도 불구하고 멀건 국물을 먹을 필요도 없어진다. 멀건 찌개 같은 닭도리탕에도 적용 가능하다.

이 모든 과정의 목표는 하나다. 한식에서 거의 존재하지 않는 켜의 추구다. 모든 재료를 한꺼번에 넣고 끓인다. 처음부터 국물에 반드시 끓여야만 할 재료조차 한데 섞인다. 물은 완만한 열에너지의 매개체라고 했다. 제 안에 담긴 것들이 어우러지도록 하지만, 각 재료의 특성을 완전히 살리지는 못한다. 그 과정은 물로 한데 아우르기 전에 이루어져야 한다. 따로 맛을 끌어내 켜를 쌓는 과정이다. 양파나 마늘 같은 재료라면 약한 불에 은근히 볶아 수분을 걷어내고, 단맛을 최대한 끌어낸다.

재료의 특성을 헤아리지 않고 한데 뭉뚱그리는 습관은 비단 국물 음식에만 존재하지 않는다. 양념장도 마찬가지다. 장이든 향신채든 참기름이든 한꺼번에 섞고, 단지 시간만 지나면 맛이 어우러질 거라 믿는다. 아무 때나 아무나 섞여서 좋을 게 없다. 한식은 어우러짐과 뭉뚱그림을 분별해야 한다. 개별 요소의 특성을 헤아리지 못하고 전체에 합류할 것을 강요하면 최선의 결과는 얻을 수 없다. 좁게는 맛의 문제지만 사실은 더 넓은 영역의 문제다. 언어부터 조리법, 가난함과 '아내가 끓여주는 아침 밥상의 필수 요소'까지. 한식의 국물은 많은 모호함을 머금은 채, 설상가상으로 펄펄 끓고 있다.

5. 볶음,
조리의 목적과 선택 2

북가좌동으로 족발을 사러 갔다. 왜 하필 거기까지 갔는가. 물론 북가좌동이 족발의 성지는 아니다. 내가 찾아간 족발집 하나가 덜렁 있을 뿐, 골목이나 지역이 형성되지도 않았다. 우연히 이야기 들은 곳이었다. 보통의 족발, 호기심에 한번 찾아갈 만한, 평범한 족발이었다. 포장을 기다리며 TV로 눈을 돌렸는데 하필 맛집 프로그램이 방영 중이었다.

일부러 찾아간 식당에서 보는 맛집 쇼라니. 이상했다. 어찌 보면 현실이 원래 그렇게 이상하다. 혹은 이상해야 할 현실이다. 대부분 식당에는 TV가 설치되어 있다. 음식에 집중 못 하니 회전율이 떨어지지 않을까. 손님이 빨리 먹고 나가야 매상에 도움이 될 텐데, 반대로 그것을 지연시킨다. 이해하기 어렵다. 더군다나 대개 맛집 쇼를 보여준다. 출연하고픈 욕망의 발현인가, 아니면 셰너를 위한 맛집 네트워크의 운용인가. 맛집 프로를 보고 찾아간 "맛집"에서 맛집 프로를 보며 음식을 먹는다.

이러한 정황보다 프로그램에 소개된 식당이 더 이상했다. 한우 쇠고기국을 5000원에 팔아 맛집이었다. 대체 어떻게 가능한 일인가. 족발포장에 시간이 걸린 덕에 비결(?!)까지 속속들이 확인할 수 있었다. 너무나도 간단했다. 그냥 싸게 만든 음식이었다. 2등급(전체 5등급 가운데 네 번째) 한우의 자투리를 물에 가볍게 헹구듯 끓여 국물을 낸다. 심지어 고기를 지져서 맛을 끌어내지도 않는다. 한층 더 진한 국이 될 수 있는 기회도 마다한, 고기 삶은 물이었다.

반공의 기치를 높이 올려 강조하던 시절, 어린이 잡지에 소개된 "소가 헤엄친 국물"의 '실상'을 읽었다. 북한의 실정이 너무 어려운 나머지 주민들이 그다지도 멀건 국을 일상다반사로 먹고 산다는 이야기였다. 30년도 더 지난 80년대 이야기다. 황장엽의 회고록에 등장하는 '염수대근탕'과 비슷한 음식이었을 것이다. 소금물에 큰 뿌리, 즉 무를 썰어 넣고 끓인 국 말이다. 2010년대 중반에 그에 지지 않을 만큼 멀건 국을 남한에서 팔고, 그것도 모자라 맛집인 양 TV에 등장한다. 현실이 그렇게 이상하다.

가지볶음의 처참함

사실 진짜로 관심을 끈 건 족발도 국물도 아니었다. 바로 가지볶음이었다. '한우 쇠고기국으로 모자라 정성스레 만든 반찬 몇 가지를 곁들이는' 장면에 등장했다. 식당 주인이 팬에 수북이 쌓인 가지를 뒤적인다. 팬은 터무니없이 작고, 뒤집개도 플라스틱으로 만든 가정용이다. 아마 추어의 도구 사이에서 방치된 가지 더미에서 김이 무럭무럭 올라온다. 음식값을 감안하면 바라기도 어렵지만, 정성과는 거리가 멀었다.

쇠고기 헹군 물을 끓인 듯 멀건 국은 차라리 괜찮다. 하지만 이런 가지 "볶음"은 그렇지 않다. 애초에 볶음조차 아니다. 멀건 국을 싸게 판다고 해서 가지를 이렇게 볶아도 되는 건 아니다. 족발에 쌈에, 대부분 큰 의미 없는 온갖 것들을 바리바리 싸 들고 홍제천을 건너며 나는 서글펐다. 가지 하나도 제대로 못 볶아 먹는 현실이라니.

왜 우리는 가지 하나도 제대로 못 볶아 먹을까. 헤아리지 않기 때문이다. 재료인 가지에 대해 헤아리지 않고, 조리법인 볶음에 대해 헤아리지 않는다. 둘이 결합되어 나오는 조리의 목적이나 맛에 대해서도 당연히 헤아리지 않는다. 어떤 재료인가? 어떻게 조리하면 가장 맛있을까? 그 조리법을 채택할 시간은 충분한가? 조리는 문제 해결 과정이다. 가급적 모든 요인을 헤아려 상황에 최선인 답을 찾아야 한다. 습관적으로 그저 익히기만 해서는 곤란하다.

한국의 식탁에서 가지볶음이라 통하는 음식은 최선의 답이 아니다. 숨이 이미 푹 죽어 있다. 기름 섞인 물이 줄줄 배어 나오는 곤죽의 더미다. 절대로 탱탱함을 잃지 않는 중국식 가지볶음과 비교하면 한층 더 처참하다. 그럼에도 불구하고 열등한 조리법이 한국식이라 통한다. 곤죽이 된 가지는 한식, 탱탱하게 살아 있는 가지는 중식이라 분류할 수 있을까. 달리 말해, 곤죽이 되도록 익히는 가지를 한국 고유의 조리 문법에 의한 결과라 정당화할 수 있겠는가.

볶음의 정체성과 목표

그럴 리 없다. 한식 볶음은 재료의 특성과 조리법을 이해하지 못해 벌어지는 실패일 뿐이다. 조리의 정체성도 목표도 애매하다. 곱창의 예를 들어보자. 아주 가끔 먹는다. 자주 먹지 않는 이유는, 조리 방식이 비효율적이기 때문이다. 곱창 및 기타 내장 기관의 조직은 구이, 즉 직접 가열 조리로 분해되지 않는다. 또한 곱창은 원통형이니 불판에 닿는 면적도 작다. 결국 많이 씹어야 하니 잘 먹지 않게 된다.

설사 먹더라도 마지막에 밥을 볶는 경우는 더 드물다. 차라리 곱창을 먹는 가운데 맨밥을 시켜 곁들이는 편이 훨씬 낫다. 곱창도 고기니까 탄수화물을 곁들여주면 훨씬 맛있다. 밥을 볶지 않는 이유는 따로 있다. 볶음의 효율을 믿지 않기 때문이다. 내장에서 녹아 나온 지방을 허투루 버리지 않겠다는 의의는 좋다. 하지만 그에 비해 조리의 효율은 형편없이 나쁘다. 개별적인 밥알에 맛을 들이지 않고, 전체를 켜나 덩어리로 인식하고 온도를 높이는 데 집중한다. 볶음보다 따뜻한 비빔에 가깝다. 맛 또한 볶음이라는 조리 과정이 아닌, 고추장 바탕의 양념이 맡는다. 덩어리진 밥이 맵고 뜨거워 맛을 즐기기 어렵다. 곱창 같은 음식의 마무리로 어울리지 않는다.

또 다른 볶음 음식을 들여다보면 문제가 좀 더 분명히 드러난다. 떡볶이다. 음식의 명칭 자체가 '볶음'으로 정체성을 확보한다고 말하고 있지만 실제로는 평범한 끓임이나 조림에 더 가깝다. 조리의 어느 단계에서도 볶음이 개입하지 않는다. 좌판에서 파는 것이나 소위 '즉석 떡볶이'가 그렇다. 한편 간장 바탕의 소위 궁중식 떡볶이는 그보다 좀 낫지만 곱창구이 후의 '비빔밥'과 크게 다르지 않다. 재료를 조리한다기보다 양념을 따뜻하게 데우는 역할에 그친다.

실제로 볶더라도 한국식 볶음은 너무 일관적이어서 문제다. 재료와 원하는 조리 상태를 고민하지 않고, 언제나 중간을 고수한다. 세지도 약하지도 않은 중간불에 팬을 달구고 재료를 올려 오래 뒤적거린다. '가만히 있으면 중간이나 간다'는 말에 충실한 걸까. 그러나 몰라서 택한 중간은 나쁜 중간, 어중간이다. 왜 굳이 볶는가? 정확하게 재료를 어떤 상태로 변화시키고 싶어 볶는가? 같은 재료를 놓고도 목표에 따라 온도와 조리 시간이 달라진다. 둘은 대개 반비례한다.

가장 흔한 볶음 재료인 양파를 예로 들어보자. 수분 비율이 높은 채소다. 89%가 물이다. 따라서 수분 관리에 볶음의 성패가 달렸다. 어중간한 불에 어중간하게 볶으면 수분도 어중간하게 빠져나온다. 팬과 바닥이 흥건해졌다면 실패한 볶음이다. 목표가 무엇인가? 양파 자체를 먹기 위한 상황이 아니라면 온도는 낮아야 한다. 카레처럼 맛의 밑바탕을 다지기 위한, 볶음이 최종 결과물이 아닌 경우 말이다. 그래야 재료가 천천히 익으면서 수분이 빠져나와 증발하고 맛은 농축된다.

그래서 영어에서는 볶는 과정을 '땀 흘리다(sweat)'는 동사로 표현한다. 수분을 걷어내는 동시에 맛을 농축하는 조리다. 또한 마이야르 반응이나 캐러멜화까지 끌어내 압축된 재료의 맛에 또 다른 한 켜를 더하는 경우도 있다. 바로 여전히 희귀한 음식 대접을 받고 있는 프렌치 어니언 수프를 만드는 방법이다. '달이다'는 동사가 어울릴 정도다. 약불에서 진한 색이 돌 때까지 천천히, 은근히 볶는다.

고기도 양파, 채소와 마찬가지다. 음식의 바탕으로 쓴다면 접근법이 같다. 충분히 익혀 수분이 날아가고 기름이 녹아 나온 다음, 마이야르 반응이 일어나 색이 짙어질 때까지 볶는다. 그래야 맛을 최대로 끌어내는 방편으로서 볶음의 의미가 발휘된다. 아니라면 처음부터 물에 담가 한꺼번에 끓이는 것과 큰 차이가 없다. 맛의 켜가 생기지 않아 단순하게 재료를 가열로 익혀낸 단조로운 맛 이상이 나지 않는다.

김치찌개를 예로 들어보자. 백종원은 자신의 식당용 대량 조리 책에서 김치와 돼지고기를 미리 볶아 준비하는 레시피를 소개한다. 음식의 틀을 80~90% 정도 미리 잡아놓은 뒤 주문을 받으면 마무리하는, 전형적인 식당의 대량 조리 준비 방식이다. 레시피 대부분이 체계적이고 논리적인 가운데, 돼지고기는 '색이 하얗게 변할 때까지만 볶으라'고 제안한다. 그러나 그렇게 하면 고기의 맛을 최대한 끌어낼 수 없다. 조리의 편의를 위한 조치에서 멈추고 마는 것이다. 진한 갈색이 돌고 기름이 녹아 나올 때까지 지져야 한다.

한편 양파 자체를 볶아 먹는 경우라면 어떨까. 최종 결과물이 볶음인 경우 말이다. 불은 최대한 강하게, 조리 시간은 최대한 짧게 가져간다. 그래야 수분이 빠져나오지 않은 채 익는다. 한마디로 센 불 볶음이다. 영어에서는 이를 뛰어오른다는 뜻의 불어(saute)를 빌려 표현한다. 팬을 뒤적거려 재료가 위아래로 솟아오르기 때문에 붙은 명칭이다. 불맛을 매력으로 꼽는 중국식 볶음도 같은 원리다. 최대한 센 불에 최대한 짧게 익혀 재료의 생기를 앗아가지 않는다.

재료의 선택

시간과 불의 세기만큼이나 재료의 선택도 중요하다. 특히 두 번째의 경우, 즉 볶은 재료 자체가 최종 결과물인 볶음일 때 그렇다. 볶음은 뚜껑을 덮지 않고 재료를 외기에 노출하는 조리 방식이다. 열 손실과 조리 시간을 한데 묶어 감안하면 볶음에 맞는 재료는 따로 존재한다. 딱딱한, 그래서 오래 익히면서 분해해야 하는 재료는 애초에 맞지 않는다. 부드러운 재료를 골라야 한다. 고기라면 최대한 조직이 균일한 부위가 더 잘 어울린다. 삼겹살보다 등심이나 안심이 중식에서 많이 쓰는 돼지고기인 이유다. 지방이 없어 과조리되기 쉽지만 센 불에서 짧게 익히므로 부드러움을 잃지 않는다.

그래서 이해하기 어려운 음식이 멸치, 오징어채 등의 건어물 볶음이다. 애초에 수분을 일부러 걷어낸 재료를 어중간한 불에 오래 올린다. 남은 수분마저 들어내 재료는 더 딱딱해진다. 그리고 촉촉함을 불어넣기 위해 물엿을 더해 버무린다. 식재료를 말리는 이유는 무엇일까. 저장성 확보다. 수분이 빠지니 일단 부피가 줄어들고, 미생물 발생 요인을 제한하니 부패 가능성이 줄어든다. 대신 조리할 때 건조된 식재료를 물에 담가 다시 수분을 공급하여 최대한 원상태로 회복시킨다. 한식 나물이 번성하고 온갖 버섯류가 찬장에서 언제나 대기할 수 있는 이유다. 멸치나 오징어채도 같은 원리로 가공한 식재료 아닌가. 볶음이 어울리지 않는다. 차라리 조림처럼 물에 담가 약불에 오래 끓여 익히는 편이 낫다. 이를 통해 수분을 다시 불어넣고 근섬유를 분해할 수 있다.

도구와 여건

볶음에는 도구와 여건도 중요하다. 안 그런 조리법이 있겠냐마는, 볶음은 특히 '집'과 '밖'의 차이가 크다. 음식점의 환경은 이 책에서 다룰 소재는 아니므로 예외로 간주하겠다. 먼저 팬을 고르는 요령이다. 불맛을 동경해 중국식으로 눈을 돌리기 쉽다. 바닥이 오목하고 깊은 웍을 선택하고 싶은 욕망 말이다. 결론부터 말하자면, 가정의 환경에서는 웍이 제 기능을 발휘하기 어렵다. 화력의 차이가 크기 때문이다. 웍은 탄소강을 얇게 펴 만든다. 이를 아주 센 불에 올려 뚫어지기라도 할 것처럼 벌겋게 달궈 재료를 빨리 익히는 용도다.

「평양냉면」에서 설명했듯 가정용 가스레인지의 출력은 평균 7000BTU, 웍을 올리는 화로는 대개 여섯 자리 즉 100000BTU선에서 시작한다. 최대 1200℃까지 올라간다. 따라서 바닥이 오목한 웍은 일단 가스레인지에 올리기도 어렵지만(별도의 둥근 틀에 올린다.) 제 역할을 다할 만큼 달구기도 어려우며 열을 금방 잃는다. 식당에선 별개의 화구 및 틀을 갖춘다.

따라서 가정에선 아예 접근을 달리 해야 한다. 원칙적으로는 구관이 명관이다. 바닥이 편편하고 가장자리가 부드럽게 경사진 프라이팬(스킬렛(skillet, 주물 팬)) 또는 가장자리가 수직으로 처리된 소테(saute) 팬이 좋다. 재료가 열을 머금을 수 있는 면적이 넓기 때문이다. 또한 볶음에는 달라붙지 않도록 코팅을 한 팬이 더 잘 맞는다. 다만 보정이 필요하다. 일단 도구를 좀 더 꼼꼼하게 선택해야 한다.

시중의 달라붙지 않는 팬은 대부분 완성도가 떨어진다. 물론 이런 종류의 팬이 소모품인 건 맞다. 달라붙지 않도록 입히는 막의 재질은 일반적으로 테프론이다. 정도의 차이야 있겠지만 조금씩 벗겨지고 닳아 종내에는 제 기능을 못하게 된다. 그래서 철 수세미로 박박 문질러 닦을 수 있고, 경우에 따라 평생 쓸 수 있는 스테인리스 팬보다는 싼 걸 고르는 게 현명한 처사이기는 하다.

많은 사물이 그렇듯 무조건 싸다고 좋지 않다. 만듦새를 꼼꼼하게 따져보기 이전에 지나치게 얇은 것은 일단 불합격일 수 있다. 기본적으로 가벼운 축에 속하는 제품이 좋기는 하다. 달라붙지 않는 팬은 대개 다목적이므로 볶음뿐만 아니라, 오믈렛을 위시한 계란 조리 등의 용도로도 쓴다. 힘들이지 않고 한 손으로 다룰 수 있어야 확실히 편하다. 그렇지만 너무 얇으면 당연하게도 열효율이 떨어진다. 팬의 몸체를 이루는 금속이 홑겹이거나, 아니면 체면치레식으로 바닥만 두꺼울 가능성이 높다. 전체가 최소한 3중이어야 유효하다.

열효율은 넓이와도 깊은 관계를 맺는다. 많은 인구가 좁은 땅에서 부대끼는 서울을 생각해보자. 일단 넓어야 편하다. 그래야 재료를 한 층으로 담을 수 있어 열효율이 좋아진다. 또한 넉넉하니 재료를 뒤적이기 편하고, 차가운 재료를 올려도 바로 온도가 내려가지 않는다.

정리하면 전체가 3중인 게 바람직하고, 또한 넓을수록 좋다. 그런데 이 두 가지 조건이 맞물리면 무거울 수 있다. 따라서 반드시 직접 들어보고 고르는 게 좋다. 인터넷으로 주문하지 말고 매장으로 찾아가야 한다. 한 손으로 똑바로 들어 허공에서 뒤적여보라. 그것이 어렵다면 아무

한식의 품격

리 좋은 팬이라도 나에게는 맞지 않는 것이다. 그래서 지름 24cm 이상, 30cm 이하로 고르는 것이 편하다. 24cm 이하면 좁아서, 30cm 이상이면 무거워서 효율이 떨어질 수 있다. 다루기 편하다면 당연히 30cm 이상도 좋다. 다만 그럴 경우 일반적인 계란 조리 등을 위해 지름 20cm대의 붙지 않는 팬을 하나쯤 더 갖출 것을 권한다.

또한 넓이 외에 고려할 사항이 두 가지 더 있다. 팬의 벽과 손잡이다. 벽은 높이보다 단면의 윤곽이 중요하다. 부드러운 곡선을 지녀야 팬을 뒤적이거나 조리가 끝난 재료를 접시에 옮겨 담는 데 걸리적거리지 않고 편하다. 물론 편리함은 손잡이의 덕목이기도 하다. 일단 손에 잘 '붙어야' 한다. 조리의 효율뿐만 아니라 안전 문제도 중요하다. 미끄러지면 위험하다. 팬을 직접 쥐어보고 사야 할 이유가 하나 더 생긴 셈이다.

부가적으로 내열성도 중요하다. 요즘은 붙지 않는 팬도 오븐에 넣을 수 있다. 오믈렛의 일종인 프리타타(frittata)처럼 화구에서 시작해 오븐에서 구워 마무리하는 계란 요리 등에 요긴하다. 이런 상황에서 금속이야 문제없겠지만 손잡이가 열에 변형되지 않는 재질이어야 한다. 붙지 않는 팬을 사용하는 구이의 온도는 대개 180℃ 이하지만, 일반적으로 250℃ 까지는 버틸 수 있어야 한다.

조리법의 보정

마지막으로 가장 중요한 조리법의 보정이다. 멘탈리티의 보정이라고 보는 편이 훨씬 더 정확하다. 지금까지 살펴보았듯, 제대로 볶기란 기술적으로 아주 어려운 일이 아니다. '보정'이라는 단어의 의미처럼 조금만 바꾸고도 훨씬 좋은 결과를 얻을 수 있다. 첫걸음은 인내심이다. 거듭해서 열효율을 가장 중요한 요인으로 꼽았다. 그래서 팬까지 꼼꼼하게 골라 바꿨다면, 잘 쓸 필요가 있다.

출발점은 팬 제대로 달구기다. 가스든 전기든 가정용은 약하다. 원하는 세기의, 강한 열로 조리를 시작하려면 팬을 오래 달궈야 한다. 이때 약간의 섬세함이 필요하다. 가정 열원의 화력이 약하다고 무턱대고 센 불에 올려놓으면 되레 비효율적이다. 온도가 빨리 올라가지만 막상 조리를 개시하면 급격히 떨어질 수 있다. 팬이 열을 충분히 머금도록, 다소 은근한 호흡으로 최대한 길게 가져간다. 화력을 상, 중, 하의 세 단계로 나눈다면 상과 중 사이, 즉 '중상'이 가장 좋다. 시계로 치면 다섯 시 방향으로 노브를 돌린다.

또한 불에 올리기 전, 반드시 차가운 팬에 기름을 두른다. 맛은 물론 팬을 보호해줄 뿐만 아니라, 예열의 신호도 보내준다. 팬이 열을 충분히 받으면 기름의 점성이 바뀌어 반짝이며 흐른다. 볶을 준비가 다 되었다는 신호다. 연기도 피어오를락 말락 할 것이다. 한편 튀김과 마찬가지로 볶음도 발화점이 높은 기름이 좋다. 올리브기름보다는 옥수수, 콩, 카놀라 같은 식용유 말이다.

인내심이 필요하다고 했는데, 불안감의 극복이라고 하는 편이 더 정확하겠다. 팬을 불 위에 오래 올려놓으면 불안할 수 있다. 게다가 연기라 하니 화재 등 부엌에 언제나 도사리고 있는 사고를 걱정하는 것도 한

한식의 품격

편 자연스럽다. 하지만 크게 걱정할 필요는 없다. 주의를 기울이고 있다가 연기가 피어오르려 하는 시점에서 조리를 시작하면 아무런 문제가 없다. 오히려 불안이 더 큰 위험 요인으로 작용할 수 있으니, 주의를 기울일 수 있는 조리 환경을 정확하게 조성하는 것이 훨씬 더 현명하다.

그 자체로 완결된 조리인 볶음은 본디 짧고 빠른 조리라고 했다. 사실 모든 조리가 그렇지만, 불을 쓰기 이전에 재료 손질이며 양념 준비 등의 모든 준비를 끝내야 조리 자체에 집중하면서 효율을 추구할 수 있다. 재료별로 조리한다고 해서 한 재료가 익는 사이에 손질을 한다면 그만큼 조리 자체에는 주의를 기울일 수 없게 되고, 결과도 나빠진다. 사고 또한 그런 상황에서 나기 쉬운 것은 두말할 나위조차 없다. 조리 용어로 이러한 준비 과정을 미장 플라스(mise en place)라 일컫는다. '모든 것이 제자리에 있다'는 의미의 프랑스어 표현이다.

【잡채의 딜레마와 오징어볶음】

탕수육 수준은 아니지만 잡채를 놓고도 의견이 첨예하게 갈린다. 탕수육이 '부먹'과 '찍먹'으로 갈등한다면 잡채는 무침과 볶음으로 갈린다. 관건은 당연히 주재료인 당면이다. 각 재료를 볶아 준비하지만 당면만은 삶아 익히기 때문에 논쟁거리가 된다. 또한 잡채는 재료를 나눠 준비하는 과정에서 식어버리는데, 이를 보정하자는 게 볶음파 주장의 핵심이다. 볶음으로 대동단결이랄까. 볶음으로써 모든 재료를 한데 아우르는 것은 물론 온도도 올려준다는 논리다. 반면 무침파는 말 그대로 잡채를 일종의 무침으로 규정한다. 당면만 빼고 모든 재료를 볶았으니, 한데 버무리기만 하면 마무리가 된다는 입장을 취한다.

어느 쪽의 손을 들어줘야 할까. 탕수육의 딜레마처럼 쉬운 문제는 아니다. 양쪽의 주장에 모두 일리가 있다. 따라서 솔로몬까지는 아니더라도 황희 정승 '코스프레' 정도는 필요하다. 장단점이 분명히 존재하므로 한 가지 답을 고집하기보다 상황에 맞춰 최선의 해법을 적용하는 게 맛있는 잡채를 위해 바람직하겠다.

볶음의 문제는 맨 처음 언급했던 가지볶음의 경우를 반면교사로 삼는다. 즉, 한꺼번에 많은 양을 준비한다면 볶음은 피해야 한다는 말이다. 재료가 팬을 완전히 덮어버리니 빠르게 열에너지를 빼앗기는 것은 물론, 빼앗긴 열을 금방 회복하지 못한다. 따라서 의도한 만큼의 효과를 얻을 수 없다. 중식당의 잡채처럼 1인분씩 만들어 먹는다면 마지막에 센 불로 전체를 아울러주는 것이 훨씬 맛있다.

하지만 한식에서 잡채가 등장하는 맥락은 중식과 전혀 다르다. 많은 경우 잔치 음식이라 한꺼번에 많은 양을 조리한다. 대량 조리에의 접근은 설사 가정의 환경이더라도 소량 조리와는 완전히 달라야 한다. 이런 경우라면 무침이 훨씬 합리적이다. 다만 보정이 필요하다. 가장 큰 단점인 낮은 온도와 생생함을 완전히 극복은 못하더라도, 일정 수준 개선해야 한다. 해법은 끓인 간장이다. 중식 생선찜은 팬에 함께 끓인 기름과 간장을 부어 마무리한다. 생선의 껍질이 살짝 더 익으면서 맛도 배이는 한편, 끓임으로써 간장의 단점은 보완하고 강점은 북돋을 수 있다. 간장 특유의 콩 냄새가 날아가고 맛은 더욱 진하게 가다듬어진다.

한식의 품격

이를 잡채에 그대로 적용할 수 있다. 당면을 비롯, 미리 볶은 채소와 고기를 큰 그릇에 한데 담는다. 끓인 기름-간장 소스를 붓고 버무려 바로 낸다. 맛이 배어드는 것은 물론, 뜨거운 소스가 당면의 온도도 살짝 올려 주니 차갑지 않게 먹을 수 있다. 한편 기름과 간장을 끓이는 과정에서 다른 맛도 얼마든지 불어넣을 수 있다. 예를 들어 마늘을 더한다면, 기름을 두른 팬에 다진 마늘을 미리 볶는다. 태우지 않고 매운 맛은 가셔내는 한편 단맛을 끌어내려면 약한 불에 올린다. 불을 다시 세게 올려 기름과 간장을 끓여 마무리해도 좋지만, 역시 태우지 않으려면 볶은 마늘을 일단 덜어둔 다음 기름 간장에 섞는 것이 낫다. 말하자면 마늘-기름-간장의 뜨거운 소스, 혹은 샐러드 드레싱으로 버무린 잡채다.

한편 잡채의 기본적인 원리를 다른 볶음 요리에도 적용할 수 있다. 무침파와 볶음파로 갈리기 이전의 잡채 말이다. 재료를 나눠 따로 볶아 준비하는 것이 주안점이다. 익는 속도가 다를 수밖에 없는 재료를 분류하는 것은 물론 한 번에 볶는 재료의 양이 줄어드니 열효율이 훨씬 좋아진다. 채소라면 수분이 배어 나오지 않으니 먹기 편하면서도 싱싱함은 살도록 익힐 수 있다. 오징어볶음을 예로 들어보자. 한국식의 어중간한, 낮은 온도의 볶음 환경에서는 딱 질겨지기 십상이다. 게다가 같은 방식으로 채소까지 익히면 국물이 흥건하게 배어 나온다. 밥을 비벼 먹는 재미가 있어 좋지 않느냐고? 대신 재료는 그만큼의 맛을 잃는다.

따라서 조리법을 재정비하자. 일단 팬을 센 불에 올리고 기름을 가볍게 두른다. 열을 머금어 흐르듯 반짝이면 바탕이 되는 양파, 당근 등의 채소를 각각 따로 볶아, 익는 대로 그릇에 옮겨둔다. 이때 다른 모든 조리와 마찬가지로, 남은 열을 통해 더 익는다는 것 또한 잊지 말자. 원하는 상태보다 살짝 덜 익혀도 된다. 또한 각 재료별로 조금씩 소금 간을 하는 한편, 재료를 바꿀 때마다 팬의 기름이나 그을음을 닦아주는 것 또한 열효율과 깨끗한 조리를 위해 권장한다.

한편 당근처럼 단단한 채소라면 아예 살짝 데치는 것도 좋다. 다소 번거롭지만 가정의 조리 환경에서는 아삭함만 살리면서 볶기가 쉽지 않을 수 있기 때문이다. 채소 다음으로 오징어를 살짝 볶은 뒤, 다시 기름을 두른 팬에 양념을 살짝 볶는다. 그리고 거기에 모든 재료를 한데 섞어, 채 온기가 가시지 않은 재료를 한데 아울러주는 한편 온도를 마저 올려준다. 기름을 매개체로 전체를 아우르는 데 초점을 맞춘다.

6. 직화구이,
조리의 외주화 1

인간과 불

초등학교 5학년 크리스마스였다. 이번엔 꼭 만나고야 말리라 마음먹고 기다렸지만 깜빡 잠이 들고 말았다. 아니나 다를까, 산타클로스 할아버지는 그사이에 다녀가셨다. 선물은 옷장 위에 미농지로 포장된 책 한 권. 포장지의 글씨체가 어머니의 것과 사뭇 흡사했다. 나는 궁금한 게 너무나도 많은 어린이였다. 안 물어볼 수 없었다. "엄마, 왜 산타 할아버지 글씨가 엄마 거랑 똑같아?"

이후 그는 다시 들르지 않았다. 그렇게 불핀치의 그리스 신화가 마지막 선물이 되었다. 기독교 세계에서 탄생한 상징이 선물한 그리스 신화라니. 돌아보면 어딘가 아이러니하지만 그때는 읽고 또 읽느라 바빴다. 역시 최고는 프로메테우스의 투쟁이었다. 인간에게 불을 내려주기 위해 영원히 고통받는 신이라니. 인간은 그에게 빚졌다. 덕분에 먹고사니까.

어떻게 먹고사는가. 일단 날것의 세계에서 탈출할 수 있었다. 소화가 더 잘 되니 영양소도 훨씬 더 효율적으로 섭취할 수 있다. 좋아진 영양 상태가 진화에도 영향을 미쳤다. 무엇보다 뇌가 커져 더 지적인 존재로 발돋움했다. 그 덕분에 발전한 문명 속에서 인류는 불을 더 적극적으로 활용해 음식을 만들었다. 단순히 날것의 세계에서 벗어나는 데 그치지 않고 즐거움, 즉 맛을 추구하기 시작했다. 생존을 위한 조리는 맛을 추구하는 요리로 발전했다. 이제 요리는 예술의 반열에 접어들었다. 개념과 철학을 접시에 담는다. 그렇게 여기까지 왔다. 인류는 프로메테우스의 희생을 저버리지 않았다. 그의 간은 독수리에게 헛되이 뜯어 먹히지 않았다.

한국의 직화구이,
조리 없는 재료 극복의 노력

프로메테우스가 전해준 불을 식탁에 올려 고기를 굽는다. 방이동 벽제 갈비. 고기의 자태는 훌륭하다. 과연 서울에서 가장 체계적인 이미지를 구축 및 확장한 한식당 브랜드의 본산답다. 두께 1cm가 조금 못 되게 저며낸 살이 갈빗대에 붙은 채 다소곳하게 말려 있다. 종업원이 집게로 가볍게 들어 펼치자 소위 '다이아몬드 칼집'이 모습을 드러낸다. 양면에 걸쳐 격자로 빼곡하게 넣은 칼집이다. 고기가 아코디언 허리처럼 늘어나지만 끊어지지는 않는다. 칼집 틈새로 벌겋게 달아오른 숯불이 눈에 들어온다. 고기가 곧 오를 불이다. 매만지는 종업원의 손길이 가볍다.

한식의 품격

처음에는 움직임에 경탄한다. 과연 프로의 손길이란 이런 것인가! 재고 또 가볍다. 그런데 계속 지켜보면 예상했던 것과 목적이 달라 보인다. 고기가 익도록 장려하는 움직임이 아니라, 정반대로 그것을 막는 움직임이다. 양념 갈비를 주문했다. 간장과 설탕에 버무린 고기를 숯불에 올려 굽는다. 철사를 촘촘이 엮어 만든 석쇠는 고기를 받쳐주는 역할만 맡는다. 열을 막아주지도 증폭하지도 않는다. 300°C가 넘는 적외선에 고기가, 아니 그 전에 양념이 그대로 노출되니 캐러멜화가 일어나지 않을 수 없다. 다시 말해 갈비에 덧씌운 간장과 설탕 바탕 양념의 당이 열에 반응하여 고기의 색이 짙어지고 바삭한 껍데기(crust)가 잡혀야 한다. 그걸 너무나도 능숙한 손놀림이 막는다. 한편 밀리미터 단위로 미세하게, 캐러멜화된 부위를 가위 끝으로 집어 잘라낸다. 짚이는 바 있어 묻는다. "손님들이 탔다고 불평하나요?" "그렇죠." 대답이 바로 나온다.

끝까지 가벼운 손길을 입은 고기가 접시에 오른다. 맛이 없다고는 말할 수 없다. 한우는 쇠고기 가운데서도 맛이 섬세하다. 한우 애호론자는 높은 올레인산(oleic acid) 비율을 장점으로 내세운다. 다른 지역의 쇠고기보다 우월하다고는 할 수 없지만 딱히 쳐지지도 않는다. 게다가 세계 대세인 마블링의 은총을 한우도 거부하지 않는다. 지방 결이 살에 속속들이 곱게 파고들었다. 살 먹는 줄 모르고 기름 먹고, 기름 먹는 줄 모르고 살 먹는다. 그런 고기가 간장과 설탕 바탕의 양념까지 입었다. 진한 단맛과 감칠맛을 한층 덧입었다. 고루한 표현을 떠올리지 않을 수 없다. 고기가 입에서 녹는다. 감각적, 직관적으로 맛있다는 반응이 바로 올라온다.

잠깐. 그러나 평론가는 감각과 직관에만 기대어 음식의 가치를 평가하지 않는다. 오히려 그럴 때일수록 한 발짝 물러나야 한다. 전체를 보고 맥락을 읽어야 한다. 동물과 부위의 특성과 관계 말이다. 갈비는 동물의 몸통을 이루는 골격의 모임이다. 핵심 장기가 전부 들어 있는 통과 같다. 그래서 영어로는 'rib cage'라 일컫는다. 새장처럼 뼈대로 이뤄진 구조물이라는 의미다. 위와 장은 물론, 가장 중요한 생명 유지 장치인 심장도 들어 있다. 살기 위해 끊임없이 움직이는 호흡기 및 순환기다. 하지만 장기만 움직여 생명이 유지되겠는가. 뼈 사이에 붙은 근육도 장단 맞춰 끊임없이 움직여줘야 한다. 바로 그 근육이 갈빗살이다. 운동하는 근육은 맛있지만 조리가 어렵다. 해법은 분해다. 약한 열원에서 은근히 오래 조리해 근섬유를 천천히 분해해야 한다.

하지만 벽제갈비는 더 물리적인 방법에 기댄다. 칼질 말이다. 갈빗살은 말 그대로 갈비뼈에 붙은 살점이다. 정사각형에 가까운 단면의 뼈 사이에 직사각형에 가까운 단면의 살덩어리가 붙어 있다. 이를 가로로 얇게 저며 편 다음 칼집을 촘촘하게 넣는다. 보통 이상으로 숙달된 솜씨를 통해 조리하지 않고도 일정 수준 이상의 부드러움을 불어넣는다. 갈빗살이 직화구이에 걸맞은 부위로 거듭나는, 일종의 초월적인 부드러움이다. 맥락을 읽는다고 했으니 사육 환경이나 소의 위상도 감안해야 한다. 이제 소는 식재료다. 일꾼이 아니다. 숨쉬기운동, 되새김질이야 하겠지만 밭 갈기 등의 거친 노동에 동원되지는 않는다. 일본 고베규(神戸牛)처럼 맥주를 마시고 마사지를 받는 등, 더 나은 맛을 위해 대접받는다. 게다가 등급의 기준이 마블링이니 등급이 높을수록 현란해진다. 살에 파고든 지방의 비율이 높다는 말이다. 이 모두가 한데 어우러져 소는 총체적으로 더 부드럽다. 즉 분해하지 않고도 직화로 구워 먹을 수 있다.

　그래서 최선인가? 노력만 놓고 본다면 그렇다. 재료를 훌륭하게 극복해냈다. 하지만 맛의 경험 면에서는 그렇지 않다. 부드러움이 자연스럽지 않다. 마블링과 칼집의 협공 덕분에 고기를 힘주어 씹지 않아도 되지만 미끈거린다. 조리를 통한 근섬유의 화학적 분해가 아니기 때문이다. 질감에 가장 중요한 영향을 미치는 고깃결을 칼질이 완전히 거세해버린 결과다. 양념도 미끈거림을 거든다. 캐러멜화를 '태웠다'고 착각하는 현실 때문에 애초에 손발이 묶여버린다. 양념은 제 역할을 전혀 못하고 어중간하게 자리만 지킨다. 재료에 속속들이 스며들어 고기 맛 전체를 바꾸지도 못한다.

양념의 아이러니

물론 양념이 믿음에 부응하지도 못한다. 우리의 기대가 너무 크다. 적어도 일석이조의 역할을 해주리라 믿는다. 고기에 맛도 배고 부드러워지리라 믿는다. 이 모든 과정을 '숙성'이라는 모호한 용어로 한 겹의 기대를 덧씌운다. 하지만 양념과 재움(marinade)은 우리가 믿는 것만큼 효율적이지 않다. 실험으로 입증된 결과다. 산과 기름 바탕에 소금이나 설탕을 더한 양념에 재우는 음식은 세계 어디에나 있다. 원리와 효능에 관한 실

험 결과를 한식 양념에도 적용할 수 있다.[37]

양념은 표면에서 밀리미터 수준까지 영향을 미칠 뿐, 재료를 관통하지 못한다. 즉 맛이 고기의 중심부까지 스며들지 않는다. 게다가 시간과 결과의 만족도가 비례하지 않는다. 오히려 그 반대다. 간장 등 양념 재료의 산 때문에 접촉면이 삭는다. 밤새 재워봐야 맛이 더 배기는커녕, 표면이 가죽처럼 뻣뻣해진다. 단백질의 변성(denature) 탓이다. 그래서 양념에 재우는 과정은 짧게는 5분, 길어야 30분 사이에서 제 효과를 낸다. 이후로는 반비례 관계가 작용해 가치가 떨어진다.

불은 뜨겁고, 재료인 고기는 얇게 저민 데다가 칼집을 지나치게 많이 넣었다. 따라서 센 불에 너무 빨리 익어버린다. 프로의 솜씨가 분명 최적으로 고기를 굽기는 한다. 하지만 두께와 칼집 때문에, 고기를 먹는 사이 남은 열이 속까지 뻣뻣하다 싶게 완전히 익혀버린다. 최적의 상태가 시간 축에서 선이 아닌, 점으로 아주 짧게 존재한다. 결국 열과 반응해 캐러멜화의 강렬한 맛을 낼 기회는 원천 봉쇄당한다. 불은 뜨겁고 고기는 얇으며 양념은 단맛 위주라 캐러멜화가 아주 쉽다. 각 단계의 노력이 상충하여 오히려 역효과를 낳는다. 모순적 환경 탓에 어느 한 목표도 적극적으로 좇지 못한다. 그 결과 고기가 어중간해진다. 심지어 벽제갈비는 돼지갈비도 같은 방식으로 낸다. 같은 칼질 및 양념의 손길에 소와 돼지의 차이가 굉장히 사소해진다.

---

37 J. Kenji López-Alt, "The Food Lab: Ceviche And The Science Of Marinades," *Serious Eats*, http://www.seriouseats.com/2011/07/the-food-lab-ceviche-and-the-science-of-marin.html 참고.

최고급 한국 외식이 이렇다. 순수하게 노력만 따지면 언제나 100점이다. 진정성은 충만하다. 그래서 분위기에 휩싸여 넘어가기 십상이지만, 먹기를 거듭할수록 결론은 뚜렷해진다. 양념 및 직화구이는 정확한 문제 해결(problem solving)로서의 요리가 아니다. 쏟아붓는 노력만큼의 결과를 얻을 수 없다. 스스로 자아낸 모순적 환경 탓이다. 그나마 불이 지나치게 뜨거울지언정 분위기는 여유롭다는 장점이 있다. 더불어 체계적인 몇 직화구이집에서는 내가 직접 굽지 않아도 된다. 논리의 근본적인 결함, 즉 여열로 인한 과조리만 체념하면 비교적 느긋하게 식사를 즐길 수 있다. 핵심인 고기는 아쉽더라도, 전부 따져보면 긍정적인 외식 경험이다. 막말로 돈값은 한다는 말이다. 그 자체로 직화구이로서는 아주 드문 경험이다. 크나큰 장점인 생동감을 일정 수준 음미할 수 있다. 한국식 고기구이, 즉 실내 그릴링(indoor grilling)을 서양에 수출한 매력이자 원동력이다.

그렇지 않은 대부분의 경우, 직화구이의 현장은 더도 덜도 없이 아수라장이다. 불은 뜨겁고 연기는 자욱하다. 부위에 상관없이 잘게 조각낸 고기가 오른다. 냉장고에서 바로 나와 차가운 고기는 스테인리스 불판이든 석쇠든, 올려놓는 족족 들러붙는다. 각자도생의 원칙 아래 알아서 구워 먹어야 한다. 대부분의 고깃집은 모든 역량을 핵심 재료, 즉 고기에 집중한다. 최소한의 인력이 불과 불판 관리, 기본 반찬이나 술잔 보충 등의 기본 접객만 간신히 한다. 한국의 외식에 대한 인식과 그에 충실한 비용 관리의 전형을 보여준다. 분위기도, 심지어 조리 전문 인력도 필요 없다. 모두 외주로 돌려 손님에게 맡긴다. 심지어 그들도 개의치 않는다. 싸고 양 많으면 그만이다.

전문가적 손길도 사실 필요 없다. 어차피 모두가 '법카'와 회식을 통해 갈고닦은 솜씨로 직화구이의 전문가라 자처하는 현실 아닌가. 접객 비용을 차라리 고기에 포함시키는 편이 낫다고 할 것이다. 계속 그렇게 먹으니 스스로가 고기구이를 잘 안다는, 근거 없는 자신감도 거든다. 이런 환경 속에서 고기는 타들어간다. 불판에서 입으로, 휴식 없이 직행한다. 질기고 뜨겁지만 괜찮다. 소주로 식힐 수 있다. 씹다 만 고기가 소주를 타고 목구멍으로 넘어간다. 표정까지 좀 과장스레 찡그려야 제맛이다. 그래야 낭비하는 맛이 난다. 프로메테우스가 애써 훔쳐다준 불을 낭비하는 바로 그 맛이다.

직화구이의 재료: 돼지의 경우

비단 소만 희생되는가? 그럴 리 없다. 돼지는 한술 더 뜬다. 직화구이는 단순한 조리법이 아니다. 하나의 방법을 넘어 한국 식문화의 문법 또는 관습으로 자리 잡았다. 이미 벽제갈비의 돼지갈비 예를 들었듯, 모든 부위의 고기가 똑같은 취급을 받는다. 칼로 얇게 저며 뜨거운 직화에 올려진다. 재료에 적합한 조리법을 고려하지 않는다. 돼지는 소시지 등 가공육의 대상으로 오랜 세월 사랑받았다. 지방이 부위별로 몰려 있는 탓에 분해 후 재조립에 더 적합한 동물이었기 때문이다. 안심 같은 부위는 닭가슴살과 퍽퍽함을 겨룰 지경이다. 덕분에 고단백 저지방 건강식임을 강조하는 전략을 구사할 수 있다. 한식의 머리 편육이나 순대 등도 같은 원리에서 나온 가공육이다. 인력을 들여 먹기 힘든 부위를 더 잘 먹을 수 있도록 다듬는다. 일종의 재탄생이다. 돼지의 성질이 이러하건만 직화구이의 문법이 동물이나 부위의 특성을 압도한다.

그러므로 목살구이 논쟁도 큰 의미가 없다. 오랜 세월 '돼지고기=삼겹살'이었다. 직화구이의 왕 대접을 받았다. 소, 돼지 통틀어 불판에 가장 많이 오르는 고기다. 선호도가 높은 탓에 수요가 몰려, 삼겹살 값은 먹지 않은 기타 부위의 관리 및 재고 부담까지 포함돼 비쌌다. 이 자리를 2014년, 목살이 낚아챘다. kg당 32원의 근소한 차 덕분에 목살 직화구이에 대한 논쟁이 수면 위로 올라왔다.[38] 직화구이가 과연 목살에 적합한 조리법이냐는 의문이다. 목살만 놓고 봐서는 그림이 뚜렷하지 않다. 돼지 전체, 특히 부위 중에서 실질적인 왕인 삼겹살부터 살펴보아야 한다.

삼겹살의 인기 비결은 무엇일까. 당연히 '겹'이다. 지금은 싸지 않지만 가격이 비교적 만만했고, 겹은 뚜렷하다. 쇠고기의 금전적, 심리적 부담을 안기지 않으면서도 개성은 뚜렷하다. 게다가 겹 전체의 절반이 지방이다. 모두가 부정할지 몰라도('난 삼겹살 느끼해서 싫다고!') 고소한 기름맛으로 먹는다. 어차피 지방은 맛의 매개체고 목구멍에 기름 칠하는 재미는 쏠쏠하다. 덕분에 대다수의 불판과 석쇠를 삼겹살이 장악해왔다.

---

38 유진우, 「삼겹살 이긴 돼지 목살… 2003년 이후 처음으로 가격역전」, 《조선비즈》 (2015.6.28), http://biz.chosun.com/site/data/html_dir/2015/06/28/2015062800893. html?right_ju.

'서민의 고기'로 입지를 굳힌 것이다.

인기만으로 삼겹살의 입지를 정당화할 수는 없다. 직화에 걸맞는 부위가 아니라는 말이다. 인기의 비결인 '겹'이 사실은 단점이다. 물성이 다른 부위가 너무나도 뚜렷하게 분리된 채로 붙어 있어 직화구이로는 최적의 지점에 닿기가 어렵다. 비계는 끝없이 녹아내리는 한편 설컹설컹 씹히고, 그사이 살은 과조리되어 뻣뻣하다. 제대로 먹으려면 양자택일이 필요하다. 살인가 비계인가. 팔은 두터운 비계 쪽, 즉 '밖으로' 굽는다. 비계의 장점을 살리는 조리를 해야 한다는 뜻이다. 그래서 수육이 직화구이보다 삼겹살을 그나마 더 배려하는 조리법이다. 하지만 좀 더 느리고 완만한 조리법이 어울린다. 대표적인 사례가 중식인 동파육(東坡肉)이다. 삶거나 찐다. 간접 가열로 지방을 천천히 분해한다. 핵심은 당연히 '천천히'다. 비계를 살려야 한다. 센 불에 급격하게 익히면 비계가 녹아 사라져버린다. 맛도 사라져버린다. 부드러움을 최대한 얻으면서도 덩어리를 살리는 게 목표다.

동파육의 원리는 비단 중국의 전유물이 아니다. 서양 요리의 세계에 전파되면서, 최근 삼겹살이 주요리의 단백질로 한참 인기를 누렸다. 원리 및 논리는 같다. 지방의 풍부함을 살리는 방향으로 발달한 조리법이다. 전통적으로 삼겹살, 즉 돼지 뱃살은 염장 가공의 주요 대상이었다. 가공육을 만든다는 건 잉여로 취급한다는 의미다. 일반적인 조리에 적합하지 않기 때문이다. 그래서 소금에 절여 베이컨, 판체타(pancetta, 베이컨과 달리 훈제를 거치지 않는 이탈리아식)를 만들었다. 저며 구워 먹거나, 기름을 내 볶음, 스튜 등에 두터움을 더하는 바탕 재료로도 쓴다. 아예 살코기는 거들떠보지도 않고 두터운 비계만 절인 가공육도 존재한다. 라르도(lardo, 이탈리아)나 살로(salo, 러시아)다. 날로 아주 얇게 저며 그대로 빵에 올려 먹는다. 많은 양의 소금이 불 대신 비계를 익혀준다.

전통을 바탕으로, 새로운 조리 경향도 초점은 당연히 비계에 맞춘다. 지방이 급격하게 녹는 걸 막는다. 가급적 덩어리를 크게 확보해 낮은 온도(120℃ 이하)에 서서히 익힌다. 저온 조리라는 대안도 있다. '서서히'를 아예 극한으로 늘려준다. 조리의 최종 목표인 내부 온도로 데운 물에 진공 포장한 재료를 담근다. 삼겹살이라면 65℃로 40시간 익힌다. 실험과 시뮬레이션을 바탕으로 도출한 조리 정보다. 시간을 들이는 대신 신경은 쓰지 않아도 된다. 물에 담가두면 알아서 익는다. 비계는 물론, 과조리를 방지하여 살코기도 배려하는 조리법이다. 국내에도 슬슬 진공 포장 저온 조리(수비드) 수육이 등장하는 시점이다. 장점이 먹힌다는 의미다. 차가운 지방의 고소함이 혀에 착착 감긴다.

다만 배려와 존중의 마지막 단계로 휴식이 필요하다. 서서히 분해된 비계는 야들야들한 만큼 약하다. 바로 썰면 주저앉는다. 살코기 또한 결대로 부스러져버린다. 따라서 완전히 식힌다. 다시 굳히는 것이다. 수육이라면 끓는 물에서 꺼내 바로 썰지 않는 것과 같은 이치다. 단지 뜨거운 게 문제가 아니다. 부스러지고 달라붙어 깨끗하게, 또 얇게 썰 수 없다. 당연한 이야기 아니냐고? 그렇지 않다. TV 맛집 프로그램에서 뜨거운 물에서 삼겹살을 건져, 김이 무럭무럭 오르는 걸 그대로 써는 걸 본 적 있다. 울퉁불퉁한 표면에 마음이 아플 지경이었다. 삼겹살은 그보다 훨씬 더 고울 수 있다.

중식이든 양식이든, 배려와 존중으로 익힌 삼겹살도 마지막에는 불판을 거친다. 표면에 마이야르 반응으로 맛을 들이려는 마지막 손길이다. 중식은 잠시 잠깐 튀겨낸다. 양식은 1인분 육면체로 썰어 각 면을 뜨거운 팬에 고르게 지진다. 공들인 배려에 형체를 지킨, 두툼한 비계가 입에서 드디어 녹아내린다. 설사 과조리로 살코기가 푸석해졌더라도 이마저 보듬는 풍성함이 입 안 가득 퍼진다. 이글이글 타오르는 불을 앞에 놓지 않더라도, 아니 없기 때문에 더 맛있게 즐길 수 있다. 이렇게 서로 다른 대접 방식에서 간극과 모순을 읽는다. 한식은 삼겹살을 귀하게 여긴다. 그래서 대접한답시고 불판에 올려 오히려 재료를 망친다. 반대로 양식에서는 삼겹살이 하찮다. 그래서 염장 위주로 비계를 살려 먹다가 재료에 최선이라 여겨지는 방법을 새롭게 찾아 적용했다. 그렇게 삼겹살은 주요리 재료로 승격됐다.

목살의 사정도 다르지 않다. 삼겹살의 겹이 수직이라면, 목살의 겹은 수평이다. 얇은 지방을 경계 삼아 서로 다른 성질과 직경의 근섬유가 다발로 뭉쳐 있다. 직화구이의 제1 조건인 균일성이 삼겹살의 겹보다 더 떨어진다. 세 가지 이유 때문이다. 첫째, 각 근섬유 다발의 직경이 너무 차이 나 고르게 익지 않는다. 둘째, 설상가상으로 불판에 올리면 수축하면서 고기의 가장자리가 말려 올라가니 열효율이 더 떨어진다. 셋째, 지방이 많지도 않지만 마블링과 다르게 근섬유 사이에 스며든 상태가 아니다. 따라서 분해가 된다고도 볼 수 없다. 살코기는 살코기대로, 비계는 비계대로 논다. 게다가 맨 바깥쪽의 비계는 녹지 않을뿐더러 질감도 굉장히 불쾌하다. 직화구이에 전혀 어울리지 않는다.

한식의 품격

사실 목살이라는 부위의 명칭도 의심스럽다. 물론 목 근처의 살이다. 하지만 돼지의 몸통은 3차원의 기하학적 형태를 지녔다. 단면이 둥글다. 위쪽(목), 아래쪽(다리)의 살 모두 목살이라 부를 수 있다. 어느 쪽일까? 별칭에 답이 숨어 있다. 어깨 등심 또는 목(등)심이다. 결국 목에서 어깨로 연결되는 부위의 근육이라는 의미다. 어깨는 목과 다리의 교차로다. 여러 다발의 근육이 지나가고 운동도 많이 한다. 그래서 지금과 같은 형국을 띤다. 굵기가 다른 다발이 군집을 이루는 단면도 그렇지만, 색도 훨씬 짙다. 미국 돼지사육연합은 돼지고기를 '또 다른 종류의 흰 고기'라 홍보한다. 소비를 북돋고자 흰 고기인 닭과 견주는 것이지만, 목살은 해당되지 않는다. 앞에서 언급한 바 있는 안심과 비교해보면 차이가 확연하다. 척추 중간 지점에서 볼기 방향으로 사각지대에 파묻혀 있어 소나 돼지나 공히 안심은 운동을 하지 않아 부드러운 부위다. 목살은 그럴 수 없다. 이런 부위를 직화에 올리는 게 재료를 존중하는 처사일까?

부위의 선택부터 얇게 썰어 직화에 올리는 조리 전략까지, 한식의 돼지 목살 조리법은 과조리를 200% 보장한다. 아무리 애를 써도 마르고 뻣뻣한 결과물을 열심히 씹어 삼키는 수밖에 없는 것이다. 어디에서나 이런 목살을 맛볼 수 있다. 굳이 직화가 아니라도 마찬가지다. 서가앤쿡의 대표 메뉴, 목살 스테이크 샐러드가 좋은 예다. '사진발' 받도록 넓게 깔아놓은 생채소 위에 목살이 오른다. 뻣뻣한 고기가 달고 끈적한 양념을 뒤집어썼다. 현재 가장 한국적인 음식이다. 이런 결과를 낳는 과조리를 소위 전문가가 두둔한다.

여러 카드가 동원된다. 가장 흔한 게 '기생충 박멸'이다. 갈고리촌충

(또는 낭미충) 감염 위험을 막기 위해 '웰던'으로 바짝 익혀야 한다는 주장이다. 물론 사실과 다르다. 옛날 이야기다. 과거에는 덜 익힌 돼지고기 탓에 감염되는 경우가 있었다. 인간의 대변을 먹여 기른 돼지의 고기를 통해 기생충의 알이 인간의 몸속에 들어가 부화했다. 하지만 20년 넘는 기간 동안 조리된 돼지고기를 통한 감염 사례는 거의 보고된 바 없다. 국내외 마찬가지라 한국도 갈고리촌충 청정 지역이다. 수입산도 멕시코나 인도 등의 발생 지역은 피한다.[39]

덕분에 돼지고기 조리에 여유가 깃든 지도 오래다. 가능한 촉촉함을 지켜준다. 조리 종결 내부 온도[40]를 60°C로 잡으면 충분하다. 남은 열이 천천히 조리를 마무리한다. 웬만해서는 과조리가 따놓은 당상인 안심도 부드럽게 먹을 수 있다. 오븐을 가지고 있다면 집에서는 통구이가 최선이다. 120°C의 낮은 온도에서 조리 종결 내부 온도를 60°C에 맞춰 굽는다. 은박지로 덮어 5분 이상 두었다가 먹으면 딱 좋다.

이런 진전이 한국의 전문가에게는 여전히 다른 세계 사정인 모양

39 서민, 「삼겹살과 낭미충 사이」(http://seomin.khan.kr/29)과 「다시 삼겹살은 무죄다」(http://seomin.khan.kr/30) 참고.

40 이 책에서 제시되는 스테이크 등의 조리 종결 내부 온도는 안전 온도와 다르다. 후자는 가열 조리를 통해 식품의 위험 요인(살모넬라 균)을 완전히 제거할 수 있음을 전제로 삼는다. 하지만 그럴 경우 대상 식재료, 특히 육류 가운데서도 닭 가슴살처럼 지방이 없는 단백질 덩어리나 생선은 맛을 느낄 수 없을 정도로 뻣뻣하게 과조리되어버린다. 따라서 조리 온도는 항상 "100% 안전을 위한 수치가 아니며 자료의 제시처, 즉 책은 조리 과실로 인한 법적인 책임을 지지 않는다."는 포기 각서(disclaimer)와 함께 제시된다. 조리 종결 내부 온도 및 안전 온도는 미국 기준으로, 다음의 자료를 참고했다. Nathan Myhrvold, Chris Young, and Maxime Bilet, *Modernist Cuisine: The Art and Science of Cooking 1* (The Cooking Lab, 2011), pp. 174~195. J. Kenji López-Alt, *The Food Lab: Better Home Cooking Through Science* (W. W. Norton & Company, 2015), pp. 295~296, 388~389, title page.

이다. 그래서 돼지고기는 바싹 익혀 먹는 것이 '정상'이다. 오히려 덜 익히면 식감이 이상하며 더 나아가 '서양에서 덜 익혀 먹는다고 우리까지 그렇게 먹어야 하는 것은 아니다.'라는 억지까지 부린다.[41] 물이 한국에서만 100℃에서 끓지 않는다거나, 한국인만 턱 근육과 어금니가 더 강하게 진화되어 딱딱하고 질긴 것의 저작에 유리하다면 받아들일 수 있다.(물론 쫄깃하다는 명목 아래 과조리된 음식을 계속 먹으니 길게 보아 그런 진화의 가능성을 아예 배제할 수는 없겠다.) 하지만 그럴 리 없는 현실에서 업데이트 안 된 전문가의 주장이 한식의 발전을 명백히 저해한다. 습관을 검증 없이 전통이라 여긴다.

그래서 대체 목살은 어떻게 먹어야 하는가. 삼겹살과 같은 개념을 적용하되, 반대로 살코기에 초점을 맞춘다. 지방이 압도적이지 않으므로 살코기가 퍽퍽해지는 것을 최대한 막는 게 관건이다. 진공 저온 조리는 이제 거의 모든 부위에 두루 적용 가능한 해법이지만, 목살에 있어서는 최선이 아니다. 근섬유 다발 사이의 지방이 녹으면 형체가 허물어지기 때문이다. 차라리 형체 유지의 욕심을 깨끗이 버리고 바비큐를 택하는 편이 훨씬 낫다. 사실 바비큐의 한 장르인 '풀드포크(pulled pork)'의 재료인 어깨살(butt)이 바로 목살이다. 아주 긴 저온 조리를 통해 살점이 포크로 잡아 당기면 쭉쭉 떨어진다고 해서 붙은 이름이다. 가정에서도 130℃ 안팎의 오븐으로 서너 시간에 걸쳐 재현 가능하다. 살코기와 비계를 총체적으로 분리한 뒤 다져 한데 섞는다. 한편 긴 조리로 인해 겉엔

41 박미향, 「덜 익혀 먹어도 될까요. 돼지고기를? 어떻게⋯」, 《한겨레》(2015.9.2), http://www.hani.co.kr/arti/society/health/707004.html.

마이야르 반응으로 맛이 든 껍데기(bark)가 생긴다. 바삭함 덕분에 푹 익은 돼지고기에 질감의 대조가 생긴다. 촉촉함이 부족하다면 소스를 더해줄 수도 있다. 한국의 장류가 개입할 수 있는 여지가 생긴다.

직화구이와의 잘못된 만남: 각 동물의 경우

듣고 있노라면 이상하다. 웬만한 부위와 직화구이는 '잘못된 만남'인 것 같다. 맞다. 단순히 먹기 위해서라면 아무래도 상관없다. 어쨌든 고기는 날것의 상태를 벗어나 익을 것이다. 프로메테우스가, 불이, 조리가 인간에게 줄 수 있는 가장 기본적인 혜택이다. 그 수준에서 만족할 수 있다면 아무래도 좋다. 덜 익으면 덜 익은대로, 안 익으면 안 익은 대로 쫄깃할 테니 금상첨화다. 하지만 진정 재료를 이해하고 요리를 거친 결과물로서의 음식을 먹고 싶다면. 그렇다. 잘못된 만남이다.

　냉정하게 따져보면 거의 모든 부위가 직화구이로서는 불합격이다. 극히 일부만 남는다. 소라면 등심, 채끝, 안심이 전부다. 직화 자체가 가능한 부위가 없지는 않다. 하지만 현재의 방식, 즉 무조건 잘게 썰어 식탁에서 즉석으로 굽는 방식으로는 최선을 즐길 수 없다. 치마살, 토시살이 여기 속한다. 아주 센 불로 겉만 순간적으로 익히고 속은 살린다. 목표 상태는 미디엄 레어에서 미디엄으로, 54~60℃로 잡는다. 덩어리가 클수록 '육즙'을 잃을 가능성이 적어 더 유리하다. 또한 반드시 결의 반대 방향으로 썬다.

요즘 미국산을 중심으로 늘기는 했지만, 여전히 마블링이 소에 비해 현저히 적고 배 등 일부 부위에 지방이 몰린 돼지는 직화구이에 맞는 부위가 더 드물다. 비단 목살, 삼겹살만의 팔자가 아니다. 이를테면 교동 인근 골목에서 많이 볼 수 있는 등갈비는 고통스러운 음식이다. 얼마 없는 살점을 뻣뻣하게 과조리했다. 뜯어도 별 게 없다. 헛심만 든다. 쫄깃한 항정살은 살코기 반, 비계 반의 조직을 감안하면 차라리 조림 등의 느리고 완만한 조리에 더 적합하다. 살 사이에 껴 있는 지방을 녹여낸다. 부위의 특성을 살펴 솎아내면 돼지에서는 결국 등심(춥(chop)) 정도가 직화구이에 적합하다. 그나마도 '흰 고기'에 가까워 그대로 구우면 뻣뻣해지기 쉽다. 염지로 수분을 미리 보충해주는 게 좋다. 소금(과 설탕)물에 30분가량 담가두면 삼투압 원리로 근섬유에 수분이 스며든다.

이쯤에서 불평 섞인 반론이 예상된다. 이거저거 다 따지면 뭘 먹겠느냐고. 구분과 선별이 식도락의 문을 더 좁힌다고 생각할 수 있다. '물이 반쯤 담긴 잔'의 문제다. 반만 담긴 것일 수도, 반이나 담긴 것일 수도 있다. 직화구이의 문이 좁아지는 게 아니라, 재료에 맞는 다른 조리와 새로운 맛의 가능성이 열리는 것이다. 상황은 계속 나아지지만 그에 상관없이 고기는 귀한 존재다. '고기님'이다.《뉴욕타임스》의 요리 전문 필자였던 마크 비트먼(Mark Bittman)은 고기를 아주 간단히 정의한다. "익히기 쉽고 맛있는 재료"[42]라고. '익히기 쉽다'는 건, 어떻게든 먹을 수 있는 상태로 금방 만들 수 있다는 의미다. 바로 한국식 직화구이의 수준이다.

---

42 애덤 고프닉, 이용재 옮김,『식탁의 기쁨』(책읽는 수요일, 2014), 102쪽.

더 나은 조리법을 찾아야 한다.

식품 윤리 문제도 사소하지 않다. 고기를 먹기 위해 기르는 동물은 기본적으로 효율 낮은 신진대사 시스템이다. 키우는 데 많은 품이 든다는 말이다. 환경 용어로 '탄소 발자국'이 크다. 그 대가로 환경오염, 동물 복지 등의 문제가 발생한다. 어렵게 얻은 고기이므로 우리는 더 고민해야 한다. 다양한 맛을 들인 고기를 식탁에 올릴 가능성을 적극적으로 따져보아야 한다. 지금까지는 주로 귀하게 여겨 눈앞에서 직화로 먹어왔다. 생동감과 신선함을 최고의 가치로 삼았다. 그 에너지를 그대로 유지한 채 발상과 시각만 전환하면 된다.

이렇게 제안하면서도 알고 있다. 압도적인 직화구이의 지배력은 쉽게 흔들리지 않을 것이다. 오히려 직화의 문은 점차 더 넓어지고 있다. 더 많은 부위가 구워 먹는 용으로 불판에 오른다. 어떻게 가능한 일인가. 이름이 바뀐다. 원래 그런 용도가 아니었던 고기를, 직화구이용 부위의 족보에 은근슬쩍 끼워 넣는다. 대표적인 예가 윗등심이다. 등심의 위에 있으니까 또한 등심이라고? 아니다. 사실은 목심(chuck)이다. 소에게 등의 윗부분이라면 목이다. 돼지와 마찬가지로 목과 어깨의 교차로에 해당하는 근육이다. 한눈에도 서로 다른 결의 근육이 모여 있는 게 보인다. 그 사이를 흐르는 지방의 결도 굵다. 왜 목심이 햄버거 패티를 위한 부위 1순위로 꼽히겠는가. 맛과 지방의 비율이 이상적이지만 직화로 구워 먹기엔 결이 거칠기 때문이다. 그래서 통구이나 갈아서 버거로 만드는 양극의 전략이 채택되는 부위인데 은근슬쩍 등심에 합류했다. 구우면 당연히 질기다.

오리고기는 이미 오랜 이력을 자랑한다. 오리 '로스'는 가슴살을 결 반대 방향으로 썬 것이다. 오리는 닭보다 미오글로빈(myoglobin) 함량이 높은, 즉 느린 속도로 수축하는 근육이라 더 붉고, 네발동물 특히 돼지 고기와 흡사하다. 하지만 그렇게 구우면 껍질과 살 사이의 지방만 녹아 나오고, 껍질 자체는 누글누글해 맛이 없다. 기름만 흥건해지는 것이다. 공교롭게도 제 십이간지의 차례였던 2015년에 본격적으로 대중화된 양 도 대표적인 희생양이다. 무감각한 직화구이의 대열에 본격적으로 합류 한다. 잘게 썰려 불판에 올라간다. 웬만해서는 웰던을 피할 수 없다. 둘 다 맛없는 양고기를 먹는 지름길인데 모두가 기꺼이 택한다. 특히 조리 상태가 문제다. 양은 소보다 훨씬 더 조리 상태에 민감하다. 내부를 미디 엄 레어(조리 종결 내부 온도 49~54℃) 이상으로 익히면 전혀 다른 고기로 돌변한다. 한마디로 뻣뻣해진다.

꿔바로우(鍋包肉, 중국 동북식 탕수육), 칭따오 맥주와 더불어 대중적 인기 메뉴가 된 양꼬치를 먼저 생각해보자. 갈비살 등을 각 변 약 1cm 의 정육면체로 썰어 꼬치에 꿴다. 크기 때문에라도 피할 수 없지만, 요즘 많이 쓰는 자동 회전 장치가 여건을 악화한다. 신경 쓰지 않아도 익혀주 니 편하지만 그만큼 고기를 열원에 꾸준하게 오래 노출시킨다. 과조리 당첨이다. 그래서 자동 장치 없는 꼬치집에서 권하는 방법이 따로 있다. 부챗살을 쥐듯 양꼬치를 방사형으로 그러모아 부채질하듯 뒤집어가며 굽는 것이다. 재료의 성질과 크기, 열원의 세기 등을 감안하면 품은 들지 만 그 결과는 훨씬 보람차다.

그나마 양꼬치는 괜찮다. 바로 익혀 금방 먹을 수 있다. 같은 중국식이지만 요즘 인기를 얻는 다리 통구이는 어떨까. 각기 다른 근육 뭉치가 뼈를 중심에 두고 모여 있다. 모두를 만족시켜 직화로 굽기는 불가능에 가깝다. 역시 오븐 통구이가 잘 어울린다. 양고기를 많이 먹는 모로코식이다. 한편 부위에 상관없이, 양 또한 한국식 불판에 오르면 가차 없다. 양갈비를 한국식으로 구워 먹을 수 있는 노량진의 운봉산장에서 맛볼 수 있다. 뜨겁지만 아주 뜨겁지는 않은 환경에서 익힌다. 겉은 제대로 지져지지 않고 그사이 속은 완전히 익어버린다. 생생한 붉은색 고기가 맛없음의 색깔, 생기 없는 회색의 영역으로 침몰한다. 속까지 일관되게 익어버린 고기가 '한국식'와 '우리 입맛'의 블랙홀로 빨려 들어간다.

열악한 열원과 도구

주방에서 벌어지는 복잡한 조리에 비하면 식탁 위의 직화구이는 참으로 간단한 조리라고 할 수 있다. 하지만 그마저 제대로 이루어지지 않는 경우가 많다. 태생적으로 성공, 즉 제대로 구워 먹기가 쉽지 않은 여건이지만 그마저 더 나빠질 수 있다. 문제는 몇 가지 패턴으로 극명하게 드러난다. 일단 환경의 문제다. 환기 시설이 아예 설치되어 있지 않은 고깃집도 부지기수다. 식당 내에 연기가 자욱히 퍼진다. 그런 공간으로 이글이글 타오르는 숯불 화로를 들고 오가니 안전 문제도 무시할 수 없다.

열원 문제의 핵심은 역시 헛심이다. 불이 약해서 문제가 아니다. 되려 너무 세다. 신경 좀 쓰는 음식점이라면 위 또는 아래로 연기를 빨아들이는 시스템을 갖춘다. 장작불을 붙일 때의 부채질과 같은 효과를 낸다. 그 덕에 더 활활 타오르는 불을 외기에 노출시킨다. 가장 일반적인 고깃집의 설정을 생각해보라. 식탁은 조리에 특화된 공간이 아니다. 열원이 수직 방향으로 그대로 노출되며, 식탁 아래쪽도 단열과는 거리가 멀다. 결국 뜨거움과 차가움이 비효율적으로 공존한다. 식탁에 앉은 이가 불편함을 느낄 정도로 뜨거우면서 또한 조리의 효율을 떨어뜨릴 정도로 차갑다.

여름과 겨울만 남은 계절의 현실은 어떤가. 여름이라면 냉방의 부하까지 감안해야 한다. 약 36.5℃의 적외선 열원인 인간으로 모자라 그 수의 약 4분의 1만큼(대개 4인 식탁에 한 구씩)의 300℃ 열원이 상존한다. 환경에 미치는 영향은 얼마큼일까. "불 지나갑니다."라고 말하는 것만으로는 실제 상해 가능성을 줄여주지 않는 안전이나 연기, 냄새 문제는 차치하고서도 상황이 이렇다.

이미 충분히 나쁜 채로 시작한 여건을 핵심인 고기와 불이 한두 단계 더 낮춘다. 덩어리든 조각을 냈든 일단 고기는 불판을 가득 덮어야 한다. 그 고기가 뚜껑 역할을 자처해 열원을 거의 덮어버린다. 화재 안전 교육을 상기해보면, 모든 불을 물로 끌 수 없다. 화학약품이 인화 원인인 경우 특히 그렇다. 담요 같은 것으로 덮어서 꺼야 한다. 산소 공급을 차단하는 원리다. 고기가 자기를 구워줘야 할 불을 막아버리니 효율을 떨어뜨리는 '팀킬'이다. 이를 막기 위해 고기를 조금씩 올려 구워 먹으려 들면 직원의 편잔에 맞서야 한다. 적게 올리면 고기가 타서 연기가 나니 불판 가득 많이 올려야 한다고 주장한다. 애초에 직화를 쓰려는 이유와 모순된다.

그리고 고기는 왜 늘 가위로 잘라야 할까. 불에 올린 고기를 식히지 않고 바로 전단력을 가한다. 잘렸다기보다 끊긴 상태에 더 가까운 조직에서 수분이 흘러나온다. 열로 농도가 옅어진 근섬유 내 수분이 불판으로 배어 나왔다가 열에 바로 증발해버린다. 동물과 부위에 따라 다르지만 고기는 때로 1인분 200g에 50000원이 넘어간다. 불은 물론이거니와 가위도, 격에 맞는 환경과 도구는 아니다.

'하이브리드' 직화구이의 시도와 불 다스리기

이런 상황에서 차별화 시도가 '두께'로 뻗어나가는 현상에 주목한다. 서양식 스테이크마냥 2cm, 혹은 그 이상의 고기를 불에 올린다. 안심이라면 4~5cm를 넘긴다. 과연 의미가 있을까. 숙성과 더불어 발상의 전환은 높이 사지만 내세우려드는 만큼의 효율은 없다. 첫째, 부위의 선택은 모든 여건을 초월한다. 얇게 썰어 구울 때 효율적인 부위가 아니라면 두꺼워도 마찬가지다. 다시 한 번, 돼지 목살을 예로 들 수밖에 없다. 그런 근섬유의 군집이라면 직화로는 익히되 분해할 수 없다. 둘째, 그런 의미에서 다시 열원의 여건이 걸림돌로 작용한다. 두꺼운 스테이크는 단일 단계 조리로는 원하는 결과를 얻어내기가 어렵다. 서양식으로 따지자면 순수한 그릴구이(grilling)로는 세부 사항을 충족할 수 없다는 말이다.

따라서 겉과 속의 조리는 각기 다른 여건에서 이루어져야 한다. 겉을 센 열원에 익힌다고 해서 속까지 원하는 비율로 익는 것이 아니다. 방증이 회색 띠(grey band)다. 고기의 겉과 속 온도 차이가 너무 클 경우, 속까지 열에너지가 전달되는 시점에서 겉은 이미 과조리된다. 그 결과가 고기의 단면에 회색의 띠로 남는다. 직화구이에서 회색은 맛없음의 색이라고 했다. 전체가 고르게 붉은 계통의 색을 띠어야 잘 익은 고기다.

그래서 새로운 경향의 고깃집이 참조한 스테이크는 대개 2단계 조리법을 적용한다. 겉을 공기에 노출된 센 불에 지진 다음, 속은 그보다 낮은 온도로 데운 공간에 넣어 익힌다. 말하자면 그릴구이로 겉을 지지고 오븐에 넣어 마무리하는 방식이다. 최근 대중화된 저온 조리는 이 둘의 순서를 바꾼 것이다. 속을 먼저 익히는데, 조리 종결 온도를 목표 온도로 삼는 대신 장시간 노출시킨다. 예를 들어 미디엄 레어로 굽는다면, 목표 온도를 54℃로 잡아 조리한다. 즉 재료의 내부 온도가 54℃까지 오를 때까지만 저온에서 조리한 다음 겉을 지져 마무리한다. 일명 '역 지지기(reverse searing)'라 일컫는다. 겉을 지진 뒤 속을 익히는 통상적 조리법과 역순이라 붙은 명칭이다.

아니면 또 다른 통상적인 조리 방식인 브로일링(broilling)이 있다. 오븐에 가깝게 닫힌 공간에서 적외선이 위에서 내려온다. 열원과 고기의 거리를 바꿔 세기를 조정한다. 한 공간에서 겉과 속을 나눠 익히는 설정이 가능한 것이다. 이 도구에 샐러맨더(salamander), 즉 불도마뱀이라는 이름을 붙인다. 불의 혀를 뻗고 접는 것이다. 한국에선 생선구이 도구로 많이 쓰인다. 고기가 두꺼운 건 좋다. 화력도 그 자체로는 문제 없다. 둘의 관계 맺음, 즉 설정이 관건이다. 한마디로 강약과 완급 조절이

가능해야 한다.

조개탄을 때는 솥단지형 야외 그릴(kettle grill)로도 같은 효율을 추구할 수 있다. 이글이글 타는 조개탄을 벽 한 쪽에만 수북히 몰아 쌓는다. 그릴이 크지 않더라도 온도 구역이 자연스레 더 뜨겁고 덜 뜨거운 둘로 나뉜다. 그릴과 오븐이 생긴다. 하나의 그릴 안에서 지지고 또 익힐 수도 있다. 과연 한식 직화구이에서도 가능한 설정일까? 아니라면 차라리 주방에 불을 몰아주는 편이 나을 수 있다. 프로가 관리하는 것이다. 특히 스테이크식 고기를 추구하는 곳이라면, 아예 불도 스테이크식으로 꾸리는 편이 더 효율적일 것이다. 다른 만큼 효과가 없다면 의미도 반감한다.

불판도 같은 맥락에서 짚고 넘어갈 필요가 있다. 모든 조리와 프라이팬에 적용하는 원칙, 또는 분류법을 그대로 적용할 수 있다. 기준은 두 갈래인데, 핵심은 매개체로서의 정체성이다. 매개체란 끼어들어(介) 맺어주는(媒) 개체(體)를 뜻한다. 직화구이의 환경에 꼭 들어맞는 개념이다. 불과 고기 사이에 끼어들어 둘 사이를 맺어주는 게 바로 불판 아닌가. 그러므로 첫 번째 기준은 보호다. 인류는 왜 도구를 사용하는가. 통제를 위해서다. 직화구이에서 통제는 곧 보호나 마찬가지다. 고기를 불에 바로 노출하면 적절히 조리되지 않는다. 속이 익기 전에 겉이 타버리거나, 겉과 속이 같은 정도로 익어버려 과조리를 피하기 어렵다. 따라서 석쇠는 특히 한국식으로 얇게 저미거나 작게 썬 고기를 보호하지 못하므로 적합하지 않다. 뜨거운 불길에 사정없이 고기를 노출하는 것도 문제지만, 열에 녹은 기름이나 수분이 불에 떨어지면 연기가 올라와 불쾌한 향을 입힌다.

두 번째 기준은 분배 및 유지다. 조리 과정에 불판이 적극적으로 개입해야 한다. 열에너지를 잘 빼앗기지 않고 일정하게 유지하는 한편, 골고루 분배할 수 있는 불판이 바람직하다. 전체가 최대한 고르게 뜨거워야 한다. 이를 위해서는 두께와 소재가 관건이다. 가격대가 내려갈수록 접하기 쉬운 스테인리스 불판은 얇아서 열을 머금지 못할 뿐만 아니라 고기가 잘 들러붙는다.

우래옥처럼 전통을 자랑한다는 몇몇 한식집에서는 구멍이 자잘하게 뚫린 반구형의 놋쇠 불판을 쓴다. 유지 관리나 전통 등을 감안해 높은 점수를 줘야 할 것 같지만, 효과적인 조리에는 도움이 안 된다. 얇은 고기를 저며 양념에 축축하게 버무린 불고기나 잘 들러붙어 형태의 이점을 최대한 누릴 수 있다. 나머지 고기는 불판에 착 달라붙지 않는다. 특히 혀밑구이를 시키면 개선 의지 결여가 낳은 비효율을 가장 적나라하게 볼 수 있다. 냉동해 약 0.5cm 두께로 저민 소혀를 불판 위에 올린다. 딱딱한 고기가 김을 뿜으며 서서히 녹는다.

되새김질하는, 그것도 덩치가 산만한 초식동물의 혀다. 모든 장기 가운데 가장 많이 움직이므로 애초에 직화가 가장 안 어울리는 부위다. 멕시코에서는 푹 조려 타코에 넣는 별미다. 다른 식문화권에서도 같은 해법을 쓴다. 하지만 우리만 직화를 고집한다. 그나마 아주 드물어져 고급 식당에서나 가끔 먹을 수 있는 것을 가장 나태하고도 비효율적인 방법으로 낸다. 쫄깃함 탓인가. 하여간 시켜보시라. 소혀가 불판에 올라 녹는 5분 남짓한 시간 동안 한식의 문제를 적나라하게 관람할 수 있다.

심지어 해동도 하지 않은 상태에서 손님상으로 내는 재료라니. 160g에 28000원(100g, 17500원)짜리 음식답지 않다.

보통 고깃집의 일반적인 설정도 조리를 위한 최선은 아니다. 맨 처음 올리는 불판을 제외하면 예열의 기회를 거의 주지 않는다. 이 역시도 불과 불판이 나오고 반찬과 고기가 깔리기까지 시간의 틈새에서 방치된 우연의 산물일 뿐이다. 불판이 예열되어 있지 않아 고기에서 지방이 녹아 나올 기회가 사라지고 고기는 들러붙을 수밖에 없다. 고깃집의 불판 대부분은 얇고 적재가 쉬우니 오븐처럼 공간 전체를 데우는 상자 안에 보관하기만 해도 고기 먹는 여건이 훨씬 나아질 수 있다. 어차피 숯불을 계속 피워야 하니 여열을 이용한 보온 수납 공간도 고안할 수 있다. 그러나 개선안은 나오지 않고 있다. 고기가 쩍쩍 들러붙은 현 상황을 문제라 여기지 않기 때문이다.

그렇다면 최적의 불판은 존재하는가? 완벽한 건 없다. 직화구이 설정 자체의 결함이 워낙 크기 때문이다. 그나마 이를 최대한 가려주는 재질이 무쇠다. 두터워 불을 잘 보존 및 분해할뿐더러, 특유의 '땀구멍'이 존재하는 조직이 기름을 빨아들여 막을 형성한다. 거듭 써서 막이 형성된 무쇠 팬은 테프론 등을 입혀 재료가 붙지 않는 논스틱 팬의 장점을 가지면서도 높은 열전도율까지 겸비할 수 있다. 하지만 무겁고 불을 오래 머금어 다루기 어려우므로 특히 정신 없는 한국식 직화구이의 환경에서 안전 문제를 무시할 수 없다.

직화구이 재료의 소금 간

계속 직화구이의 여건만 살펴보았는데도 많은 내용이 쌓였다. 정작 맛의 핵심 요소에 대해서는 아직 운조차 떼지 못했다. 간 말이다. 부위의 선택, 열에너지의 여건 조성 등도 직화구이의 경험에 큰 영향을 미치지만, 역시 식재료의 맛은 소금 간에 직결되어 있다. 그럼에도 불구하고 완벽히 부재한다. 미리 간을 하지 않는다는 말이다. 모두 식탁에서 직접 간을 해 먹으니 악센트를 주는 간 맞추기만 존재한다. 당연히 과잉일 수밖에 없으며, 전체가 어우러지는 맛은 누리지 못한다. 앞서도 말했듯, 조리 전체 과정을 손님에게 외주, 곧 하청 주는 셈이다. 사회 전체가 겪는 하청의 폐해를, 가장 귀한 재료인 고기를 두고 식탁에서도 겪는다.

소금을 치는 시점이 관건이다. '미리' 하는 시점 자체에는 분명한 논란이 존재한다. '가능한'을 사이에 두고, '빠를수록 좋다'와 '늦을수록 좋다' 두 입장이 대립한다. 전자의 입장은 이해가 쉽다. 빨리 소금 간을 할수록 맛이 어우러지는 과정이 길어지니 좋다는 논리다. 한편 후자의 경우 질감의 변화를 근거로 삼는다. 소금 간을 미리 하면 꾸덕꾸덕해진다고 말한다. 특히 쇠고기가 그런 위험에 노출되어 있다. 주지했듯 오직 먹기 위해 키운 데다가 마블링이 압도적인 탓이다. 궁극적으로 섬세한 재료이므로 미리 소금의 영향을 가하지 말아야 한다는 입장이다. 대신 조리 직전, 마치 하얀 더께를 입히듯 소금을 듬뿍 치라고 권한다.

얼마만큼 설득력 있는 주장일까. '예/아니오'의 답보다 소금과 고기의 만남을 헤아려보자. 역시 '재료+소금=삼투압'의 공식으로 설명할 수 있다. 너른 판상형 또는 높이가 현저하게 낮은, 직육면체에 가까운 고기에 소금을 뿌린다. 그럼 일단 수분이 올라와 표면에 송글송글 맺힌다. 이걸 털어내면 고기의 맛을 일부 털어내는 것과 같은 효과를 낳는다. 따라서 그냥 두어야 한다. 곧 수분은 다시 고기 속으로 스며든다. 맛의 재분배가 이루어지는 것이다. 그 과정을 바탕으로 '빠를수록'과 '늦을수록'의 절충안을 제시할 수 있다.

시간을 경계선 삼는다. 두께마다 차이는 있겠지만, 서양식 스테이크(두께 2cm 안팎)라면 네 시간이 기준이다. 그보다 이전에 소금을 쳐둘 수 있다면 그렇게 한다. 최대 사흘까지 미리 준비한다. 다만 질감 확인을 권한다. 섬세한 부위를 얇게 저민 한국식이라면 지나치게 꾸덕꾸덕해질 가능성이 높다. 비싼 고기라면 최대한 맛있게 먹을 수 있는 방법을 찾아 시험해보는 것도 좋다. 네 시간을 확보할 수 없다면, 즉 막 사온 고기를 굽거나 하는 경우라면 (잘 달군) 팬에 올리기 직전 친다. 살결의 붉은색을 거의 가릴 정도로 과감하게 친다. 걱정 마시라. 그래도 간을 하지 않은 뒤 찍는 소금이나 바르는 쌈장보다는 덜 짜게 먹을 것이다. 소금은 어떤 것이든 상관없다. 좋아하는 것을 쓰면 충분하다.

　　　　　　　　　　　　　　　　　　　　　한식의 품격

7. 활어회,
조리의 외주화 2

토요일 아침, 통영. 충무김밥으로 아침을 먹고 나면 다음 차례는 장보기다. 중앙시장에서 저녁에 먹을 회를 뜬다. 초고추장은 필요 없다. 레몬즙과 올리브기름, 소금과 후추로 가볍게 버무려 먹는다. 잘생긴 후보를 찾아 '다라이' 반, 사람 반으로 빼곡한 시장통을 오간다. 걸음은 재다. 느긋하게 즐기고 싶지만 그럴 수 없다. 삶에 쫓겨 늘 서두르면서도 장보기는 원래 내게 지극한 즐거움 가운데 하나다. 보통 이것저것 고르며 음미한다. 하지만 활어회를 사는 과정은 속전속결이어야 한다. 시장 특유의 공간 구성과 질서도 그렇지만, 그보다 호객을 감당하기가 어려워서다. 모두가 외쳐대니 결국 아무 것도 귀에 들어오지 않는다. 상인들은 알고 있을까. 시장은 이미 그 자체로 충분한 활기를 품고 있음을. 아무것도 보태지 않아도 된다는 사실을.

장보기의 대상도 딱히 느긋하게 음미하며 고를 게 아니다. 활어. 살아 있는 물고기다. 좁은 공간에 갇혀 있는 생물은 대부분 너무 빠르게 움직인다. 선택 역시 빨라야 한다. 선택만 속전속결인가. 생명을 앗아가는 과정도 마찬가지다. 고무장갑을 낀 손이 생선을 세로로 세운다. 물고기는 마지막으로 본래의 자세를 취한다. 대가리가 끝나고 몸통이 시작하는 지점에 두툼하지만 날카로운 칼날이 잽싸게 내리꽂힌다. 찰나에 생명은 과거형이 된다. 그 손은 이어서 물고기를 눕혀 껍질을 벗기고, 등뼈를 경계로 포를 떠낸다. 기계를 동원하는 곳도 있다. 전용 롤러가 껍질을 더 말끔히 벗겨낸다. 수건으로 물기를 닦아내고 썰거나 채친다. 결과물을 스티로폼 도시락에 담는다. 때로 플라스틱 모조 대나무 잎이 한 장 깔린다. 전문점에서 2000원에 얼음과 스티로폼 상자를 산다. 이제 떠날 차례다.

도살과 공감 능력

페이스북의 창립자 마크 저커버그(Mark Zuckerberg) 이야기가 소개된 바 있다. '의식적 육식(conscious meat eating 또는 윤리적 육식동물(ethical carnivore))'의 일환으로, 스스로 기르고 도살한 고기만 먹겠다고 밝힌 것이다.[43] 그가 처음 한 시도는 아니다. 의식적 육식의 계기로 삼고자 도살장 견학을 간다는 일화는 흔해졌다. 고기가 부위별로 곱게 분류되어 랩에 싸인 살덩어리가 아니라는 점을 자각하고 싶은 동기가 작용한다. 특히 육식을 반대하거나 최소한 회의를 품는 이들이 채택하는 행보다. 내

---

43 Leo Hickman, "Facebook CEO Mark Zuckerberg only eats meat he kills himself," *The Guardian* (2011.05.27), http://www.theguardian.com/environment/green-living-blog/2011/may/27/mark-zuckerberg-kill-animals-meat.

가 번역한 『철학이 있는 식탁』(이마, 2015)에도 그런 시도가 담겨 있다. 저자인 영국의 철학자 줄리언 바지니(Julian Baggini)는 도살장으로 향한다. 본인이 먹는 고기가 믿을 만한 여건에서 도살 및 가공되는지 직접 눈으로 확인하겠다는 의도다.

취지엔 동감하지만 꼭 필요한 절차일지에 대해서는 회의한다. 인간에겐 공감 능력(empathy)이 있다. 굳이 도살 현장을 견학하지 않고도 생명과 음식의 의미를 깨달을 수 있어야 한다. 생명을 지녔다면, 그래서 언제나 자신의 유한함을 인식하는 인간이라면 생각만으로도 윤리의 문제를 고려할 수 있다. 상상력도 얼마든지 동원할 수 있다. 저커버그의 경우는 한층 더 해프닝에 가깝다. 메시지를 던지기 위한 시도라는 건 이해하지만 페이스북 같은 세계적 IT기업의 최고경영자가 굳이 자기 손으로 도축해야 할 이유가 있을까.

굳이 각성을 위해 도살의 풍경까지 동원하겠다면, 수산물 시장의 풍경이 더 효과적일 수 있다. 생물체가 상대적으로 작아도 엄연한 죽음의 목격이다. 굳이 덩치 큰 네발짐승의 살육 장면을 직접 목격해야 육식의 의미를 뼈저리게 곱씹어볼 수 있다면 오히려 둔감하다는 방증은 아닐까? 활어회 시장을 생각해보자. 도살장도 아닌, 시장 한복판에서 훨씬 더 일상적인 시간과 공간을 배경으로 벌어지는 살육이다. 더 끔찍할 수 있다. 게다가 수요자가 나뿐만이 아니라서 눈앞에 동시다발적인 죽음의 파도가 들이닥친다. 죽음을 채 소화하기도 전에, 대상은 철저히 분해된다. 식탁에 살점과 함께 오른 광어 대가리의 눈이 꿈뻑거려, 깻잎으로 덮어놓고 먹었다는 이야기를 들어본 적이 있을 것이다. 행간에 적나라하게 깔린 참으로 농담 같은 죽음. 이런 죽음을 우리는 어떻게 소비하고 있는가.

극과 극은 통한다는 말이 있다. 활어회는 직화구이의 대척점에 자리 잡고 있는 음식이다. 그래서 서로 통한다. 하나도 익지 않았기 때문에 너무 익은 것과 전혀 다르지 않다. 맛이 없다는 말이다. 그럼에도 불구하고 활어회는 일상을 차지하고 있다. 수조를 내놓고 영업하는 횟집을 주택가에서조차 쉽게 볼 수 있다. 이런 환경에는 바람직한 구석도 있다. 수족관이 그만큼 가까운 셈이니 동네 아이들이 오가며 해양 생태계를 학습할지도 모를 일이다.

아예 익지 않은 것의 단점

일단 질감이 가장 크게 걸린다. 활어회, 문자 그대로 살아 있는 물고기를 잡아 바로 회를 쳐 먹는다. 사실 피해야 할 시나리오다. 막 죽은 뒤에는 사후강직의 상태가 당연히 최고조다. 하지만 되려 사랑받는다. 쫄깃함 또는 씹는 맛이 살아 있기 때문이다. 문화적 측면에서는 막 죽은 생물의 활기를 흡수하겠다는 의도 또한 깔려 있다. 사슴을 잡자마자 칼로 찌른 자리에 주발을 대고 피를 받아 마시거나 살아 있는 곰에서 웅담을 채취해 먹는 풍습, 아니 악습과도 일면 통한다. 산 걸 먹을 수는 없으니 생으로부터 찰나만큼만 거리 둔 생물을 먹는다. 뻣뻣할 수밖에 없다. 그나마 생선 살이 결합 조직이 적은 단백질인 덕분에 가능하다. 육지 동물, 특히 소나 돼지라면 쉽지 않은 일이다. 기다려야 한다. 맛을 들이는 숙성까지 가지 않더라도, 강직 상태에서는 벗어날 때까지의 시간이 필요하다. 활어회에는 같은 기회를 주지 않는다. 오히려 의도적으로 사후강직 상태를 즐기는 데 초점을 맞춘 형식이다.

의도적으로 즐기는 사후강직의 쫄깃함, 씹는 맛의 대가는 조리의 외주화다. 직화구이가 식탁에 불을 올려 손님에게 조리의 책임을 전가한다면, 활어회는 아예 먹는 이의 입에 조리를 떠넘긴다. 직화구이와 궤를 함께하지만 한층 발달이 덜 된 형식이다. 살을 발라내고 써는 물리적 변화 외에, 조리의 핵심인 화학적 변화는 전혀 이루어지지 않기 때문이다. 직화구이처럼 반드시 불에 익혀야만 음식이 되는 것은 아니다. 프로메테우스가 간을 바쳐 얻어 온 불만큼의 영향력과 강도는 아닐지언정, 화학적 변화는 다른 방법을 통해서도 얼마든지 얻을 수 있다. '뜨겁지 않은 불'이 여럿 존재한다. 재료의 한계 극복부터 잠재적인 맛까지 얼마든지 끌어낼 수 있는 능력을 갖췄다. 효소와 미생물이 작용하는 숙성과 발효가 대표적이다.

뜨겁지 않은 불, 숙성

한식이 '뜨겁지 않은 불'의 가치를 모를 리 없지 않은가. 설탕에 절인 과일을 효소라 여기고, 삼겹살을 와인에 버무려 묵히면 숙성이라 믿는 현실이다. 둘 다 무의미하지만 적어도 숙성이나 발효가 음식과 맛의 가치를 높이는 수단임은 너무 잘 알고 있는 것이다. 그런데 왜 하필 생선회는 죽이자마자 먹는가. "씹을수록 단맛이 우러나오는 활어회"라는 표현을 들은 적 있다. 나름 재료를 향한 찬사였겠지만, 뻣뻣한 생선 살을 삼킬 수 있을 때까지 씹으면 단맛이 안 우러나오고 배겨낼 재간이 없다. 말하자면 불필요한 조리의 외주를 본의 아니게 두둔하는 셈이다.

숙성과 발효가 한식의 기치나 미덕이라면, 어패류를 즐기는 대표적 형식에도 고려할 수 있지 않을까. 숙성의 대표적 대상인 쇠고기에 비하면 아주 짧은 시간을 들여 훨씬 더 맛있게 먹을 수 있다. 한우를 일 단위로 숙성시킨다면, 생선은 시간 단위로 숙성시킬 수 있다. 핵산과 이노신산(inosinic acid)의 활성화로 감칠맛이 활기를 띤다. 미묘함이 살아난다. 효소의 작용으로 분해가 일어나니 살결도 훨씬 부드러워진다. 입맛은 돋워주는 한편, 먹기는 더 편해진다. 굳이 초고추장을 한 바가지씩 소환할 필요도 없다. 활어회는 맛도 덜 살아난 상태고 심지어 간도 안 한다. 그래서 초고추장이나 쌈장이 꼭 필요하다. 강한 신맛을 필두로 단맛, 매운맛으로 입맛의 분위기를 쇄신하고 모자란 두께, 즉 감칠맛도 더해야 하기 때문이다.

숙성회의 전망

숙성회가 존재하지 않는 것도 아니다. '싱싱회'라는 명칭으로 통한다. 숙성한 생선에 왜 '싱싱'하다는 형용사를 쓰는가. 사연이 있다. 활어회에 대응하는 개념으로, 원래는 '선어회(鮮魚膾)'라는 용어를 썼다. 하지만 활어회의 극단적인, 생명을 갓 빼앗아 얻어낸 상태에 대적하기엔 언어의 힘이 부쳤다. 그래서 고안해 붙인 용어가 싱싱회다. 일종의 브랜드인 셈이다. 궁여지책에 가까운 작명이었지만 싱싱회엔 분명 장점이 존재한다. 가장 중요한 맛의 발달 외에도 물류 및 시설비를 대폭 줄일 수 있다. 생물을 유통 및 보관할 필요가 없으니 물이나 수조, 설비된 트럭에 관련된 제반 비용이 깎여 나간다. 곧 가격 인하로 연결될 가능성도 매우 높다.

긍정적으로 내다보지는 않는다. 활어회는 궁극적인 불신을 반영하고 있기 때문이다. 일단 조리 전, 모든 단계에 대한 불신을 반영한다. 하나의 음식이 식탁에 오르는 과정은 여러 손이 얽혀 만들어낸 사슬과 같다. 생산부터 유통까지 얼마나 많은 손을 거치는가. 활어회는 그 가운데 대부분을 건너뛰고, 대신 생선의 생명 유지에만 온 역량을 집중한다. 달리 말해, 죽었지만 잘 관리, 유통된 생선의 가치 같은 건 믿지 않는다는 방증이다. 살아 있으면 그만이다.

이는 곧 잘 죽이고 관리하고 유통하는 '손'을 향한 불신을 의미한다. 냉장과 냉동은 식생활은 물론, 현대인의 수명에까지 영향을 미친 현대 과학기술의 혜택이다. 활어회를 선호하는 이들조차 이 혜택을 입고 있다. 요즘 부쩍 대중화된 연어가 대표적인 예다. 노르웨이산 양식이 떼로 들어온다. 덕분에 연어 '무한 리필' 프랜차이즈마저 성업 중이다. 연어는 엄연히 유행과 인기를 누리는 식재료로 자리 잡았다. 기본적으로 새로운 식재료의 등장은 반길 일이다. 냉장 유통 덕에 가능한 일이다. 활연어? 살아 있는 연어가 담긴 수조 채로 비행기에 실어 수입한다고 가정해보자. 불가능하지는 않겠지만, 가격이 훨씬 더 비쌀 것이다. 좋든 나쁘든 '무한 리필'은 불가능하다. 변질에 가장 큰 영향을 미치는 내장을 들어내고 냉장 유통하기 때문에 지금처럼 즐길 수 있다.

한편 냉동도 유효한 보존 및 유통 방식이다. 최고급 생선인 참치가 어떻게 일본 쓰키지 어시장(2016년 2020년 도쿄 올림픽을 맞아 이전할 예정이었으나 현재 이전이 연기된 상태다.)에서 팔려 뉴욕의 식탁에 오르겠는가. 원양 조업지에서 잡혀 냉동된 상태로 일본에 상륙한 뒤 경매를 거쳐 세계로 다시 팔려 나간다. 냉동과 해동 과정을 거쳤다고 최고급 식재료로서 참치의 가치가 떨어지지 않는다.

참치가 너무 고급이라 와닿지 않는다면, 새우의 경우도 마찬가지다. "고래 싸움에 새우 등 터진다."고 했다. 케케묵은 속담이지만 좌우지간 새우는 작은 바다 생물, 갑각류다. 따라서 잡히면 금방 죽고 또 썩는다. 그래서 죽은 새우는 100% 냉동이다. 마트 등에서 살 수 있는 냉장 새우는 해동품이다. 먹다 남았다고 다시 얼리면 안 되는 이유다. 그래서 새우는 아예 냉동 유통 제품을 사는 것이 훨씬 편하다. 개별 급속 냉동(Individually Quick Frozen), 즉 한 마리씩 따로 얼려 파는 제품이 있다. 냉동 보관하면서 필요한 만큼만 꺼내 해동해 쓸 수 있고, 잘 썩는 머리나 번거로운 껍질도 미리 떼어 냉동되어 있어 편리하다.(물론 가공 과정과 제3세계의 노동 조건에 대해 한 번쯤 생각해볼 필요는 있다. 이런 식재료의 가공은 기계로 대치할 수 없어 저렴한 노동력에 의존한다.)

지속 가능한 해양 생태계와 동물 복지

쓰키지와 참치. 사실 그리 유쾌한 관계나 사안은 아니다. 참치의 씨가 마르고 있기 때문이다. 워낙 많이 잡아 먹었다. 비단 참치뿐만이 아니다. 한식에선 전이나 탕 감으로 사랑받고, 말린 식량의 형태로 바이킹의 세계 진출을 가능케 했던 대구도 사실 세계적으로는 어획량이 엄청나게 줄었다. 남획이 문제다. 그래서 지속 가능한 해양 생태계 및 해산물(sustainable seafood)에 대한 논의가 시작된 지도 오래다. 씨를 말려선 안 된다는 게 관건이다. 그물코를 줄여 남획도 막고, 먹던 것만 줄창 먹지 말고 새로운 어종을 개척하자는 이야기도 나온다. 크게 보면 생태계 보전이 목적이겠지만, 작게는 동물 복지와도 관련된다.

한편 동물 복지라면 사육하는 동물, 특히 포유류나 조류의 복지에 대해서는 최소한의 공감대가 형성되었다고 볼 수 있다. 해양 생태계에도 공감대가 형성되고 있다. 대표적인 경우가 돌고래 안전을 고려한 참치(dolphin-free tuna)다. 참치 통조림의 원재료인 가다랑어나 날개다랑어(일식의 주재료는 더 고급인 참다랑어, 눈다랑어다.)의 어획 과정에서 싹쓸이 조업으로 인해 돌고래가 그물에 걸려 희생되는 경우가 잦다. 불필요한 희생을 줄이고자 채낚기(낚싯대 등으로 한 마리씩 잡는 것) 등의 대책을 마련하고, 이를 준수할 경우 인증 딱지도 붙여준다. 최소한의 윤리적 장치를 거친 식재료임을 밝히는 것이다. 참고로, 한국의 3대 참치 통조림 생산 업체(동원 F&B, 사조산업, 오뚜기)에 대한 평가는 낮다. 그린피스의 2013년 보고서에 의하면, 어느 곳도 친환경적이고 지속 가능성이 높음을 의미

하는 '그린' 등급을 받지 못했다. 시장점유율 1위인 사조 산업은 최하위 '레드' 등급을 받았다.[44]

물론 각종 인증 제도를 덮어놓고 믿을 수는 없다. 부작용이 분명히 존재한다. 모든 인증 시스템이 그렇듯 체면치레로 최소 기준만 지킨 상태에서 홍보 수단으로 전락할 위험은 상존한다. 가장 규모가 크고 체계적인 유럽의 원산지 명칭 보호(Product Designation of Origin)제도는 이제 오남용의 위기를 안은 채로 운영된다. 대표적인 제품군인 치즈의 예를 들어보자. 단순히 치즈의 크기와 모양, 무게, 최소 지방 함유량, 발효와 살균의 온도, 숙성 기간만을 인증의 조건으로 명시한다. 다소 단순하다고 여길 수 있는 생산 과정의 몇 가지 조건 등에만 초점을 맞추는 것이다. 따라서 동물 복지, 또는 전통 생산 방식 등의 큰 그림을 무시하는 결과를 낳을 수 있다.[45]

PDO 인증은 맛의 보증수표가 아니다. 동물 복지나 유기농 등의 인증을 받은 식재료가 무조건 더 맛있지는 않다. 하지만 그와 별개로 원칙을 인식하는 건 나름의 의미가 있다. 가축의 안녕이 최종적인 맛에 영향을 미치는 것은 사실이다. 정도의 차이는 있겠지만 이제 소비자도 이를 인식하고 있다. 앞서 도살장 방문을 언급했는데, 사육의 최종 순간에서 도살까지의 과정은 육질에 결정적인 영향을 미친다. 스트레스가 적을수록 고기도 맛있다고 한다. '일반인이라면 먹어본 적 없을 것'이라는 말

44   박현정, 「한국에는 '착한 참치캔'이 없다」, 《한겨레》(2013.6.9), http://www.hani.co.kr/arti/society/environment/591001.html.

45   줄리언 바지니, 이용재 옮김, 『철학이 있는 식탁』(이마, 2015), 18쪽.

도 나온다. 공장식 사육 및 도살이 동물에게 미치는 스트레스가 그만큼 크다는 걸 의미한다.

활어회를 둘러싼 기술과 관리의 열악함

어패류도 마찬가지다. 생물이라면 똑같은 기준을 적용할 수 있지 않을까. 죽음의 순간까지 잘 먹고 잘 살아야 한다. 그래야 식탁에 올라도 더 맛있다. 하지만 얼마나 많은 수조의 생선이 그런 환경을 누릴 수 있을까. 활어회의 문제로 가장 많이 지적되는 사항이다. 말하자면 '물 관리'의 실패다. 이미 문제의식이 공론화된 지도 오래다. 소포제(물거품 제거 약품) 사용 등의 안전 문제를 지속적으로 지적받는다. 아주 간단한 문제다. 앞에서 횟집의 교육적 효과를 농담처럼 짚으며 수조를 수족관에 비유했는데, 먹기 전까지는 생선들을 키우는 것이나 마찬가지다. 최선을 다해 여건을 갖춰줘야 할 의무가 있다.

하지만 현실에선 더러운 물, 그 속에서 죽어가는 물고기를 너무나 쉽게 볼 수 있다. 활어회를 향한, 흔하디 흔한 비판점이다. 늦은 밤 귀가 길에 수시로 마주치는, 배를 까뒤집고 죽은 수조 안 생선의 모습은, '죽지 못해 산다'는 말이 너무도 적나라하게 들어맞는다. 이렇게까지 숨을 붙여놓았다가 죽여 먹어야 할까? 단지 살아 있다는 이유만으로 더 맛있을 거라 여긴다면 그건 크나큰 착각이다. 맛만 없으면 다행이다. 건강을 해칠 수도 있다. 자칫 잘못하면 심각한 질환에 시달릴 수도 있다. 회는 말 그대로 날것을 먹는 것이다. 일반적 확률 이상의 위험에 스스로를 노출할 이유가 없지 않을까.

만화 등을 통해 널리 알려진 일본의 기법을 보자. 생선을 가사 상태에 빠뜨리는 신경 죽이기(이케시메(活けしめ)) 기법을 쓴다. 생선의 양미간 사이를 철사로 찔러 뇌와 척수를 관통해 신경을 죽이고 피를 뺀다. 회로 먹겠다는 건, 섬세함을 오롯이 즐기겠다는 의지다. 잘 잡기도 중요하지만 잘 죽이기는 그 이상으로 중요하다. 그래서 일본에서는 생선을 낚시로 잡고, 물에 담그지 않고도 살아 있는 것과 가장 흡사한 상태로 보존 및 숙성한다. 그 결과 다양한 어종을 즐길 수 있다. 물론 거의 대부분의 경우는 숙성회다. 한식의 활어회 문화는 선택권도 굉장히 좁다. 학꽁치 같은 생선은 회로 즐기기가 쉽지 않다. 낚시로 잡지 않기 때문이다. 그래서 광어, 돔을 위시해 계절에 따라 방어, 도다리 등 먹을 수 있는 어종은 손에 꼽히는 정도다. 삼면이 바다인 반도 국가의 현실치고는 빈곤하다.

통영 시장 이야기를 하며, 생선은 죽기 전 마지막으로 세로로 선다고 했다. 정확하게는 세워진다. 아닌 경우도 있다. 캘리포니아 주 나파 밸리의 레스토랑 프렌치 런드리의 사례는 유명하다. 생선을 세로로 세워 보관한다. 아주 간단한 논리를 따른다. 살아 있을 때와 똑같아 더 자연스럽다는 이유다. 식탁에 오르기 위해 손질을 시작할 때나 비로소 눕는다. 농담 같다고? 그러기엔 레스토랑의 세계적인 명성이 너무 높다. 프렌치 런드리는 미슐랭 가이드가 샌프란시스코에 진출한 2006년 이래, 10년 동안 별 셋을 지켜왔다. 물론 프렌치 런드리에서는 활어를 받아 잡지 않는다. 미국엔 수조와 활어 문화가 없다. 각 과정의 전문가가 책임지고 최선의 생선을 납품한다. 손을 맞잡아 만들어지는 바로 그 고리가 제 역할을 한다.

이런 수준의 관리가 어렵다면, 최소한 사후의 섬세함이라도 돌아볼 필요가 있다. 아직 개선의 여지가 남아 있다. 활어회도 칼질의 기술을 그만큼 소중하게 여기는데, 번지수가 잘못되었다는 느낌이다. '씹는 맛이 살아 있도록 신경을 끊는' 기술을 높이 사는 경향을 이해하기 어렵다. 의도적으로 사후강직을 즐기는 활어회 문화다. 씹는 맛이 너무 살아 있어 문제인데 그 위에 씹는 맛을 또 얹을 필요가 있을까? 죽일 것을 살리고 살릴 것은 죽이는 형국이다. 뻣뻣함은 살리고 맛은 죽인다. 칼질은 그래도 괜찮다. 문제는 다른 데 있다. 매년 겨울이면 제주도 모슬포 등지에서 열리는 방어 축제의 사진을 트위터에서 보고 충격을 받은 적이 있다. 껍질을 무자비하게 홀랑 벗겨내 초고추장과 냈기 때문이다.

동물의 껍질과 근육, 즉 살 사이에는 지방층이 있다. 맛에 가장 큰 영향을 미치는 부분이다. 이를 잘 살리는 것이 조리의 최대 과제다. 닭도 이 지방층을 완전히 녹여내는 한편 껍질을 바삭하게 구워내야 맛있다. 오리는 한 술 더 뜬다. 가슴살의 두꺼운 지방층을 다루는 기술로 요리사의 자질을 가늠할 수 있을 정도다. 생선도 마찬가지다. 굽거나 회로 먹거나, 지방층이 없는 만큼 맛도 적어진다. 이를 아는지 모르는지 제철이라 살과 기름이 올랐다는 방어의 껍질을 가차 없이 벗겨버린다.

비단 활어회의 문제가 아니다. 코스트코 등에서 수입하는 연어 이분도체도 껍질을 완전히 벗겨서 내놓는다. 물론 껍질 아래 붙은 흰 지방층도 멀끔히 걷히고 없다. 연어는 기름기가 많은 생선이다. 껍질이 붙은 생선을 사면 흰 켜가 눈에 확 뜨인다. 미리 벗기면 맛에서 그만큼 손해를 본다. 구매자는 알고 있을까. 살만으로도 맛있을 수 있지만, 더 나은 맛의 기회를 근본적으로 차단당한 채 식재료를 구매하고 있다는 걸. 한국 음식 문화의 단면이다.

활어회 문화에는 대안을 제시할 필요를 못 느낀다. 이미 분명하게 존재하고 있기 때문이다. 선어회, 또는 싱싱회가 있다. 왜 외면받을까? 마치 일본 음식 세계의 전체인 양 뿌리 내린 스시집에서는 숙성된 생선을 찾으면서, 한식에서는 왜 활어회를 고집할까? 한식보다 분명히 앞선 일본의 음식 문화가 '숙성 생선=더 나은 맛'이라는 결론을 내렸다면, 한식도 고민할 이유가 전혀 없다. 1부에서 소개한 '보쌈 레시피'처럼, 국가와 민족의 차이를 고집할 수 없는 가치의 문제이기 때문이다. 인정하고 받아들이면 된다. 실제로 그런 생선회 문화의 존재를 알지만, 그것을 적용하여 구현하는 편이 더 어려우므로 익숙하고 쉬운 방식을 반복하는 무신경과 태만을 지적할 수밖에 없다.

너무 익히거나 아예 익히지 않거나

직화구이와 더불어 활어회는 밥 중심의 한식 문화에서 유일하게 탄수화물보다 단백질을 더 많이 먹는, 단백질 위주의 식사 형식이다. 정확하게 말하자면 단백질이 반찬의 지위에 속하지 않는다. 어찌 보면 당연한 사실이기도 하다. 땅과 바다의 고기가 주도적인 역할을 차지할 수밖에 없다. 서양에서는 이를 서프 앤 터프(Surf n' Turf)라 일컫는다. 스테이크 하우스의 고급 메뉴 가운데 하나다. 비싸고 양이 적은 안심(샤토브리앙(chateaubriand))과 바닷가재 꼬리의 조합이 대표적이다. 그만큼 고기와 생선은 상징성을 지닌 음식이라는 의미일 텐데, 직화구이와 활어회의 방식은 놀랍게도 둘 다 맛의 최적점을 찾는 데 실패한다. 너무 익히거나 아예 익히지 않거나. 재료 자체에 간도 하지 않는다. 요리는커녕 적절한 조리도 존재하지 않는다. 공교로운 공통점을 놓고 한식은 고민해야 한다. 비단 두 주재료군만의 문제도 아니다. 채소는 어떤가. 너무 익혀 숨이 죽은 것과 아무런 조리 없이 날로 먹는 방법만이 존재한다. '원래 그렇게 먹었다'는 것 외에 어떤 논리로 정당화할 수 있을까. 섬세함을 찾기 위한 고민이 필요하다.

8. 전,
열등한 튀김

그 짧은 만남에 생긴 사랑이 거짓이라 믿고 싶겠지만

그것은 지울 수 없는 사랑

딱따구리 앙상블의 「지울 수 없는 사랑」. 1986년, 아니면 87년 추석 무렵이었다. 창가에 올려놓은 라디오에서 흘러나왔던 노래를 아직도 기억하고 있다. 북가좌동, 버스 정류장에서도 한참 걸어 들어가는 동네. 1층이었는지 반지하였는지 기억이 선명하지 않다. 아직도 이유를 모른다. 조부모는 왜 늘그막에 서울로 굳이 올라왔을까. 충청남도 예산의 옛집은, 지역과 시대의 사정을 고려하면 나쁘지 않았다. 대청마루는 그리 넓지 않았지만 괘종시계가 자기 목소리를 마음 놓고 낼 만큼의 공간은 되었다. 그런 시계가 서울 어딘가에 다시 자리를 잡고 매시마다 겸연쩍게 울었다.

환경이 극적으로 바뀌었지만 할아버지의 장보기는 여전했다. 명절이면 노량진으로 또 독산동으로 다녔다. 당신이 장보기, 할머니가 조리를 맡는 일종의 분업 체계였다. 그다지 공평하지 않은 분업이었다. 정확한 합의 아래 일을 나눈 것 같지도 않고, 조리가 압도적으로 벅찬 일이었다. 부엌은 언제나 어둡고 컴컴한 공간이었다. 예산이든 가좌동이든 언제나 단차(段差)가 존재해 방보다 낮았다. 또한 손님도 많았다. 동네를 막론하고 명절이면 낯선 이들이 찾아왔다. 100% 할아버지의 손님이었다. 심지어 낯익은 이들, 친척마저도 그러했다. 할머니의 손님은 없었다.

그런 상황에서 '참치톱밥전'은 할아버지의 마지막 '작품'이었다. 서울로 올라온 다음 선보인, 마지막 새 명절 음식이었다. 이름처럼 냉동 참치를 톱으로 썰 때 나오는 부스러기를 뭉친 후 계란 물을 입혀 부친 전이었다. 노량진 수산 시장에서 그냥 얻어 오셨노라는 당신의 말씀엔 흐뭇함이 다소 배어 있던 것으로 기억한다. 그렇게 참치톱밥전이 동그랑땡과 생선전, 두부와 언제부터 끼어들었는지 기억나지 않는 적(炙)의 '라인업'에 합류했다.

새 전이 합류했다지만, 전을 부치는 분위기는 평소와 썩 다르지 않았다. 서로 가까워야만 한다는 부담이 너무 큰 나머지 아무도 가깝지 않았다. 드러내놓고 데면데면할 수 없는 관계란 얼마나 힘든가. 그런 삼대가 방바닥에 신문지를 깔아놓고 전을 부쳤다. 전기 프라이팬 두 대를 동원해 부쳐서는 플라스틱 채반에 담았다. 당장 먹지도 않을 전이 쌓여 식어갔다. 기름 냄새는 단 한 번도 고소했던 적이 없었다. 그렇게 전이 쌓여갈 때 흘러나왔던 노래였다. "그으으 짜앎은 만남에에 새애앵긴 사랑이이……" 과연 사랑이 있었을까. 잘 모르겠지만 노래와 더불어, 적어도 그때의 기억은 아직 지워지지 않는다.

전, 비효율적인 설정과 수단

그런 기억이 전을 지배한다. 또렷하게 각인돼 있다. 이건 나를 위한 음식이 아니구나. 살아 있는 이를 위한 음식이 아니라고 규정하는 게 더 정확하겠다. 일상에서도 먹지만, 역시 전의 가장 큰 쓰임새는 명절의 차례상이나 제사상이다. 아무리 많이 부쳐도 아무도 먹지 못한 채 식어간다. 빵처럼 복원력이 좋아 예외인 음식도 분명 존재하지만, 음식은 만들고 시간이 지날수록 맛이 없어진다. 부정할 수 없는 사실이다.

그런데 전은 애초에 식은 채로 상에 오른다. 제 온기를 온전히 머금고 올라가는 음식은 기껏해야 메(밥)와 갱(국)뿐이다. 크게 보면 제사 또는 공간 전개형 상차림의 문제이긴 하다. 하지만 전의 문제는 그 너머의 영역에도 걸쳐 있다. 음식 자체의 논리에도 개연성이나 효율성이 없다. 재료의 맛을 살려주지도 못하며, 쉽고 빠르게 만들 수도 없다. 그나마 산 사람을 위해 만들어 바로 먹으면 조금 나을 수도 있지만, 정서적인 문제가 조리의 결함을 악화시킨다.

기본 발상부터 탄탄하지 못한 음식이 전이다. 계란 옷을 입혀 낮은 온도의 기름에 오래 익힌다. 문제가 대체 몇 갈래인가. 헤아려보자. 첫째, 일단 계란이 과조리되어 뻣뻣해진다. 온도도 문제지만 긴 조리 시간의 영향이 더 크다. 사슬처럼 얽혀 있는 계란의 단백질이 오랜 조리에 수축된다. 뻣뻣해지다가 그보다 더 오래 익히면 연결 고리가 깨져 수분이 배어 나온다.

도구 및 여건의 효율도 떨어진다. 팬이든 번철(燔鐵)이든 부침의 상황을 생각해보자. 두께가 있는 재료의 윗면이 외기에 그대로 오래 노출된다. 게다가 밑면이 닿는 열원의 온도는 낮다. 높게 설정할 수도 있지만 대개 은근함을 고집한다. 또한 스테이크처럼 균질한 단백질 덩어리가 아니라는 점도 감안해야 한다. 고기를 쓰는 전이라면 속까지 완전히 익혀야 한다. 고기를 갈면 겉면의 균이 전체로 퍼지는 결과를 낳기 때문이다. 따라서 햄버거처럼, 돼지고기 동그랑땡도 일정 수준(미디엄) 이상으로 속을 익혀야 한다.

효율이 떨어지는 장치와 열원으로 한꺼번에 두 가지 목표(겉과 속 익히기)를 동시에 이루려니 하나도 제대로 못 이룬다. 속까지 완전히 익히면 겉은 말라버리는 한편 재료에서 빠져나온 수분과 익히는 데 쓰는 기름을 반죽이 흠뻑 먹어버린다. 설상가상으로 익히자마자 먹는 경우는 거의 없다. 완전히 식은 상태에서 죽은 이를 위한 상에 일단 올리고, 그 다음에서야 산 사람에게 차례가 돌아온다. 만들 때와 똑같은 방식으로 데운다. 역시 효율이 떨어지는 가운데 수분과 기름 막을 한 번 더 익히는 결과만 낳을 뿐이다. 과연 이런 음식이 산 사람은 고사하고, 조상을 기리는 데 적당한지 의문이다.

이다지도 비효율적인 조리법을 대체 왜 무차별적으로 적용하는 걸까? 재료의 선택이 전의 두 번째 문제다. 비선택의 문제라 규정하는 게 맞겠다. 재료와 조리 형식의 궁합에 대한 고려가 없다. 특정 재료가 전에 맞는지 아닌지 따지지 않고, 그저 계란 물을 입혀 지진다. 명절만 되면 차례와 음식의 비효율성에 대해 성토하는 가운데, 트위터에 경북 지역의 "전"에 대한 사진이 올라온 적 있다.(큰따옴표가 필요할 만큼 차마 전이라 부르기 어려웠다.) 어른 팔뚝만 한 광어에 계란 물을 입혀 지진 것이었다. 심지어 계란이 잘 달라붙도록 밀가루를 입히지도 않았다. 그저 통 광어와 계란이 전부. 누런 계란 물이 반투명하니 광어의 자태가 비쳐 보였다. 문법에 충실해도 비효율적인 음식인 판국에, 지역이나 가문의 전통을 폄훼할 위험이 존재한대도, 아닌 건 아니다.

직접 경험한 것 중에서는 목포에서 먹었던 새송이전이 기억난다. 계란 물을 입은 광어보다는 훨씬 더 전의 문법에 충실했지만, 그래도 굉장이 허술한 음식이었다. 다른 음식과 너무나도 확연히 비교되어 나쁜 인상이 뚜렷하게 남았다. 주요리인 갈치구이가 너무나도 맛있었고, 대략 열 가지의 반찬도 훌륭했다. 그 가운데 유독 새송이전만이 형편없었다. 식탁에 올라온 시점에 이미 겉(계란 옷)과 속(버섯)이 분리되어 있었으며, 원체 유쾌하지 않은 질감의 새송이는 어중간하게 익어 미끌거리고 물컹했다.

이런 전을 놓고 강박관념에 대해 생각했다. 넓게는 한식의 맥락, 즉 반찬이 그 대상이었다. 맛과 완성도에 무관하게 여러 종류 내어야 한다는 부담이 존재한다. 제철에 갈치를 잘 구웠다면 다른 반찬이 여러 가지 필요하지 않다. 전의 핵심적인 단점은, 무엇보다 손이 많이 간다는 점이다. 굳이 택할 필요가 없는 조리법이다. 그래서 좁은 범위에서 조리 형식 자체를 향한 강박관념에까지 생각이 미쳤다. 단순히 굽는 것보다는 좀 더 복잡한 형식을 갖춰야 한다는, 한마디로 체면치레의 부담이 작용한 것은 아닐까?

습관이라 규정해도 무방하다. 재료의 물성을 헤아린다면 연한 재료도 아닌 새송이에 쓸데없이 보호막을 둘러 전으로 부쳐 낼 필요가 없다. 시간이 더 걸리는 것은 물론, 되려 수분이 날아가지 못해 불쾌할 지경으로 미끌거릴 수 있다. 차라리 기름을 살짝 둘러 굽거나, 아주 센 불에 수분이 빠져나가지 않도록 볶는 게 낫다. 이를 통해 시간과 노력도 몇 겹으로 줄일 수 있을뿐더러, 버섯 특유의 감칠맛도 더 잘 살릴 수 있다.

전, 재료와 조리에 대한 몰이해의 증거

재료의 선택이란 재료 자체의 선택만을 의미하지 않는다. 조리 환경의 조성 또한 중요하다. 인재로 인한 조리의 실패를 막기 위해 위해 미리 그 환경을 생각해야 한다는 의미다. 적(炙)을 예로 들어보자. 참으로 신기한 음식이다. 물론 개인 경험이기는 하지만, 어느 시점에선가 적이 갑자기 차례상에 등장했다. 고기와 채소를 비롯한 각종 재료를 이쑤시개에 꿴다. 그리고 계란 물을 입혀 지진다. 차례상을 오른 그것을 볼 때마다 늘 마음 한구석이 미심쩍었다. 원래 적이 이런 음식이었던가.

적은 산적(散炙)의 줄임말로, '炙'이라는 문자의 뜻 그대로 고기구이를 의미한다. 부여계 민족인 맥(貊)의 고기구이(炙), 맥적이 원형이라고 설명된다. 중국의 시각에서는 이민족이지만 우리의 조상 가운데 하나이므로 전통 음식이라는 것이다. 실제로 이 정의와 문법에 충실한 적이 존재한다. 얇고 넓적한 쇠고기를 전형적인 한식 양념(간장 바탕)에 재워두었다가 굽는 요리다. 다진 고기를 뭉쳐 굽는 섭산적도 있다.

꿰는 적을 같은 범주에 넣으려면 노력이 좀 필요하다. 일단 이름부터 헷갈린다. 흩을 산(散) 자를 써 산적이다. 재료, 그것도 서로 다른 것을 모아 익히는 음식에 왜 정반대의 한자를 쓸까? 한국민족문화대백과는 "재료 썰어 놓은 모양이 숫자 세는[筭] 가지와 비슷해서 筭炙 또는 算炙 (둘 다 '산적')이라 부른다."[46]고 설명한다. 한자가 바뀌었지만 원래 꿰어 모아 만드는 게 핵심인 음식이라는 말이다. 믿기 어렵다.

이런 음식이 어느 순간 계란 물을 입고 전기 프라이팬에 오르기 시작했다. 그럼 적일까, 전일까. 헷갈린다. 그대로 구워도 될 음식에 굳이 쓸데없는 켜를 입히는 것도 바람직하지 않지만, 그보다 기본적인 설정에 늘 호기심을 품었다. 재료를 꼬치에 꿰어, 즉 모아놓으면 일단 조리의 효율이 떨어진다. 또 그 재료가 제각각이면 효율이 한 단계 더 떨어진다. 각 재료의 익는 속도가 다르기 때문이고, 결국 완성도에 영향을 미친다.

방법에 상관없이 효율의 전제 조건으로 균일함을 추구하는 건 조리의 기본이다. 그래서 재료를 같은 크기나 부피로 썰고 저미고 다진다. 감자볶음을 생각해보자. 최대한 고르게 채쳐야만 한다. 다른 재료를 함께 조리할 때도 원칙은 같다. 갈비찜, 닭도리탕 등에 들어가는 무, 당근 등의 채소가 그렇다. 심지어 일부 레시피는 (특히 오래된 것일수록) 가장자리를 둥글게 깎아내라고 권한다. 볶거나 국물에 잠겨 끓을 때 냄비의 가장자리나 재료끼리 부딪혀 뭉개지는 것을 막기 위한 조치다.

물론 적도 이런 과정을 거치기는 한다. 재료의 길이와 단면적은 균

---

46 http://terms.naver.com/entry.nhn?docId=572938&cid=46672&categoryId=46672.

일하게 맞추지 않던가. 하지만 조리의 효율을 위한 조치는 아니다. 오히려 외관을 위한 절차라 되려 조리에는 부정적인 영향을 미친다. 익는 속도가 다른 재료를 크기만 맞춰 썰어놓은 데다가, 서로 완전히 밀착시켜 놓는다. 기름기 없는 돼지 안심 같은 재료라면 파나 당근이 다 익을 때까지 기다리는 동안 과조리되어 퍽퍽해진다.

이제 일상의 외식 형태로 완전히 자리 잡은 중국식 양꼬치나 일본의 야키토리(燒き鳥) 같은 꼬치 음식과 비교해보자. 같은 재료를 꿰어 구성하는 것이 기본이다. 닭으로 꼬치를 꿰어도 고기는 물론, 껍질이나 내장 같은 기타 부위도 전부 나눠 한 가지로만 구성한다. 물론 다른 재료를 끼워 구성하는 경우도 분명히 있다. 하지만 그럴 경우 기능적인 고려를 충분히 한다. 단순한 모양새, 즉 크기 맞추기에 집착하지 않고 그 너머를 생각한다는 말이다. 가령 채소를 끼운다면 고기보다 작게 썰어 익는 속도를 맞춘다거나, 고기의 맨 앞과 뒤에서 미끄러져 빠지지 않도록 잡아주는 역할을 맡기는 식이다.

적은 이러한 세심함의 혜택을 입지 못한다. 그저 계란 물이나 걸칠 뿐이다. 게다가 전은 조림 같은 음식과 다른 입장에 놓여 있다. 국물의 도움을 받지 못한다는 말이다. 열을 고르게 전달해주는 매개체가 존재하지도 않고, 모든 재료가 고르게 익을 때까지 은근히 푹 익히지도 않는다. 게다가 앞서 언급했듯 열효율이 떨어지는 조리 환경이다. 그리고 계란 물까지 입었다. 어떻게 해도 잘 익히기 어렵다. 그리고 그 모든 맛없음의 기본 조건 위에 재료의 맛없음이 올라탄다. 조리 방식의 본질적 결함이 현실적 타협과 만나 한층 더 맛없는 음식으로 전락해버린다.

주범은 게맛살과 단무지다. 일단 둘 다 계란 물조차 아까운 재료다. 계란 물이 딱히 '업그레이드'의 방편도 아니지만 그럴 가치조차 없다. 하지만 진짜 문제는 따로 있다. 익힐 필요가 없는 재료를 익혀서만 먹는 것들 사이에 끼운다는 것이다. 특히 단무지가 눈엣가시다. '맛있는 단무지'라는 말이 형용모순이라 여겨질 정도로 그 가치가 하락한 재료이기도 하지만, 그보다 당근의 대안이라는 점에서 더 부정적이다.

당근이 더 나은 재료라는 말은 아니다. 조리 면에서 보자면 오히려 나쁘다. 당근은 잘 익지도 않고, 익히기도 어려운 채소다. 간혹 김밥 같은 데에 길게 채쳐 볶아 넣지만, 이 역시 정확히 최선의 방법이라 볼 수 없다. 또한 오래 익히면 완전히 물러 곤죽이 되어버린다. 끓지 않는 물에 담가 펙틴을 분해해야 적절한 질감을 얻을 수 있다. 한식의 문법이 제안한 바 없는 영역이다. 이 모두를 나란히 놓으면 대체 전이란 알 수 없는 음식이라는 결론을 내릴 수밖에 없다. 재료와 조리의 특성을 깡그리 무시하고 계란 물을 입혀 비효율적인 열원에 오래 지지면 전이 된다.

전 개선 전략 1:
열등한 튀김의 극복

개선이 필요하다. 전 전체를 위한 전략을 다시 세워야 한다. 먼저 근본부터 재검토해야 한다. 지금껏 살펴본 것처럼 전의 조리법은 불합리하다. 재료의 맛을 떨어뜨리는 것은 물론, 손이 많이 가며 시간까지 오래 걸린다. 무엇보다 딱히 맛있지 않다. 그러므로 단지 관습적으로 부쳐온 것이라면 이제 깰 때가 되었다. 특히 명절 노동과 얽힌 정서적 문제가 매우 크다는 걸 감안하면 더더욱 그렇다. 조리법 자체의 가다듬기도 중요하지만, 그 전에 다른 조리법을 적용해 더 나은 결과를 얻을 수 있는지 따져봐야 하는 것이다.

일단 시간을 적게 들여 더 맛있게 만들 수 있다면 굳이 전의 형식을 고수할 이유도 명분도 없다. 세계적인 명성마저 얻고 있는 음식인 치킨, 즉 닭튀김이 철저하게 한국화된 외국 음식이라는 걸 감안하면 더 그렇다. 개선의 여지는 분명 존재하지만 우리는 튀김이 전혀 낯설지 않고, 오히려 튀김에 아주 능수능란하다. 따라서 기름에 익힌다는 이유로 비교가 가능한 전과 튀김을 짝지어 검토해보고, 딱히 전의 장점이 없다면 아예 전을 부치지 말아야 한다.

동그랑땡 등 한 입 거리 전부터 생각해보자. (우리에겐 '고로케'가 더 익숙하지만) 서양 음식인 크로켓(croquette)과 근본적으로 다른가. 일본식으로 속을 채운 빵 같은 종류에 익숙하지만, 본디 크로켓은 다지거나 간 재료를 뭉쳐 튀긴 음식이다. 으깬 감자로 만들거나, 심지어 이탈리아의 아란치니(arancini)처럼 밥을 뭉쳐 만든 것도 있다. 이렇게 다지거나 간 재료를 (가볍게) 뭉치고 옷 입혀 튀기면, 겉은 바삭하고 속은 부드럽다. 게다가 기름에 아예 담가 익히는 튀김의 특성상 조리 시간도 전에 비하면 훨씬 짧고 효율적이다.

게다가 튀김은 전보다 재가열에 더 너그럽다. 상대적으로 짧은 시간에 이루어지는 조리지만 익히는 정도를 조절 및 분할할 수 있다. 별개의 사안이지만 이런 특성을 전략적으로 활용해 아예 2단계에 걸쳐 튀기는 것도 가능하다. 175℃의 낮은 온도에서 전체를 익히며 수분을 덜어낸 다음, 220℃의 높은 온도에서 색이 돌고 바삭해지도록 마무리하는 것이다. 낮은 온도의 기름에서 끝까지 익힌 뒤, 같은 여건에서 별 생각 없이 다시 데우는 전보다 훨씬 덜 눅눅하고 또 덜 기름지다. 프렌치프라이나 탕수육 등의 본격적인 튀김에 많이 쓰는 조리법이다.

빈대떡이나 호떡은 어떤가. 이 둘은 명칭만 놓고 보면 '떡'에 속하지만 전과 본질적으로 같은 조리법을 적용한다. 파전도 마찬가지다. 재료가 아예 잠길 만큼 많지도, 붙지 않을 정도만으로 적지도 않은 애매한 양의 기름을 쓴다. 백화점 식품 매장의 유명 음식점 초청 기획전이나 남대문시장 어귀 노점의 호떡을 늘 관찰하는데, 익히는 방법이 판에 박은 듯 똑같다. 1~2cm 두께의 약 절반 정도만, 그것도 낮은 온도의 기름에 잠가 오래 익힌다. 계란 물을 입히지 않는다는 점이 다르지만, 그로 인해 진짜 전보다 더 비효율적이다. 낮은 온도에서 속 익히기와 마이야르 반응에 의한 겉 맛내기를 동시에 좇다가 어느 한 쪽도 제대로 못 잡기 때문이다. 게다가 기름에 오래 두다 보니 눅눅하고 느끼해진다. 호떡을 포장해오면 종이컵이나 봉투가 흥건하도록 기름이 배어난다. 한편 묽은 반죽(batter)을 부어 익히는 빈대떡은 속이 익지 않아 거의 흐를 듯 질척한 경우도 많다.

이러한 형태의 전, 또는 기름에 지짐은 독자적인 조리 형식이 아니다. 차라리 열등한 튀김으로 봐야 한다. 효율이 떨어지는 튀김의 여건을 만들어 조리하고는, 오히려 장점인 양 내세우는 셈이니 기만적이다. 기름에 폭 담그지 않았으니 '담백'하다는 것이다. 그럴 바엔 차라리 기름에 폭 담가 제대로 튀겨 맛있게 먹는 편이 훨씬 낫다. 식용유가 부족한 시대도 아니잖는가. '튀긴 음식=고열량=해로운 음식'이라는 삼단논법 때문에 튀김을 두려워할 수도 있다. 하지만 그런 이유 역시 눈 가리고 아웅하는 식의 조리법을 정당화해주지 않는다. 어줍잖게 기름에 담가 오래 튀긴 튀김이 더 많은 기름을 머금고 있으므로 설득력이 없다. 그러니 제대로 튀겨 조금만, 맛있게 먹는 게 가장 좋다.

게다가 굳이 모든 과정을 끓는 기름 속에서 해결할 필요도 없다. 조리 과정을 목적에 따라 나눠 단계별로 적용하면, 맨 마지막 단계에서 마이야르 반응으로 맛을 불어넣기 위해 잠깐 튀겨주면 된다. 그렇게 전략적으로 조리하는 음식도 실제로 존재한다. 백화점 식품 매장 등에 입주한 고로케가 그렇다. 본질은 발효빵이니 1, 2차 발효를 거친 반죽을 오븐에 구워 모양을 잡고 맛도 일부 들인 뒤, 살짝 튀겨 마무리한다. 덕분에 결과물은 가볍고 눅눅하지 않으면서도 튀김 특유의 다채로운 맛도 고스란히 품는다.

같은 전략을 빈대떡이나 호떡에도 얼마든지 응용할 수 있다. 조리를 두 단계로 나누는 것이다. 1차 조리는 모양 잡기와 맛의 일부 들이기가 목표다. 공간을 데우는 오븐을 활용하는 방법이다. 2차 조리는 마이야르 반응을 통한 맛 들이기를 목표로, 끓는 기름으로 튀긴다. 이미 현장에서 일부 도입하고도 있다. 구운 호떡 말이다. 역시 '담백'함을 표방한 결과다 보니 조리를 끝까지 안 한 듯한 느낌이지만, 이제부터라도 튀기면 그만이다. 일단 굽고, 그다음에 튀긴다.

설사 현재와 같은 방법, 즉 번철 굽기를 고수하더라도 기름의 양에 대해서는 좀 더 고민이 필요하다. 전도 튀김도 아닐 만큼의 어중간한 양의 기름을 쓰는 이유는 여전히 헤아리기 어렵다. 끊임없이 같은 음식을 만들어야 하는 여건이라면, 번철이 잘 길들어 있지 않을 이유가 없기 때문이다. '지짐질을 할 때 쓰는 무쇠로 만든 그릇'인 번철은 인기가 여전한 미국발 무쇠 팬과 같다. 기공이 있어 '호흡'이 가능하고 두꺼워 열효율이 좋은 무쇠가 폴리머(polymer) 막을 입는다. 테프론을 입혀 만든 얄팍한 논스틱 팬에 비할 바가 아닌데, 다만 '오랜 세월' 동안 '반복 조리'를 겪었다는 두 조건이 모두 맞아 떨어져야만 한다.

조금 비껴 나가는 이야기지만, 무쇠 팬이 유행에 힘입어 가정용으로 자리 잡을 것이라 크게 낙관하지 않는 이유도 이 때문이다. 팬을 거치는 모든 조리에 무쇠 팬을 쓸 수 있는 것도 아닌데, 가정 조리의 빈도에서는 아주 오랜 세월을 들여야 무쇠 팬을 의미 있는 수준으로 길들일 수 있다. 또한 오븐구이 등의 용도로 쓰지 않는다면 그만큼 길들 가능성도 줄어든다. 하지만 업소라면 사정이 완전히 다르다. 심지어 현대화된 번철은 스테인리스제 상판이 딸려 나오지만, 이 또한 끝없는 조리 속에서 고분자 막의 혜택을 입는다. 따라서 이를 적절히 활용하면 기름을 쏟아붓지 않고도 맛있는 호떡을 구울 수 있다. 한편 빈대떡이라면 틀에 반죽을 부어 한꺼번에 여러 장의 1차 조리를 끝내두었다가 주문과 동시에 튀길 수 있다. 짧은 시간에 가열하는 한편 맛도 들일 수 있으니, 특히 비 오는 날이면 한 장 딱 들어가는 번철에 부치느라 종일 기다려야 하는 수고를 생산자와 소비자 모두 줄일 수 있다는 말이다.

한식의 품격

전 개선 전략 2:
간접 조리의 최소화

이 정체성의 고비를 넘기고 나면 나머지 과제는 훨씬 가볍다. 두 번째는 간접 조리의 최소화다. 모든 날것의 재료를 반죽, 옷 등에 싸서 익히지 말아야 한다. 그렇게 간접적으로 익히면 수분이 빠져나와 전체의 맛과 질감에 나쁜 영향을 미치는 것은 물론, 열에너지를 직접 맞닥뜨려 자체의 맛을 발달시킬 기회도 잃는다. 파전은 이름처럼 파가 주연이면서도 가장 푸대접받는다. 반죽에 파묻혀 대강 익어 미끌거리고 매우니 맛이 없어 새우나 돼지고기 같은 부재료에 밀린다.

어디 그뿐인가. 그렇게 익으며 빠져나온 수분 탓에 설사 겉은 바삭하더라도 속은 질척하다. 파와 파 사이의 반죽이 제대로 익지 않으니 최악의 경우에는 전이 형태조차 유지 못 하고 부서진다. 미리 조리하면 이런 문제를 대폭 줄일 수 있다. 전이라는 조리 방식 자체를 근본적으로 고민하거나 단계를 전략적으로 분류하듯, 파라는 재료의 특성을 적극적으로 이해해 반죽에 파묻기 전에 맛을 계발하는 것이다.

일단 부위부터 구분한다. 파란 윗동은 직접 먹는 재료로 적합하지 않다. 익히면 얄팍해지고 또 미끈거리며 잘 안 씹힌다. 육개장에 넣은 경우를 생각해보자. 푹 익힌 질감이 유쾌하지 않다. 그 맛에 습관이 들어 즐길 수는 있지만 먹기 편하고 즐겁지는 않다. 국물을 낼 때 맛을 들이는 재료로 우려내고 버려도 제 몫은 충분히 한다.

따라서 쪽파처럼 전체를 쓰지 않는다면, 곧 대파의 경우 하얀 뿌리부분만 쓰는 게 낫다. 굳이 전통을 고수해 통째로 넣겠다면 차라리 파를 눕혀놓고 수직으로 썰어 반죽에 섞는다. 습관적인 파전의 정체성을 포기하는 대신 조리의 효율과 맛을 얻을 수 있다. 재료의 구분 및 선택이 끝났다면 적극적인 조리는 두 단계로 나눠 실행할 수 있다.

첫 번째는 소금에 절이기다. 비단 김치나 나물만 염장의 혜택을 입을 수 있는 게 아니다. 삼투압으로 재료의 수분을 빼내고, 그 결과 맛을 얻는 게 염장의 원리다. 많은 채소가 소금의 덕을 볼 수 있고, 파전의 파도 예외가 아니다. 절여보자. 두 번째 단계는 익히기다. 기름을 가볍게 발라 오븐구이(roast) 또는 팬 구이로 미리 익힌다. 파를 비롯한 알리움 계열은 조리, 즉 가열의 덕을 많이 본다. 가열하면 단맛이 진해지고 전체적인 표정이 훨씬 더 복잡해진다. 수분도 빠져나가지만 당이 열에 반응하는 캐러멜화가 일어나면서 본래의 단맛이 훨씬 진해진다. 앞에서도 살펴본 프렌치 양파 수프의 원리와 같다.

여느 전의 어떤 채소에도 똑같이 적용할 수 있다. 반죽 또는 계란 물을 조리의 매개체로 삼지 말고, 맛을 따로 들이는 별개의 요소라 여긴다. 크게 쓰는 건 굽고, 썰어 작게 쓰는 건 볶는다. 동그랑땡에는 집집마다 조금씩 다른 채소를 넣겠지만 그에 상관없이 모든 채소가 혜택을 입을 수 있다. 미리 볶아 더하면 전 자체의 조리 시간이 줄뿐더러 맛도 훨씬 더 입체적으로 바뀐다. 기본적으로 한국의 채소가 밍밍하고 맛없음을 감안하면 더더욱 권장할 만한 단계다.

양파, 당근, 파, 마늘 어떤 향신채라도 좋다. 잘게 다져 소금과 후추로 간하고, 기름을 살짝 두른 팬을 중약불에 올려 물기가 거의 전부 날

아갈 때까지 볶아준다. 앞서 설명한 두 갈래의 볶음 가운데 수분을 덜어
내는 볶음(sweat)이다. 양파를 기준으로 삼는다면 투명해질 정도까지만
익히면 된다. 이때 현대적인 조리 도구인 푸드 프로세서(food processor)
를 쓰면 오랜 칼질 없이 모든 재료를 한 번에 아주 고르게 빨리 다질 수
있어 편하다. 향채를 다져 만든 양념을 많이 쓰는 한식에는 큰 도움을
주니 하나씩 갖출만 한다. '다대기'를 만드는 원리와 같다.

한편 채소 가운데 특히 마늘의 적절한 쓰임새에 대해서는 한 켜 더
고민할 수 있다. 한식의 대표 채소, 정확하게는 향신채다. 거의 모든 음
식에 들어간다. 그렇기 때문에 여기에서는 전(과 비슷한 문법인 만두소)의
맥락에서만 살펴보겠지만, 사실 모든 영역에 걸쳐 생각해볼 문제다. 바
로 생마늘을 고집하는 의미에 대해. 신경 쓰지 않고 사면 맵다 못해 독
한 마늘이 산지사방에 널린 현실에서, 날것인 마늘을 전이나 만두소 등
에 파묻어 간접 조리하면 단맛은 이끌어내지 못하고 맵고 아린 맛만 남
는다.

심지어 '슴슴함'을 내세우는 평양냉면집의 만두에서조차 모든 맛이
서로의 견제를 받는 가운데, 마늘 혼자 눈치 없이 맵고 아린 맛을 내는
경우를 자주 맛본다. 앞서 말했듯, 마늘을 거의 모든 음식에 쓰는 한식
이 신중하게 고민해봐야 할 문제다. 두 가지 대안이 있다. 여느 채소처럼
볶는 게 한 가지다. 약한 불에 은근히 오래 볶아 쓴맛 없이 단맛만 끌어
내고 아린 맛은 줄인다. 다른 하나는 가루를 사용하는 방법이다. 익혀
만든 것이라 맵고 아린 맛 없이 마늘의 장점을 손쉽게 가져올 수 있다.
다만 제형, 즉 입자의 크기나 생김새가 중요하다. 어설픈 과립형은 잘 녹

거나 섞이지 않는다. 가급적 고운 분말형을 고른다.

　고기도 채소와 같은 개념으로 접근한다. 미리 익혀야 좋은데, 비단 맛만 고려하기 때문이 아니다. 덜, 또는 잘 못 익힌 채소는 맛의 손해만 보면 그만인 반면, 고기라면 단순한 불쾌함 수준을 넘어 병을 얻을 수도 있다. 따라서 미리 익히기가 채소보다 훨씬 더 중요한 일이다. 빈대떡은 동그랑땡처럼 전체를 덩어리로 빚는 게 아닌, 반죽과 부재료를 한데 섞는 전류에 해당된다. 비계도 섞인 간 고기라면 수분을 날린 뒤 기름기가 배어 나오기 시작할 때까지 중간불에서 볶아, 아예 그 기름째 반죽에 섞는다. 돼지기름 덕에 부칠 때 식용유 등을 많이 쓰지 않아도 더 맛이 두터운 빈대떡을 먹을 수 있다.

　한편 기름기가 전혀 없는 안심을 채쳐 넣는 경우라면 두 가지 개선안을 제시할 수 있다. 첫 번째는 중국식 고추잡채를 응용한 방안이다. 안심을 통째 냉동실에 30분 정도 두어 겉을 살짝 얼린 뒤, 결 반대 방향 대각선으로 얇게 썰어 채친다. 계란 흰자와 녹말로 옷을 입히고, 기름 둘러 달군 팬에 중불로 가볍게 볶아준다. 계란 흰자와 녹말의 옷이 보호막이 되어 과조리를 막아준다. 한편 두 번째는 저온 조리다. 진공 포장해 63℃에서 20시간 정도 익힌 뒤 포장째로 찬물에 완전히 식힌 다음 그대로 냉장 보관한다. 부드럽게 익었지만 썰어도 부스러지지 않는 돼지 안심을 얻을 수 있다.

전 개선 전략 3:
간의 분배

세 번째 방법은 소금이 배합된 부침 가루, 튀김 가루를 쓰는 경우에서 외삽할 수 있듯, 적절한 간이다. 옷을 입고, 입히는 재료에 골고루 간을 나눠 해야 맛이 더 좋아진다. 각 요소에 각기 간이 되어 그 합이 100이 되어야 한다는 말이다. 현재 한국 식문화는 '몰아주기' 또는 '외주'의 성향이 아주 강하다. 양념장에 간을 전부 몰아주고 음식 자체의 간은 전혀 하지 않는다. 하지만 같은 양의 소금이나 간장을 쓰더라도 단지 양념장에 찍어 먹어 국부적으로 느끼는 짠맛과 전체를 간해 어우러지는 음식 맛은 다르다.

따라서 후자가 맛을 위해 더 바람직한 길이다. 실행하기 그리 어렵지도 않다. 모든 재료에 조금씩, 골고루 나눠 간한다. 계란에도, 밀가루 반죽에도, 동그랑땡이라면 두부와 간 고기의 바탕에도 전부. 재료가 전부 날것이라 간을 볼 수 없으니 차라리 간을 하지 않고 양념장을 찍어 먹는 게 낫지 않느냐고? 그런 핑계를 위한 요령도 있다. 즉석에서 익혀서 간을 보는 것이다. 전자레인지를 활용할 수 있다. 동그랑땡의 고기 반죽을 예로 들어보자. 50원 동전만큼 떼어 접시에 담고 30초 정도 돌려 익힌다. 맛보고 간을 조절할 수 있다. 조금 번거롭지만 간이 안 된 전을 짠 간장에 찍어 먹는 것보다는 한결 낫다.

전 개선 전략 4:
부드럽게 균등하게 부쳐내기

다음의 두 가지 요령은 기본적으로 동그랑땡을 위한 것으로, 각각 부드러움과 균등 분배다. 햄버거나 미트볼, 또는 완자와 같은 개념으로 접근한다. 간 고기에 두부를 섞었으니 부드러움이 바탕인 음식인데, 이를 준비 및 조리 과정에서 애써 앗아가버린다. 꽉꽉 눌러가며 섞어 반죽해서는 숟가락으로 떼어내 꼭꼭 눌러 모양을 빚어 부친다. 딱딱해져 애초에 맛이 없고, 식으면 한층 더 굳으니 더 맛이 떨어진다. 최대한 가볍게 섞고, 가볍게 덜어 섬세하게 익혀도 얼마든지 잘 만들 수 있다. 비싸지 않은 도구 하나만 갖추면 된다. 바로 아이스크림 등을 둥글게 뜨는 스쿱(scoop)이다. 스프링의 힘을 빌린 적출 장치 때문에 균등 분배와 둥근 모양 잡기를 한꺼번에, 힘 안 들이고 해결할 수 있다.

전 부칠 때의 용도가 부수적인 것임을 감안하면 기본적으로 일석이조다. 하나 갖추면 안 먹는 집이 없는 아이스크림을 편하고 고르게 나누는 데도 쓸 수 있으니 말이다. 방산시장이나 인터넷 오픈 마켓에서 만원 이하에 살 수 있고, 한 번에 뜰 수 있는 양에 따라 종류도 다양해 쓰임새에 맞는 크기의 제품을 쉽게 찾을 수 있다.

도구를 갖췄다면 공정도 체계적으로 거쳐 만든다. 편편한 사각 접시, 쟁반, 또는 테두리 달린 제과제빵 팬의 바닥에 유산지나 플라스틱 랩을 깐다. 냉동할 경우 금속 표면에 반죽이 달라붙는 걸 막아준다. 종이나 랩이 팬에 고정되지 않고 날린다면 분무기 등으로 물을 아주 살짝

한식의 품격

축여 표면에 붙여준다. 고무 주걱 등으로 가볍게 섞은 반죽을 아이스크림 숟가락으로 떠, 반죽이 담긴 대접 등의 가장자리에 아랫부분을 긁어 삐져 나온 부분을 덜어낸다. 준비한 접시에 가지런히 담아두었다가 엄지와 검지로 봉긋하게 솟아오른 윗부분을 살짝 눌러 평평하게 만들어준다. 본격적인 모양은 계란 물을 입히면서 잡아준다.

그리하여 마침내 계란 물의 차례다. 계란 '물'이라 일컫지만, 사실 진짜로 물에 가깝다면 전의 맛에는 부정적인 영향을 미친다. 흰자의 비율이 높아 맛이 희석된다는 의미이기 때문이다. 따라서 더 적극적으로 개입해 노른자와 흰자의 입지, 즉 비율을 조정해준다. 평등은 보편적인 가치지만, 노른자와 흰자의 비율을 자연 그대로 1:1로 두면, 전은 맛이 없어진다. 따라서 후자의 비율을 줄인다. 흰자와 노른자를 갈라 1:2에서 1:3으로 맞추는 것이다. 노른자 두세 개분에 흰자는 한 개분, 계란 물 전체가 뻑뻑하지 않을 정도면 충분하다. 아니면 아예 조리용 전란액을 쓸수도 있다. 흰자와 노른자를 균일하게 섞고 살균 처리해 팩에 담은 것이다. 계란을 하나씩 까서 푸는 것보다 훨씬 더 효율적이며 위생적이다. 또한 언제나 균일한 노른자와 흰자의 비율도 보장해준다.

마지막으로 조리는 두 단계로 나눈다. 일단 겉을 최대한 부드럽게 익힌다. 논스틱 팬에 기름을 모자라다 싶게 두르고 약불에 올린다. 이젠 스마트폰의 기본 앱으로 모두 하나씩 소장한 타이머를 맞춘다. 10분. 너무 길다 생각할 수 있지만 약한 불에 은근히 달궈, 전을 올렸을 때 열 손실을 막기 위한 조치다. 손바닥을 펴 팬 바닥 1cm 높이에 가져갔을 때 1초 이상 그대로 있을 수 없다면 잘 달궈진 것이다. 종이 행주로 기름기를 팬에 골고루 닦아내듯 펴바르고, 계란 물을 바른 동그랑땡을 올린다. 겉의 계란이 부드러움을 잃지 않는 가운데 모양이 잡힐 정도로만 양면을 지진 다음, 오븐에 넣거나 팬에 뚜껑을 덮고 가장 약한 불로 줄여 천천히 속까지 익힌다. 간장은 향만 느낄 수 있을 정도로 살짝 찍어 먹는다. 전 겉면의 수분과 기름기의 조합이 부담스럽다면, 갓 부쳐낸 동그랑땡을 종이 행주로 가볍게 두드려 걷어낼 수 있다.

9. 만두·두부·순대·김밥, 일상 음식의 승화

항소이유서에서 임 고문은 "면접교섭을 하고서야 (아들이) 태어나 처음으로 라면을 먹어보고 일반인들이 얼마나 라면을 좋아하는지 알았고, 떡볶이, 오뎅, 순대가 누구나 먹는 맛있는 음식이라는 것을 알게됐다"면서 "누가 이런 권리를 막을 수 있겠습니까?"라고 전했다.[47]

어느 분식 만두의 인상, 효율의 아름다움

별 생각 없이 나선 저녁 식후 산책길이었다. 일주일에 한 번도 지나가지 않는 낯선 사거리에서 보행 신호를 기다리고 있었다. 신호가 유난히 길게 느껴져 무심코 바로 뒤 분식집으로 고개를 돌렸다. 그곳에선 실로 놀라운 광경이 벌어졌다. 창 너머 작업대에서 40대로 보이는 여성이 만두를 빚고 있었다. 흔하게 느껴지지만, 만두 빚기는 대단한 기술이다. 일단

---

47   고무성, 「'이부진과 이혼 소성' 임우재 "아들과 라면 함께 먹을 권리 왜 막나"」,《노컷뉴스》 (2016.2.4), http://www.nocutnews.co.kr/news/4543704.

양 조절, 즉 피에 맞게 소를 적당량 올리기부터 중요하다. 너무 적으면 만두가 빈곤하고 맛없어 보인다.(물론 실제로도 맛이 없다.) 반면 너무 많으면 피를 여밀 수 없거나, 간신히 여미더라도 조리하는 과정에서 터진다.

　같은 맥락에서 속 넣기와 피 여미기 사이의 과정도 굉장히 중요하다. 깔끔하게 올리지 않으면 피의 가장자리에 속이 묻는다. 물을 바르더라도 깔끔하게 여며지지 않는다. 속을 적당히 뭉쳐 피에 올려야 이를 막을 수 있는데, 바로 그 적당함이 기술이자 덕목이다. 너무 꽉 뭉치면 익혔을 때 피와 함께 부드럽게 풀리지 않는다. 입으로 베어 물었는데 속이 덩어리째 뚝, 떨어져 나오는 만두를 먹어본 적 있는가. 대표적인 실패 사례다. 이는 만두 속 재료의 비율과도 맞물린다. 지방이나 두부처럼 부드러움을 맡는 재료 자체와 수분의 비율 등을 잘 조절해야 한다. 모자라면 뻣뻣해지고, 지나치면 물기가 배어 나온다. 최악의 경우 터져버려 만두로서 정체성을 상실한다. 만두피에 주름 넣어 여미기처럼 미적인 영역의 기술은 따지지 않더라도 이렇다.

　바로 그 주름 넣으며 여미기가 놀라운 광경의 핵심이었다. 엄청나게 아름다운 주름을 넣는 신의 손놀림은 아니었다. 정확하게 그 반대였다. 주름의 아름다움 대신 효율을 좇는 움직임이었다. 왼손에 일단 피를 올린다. 작은 스패츌러로 다소 질다 싶은 소(조리 시 뭉침을 막기 위한 방편일까?)를 적당량 퍼 그 위에 올리고 꾹꾹 누른다. 그리고 왼손이 그대로, 가볍게 주먹을 쥐듯 피를 오므리면 오른손이 스패츌러를 쥔 채로 단 두세 군데만 여며 마무리한다.

　모든 과정이 만두 한 개당 2~3초 안에 이루어졌다. 넋을 놓고 바라

보느라 기다리던 신호마저 두어 번 놓쳤다. 만두를 위한 숙달된 손놀림을 보기란 그리 어렵지 않다. 전시하듯 모든 가게가 찜기를 밖에 내놓고 유리창으로 움직임을 전시한다. 무럭무럭 피어오르는 김과 만두 빚는 손놀림이 식욕을 돋운다. 그러므로 딱히 놀랄 이유가 없는 광경이었건만, 이상하게도 예외적으로 다가왔다. 효율적이다 못해 아름다움으로 승화한 움직임이었다.

만두가 던지는 손의 가치에 대한 의문

그래서 작은 기대를 품었다. 눈으로 보여주는 놀라움이 과연 만두의 맛에도 배어 있을까? 새로운 만두를 만날 때마다 옛 기억 속의 만두를 소환한다. '엄마 만두'다. 엄마가 빚은 만두가 아니라 강남역 CGV 뒷골목의 만두집 이야기다. '엄마'와 '만두'의 조합이라니, 이름만으로도 '포스'가 풍긴다. 정말 그러했다. 허투루 지은 이름이 아니었다. 얇은 피가 착착 감기는 찐만두도 기가 막혔지만 북어구이 정식이 맛있었다. 만두집 메뉴치고는 다소 엉뚱했지만 북어는 물론, 딸려 나오는 깻잎 장아찌가 훌륭했다. 하필 입대 직전 발견한 게 불행이었다. 6개월도 더 지나 첫 휴가를 나와보니 사라진 후였다. 그야말로 망연자실, 털썩 주저앉아 눈물을 흘렸다. '아아, 국방의 의무…….' 만두집 자리엔 새 건물이 들어섰고 1층은 프랜차이즈 카페가 차지하고 있었다. 어언 20년 전의 일이다. 이후 수없이 많은 만두를 만날 때마다 엄마 만두를 떠올렸다. 어떤 만두도 그만큼 강렬한 인상을 주지는 못했다.

효율적인 아름다움의 만두는 안타깝게도 맛이 빼어나진 않았다. 바로 며칠 뒤 찾아가 맛본 그곳의 만두는 평범했다. 더도 덜도 아닌, 여느 분식집에서나 쉽게 먹을 수 있는 맛. 들척지근한 가운데 이미 오래전 갈려 봉지에 담겨 있던 후추의 매운 향이 치고 올라온다. 딱히 씹히는 것 없는 소는 꽉꽉 눌러 뭉친 데 비하면 얼기설기 흩어져 있다.

실망스러웠느냐고? 그렇기도 하고 아니기도 했다. 분식집 만두는, 가게 앞에서 피어오르는 수증기의 풍성함이나 숙달된 손놀림에 비해서 언제나 빈약하다. 이 만두도 예외가 아니다. 그래서 실망스럽다. 하지만 그렇기 때문에 역설적으로, 마음이 놓였다. 열 개 한 판에 3000원이다.(그마저도 수수료를 감안해 올린 것이지 원래는 2500원이었다고. 만두 한 판 먹고 카드 결제하는 경우가 많았다고 한다.) 이 가격의 만두를 손으로 빚어 판다. 다른 이유도 있다고 했다. 빠른 회전을 통해 냉동 보관을 위한 공간 등을 절약하기 위해 그때그때 만드는 길을 선택했다고 한다. 하지만 노동력을 감안하면 이 만두가 더 맛있거나 고급스럽더라도 곤란하다. 그랬더라면 가치 산정의 요소 가운데 적어도 한 가지의 평가절하를 암시하기 때문이다. 달리 말해, 돈으로 환산되지 않더라도 손해를 보고 있다. 노동력의 측면에서 말이다.

만두는 여러 갈래의 고민을 안긴다. 근원은 손이다. 첫 번째는 손의 가치. 열 개 3000원짜리 만두를 손으로 빚는다는 건 대체 무슨 의미인가. 어떻게 받아들여야 할지 생각하기 어렵지 않다. 책 전체에 걸쳐 한식의 형식이나 양식, 또는 문법이 가부장제적 인식 등과 만나 벌어지는, 정당한 노동 대가의 부재를 살펴보았다. 만두도 예외일 수 없다. 과연 만두 완성에 핵심인 노동력이 가격에 제대로 반영되고 있는 걸까. 한국의 식 문화는 아직도 제대로 된 답을 내놓지 못하고 있다.

기필코 만두를 손으로 빚어야 하는 걸까. 기계 및 정보화 시대다. 손 은 기계보다 나은 가치를 빚어낼 수 있을 때에만 의미가 있다. 달리 말 해, 기계보다 못한 대접을 받는 손이라면 굳이 혹사당할 필요가 없다. 음식의 문제로만 논의를 국한하자면, 손 대신 기계를 써 절감한 비용을 전체 가치를 높이는 데 돌릴 수 없는지 검토가 필요하다. 만두라면 손으 로 빚기 때문에 늘어날 수밖에 없는 비용이, 재료비 등 맛과 직접 관련 이 있는 요소에 영향을 미치는지 따져보아야 한다는 말이다. 손을 동원 하기 위한 비용을 맛의 향상에 전용할 수는 없는 것일까?

평범한 맛의 만두라고 했다. 두 가지 의미로 평범하다. 첫째, '맛이 별로였지만 가격을 감안하면 더 이상 기대할 수 없다'는 의미다. 가격의 한계 때문에 맛있기가 어렵다. 맛있으면 오히려 이상하다. 혀는 즐거울 지 몰라도 마음이 편치 않다. 1부에서 정서적, 감정적 가치에 지나치게 치우친 한국의 음식 문화에 문제를 제기했다. 같은 맥락이다. 그 정서적 가치가 나에게 이익이 되는 상황에서만 중요하다면 전혀 공정하지 않 다. 이런 경우엔 맛이 없다고 느껴야 옳다. 맛없어서 다행인 만두다. 하 지만 대부분의 경우 '착한 음식'이라 일컬으며 미화한다. 구차하다. 대체 누구를 위해 착하다는 말인가.

둘째, '비슷한 가격대 만두의 수준과 똑같다'는 점에서 평범하다. 손 으로 빚지만, 그래서 때로 모양이 좀 다를 수 있지만 맛은 거기에서 거기다. 다른 '수제' 만두는 물론, 심지어 공장의 대량생산 제품과도 다르지 않다. 세부 사항을 따지고 들어가면 조금씩 다를 수는 있겠지만 위에서 언급한 '들척지근함과 후추'의 기본 구성은 판에 박은 듯 똑같다.

그렇다 보니 의문을 가질 수밖에 없다. 과연 손의 개입에 무슨 의미가 있을까? 차라리 노동력의 가치를 재료의 향상에 몰아주는 편이 낫지 않을까? 제조는 기계가 맡고, 사람은 쪄내고 공간을 빌려주는 역할까지만 맡는다. 수제라지만, 엄밀히 따지면 만두피는 거의 대부분 공장 생산품이다. 그마저 들어낸다면 편의점 만두와 차이가 없어진다.

게다가 앞서 살펴본 직화구이를 생각해보자. 맛의 핵심을 이루는 거의 모든 요소가 외주로 이루어진다. 고기는 물론이거니와 손 많이 가는 김치도 얼마든지 사다 쓸 수 있다. 대표적이면서 고급 축에 속하는 외식 분야 한식 유형의 근간이 외주다. 손을 별로 거치지 않는다. 가게의 주역할은 불과 환기 시스템이나 식탁을 포함한 공간 대여다. 그런데도 한 판 열 개 3000원의 만두가 굳이 수제이기를 바랄 이유가 있을까.

만두 포함, 수제 음식이 가지고 있는 대표적인 이미지 문제다. 속을 만들어 마무리하는 정도로 수제의 이미지를 덧씌웠을 뿐, 그 외에는 대량생산 제품과의 차별점을 딱히 의식하지도 않는다. 착취한 노동력으로 체면치레하는 셈이며 '눈 가리고 아웅'한다. 만두의 이미지 하락의 문제는 비단 분식 영역의 문제라고 치부할 것이 아니다. 한국 식문화의 지붕 아래 전 음식 종류에 걸쳐 확인할 수 있다. 떨어진 품질을 노동력의 헛된 투입으로 가리려든다. 요컨대 맛을 개선하기 위한 시도가 아니다.

납작한 한국 만두의 현실

중식 만두는 어떻게 봐야 할까. 정확하게는 한국식 중식당의 만두 말이다. 얼핏 앞서 말한 분식 만두의 이상향 같기도 하다. 거의 대부분 공장제를 쓴다. 음식점에서는 조리를 해서 낼 뿐이다. 그렇다. 요리 아닌 조리다. 군만두라고 부르지만 사실은 굽지 않기 때문이다. 바닥뿐이 아닌, 전체를 기름에 푹 담그는 튀김(deep fry)이다. 이름과 형식이 정확하게 일치하지 않지만, 그보다 중요한 것은 만두의 경우 굽고 튀긴 결과물이 다르다는 점이다. 이름에 충실하게 구울 때, 절대 크지 않은 만두에서 두 종류의 식감이 뚜렷한 대조를 이룰 수 있다. 바닥은 바삭하고 나머지 부위는 촉촉한 것이다.

하지만 현재 통하는 '군만두 아닌 군만두'에서는 이런 특징을 누릴 수 없다. 차라리 튀김 만두라고 부르는 것이 음식에게도 맞다. 군만두 만들기는 어렵지도 않다. 프라이팬 바닥에 한 면을 지져서 익힌 뒤, 마지막에 물을 약간 붓고 뚜껑을 덮는다. 스팀 오븐의 원리를 차용하는 것이다. 심지어 공장제 냉동 만두의 포장지에도 쓰여 있는 조리법이다. 하지만 질감이 뚜렷하게 구분되도록 만두를 구워내는 곳은, 적어도 한국식 중식에서는 존재하지 않는다. 다른 질감을 추구할 만큼의 섬세함이 사라졌다.

따라서 현재 통용되는 군만두는 정확하게 분식 만두의 이상향은 아니다. 기회비용을 맛의 향상에 투자하지 않았기 때문이다. 이제는 탕수육에 딸려 나오는 '서비스'로 전락했다. 그래서 직접 만두를 빚는 소수의 중식당이 어려움을 겪는 현실이다. 탕수육을 시켰는데 서비스로 만두가 나오지 않는다고 손님들이 항의하는 것이다. 분식집 만두와는 달리, 피 또한 직접 만든다. 그리고 6000원 남짓 받는다. 열 개 3000원의 분식집 만두에 비하면 비싸지만, 여전히 싸다. 만두에 대한 나쁜 기대치가 양쪽에서 맞물린다. 낮은 수준의 만두가 빚어내는 서비스에 대한 기대와 중국의 딤섬 문화가 한국의 필터를 거쳐 납작해지다 못해 가장 하찮은 수준으로 전락했다. 단 한 종류의 만두로 납작해졌지만 그마저도 제대로 만들어 파는 중식당이 드물다. '악화가 양화를 구축한다'는 표현을 한식의 어떤 상황에도 적용할 수 있지만, 이 책 통틀어서 단 한 번도 쓰지 않았다. 만두를 위해 아껴두었다. 이것은 분명 악화가 구축하는 양화다.

그렇다면 한식 만두는 어떤가. 현실은 오히려 더 비관적이라고도 볼 수 있다. 일단 존재 자체가 희박하다. 평양이나 함흥처럼, 이북식을 표방하는 음식점이나 찾아가야 먹을 수 있다. 얼핏 지역성 때문이라고 생각하기 쉽지만, 찬찬히 뜯어보면 그렇지도 않다. 만두는 그 짝이라고 할 수 있는 국수와 더불어 세계적인 음식이다. 어디를 가더라도 밀가루 반죽에 고기 등의 소를 싼, 같은 형식의 음식이 존재한다.

가까운 한중일 삼국은 이해가 아주 쉽다. 그 자체로 독자적인 장르이자 문화인 중국의 딤섬 덕분이다. 미약하나마 그 영향을 받은 덕에, 한없이 납작하고 빈곤해졌을지언정 교자니 포자니 하는 만두의 곁가지가 최소한의 인식 가능한 유사성을 지닌 채 존재한다. 그 외의 지역으로 눈을 돌려도 쉽게 찾을 수 있다. 피로그(pirog, 중앙아시아 및 동유럽), 사

모사(samosa, 아시아, 중동, 아프리카) 등이다. 중국의 춘권(春卷) 영향을 받은 베트남의 짜조(chả giò)나 고이꾸온(gỏi cuốn)도 있다. 피의 재료가 밀에서 쌀로 바뀌어 전체 만두 일족의 다양성에 공헌도 했다. 라비올리(raviloli)나 아뇰로티(agnolotti), 토르텔리니(tortellini) 같은 이탈리아 파스타의 일족은 또 어떤가? 전부 속을 채운 만두의 일종이다. 국수와 더불어 만두는 '음식으로 세계는 하나'를 외치기 좋아하는 이들에게 언제나 가장 좋은 친구다.

이다지도 세계적인 만두 문화가 한국에서는 총체적으로 빈약하다. 세계의 만두가 다양하게 도입되지도 않았다. 단적인 예가 라비올리류다. 파스타는 유사 고급 음식으로 대중화되었지만 여전히 스파게티 위주다. 310종, 1300가지의 서로 다른 명칭이 존재한다는 면의 세계지만 고작 스파게티 한 종류, 인심 써봐야 링귀네(linguine)나 페투치니(fettuccine) 정도가 친숙해졌을 뿐이다. 그래 보아야 모두 긴 건면이다. 이렇다 보니 라비올리류는 언감생심이다. 이제서야 생면, 또는 감자로 만드는 뇨끼(gnocchi, 옹심이와 조금 비슷하다.)가 드문드문 나오는 실정이다. 그리고 이 종류들은 자동적으로 완성도에 크게 상관없이 고급 음식 대접을 받는다.

빈약함, 또는 다양성의 부재를 두둔하는 설득력 있는 설명이 존재할 수가 없다. 만들기가 더 어려운가 하면 그렇지 않다. 3000원짜리 '수제' 만두가 존재하는 현실이다. 같은 손이 더 좋은 대우를 받고 고급 음식을 만들 수도 있다. 분식집 만두와 라비올리는 원리가 정확하게 똑같은 음식이다. 얇게 민 밀가루 반죽에 소를 올리고 접어 여민다. 분식집 주방의 손이 이탈리안 레스토랑의 주방으로 옮겨 갈 필요 없이, 만두를 빚을 수 있는 손은 라비올리도 빚을 수 있다.

따라서 한 접시에 2만 원은 족히 받을 수 있는 라비올리류가 왜 대중적으로 존재하지 않을까. 한식을 비롯, 이미 존재하는 만두와 비교당할 수밖에 없기 때문일까. 역시 설득력이 없다. 라비올리류 이외의 만두가 다양하게 존재하는 현실도 아니다. '만들고 팔기 쉬운 것만 골라 들여온다'고 생각할밖에. 가격과 더불어 완성도와 질이 낮은 음식을 '서민'이라는 방패를 내세워 옹호하고 기준으로 삼는다. 같은 음식이되 가격과 질이 다른 다분화가 이루어지지 못하는 것이다. 만두는 언제나 서민 음식이고 따라서 어떤 유형으로든 고급은 존재하기가 어렵다.

미완의 만두, 미결의 수제 강박

한식 만두, 정확하게는 이북식 만두로 다시 돌아와보자. 무엇보다 섬세함이 부족하다. 두꺼운 피가 간이 덜 된 소를 감싼다. 간이 거의, 또는 아예 안 되었다고 말하는 게 훨씬 정확하다. 한편 참기름 향이 유난히 두드러진다. 그 탓에 모두가 믿는 것처럼 '담백'하지도, 슴슴하거나 심심하지도 않다. 그저 싱겁다. 간을 지나치게 하지 않아 재료를 한데 버무렸지만, 소금의 부재로 맛이 어우러지지는 않는다.

물론 간장을 찍어 먹을 수는 있다. 하지만 다시 한 번 말하건대, 간장은 간을 맞추기보다 향과 감칠맛을 더해주기 위한 역할이다. 전체가 어우러지게 해주는 게 아니라, 방점을 찍는 역할일 뿐이다. 또한 조리가 끝난 다음에 맞춘 간은 조리 과정에서 맞춘 것과 확실히 다르다. 소금의 미덕인, '플러스 α'를 일구는 능력을 원천 봉쇄한다. 그 결과 '1+1=3'이 되지 못하고 2 또는 1.8 수준의 완성도에 멈춘다. 그래서 한식 만두는 백이면 백, 어디를 가서 먹더라도 같은 패턴을 맛볼 수 있다. 참기름과 함께 두부 등 소의 재료에 파묻혀 채 익지 않은, 마늘의 아린 향이 올라온다. 양파나 애호박 같은 채소 또한 설컹거린다. 정확한 조리의 목표점 없이, 채소가 다른 재료와 함께 소에 파묻혀 간접 조리된 탓이다.

이러한 설컹거림은 맛보다 더 개선이 시급한 질감의 한 축을 이룬다. 핵심은 따로 있다. 섬세함이라고는 찾아볼 수 없는 밀가루 피다. 문자 그대로 멍석을 깐다. 무심함의 멍석을. 대부분 너무 두껍다. 특히 직접 만든다는 곳들은 피할 수 없다. 특히 만두를 여며 피가 맞닿는 부위에서 심하다. '제법 큰 덩이로 자꾸 뚝뚝 끊어지거나 잘라짐'을 의미하는 어휘 '문덕문덕하다'의 용례로 딱 맞아떨어지는 질감이다. 탄력이 없고 무른 데다가 끈적거려, 베어 물면 앞니 뒷면에 들러붙는다. 미리 쪄두었다가 주문을 받고 재가열하는 경우 한층 심하다. 만두 표면이 호화 (gelification)되어 일어난 탓이다. 아니면 아예 정반대로 뻣뻣하거나 딱딱하다. 두껍거나 섬세하지 못한 만큼 튼튼하지도 않다. 만두피가 찢어진 채로 식탁에 등장하는 경우도 왕왕 있다.

한편 만두피는 일종의 순혈주의에 대한 강박을 풍겨 답답하다. 수제 만두를 향한 모든 감정을 아우르는 답답함이다. 직접 만든다고 해서 자동적으로 완성도가 보장되지 않는다는 것이 '수제'의 또 다른 함정이다. 시간과 비용을 들여 직접 만든다면 외주를 통해 들여오는 것에 비해 실용적인 장점이 존재해야 한다. 물론 음식에서 가장 실용적인 측면은 맛이다. 직접 만들 때 더 맛있지 않다면 수제가 긍정적일 이유가 없다. 밀가루 음식이라면 직접 만들 때 차별점을 얻을 수 있는 요소는 한 가지, 밀가루다. 국산이 우월하다고? 그런 측면의 관점이 전혀 아니다. 앞에서 살펴본 것처럼 현재 밀가루에서 추구할 수 있는 개선점은 단 한 가지, 신선함뿐이다. 정말 만두를 스스로 귀한 음식이라 여긴다면, 자가 제분 밀가루로 피를 만드는 수준의 시도가 필요하다는 말이다.

그래야 훨씬 더 통제된 조건 아래 기계의 힘을 빌려 균일한 결과물을 더 싸게도 뽑아낼 수 있는 공장 제품과 차별점을 찾을 수 있다. 아니라면 그저 그에 비해 열악한 결과물을, 더 많고 불필요한 노력을 들여 만들어내는 상황에 지나지 않는다. 손이 기계는 구현하지 못하는 의미를 창출할 수 없다면, 달리 말해 싸고 열악한 기계의 대체품으로 전락한 상황임에도 불구하고 자기만족만을 좇기 위해 선택한 수단이라면 아무런 의미가 없다. 메밀을 직접 제분해 면을 뽑는다는 평양냉면 전문점조차 그 정도의 수고는 기울이지 않을 것이다.

한편 첨가물에 대해서도 생각해 볼 필요가 있다. '수제'의 대척점에 존재하는 개념처럼 여겨지며 대부분이 학을 뗀다. 하지만 밀가루와 물, 소금의 조합만으로 원하는 강도의 만두피를 만들 수 없다면 다른 요소의 개입도 검토할 수 있어야 한다. 전분일 수도 있고, 활성 글루텐 등도 가능하다. 무엇이든 밀가루에 힘을 불어넣을 수 있는 요소가 필요하다. 실제로 딤섬 문화의 종주국 중국에서도 밀가루 한 가지를 고집하지 않는다. 밀가루의 범위도 다양하겠지만, 전분처럼 좀 더 끈기 있으면서도 얇게 피를 밀 수 있는 재료도 쓴다. 강도는 물론이거니와 질감의 다양한 선택을 가능케 한다.

실제로 대량생산 만두피에는 이런 요소가 쓰인다. '첨가' 또는 그 이전에 '화학'이라는 용어 자체에 거부감을 느낀다면 요리 자체의 핵심이 화학 반응이라는 것을 상기하자. 음식이 한편 감정의 산물이라는 점을 무시하자는 것이 아니다. 하지만 문제를 직시할 필요는 있다. 첨가물을 회피한다면 대안은 무엇일까. 만두피라면 단백질 함량이 높은 밀가루를 쓰는 것(우리밀은 대체로 낮은 편이다.)도 방법이지만, 사실 이 또한 본질적으로 다른 해법은 아니다. 글루텐이 낮은 밀가루에 활성 글루텐을 첨가하는 것과 개념적으로 차이가 없기 때문이다. 다만 불신을 비효율과 맞바꿀 뿐이다.

속절없이 뭉친 한식 만두소를 만날 아주 높은 확률을 감안하면, 일단 피는 좀 더 개선되어야 한다. 소가 정말 완자처럼 둥근 형체를 굳건히 유지한 채 절대 풀어지지 않는다. 이런 소와 두껍지만 약한 피가 만나면, 식탁까지 무사히 도달했더라도 찢어지는 건 시간 문제다. 먹으려고 들어 올리면 바로 밑장이 쑥 빠져버린다. 끈기 없는 피의 근본적인 약점을 조리 및 재가열의 수증기가 집중 공략해 풀어지기 쉽다. 이런 만두를 전골에 넣으면 더더욱 버티지 못한다. 물론 보다 근본적으로는 전골이라는 음식 자체에 별 매력이 없다. 전골은 맛에 대한 분명한 목표 의식 없이 손에 집히는 재료를 한데 그러모아 만두와 끓였다는 인상이 강한데, 엎친 데 덮친 격으로 끓는 국물 속에서 만두까지 죄 터져버린다.

이것이 한 그릇에 만 원을 훌쩍 넘는 평양냉면집에서 벌어지는 상황이다. 자의든 타의든 고급화된 한식의 하위 장르로 인식되는 음식과 식당의 환경에서 말이다. 만두도 물론 쌀 리 없다. 개당 1500원 안팎이다. 가격, 또는 평양냉면이 설정하는 격과 들어맞지 않는다. 전골이라면 2~3인 분량이 4만 원대다. 많이 잊힌 쟁반의 이름표를 달고 나오면 가격은 더 뛴다.

포장 판매를 하는 경우에도 섬세함이라고는 찾아볼 수가 없다. 은행 등에서 증정품으로 쉽게 받을 수 있는, 얇은 비닐봉지('클린팩')가 미어져라 두서없이 담은 채로 냉동해서 판다. 개별 음식 또는 재료의 장기 보관을 위해 냉동하는 경우라면 요령이 따로 있다. 일단 (서양에서 제과제빵 팬(baking sheet/pan)이라 일컫는) 보관용 쟁반에 한 층으로, 붙지 않도록 적당한 간격을 두어 올린다. 냉동실에 넣어 완전히 얼면 한데 모아 담는다. 냉동 보관 전용 봉지가 있다. 이러한 과정을 거치지 않으면, 즉 한데 뭉쳐 얼리면 전체가 붙거나 부피로 인해 어는 속도가 달라져 균일한 보관 여건을 보장할 수 없다. 한편 냉동은 아니지만 서로 달라붙는 걸 막기 위해 내린 눈에 파묻힌 것처럼 전분 범벅으로 파는 경우도 있다. 깨끗하게 털리지 않는 전분이 찌거나 국물에 넣어도 맛에 영향을 미친다. 분단의 현실까지 덧입고 고급 음식이라는 인식을 누리는 만두라지만, 위상에 걸맞는 완성도는 어느 측면에서도 맛볼 수 없다.

대량생산 두부가 잃어버린 섬세한 맛

유유상종이라고 했던가. 한식 만두소의 텁텁한 맛, 뭉침 등에 책임이 있는 두부도 만두와 같은 처지에 처해 있다. 한마디로 텁텁한 현실이다. 수제가 공장제의 의미 있는 대안으로 작용하지 못한다. 풀무원을 필두로 1980년대 출현한, 일회용 플라스틱 용기에 담긴 두부는 보관 및 유통을 위해 최선을 밀어낸 차선의 방식이다. 물에 푹 잠긴 두부는 신선함을 볼모로 편리함을 얻었다. 일단 용기 속 물에 전부 빼앗겨, 두부는 콩의 섬세한 맛을 전혀 품지 못한다. 같은 이유로 간도 전혀 맞지 않는다. 궁여지책으로 찌개라도 끓일 요량이면 두부를 담근 물까지 통째로 쓰지만, 부침을 비롯 다른 요리에는 통하지 않는다. 되려 수분을 적당히 걷어내기가 쉽지 않아 문제가 될 수 있다. 부침과 찌개용으로 구분해서 팔고 있지만, 기본적으로 그 의도가 차단되는 설정인 것이다.

그렇지 않더라도 부침용, 찌개용의 구분은 큰 의미가 없다. 둘의 밀도 차이가 크지 않기 때문이다. 다양성이 너무 부족하다. 차이가 진정 의미 있으려면 비단 두부(기누고시 두부) 수준으로 고운 질감의 제품군이 등장해야 한다. 물론 제조 방식은 다르다. 일단 두부는 콩을 갈아 비지와 분리한 두유에서 단백질만을 멍울 형태로 골라내 굳혀 만든다. 치즈와 같은 원리다. 반면 비단 두부는 단백질만 걷어내는 과정 없이, 두유를 그대로 젤리처럼 굳혀 만든다. 질감과 밀도의 차이가 뚜렷할 수밖에 없다. 지난 10년 동안의 정보를 검색해보면 때때로 상품화가 된 적 있지만 최근에는 찾아보기 어렵다.

일관된 질을 구현하기 위한 조건

보관 및 유통을 위한 설정 때문에 대량생산 두부의 생득적 한계를 피할 수 없다. 그렇다면 소규모 생산 두부가 대안이 될 수 있을까. 이 또한 공장에서 생산되지만 물에 담근 채로 유통되는 두부와는 다른 종류다. 단지 물에 담그지 않았다는 이유만으로, 이런 두부에게마저 장점이 있다. 만든 지 얼마 되지 않아 온기가 남아 있다. 그러나 품질은 썩 좋지 않다. 응고제 탓인지 텁텁한 맛이 돌며 물에 담그지 않았지만 콩의 맛은 언제나 희미하다. 한 모 1500원이니 사실 그 이상 더 바라기도 어렵다.

그리고 시장의 두부가 있다. 대부분의 재래시장에 한 군데씩은 존재하는, 즉석 두부 가게다. 매일 그날의 두부를 만들어 판다. 얼핏 최선처럼 보인다. 무엇보다 매일 일정 수량만 만들어 파니 신선하다. 당연히 물에 담가 오래 묵히지 않으니 맛도 잃지 않는다. 게다가 재래시장 활성화에도 일조할 수 있다. 적어도 일석이조는 되는 것 아닐까. 그러나 두루 의미가 있더라도 맛이 없으면 아무 짝에도 쓸모가 없다. 시장의 두부가 대개 그렇다. 콩의 고소함이 잘 살아 있는 것도 아니고, 가게마다 다르겠지만 품질의 일관성이 떨어지는 경우가 많다.

특히 밀도가 가장 예민하다. 같은 가게에서 만드는 두부의 밀도가 매일 묘하게 다른 것이다. 결국 질감이 다르다는 말이다. 두부는 재료의 정수, 즉 콩의 단백질을 추출해서 굳혀 만드는 음식이다. 일관적이지 못한 밀도는 가장 기본적인 제조법만 알고 있다는 방증이다. 재료의 상태부터 기후 등 여러 조건을 두루 감안해 미세 조정을 할 능력까지는 갖추지 못했다는 의미다.

또한 이는 애초에 완성품에 대한 확고하고도 세부적인 기준을 가지고 있지 않다는 의미로도 이해할 수 있다. 정확한 비전, 또는 그것을 미리 그려보는 과정 없이 레시피를 따르는 방식은, 도착지와 그곳에 이르는 실제 과정을 지도 위의 좌표, 그 위에 그려진 점과 선, 기호들로 단순화하여 인식하는 것과 같다. 주변 환경과 영향을 주고받는 물리적 공간이자 깊이를 지닌 지형지물은 지도의 2차원적 이미지로 납작해진다. 마찬가지로 활자화된 레시피와 실제 요리 과정, 완성품으로서 음식의 간극을 이해하지 못할 때, 두부는 품질을 갖춘 음식 또는 식재료가 되지 못하고 가장 기본적인 형식이나 형태만을 겨우 갖춘 채 생계의 수단에 머문다.

문제는 개별 두부집의 들쭉날쭉한 품질이 아니다. 하지만 모든 사물이, 특히 음식이 생계 수단으로만 머무는 현실 또는 현상이 미치는 영향에 대해서는 좀 더 깊이 생각해봐야 한다. 깊이 생각하지 않더라도 일단 일상의 수준에서 받는 영향을 쉽게 따져볼 수 있다. 두부는 포만감을 줄 수 있는, 드문 식물성 단백질 식재료다. 겉보기엔 채식 지향적으로 보이지만 고기를 대체해 포만감을 줄 수 있는 단백질원이 전혀 없는 한식에서 굉장히 귀한 역할을 맡을 수 있다.(고기조차도 자유로울 수 없지만 생선은 본디 성질도, 한식에서의 위치와 설정도 포만감과는 별 상관이 없다. 특히 염장과 건조의 조합이라면 더더욱.) 이런 밥상의 현실에서 맛, 품질, 심지어 가격 면에서도(국산 콩은 비싸다. 수입 콩은 옳든 그르든, 또한 원산지나 진위 여부에 상관없이 GMO 음모론에 시달린다.) 적절히 만족시켜주는 두부를 찾기 어렵다.

납작해진 순대의 정체성

2016년 2월, 삼성가의 이혼 소식이 매체에 오르내렸다. 사생활의 영역
이다. 재벌가라고 해서 다를 이유가 없다. 세상에 매끄러운 이혼이 존재
할까. 저열함의 표출일 뿐 호기심을 이유로 제3자가 고개를 들이밀 수
있는 구실은 없다. 다만 이 장의 초입에서 인용한 아이 아빠의 항소이유
서가 관심을 끌었다. "면접교섭을 하고서야 [아들이] 태어나 처음으로 라
면을 먹어보고 일반인들이 얼마나 라면을 좋아하는지 알았고, 떡볶이,
오뎅, 순대가 누구나 먹는 맛있는 음식이라는 것을 알게 됐다."는 발언
말이다. 일종의 대외적 평판 싸움(publicity battle)을 위한 전략으로 이해
했다. 변호사를 포함한 보좌진이 낸 아이디어일 가능성이 크다. 왜 군이
서민 카드일까? 한국 최대 재벌가와 혼사를 맺은 이다. 더 이상 서민일
수 없다. 거기까지도 좋다. 하지만 왜 하필 저 음식들을 걸고 넘어지는
걸까? 다른 음식도 그렇지만, 특히 순대의 위상이 가장 크게 마음에 걸
렸다.

　순대의 현실도 2차원적으로 납작해졌다. 본디 원통형인 순대가 종
잇장처럼 납작하게 눌렸다는 말이 아니다. 그 모양을 가능케 하는, 속을
채우는 내용물이 음식의 정체성 측면에서 납작해졌다는 말이다. 단순
해지고 다양성도 없어졌다. 바로 당면 순대 말이다. 그 자체가 문제는 아
니다. 이제는 나름의 영역을 갖춘 음식이다. 다만 기원을 감안할 필요는
있다. 한국전쟁 이후 당면 공장에서 건조 중 떨어지는 부스러기를 처리
하기 위한 방편으로 활용한 것이 시초라는 이야기가 있다. 굉장히 설득

력 있는 견해다.

마침 그에 얽힌 추억도 있다. 당면 순대는 가장 크게 각인된 어린 시절 음식 가운데 하나다. 수원의 지동 시장에는 유명한 순대집이 있다. 상호도 시장 이름과 같아 지동순대집이었다. 이미 초등학교 입학 전, 어머니의 손을 잡고 다니던 시절부터 시장 행차의 지정 간식이었다. 수원은 경기도에 속하니 고춧가루 소금 지역이었다. 어슷어슷 썰어 수북하게 얹어 내오는 순대에 고춧가루 소금을 찍어 먹으면, 매콤함과 폭발하는 짭짤함이 돼지의 기름기 위로 흐드러졌다. 때로 앉아서 먹지도, 포장하지도 않고 가는 길에 바로 먹는 날도 있었다. 그럴 때는 '테이크 아웃(take out)' 아닌 '투 고(to go)'를 요청했다. 그 시절의 나, 즉 미취학 아동의 팔뚝 만하게 자른 순대를 반으로 쭉 갈라 같은 소금을 채워준다. 매콤함과 짭짤함의 조합이 한층 더 폭발적이었다. 지동순대집 포함 당시 서너 군데가 경합을 벌이던 시장은, 이제 한 구역 전체가 순대 '타운'으로 변했다.

그렇게 불어난 세가 한편 당면 순대의 위세를 말해준다. 영역을 넓히며 인식의 블랙홀로 변모했다. 다른 순대의 존재를 빨아들여왔다. 이제 '순대=당면 순대'로 통한다. 물론 당면만 동원되는 것은 아니다. 찹쌀이나 양배추 같은 재료도 엄연히 들어간다. 하지만 쓰임새가 같다면 의미는 크게 달라지지 않는다. 만두의 두부와 유사한 기능을 담당한다. 맛이 아닌 부피 확보를 위한 재료, 채움재(filler)라는 말이다. 다른 재료지만 모두 순대라는 음식을 납작하게 만든다.

속은 이미 납작해진 겉을 따를 뿐이다. 비단 돼지 창자를 채운 음식만을 순대라 부르지 않는다. 한식에서도 소나 개의 창자 및 고기를 써 만든 순대의 기록이 남아 있으며(전자는 『규합총서』, 후자는 『음식디미방』), 오징어나 명태의 속을 채운 순대도 있다. 이 둘은 기록의 수준을 넘어 실물로도 존재하지만, 간신히 명맥을 잇는 수준이다. 재료의 섬세함과 채우기의 어려움, 두 가지가 맞물려 터지기 쉬운 양식상의 특성 탓에 순대를 포함해 소시지 계통의 음식은 집에서 만들기가 어렵다. 천상 전문가의 솜씨로 만든 걸 사 먹어야 하는데 그조차도 쉬운 일이 아니다. 전국일일 생활권이라지만, 서울에선 이런 음식이 아주 드물게 존재한다. 또다른 다양성 부족의 방증이다.

네발짐승하고도 내장으로만 범위를 좁히고 또 좁혀도 다양성 확보는 여전히 어려운 일이다. 거의 대부분이 돼지고 또 소창이다. 물론 돼지로 집중되는 현실은 충분히 이해할 수 있다. 소의 창자는 어차피 따로 더 귀한 대접을 받는다. 곱창구이로 양식화되었다. 하지만 돼지만 놓고 보아도 겉껍질의 다양성은 부족하다. 섬세함 때문일까? 소장은 가장 앞쪽 창자로 얇고 또 섬세하다. 하지만 그렇다고 해서 딱히 더 부드럽다고 말할 수는 없다. 창자는 창자일 뿐이다. 창자는 소화기관이니 끊임없이 운동한다. 따라서 질기다. 벽이 얇고 가는 소창이든, 두툼하고 굵은 대창이든 정도의 차이는 있을지언정 속성은 같다.

순대의 재해석 또는 현대화 시도에 예정된 실패

다양한 순대를 먹지 못한다. 그게 뭐 대수라는 건가. 순대 하나 다양하지 않아도 삶이 흔들리지는 않는다. 순대만 놓고 보면 분명 그렇다. 하지만 순대는 예외가 아니다. 이미 우리는 만두와 두부를 살폈다. 그렇게 대수롭다면 대수로울 일상 음식의 기초가 하나씩 빠진다. 그 결과인 다양성의 부재는 생각보다 꽤 넓고 복잡한 차원으로 영향을 미친다. 18만 원짜리 요리의 일화를 소개해보자. 양식이라 보기 어렵고, 한식이라 보기는 더더욱 어려운 요리였다. "하이브리드" 요리라 자칭하는 데서 실마리를 얻을 수 있다. 1990년대 압구정동을 중심으로 처음 불거져 나온 퓨전의 다른 이름이다.

코스의 메인인 안심구이에 거무튀튀한 덩이 하나가 딸려 나왔다. 웨이터가 설명을 덧붙였다. "순대를 재해석했습니다." 흑미밥을 우삼겹, 즉 기름기가 많은 소 양지머리로 말았다. 일단 맛이 없고, 접시 위의 다른 요소와 어울리지도 않는다. 음식 전체가 그렇듯 제대로 다듬지 못한 기술 탓이다. 소위 '설익은 셰프'의 문제지만 다른 책에서 다룰 문제다. 여기에서는 거뭇한 덩이가 "순대"와 "재해석"의 이름을 달고 나온 논리를 헤아려보자.

순대 문법의 핵심은 '채우기'다. '말기'나 '싸기'에 비해 훨씬 어렵지만 덕분에 형태 및 질감의 완결성(closure)을 얻는다. 소창을 채워 만든 전형적인 순대를 떠올려보면, 질길 수는 있지만 표면은 매끈하다. 창자를 뒤집어 채우는 덕분인데, 이음매가 없기 때문에 가능한 형태다. 이것은 일부러 껍질에 넣지 않는 경우(물론 일족에 포함된다.)를 제외한 소시지 일가의 핵심 정체성이다. 한마디로, 설사 맛이 있더라도 말거나 쌌다면 그것은 순대가 아니다. 재해석 혹은 해석이래도 상관없다. 아니면 같은 코스의 다른 요리에서 내세운 것처럼 '영감의 산물'일 수도 있다. 중요한 건 정확한 어휘가 아니다. 어떤 어휘를 택하든 재현의 단계를 전혀 거치지 않고 훌쩍 건너뛰어 나온 결과물이라는 점은 바뀌지 않는다. 달리 말해, 정확한 개념적 이해가 없이 형식만 차용한 결과다.

그래서 무엇이 문제인가. 드디어 미슐랭 가이드가 2017년판으로 서울에 진출했다. 2011년에 들어온 단순 가이드 '그린'이 아닌, 세 개까지 별점을 주는 '레드'다. 진짜가 들어왔다는 말이다. 별의 후보와 개수를 놓고 온갖 예측이 난무했는데, 특히 주목받는 후보군이 다수의 기대와 다르게 별을 적게 받았다. 한식을 현대화했노라고 자임하는 몇 레스토랑으로, 공통적으로 30대 중반 가량의 젊은 셰프들이 주방을 운영한다.

정도의 차이는 있지만 이들 셰프군이 비슷한 헛점을 드러냈기에 예측하기 어렵지 않았다. 맛에 대한 개념적 이해가 부족하고 논리가 치밀하지 않다. 화학적이자 추상적인 맛이 아닌, 물리적인 재료의 결합만으로 서로 다른 요리 세계를 교류시킬 수 있다고 믿는다. 단적으로 서양 요리의 대표 문법인 소스에 된장, 고추장 등을 접목하면 한식이 되는 것이다. 그렇게 새로운 요리가 탄생한다. 거무튀튀한 덩어리의 "순대"도 이 범주에 느슨하게 속한다.

물론 이해의 부족과 치밀하지 못한 논리가 원인의 전부는 아닐 것이다. 의도의 한편을 이해할 수 있다. 이러한 시도는 의도적인 거리 두기의 산물이기도 하다. 한식을 향한 시각은 인지부조화적으로 보수적이다. 실제로 그렇게 먹지도 않으면서 '이것이 한식'이라고 믿는 범주가 좁고 완고하다. 피자, 햄버거 등 서양 음식과 치즈 등갈비 같은 괴식의 일상 속에서조차 뚜렷한 한식의 원형에 대한 확신을 고집한다. 그래서 이미 익숙한 음식을 모티브로 삼을 경우 공격부터 하는 경향이 강하다. 한마디로 '내가 아는 ○○는 이렇지 않다'고 주장한다. 빈 칸에 어떤 음식도 들어갈 수 있다. 여기에서 언급한 순대, 만두 등을 비롯, 냉면, 불고기 등 다양한 음식이 '인식의 블랙홀'의 영향권을 벗어나지 못한다. 심지어 양식마저도 한식의 필터를 거쳐 이해한 다음, 가치를 폄하한다. 가령 송아지 정강이나 꼬리처럼 질긴 부위를 오래 익혀서 만드는 오소 부코(osso buco) 같은 요리를 내면 '비싼 돈 내고 장조림을 왜 먹냐'는 반응을 보이는 경우가 그러하다.(최근 한참 동안 값이 상대적으로 저렴한 갈비가 많이 이용되었다.)

따라서 일종의 방어 전략으로서 거리 두기를 선택한다고도 볼 수 있다. 충분히 헤아릴 수 있다. 하지만 그런 전략을 강요하는 상황조차 납작해진 현실의 영향을 드러내 보여준다. 일상 음식의 의미와 연결 고리를 이해하지 못하는 것이다. 요컨대 개념적 이해에 바탕을 둔 재해석 및 발전을 통해 일상적인 음식이 고급 음식으로 승화할 수 있는 가능성을 모른다. 그래서 '한식의 정체성=간장·된장·고추장'의 가장 빈약하고도 순진한 공식을 무차별적으로 적용한다. 너무나도 비효율적인 방어 전략이다. 가격과 재료에 따라 다양하게 존재하는 순대의 세계를 맛보기가 어렵기에, 그런 일상 음식을 재현하고 개념적으로 맛과 문법, 양식 등을 이해한 뒤 재해석할 줄 모른다. 순대는 서민 (또는 싸구려) 음식으로만 존재하는 탓에 같은 개념과 원리 속에서 존재할 수 있는 다양함의 가능성을 헤아리지 못한다. 그탓에 채우지도 않고 말아 만든, 즉 순대의 정체성조차 이해하지 못하고 "재해석"한 것이 접시에 오른다. 만든 이 스스로 순대라고 착각하는 것은 물론, 먹는 이도 그렇게 믿어주기를 바란다.

일상 음식의 승화 가능성

그것이 불가능하다고 믿는가? 만두와 순대 같은 음식은 언제나 한두 가지의 납작한 존재로 서민 음식의 울타리에 갇혀 있어야만 하는가? 그렇지 않다. 햄버거 같은 음식이 반례로서 존재한다. 미국을 대표하는 음식으로 기원은 패스트푸드다. 각 요소를 전담해 반복 조리한 뒤 한데 조립하는 형식이 효율적인 대량생산을 촉진했다. 그 결과 햄버거는 '패스트/정크푸드'로 통한다. 하지만 맥도날드나 롯데리아 같은 프랜차이즈 외에도 다양한 가격대와 그에 맞는 햄버거가 존재한다. 이제 '수제 버거'라는 명칭만으로 아우르기에도 덩치가 커져버렸다.

물론 내실도 있다. 2017년 들어온 미슐랭 가이드의 별을 받는 셰프나 사업가가 햄버거 가게를 낸다. 숙성은 기본이고, 서로 다른 부위를 섞어(blending) 특유의 맛을 낸다. 아예 소를 통째로 들여다 직접 부위별로 바르고 갈아 패티를 빚는다. 조리의 과학적 원리를 탐구하는 부류도 끊임없이 아이디어를 낸다. 갈아낸 고기의 결을 흐트리지 않고 가지런하게 담아 가벼움을 극대화한다. 저온 조리로 익힌 뒤 액화질소로 튀겨낸다. 최선이 아닐 수도 있다. 그건 중요하지 않다. 일상 음식을 바탕으로 끊임없는 다양성을 좇는다는 사실이, 현상이 중요한 것이다. 주로 가격이 나누는 영역대에 맞는 해법이 존재한다. 패스트푸드로서 햄버거도, 30달러짜리 고급 외식 수단으로서 햄버거도 공존한다. 물론 그 둘 사이의 영역도 다채롭게 나뉘어 있다.

심지어 이러한 현상이 남의 이야기가 아니라는 점이 더 놀랍다. 한국에서도 햄버거는 이제 꽤 다채로운 결을 갖추기 시작했다. 동경이든 소위 '덕심'이든, 가격과 일치하는 고급 햄버거가 부쩍 늘었다. 6000원과 12000원짜리 햄버거가 꽤 그럴싸하게 공존한다. 곧 그 사이의 결이 좀 더 다채로워질 조짐도 보인다. 하루 세 끼의 지평이 이렇게 바뀌어가는 가운데, 순대 같은 음식은 어떻게 대처해야 할까. 햄버거의 예를 들었지만, 문법화된 어떤 음식에라도 적용할 수 있는 원리다. 한식에서도 전무하지는 않다. 불고기나 갈비, 된장찌개 같은 음식은 대표 음식으로서 일정 수준 문법화 및 다양화를 이뤘다. 게장 같은 음식도 존재한다. 하지만 그것만으로는 빈약하다. 특히 순대처럼 장인 정신(craftsmanship)이 필요한, '아는 손'의 가치가 적극 개입할 수 있는 음식이 서민의 굴레를 벗고 다양성을 갖춰야 한다.

김밥의 화룡점정

「아이언 셰프 아메리카」. 일본에서 포맷을 사들여 미국에서 제작한 셰프들의 요리 대결 프로그램이다. 2005년 방영된 두 번째 시즌의 한 에피소드를 소개한다. 원조인 일본의 아이언 셰프로 출연하다 미국으로 건

너온 모리모토 마사하루(森本正治)와 그리스-이탈리아 음식 전문 셰프 마이클 사이먼(Michael Symon)의 대결. 한 시간 안에 최소 다섯 가지 요리를 만들어야 하는 대결의 비밀 재료는 아스파라거스다.

모리모토가 마치 스테인드글라스 같은 아름다움을 지닌 단면의 후토마키(太卷き), 즉 김밥을 말아낸다. 아스파라거스를 중심 요소로, 각 사분면이 완벽한 대칭을 지닌다. 사족을 달자면 보통 김밥처럼 한 번에 말아 만들 수 있는 음식은 아니다. 하나의 김밥을 세로로 등분해 다른 김밥의 속으로 삼는다. 여하간 아름다운 기술의 집약체다. 계란 물과 빵가루를 입히고 튀겨 바삭함까지 더해 화룡점정을 찍는다. 이를 지켜보던 사이먼이 혀를 내두른다. 결과는 모리모토의 승리. 이후 공개 경쟁을 통해 자신 또한 아이언 셰프의 반열에 등극한 사이먼이 당시를 회고한다. "그 마키를 보는 순간 '졌구나' 생각했죠."

'머리 없는 손'의 음식과 하향평준화

명인이 마는 후토마키는 아니더라도, 김초밥이라는 음식이 존재했다. 국적을 위시한 정체성이 다소 희석된 듯 불분명한 일식집의 메뉴였다. 알탕과 함께 김초밥을 시켜 먹곤 했다. 아직도 그런 음식이 남아 있는가 하면 안타깝게도 없다. '일식 김초밥'이란 레시피는 돌지만 사 먹기는 쉽지 않다. 순대처럼 김밥도 인식의 블랙홀로 빨려 들어간 것이다. 빠져나온 반대쪽 끝은 '천국'이다. 김밥천국 말이다.(아무나 쓸 수 있는 상표라는 것을 혹

아는가? 법정 분쟁을 통해 일반명사라는 판결을 받았다. 별도로 놀라운 일이다.)

이제 김초밥은 자취를 감췄다. 김밥은 한 줄 1500원부터 시작하는 생계형 음식 한 가지로만 존재한다. 천국의 상표를 단 지옥의 음식이다. 차마 '서민'의 멍에를 씌우기도 어렵다. 간신히 버텨내는 음식이다. 아슬아슬한 품질의 재료를 써서 그저 손으로 말아 음식의 형식과 정체성을 간신히 유지할 뿐이다. 먹는 이에게도 버텨내기 위한 선택이다. 이제 그런 김밥만이 남았다.

점차 선명해진다. 만두와 두부, 순대와 김밥 사이의 공통점 말이다. '손'이 가장 중요한 역할을 맡지만 그렇기에 가장 초라한 음식으로 전락했다. 서민이라는 이름이 너무 버겁다. 손에게서 생각과 결정권을 빼앗아버렸다. 권리는 못 누리고 의무만 지키는 신세로 전락했다. 그런 손이 음식으로서 명맥을 간신히 유지해낸다. 음식의 품위라고 해도 좋을 최소한의 정체성을. 이러한 음식이 공통적으로 드러내는 패턴은 한국 식문화의 핵심 문제이자 과제다.

표면적으로는 다양성의 결여, 또는 보다 직접적으로 말하자면 거세다. 싼 음식은 장르나 범주화되어 싼 음식으로만 존재한다. 서민의 굴레가 그런 상황을 고착한다. 가격과 음식의 범주 사이에 연관성이 없다. 예컨대 김밥과 만두는 거의 언제나 싸구려 음식이고, 가격대가 올라가면 언제나 '기승전직화구이'의 결론이 나는 패턴이다. 그리고 한식을 차용한다는 셰프들은 자기가 먹고 자란 음식을 의도적으로 부정하는 듯한 맛을 접시에 담는다.

조금 더 깊게 들여다보면, 창조의 의미를 오해해 벌어지는 일이다.

마치 '창조'론의 예를 진짜 창조라고 믿는 것과 같다. 신이 인간을 흙으로 빚어 단숨에 만들어냈을 리 없듯, 세상의 모든 창조는 긴 시간을 두고 조금씩 변화해 이루어지는 현상이며 결과다. 말하자면 진화가 현실의 창조다. 영장류에서 인류가 조금씩 변화해 여기까지 왔듯, 음식도 과거에 존재한 것으로부터 연결 고리를 찾아 현재로 와서, 다시 연결 고리를 이어 미래로 나아간다.

한국의 식문화에서는 이런 연결 고리가 보이지 않는다. 하찮은 김밥은 어떻게 사분면의 아름다운 대칭을 자랑하는 마키가 되었는가. '머리'와 함께하는 손이 있었기에 가능하다. 한국의 식문화는 아직도 그 둘의 연결 가능성을 인정하기는커녕, 존재조차 파악 못 하고 있다. 국가의 역사가 짧은 탓에 언제나 자기만의 문화를 정립하고 싶어하는 미국은 독자적인 식문화인 캘리포니아 롤을 만들었다. 일본의 스시에 연어와 아보카도를 더했는데 이제 전 세계로 팔린다. 한국의 김밥은 지금 어떤 신세인가. 한 끼 때우기 위한, 한국식 패스트푸드를 벗어나지 못한다. 세계로 나아가기는커녕 급이 자꾸만 떨어진다.

나름의 진화, 가뭄에 콩 나듯 보이는 자칭 고급화의 시도도 손의 고질적인 문제를 벗어나지 못한다. 여전히 피곤한 손에게 음식의 궁극적 정체성을 떠맡기는 동일한 접근 방식으로 오히려 문제를 더 악화시키는 경향마저 보인다. 피곤한 손이 또 다른 피곤한 손으로 대체되는 것에 불과한 형국이다. 변화를 꾀한 김밥 역시 진짜 고급스러워지지 않는다. 개념적으로 접근한 결과물이 아니기 때문이다. 많은 경우 전체를 보지 않고, 부분별 교체를 시도하고는 새로운 김밥을 만들어냈다고 착각한다.

재료주의와 건강 우선주의의 한계

결국 한국을 넘어, 현재 세계 식문화의 고질적인 두 문제에 노골적으로 기댄다. 첫 번째는 재료주의다. 이 책 전체에 걸쳐 지적한 바 있다. 재료를 바꾸는 것으로 음식 자체를 자동적으로 바꿀 수 있다는 순진한 믿음이다. 사람의 역할에 대한 고민이 없다. 그래서 색소로 물들이지 않은 단무지, 저염 햄, 고급 쌀 등을 쓴다고 광고한다. 심지어 작은 기계를 들여놓고 즉석 도정한 쌀로 밥을 지어 김밥을 마는 가게마저 등장했다.

즉석 도정. 쌀 소비량이 갈수록 줄어들고, 밥을 덜 먹는 현실의 돌파구로 쌀과 밥의 고급화에 필요한 전략이라고 언급한 바 있다. 그러나 이는 재료주의에 이어 두 번째 고질적인 문제에 해당하는 건강 우선주의에 기댄 전략이다. 건강 추구 자체는 비판받을 이유가 없으나 그것이 표면적이고 기만적인 수준에서 표방된다는 점이 문제다. 김밥처럼 특히 피곤한 손에 기대어 간신히 정체성을 유지하는 것은 건강을 우선한 음식이 아니다.

게다가 프리미엄 김밥의 전략은 '밥 줄이기'다. '탄수화물이 건강에 나쁘니 줄이자!' 십분 양보해 의도는 높이 살 수 있다. 하지만 조리를 보면 생각이 달라진다. 밥 위주라 이름이 '김밥'일 텐데 핵심 정체성이 무너지도록 밥을 뺀다. 맛의 균형도 당연히 깨진다. 설상가상으로 쫓겨난 밥의 자리를 채운 채소는 날것이다. 볶지도, 심지어 소금에 절이지도 않았다. 오이와 당근을 그렇게 넣었다. 가늘게 채쳤다지만 지나치게 서걱거린다. 김밥보다 채소말이에 가깝다. 탄수화물이 확 빠졌으니 전체를 아울러주는 맛도 없고, 채소도 조리를 전혀 하지 않아 간도 안 맞는다.

그 결과 '천국'의 산물보다도 심지어 맛이 없다. 색소(단무지)나 염분(햄) 등이 빠졌다지만, 정작 두 재료의 들척지근함은 그대로다. 고질적인 문제는 아예 인식도 못 하고 엉뚱한 상대만 들쑤신 꼴이다. 그래서 진화가 아닌 퇴보를 자초한다. 가격은 두 배로 뛰었지만 맛은 더 없어졌다. 퇴보가 아니면 대체 무엇이란 말인가. 이런 판국에 앞서 언급했듯 밥버거까지 가세했다. 끼니 음식과 밥의 형편이 이러하다.

(서민) 음식의 미래, 프랜차이즈 대 아르티장

다시 만두로 돌아와보자. 지형에 변화가 일어나고 있다. 빈약한 틈새를 파고든 중국식 만두가 그 지평을 조금씩 넓혀나간다. 조선족 동포나 중국인 운영 음식점이 그 거점이다. 한국인이 만드는 것과 비슷한 가격대지만 만두를 빚고 채우는 과정이 체면치레에 그치지 않는다. 피도 직접 밀고, 속도 버무린다. 가격에 얽매어 좋은 재료는 쓰지 못하니 한계는 분명하다. 하지만 숙련도가 사뭇 다르다. 잘 빚는 건 기본이며, 곧잘 찌고 굽고 튀긴다. 조미료도 기술적으로 써 맛을 낸다. 덕분에 꿩은 못 되더라도 나름의 닭으로 자라나고 있다. 냉동 만두도 잊으면 안 된다. 온전히 기계의 산물이면서 확실한 독립적 개체다. 발달한 편의점 네트워크 덕분에 자리 잡은 지도 오래다. 웬만한 수제보다 더 깔끔하고 맛있다.

이 전반적인 상황은 손의 위기인가? 아니다. 손을 몰아붙인 머리의 위기다. 자승자박이며 요식업 및 자영업의 위기다. 이 영향에서 자유로운 이가 드물다. 원인은 아주 간단하다. 음식 및 요식 사업을 너무 쉽게 보았다. 물론 궁여지책으로 선택한 경우가 많겠지만, 그런 상황(예기치 못한 이른 퇴직 등으로 제2의 생업을 마지못해 찾아야 하는 상황)에서마저 성공적인 운영이 가능하리라 믿고 뛰어든다.

두 가지 믿음이 잘못된 결정에 지대한 영향을 미친다. 첫째, 먹어봤으니 알 것이라 믿는다. 둘째, 어차피 먹어야 사니 어떻게든 비집고 들어갈 틈새가 존재하리라 믿는다. 모두 완전히 헛된 믿음이다. 먹기만 해서 이해할 수 있는 게 아니며, 팔기 위한 음식은 먹는 음식과 다르다. 생산 여건이 전혀 다르다. 완전 별개의 과업인 경영까지 헤아릴 필요도 없다. 일단 기본적인 기술조차 갖추지 못했다. 심지어 집에서 음식 한번 해본 적 없는 남성이 퇴직 후 프랜차이즈에 가진 돈을 전부 쏟아붓는다. 건축 자재 냄새가 가시지도 않은 새 매장에서, 아르바이트생보다 더 절절매는 주인을 자주 본다.

그렇다. 프랜차이즈가 문제의 또 다른 한 축이다. 그 자체가 나쁘다고 할 수는 없다. 나름의 미덕은 분명 존재하지만 미덕의 원천이 바로 특색 없음이다. 균질한 관리를 위해 음식의 가장 일반적인 특성을 추출해 상품화한다. 그런 프랜차이즈의 파도에 휩쓸리는 입이, 생활까지 휩쓸리게 만든다. 결국 모두가 경쟁 상대다. 무엇을 팔더라도 이미 존재한다. 음식의 논리를 깡그리 무시한 괴식(치즈 등갈비?)의 수준이 아니라면 새로운 것을 내놓아 손님을 끌기란 불가능하다. 그래서 방송의 맛집 프로그램 같은 데 기대어 대박을 꿈꾼다.

또한 가정 조리와 외식용 음식의 영역이 거의 구분되지 못한 현실도 영향을 미친다. 집이든 음식점이든 김치찌개, 된장찌개, 불고기 같은 대표 음식은 판에 박은 듯 똑같다. 음식점에서만 만들 수 있는 음식에 대한 기대나 개념이 희박하다. 게다가 이런 요식업의 주체가 음식을 직접 만들지 않는 부류다. 한국 남자, 특히 베이미부머를 비롯한 위 세대라면 절대 다수가 취사를 포함한 가사노동의 요령을 익히지 못했다. 여성의 일이라 치부하며 직장을 구실로 동의 없는 역할 분담, 곧 일방적인 책임 전가를 하지 않았던가. 그렇게 50대까지 살아온 사람들이 갑작스레 음식을, 그것도 팔기 위한 것을 삶의 한가운데 놓고 적응할 수 있을까. 심지어 다른 음식점에서 일하며 경험을 쌓지도 않는다. 가정식을 복제하기도 급급한 상황이니 실패는 따놓은 당상이다.

여기에 부동산, 즉 임대료 거품까지 가세한다. 들어오는 돈은 없지만 나가야 할 돈은 많다. 그 바탕은 빚이고, 공인중개사와 인테리어 시공업자, 건물주의 주머니로 들어간다. 결국 음식으로 단골 확보는 못하고 사연으로 매체의 단골이 된다. 진부하게 반복 등장하는 표현, "전 재산을 바쳐 연 ○○".(카페, 치킨집 등 뭐라도 좋다.) 그렇게 개인은 실패하고, 이는 곧 전체의 실패로 팽창한다. 섣불리 도전한 음식점 자영업의 실패가 경제적 불안의 한 축을 세웠다. 식당 자영업자의 몰락은 과격하게 말해 음식을 우습게 아는 풍토에 일침을 놓는 역할을 할 것이다. 하지만 대체 어떤 대가를 치러야 한다는 말인가. 이래저래 상처가 너무 크다.

한편 이런 풍토에서 어렵사리 살아남는 자영업자들이 주목을 받는다. 안팎으로 대안 취급을 받는다. 아르티장(artisan), 혹은 드러내놓고 자임하지 않지만 좀 더 거창하게 '안티테제'라고 불러도 될 분위기다. 프랜차이즈에 반하는 존재? 과장을 보태, 대기업 위주의 천편일률적 구도에서 어렵사리 피어난 다양성의 꽃? 뭐라고 불러도 좋겠으나 실제로 그만큼 일궈내지는 못했다. 총체적으로 과대평가되었다고 생각한다.

'동네 빵집'과 '윈도우 베이커리(window bakery)'로 통하는 대표적 영역인 빵을 헤아려보자. 소위 아르티장의 존재나 역할이 가장 눈에 띄게 두드러지는, 선도적인 영역이다. 이는 빵을 더 적극적으로 소비하는 서양에서도 마찬가지다. 한국의 상황도 많이 나아진 건 확실하다. 하지만 완성도가 아주 높지 않다. 빵의 완성도를 어떻게 헤아릴까. 간단하다. 생김새를 보면 된다. 반죽을 발효로 부풀리는 음식이니, 그 과정을 매만지는 솜씨와 그에 기울인 주의가 빵의 생김새에 고스란히 반영된다. 나름 아주 정직하고, 속일 구석이 별로 없는 판단 기준이다. 일단 못생기면 못 만든 빵이다. 밀가루에 따라 다르겠지만 풍성하게 부풀어 오르지 않거나, 반죽이 발효 과정에서 표면 장력을 제대로 받지 못해 표면이 쭈글쭈글하고 윤기가 나지 않는다. 설상가상으로 덜 구워 생밀가루 냄새가 나는 경우도 허다하다. 다양성 또한 떨어진다. 종합하자면 프랜차이즈에서 파는 것과 똑같은 빵을 비슷하거나 때로 더 떨어지는 완성도로 만들어 판다.

이상할 것도 없다. 프랜차이즈에서 일을 배워 가게를 차린 경우가 숱하기 때문이다. 그렇게 습득한 어휘와 문법이 전부다 보니 비슷한 빵을 만들 수밖에 없다. 다른 세계가 존재하는 것을 모른다. 더군다나 프랜차이즈의 자본이 구축해놓은 간접 자본은 더 이상 쓸 수 없다. 좋은 장

비나 재료부터 연구 개발 등 물리적인 열세 때문에도 개인이 쉽게 손댈 수 없는 부문에 해당한다. 인력도 원활하게 쓰기 어렵다. 앞서 언급한 만성적인 임대료 문제도 영향을 안 미칠 수 없다. 이런 조건을 한데 아우르면 자임하는 것과 달리 아르티장도, 대안도 아닌 경우가 허다하다.

소규모에 독립적이라고 해서 자동적으로 아르티장이 될 수 있는 게 아니다. 아르티장의 핵심은 생존 능력이다. 큰 개체들 사이에서 틈새를 찾아야 살 수 있다. 이를 위해선 선택과 집중이 필수다. 타 업체, 대량생산의 맥락에서 나올 수 없는 제품을 소품종 소량 생산해 파는 것이다. 결국 질이 관건이니 가격은 비싸질 수밖에 없다. 재료 때문일 수도, 인건비일 수도 있다. 아르티장은 결국 장인이다. 아무나 장인이 될 수 없다는 건, 굳이 구구절절 설명해야 하는 사안이 아니다.

아르티장 또는 장인 도전의 편향성

아르티장으로 자리매김하는 대상, 즉 음식의 패턴 또한 흥미롭다. 빵을 예로 든 것처럼 일단 서양 음식, 특히 제과제빵 위주다. 앞에서 살펴본 '의도적인 거리 두기'가 느껴진다. 한식을 멀리한다는 뜻이다. 하지만 모순이 읽힌다. 이를테면 제과제빵 이상으로 기술과 이해가 필요한 분야는 아직 시도하는 이가 드물다. 이를테면 치즈 같은 음식. 발효와 숙성이 빵보다 더 깊게 얽히니 금방 결과를 얻을 수 있는 음식도 아니다.

반면 이를 뒤집어 한식의 영역을 들여다보면 오히려 발효 음식에만 집착하는 현실이 보인다. 요리에 대한 이해가 떨어지는데도 굳이 담그는 장류 같은 것이다. 지적했듯 순대나 만두 같은 일상 음식은 시도하지 않는다. 편향이면서 한편 위험한 집착이다. 여러 이유를 들 수 있겠지만, 1부에서 여섯 가지 '한국적인 맛과 감각'을 다루며 짚어본 것처럼 장류에 기반한 음식을 한식과 맛의 유일해(unique solution)라 믿을 가능성이 높기 때문이다. 필요하지만 그만큼 필요하지는 않다. 다른 조리법의 이해, 연마, 수련 없이는 반쪽짜리에 지나지 않는다. 또한 사라지는 일상 음식의 다양성을 일구는 쪽도 그만큼 중요하다. 김밥이나 만두 같은 음식이 아니라면 빈대떡이나 김치찌개 같은 것도 좋다. 장류의 울타리 밖의 음식을 대상으로 삼을 수 있어야 한다. 이해와 철학의 손길을, 일상 음식도 기다리고 있다.

그렇다면 과연 이해와 철학의 손길은 어떻게 다듬을 수 있을까. 가장 일반적인 제안 한 가지를 할 수 있다. 발상의 전환, 또는 확장이 필요하다. 음식에 관한 답은 음식 안에서만 찾을 수 있는 것이 아니다. 음식 안에서만 답을 찾으려 든다면, 결국 기술적인 측면에 집착한다는 의미다. 또한 지금껏 살펴본 '머리 없는 손'의 문제에서 벗어나기 어렵다. 맛은 추상적인 개념이다. 눈에 보이지 않는다. 따라서 시각화 능력이 필요하다. 1부의 끝에서 살펴본 '맛의 별'처럼, 생래적으로 눈에 보이지 않는 개념을 눈에 보이는 것으로 생각하고 표현하는 능력 말이다. 이를 위한 답은 음식 밖에 있다. 굳이 과장된 인문학을 언급하려는 게 아니다. 과학이나 예술도 있다. 무엇이든 불과 칼 사이를 오가는 손 너머의 존재라면 충분하다.

축적의 시간

서울대학교 공대 교수 26인이 한국 산업의 문제를 분석한 책, 『축적의 시간』(서울대학교 공과대학·이정동, 지식노마드, 2015)에서는 개념 설계 능력의 부족을 현재 한국 사회의 최대 문제로 꼽는다. 비단 산업에 국한된 문제가 아니다. 사회 전반에 만연한 현상이고, 음식도 예외일 수 없다. '머리 없는 손'이 바로 개념 설계 능력이 부족한 인력 자원 아니겠는가. 요리 또한 문제 해결 능력이다. 인간은 요리를 통해 재료를 극복하고 맛을 뽑아내 생존을 넘어 먹는 즐거움까지 누릴 수 있다. 또한 현대사회에서 음식을 만들고 파는 일은 요식'업', 곧 삶의 수단이면서 과학기술의 발달로 산업화된 분야다. 어떻게 보아도 『축적의 시간』에서 지적한 문제에서 자유롭지 않다.

문제 제기의 주체가 공대 교수라는 데 주목한다. 책의 첫머리에서 밝힌 바 있다. 한국 식문화의 가장 큰 과제 가운데 하나는 외연을 넓히는 것이다. 음식을 정서의 산물로만 여겨서는 발전이 없다. 언제나 집밥의 족쇄, 엄마 손맛의 울타리에 얽히고 둘러싸여 발전하지 못할 것이다. 좀 더 넓은 좌표의 세계에 식문화를 올려놓아야 한다. 그를 위해서는 과학과 이성에 기반을 둔 맛과 음식의 이해가 필요하다. 그 출발점을 제시하는 것이 바로 이 책의 과업이었다. 맛의 개념 설계를 위한 정지(整地) 작업 말이다. 이제 막바지에 접어들었다. 긴 상차림을 마무리할 차례다.

10. 술,
소주가 지배하는 음주 풍경

이토록 가혹할 수 있을까. 콩쥐는 울었다. 하염없이 울었다. 계모가 놓고 간, 자기 키만 한 독을 채울 수 있을 만큼 눈물을 흘렸다. 하지만 애초에 '미션 임파서블'이었다. 독 바닥께 몸통이 깨져 있었기 때문에. 어찌할 바를 모르고 있던 차, 두꺼비가 등장했다. "내가 몸으로 깨진 곳을 막아줄 테니 독을 채우렴." 콩쥐는 눈물을 거두고 물을 길어 독을 차곡차곡 채웠다. 두꺼비가 그녀를 살렸다. 그 얼마나 기특한 두꺼비인가.

누군가에게 질문한 바 있다. 마침 소주를 마시는 자리였어야 아귀가 맞다. "진로는 왜 두꺼비를 적극 마케팅하지 않을까? 원래 이미지가 좋잖아. 콩쥐팥쥐도 있고, 직접 원형을 빌려왔다는 「두껍전」도 좋고. 그 자체로도 귀엽잖아. 디자인도 좋은데. 훑어보면 시대에 맞춰 현대적으로 세련되게 바꾸기도 했고.[48] 인형이나 티셔츠나 모자 같은 '굿즈'를 만들면 그 자체로도 잘 팔리지 않을까?" "그게 되겠냐? 소주가 망친 사람

---

48 조현신, 「원숭이가 두꺼비로 두꺼비가 달팽이로 되기 위해… 우리는 그렇게 '술'폈나보다」, 《경향신문》(2015.10.16), http://news.khan.co.kr/kh_news/khan_art_view.html?artid=2015 10161956335&code=960100.

이며 가정이 엄청나게 많을 텐데." 상대방은 무덤덤하게 대답했다. "그런 거 없이도 어차피 팔릴 걸. 소주잖아." 나는 바로 수긍했다. 동의의 의미로 소주 한 잔을 '원샷'했다. '크. 쓰다.'

물론 섣부른 판단은 금물이다. 소주가 정확하게 누구 또는 무엇인가를 망쳤다고 꼭 찝어 말해주는 자료는 존재하지 않는다.(그야말로 두꺼비가 펄쩍 뛸 주장일까.) 하지만 추론하기 어렵지 않다. 2014년 출간된 세계보건기구의 자료에 따르면, 한국은 15세 이상 인구의 알코올 섭취량이 12.3L로 세계 20위권이다(16위, 2010년 기준).[49] 200여 개국 가운데 16위니 상위 10%에 든다. 일단 과다 소비국에 속한다. 한편 성별 편중도 감안할 필요가 있다. 같은 시기 통계청 자료에 의하면 음주 여부(남 81.8%, 여 55.5%), 빈도(주 1~2회 이상 남 51.2%, 여 20.9%) 등에서 남성의 비율이 월등히 높다. 한편 맥주, 와인, 증류주 세 가지의 국제 표준 술에 비해 '기타' 주류가 전체 소비량의 70.5%다.[50] 사케 등의 술을 기타 주류에 포함시킨다고 하니 한국이라면 당연히 소주다. 종합하면 결국 한국 남자가, 소주를, 많이 마신다.

지나친 음주에는 반드시 부작용이 따른다. 일단 알코올 중독 자체가 질환이다. 지방간, 심혈관 질환도 있다. 뇌를 비롯한 신경 계통에도 영향을 미친다. 술로 몸이 망가지면 내가 직접적인 피해를 입고, 머리가 망가지면 다른 이에게 직접적인 피해를 입힌다. 어느 쪽이더라도 피해는

49   WHO, "Global status report on alcohol and health 2014," http://www.who.int/substance_abuse/publications/global_alcohol_report/msb_gsr_2014_3.pdf.

50   통계청, 「통계로 보는 대한민국 음주 실태」(2012.6.4), http://hikostat.kr/565 참고.

당사자뿐만 아니라 가족 등 주변인에게도 반드시 영향을 미친다. 정신과 경제, 양 갈래로 압박을 받고, 종국에는 전방위적 사회문제로 확산된다. 하루가 멀다하고 매체에 등장하는 각종 폭력 사건, 특히 남성이 여성을 가해하는 성폭력의 원동력 또는 기폭제는 과연 술이다. 그리고 확률을 감안하면 소주일 것이다.

뒤틀린 한국의 술 문화

한국의 술을 이야기하려면 일단 문화부터 짚고 넘어가야 한다. 맛보다 훨씬 더 시급한 문제다. 그저 맛만 없다면 다행이다. 다른 음식은 몰라도 술은 그렇다. 궁극적으로는 완전히 선택 가능한 기호식품이기 때문이다. 한국의 술은 분명히 맛이 없고, 바꾸어야 할 문제다. 하지만 그 변화를 좇기 위한 선결 과제는 문화적 측면이다. 보다 더 큰 그림에서 술 문화 자체가 바뀌지 않는 한 맛의 변화도 절대 바랄 수 없다. 한국 식문화는 지나치게 싼 술로 덮여 있다. 그 탓에 새로운 다양성의 싹이 올라오기가 쉽지 않다. 맛뿐만 아니라 음식 문화 전체에 미치는 부정적인 영향이 너무 크다.

　문화 자체가 뒤틀려 있다. 소주는 물론, 세계적으로도 맛없기로 악명이 자자한 '국맥', 국산 맥주가 손을 맞잡고 현 체계 유지에 총력을 기울인다. 카르텔, 그도 아니면 요즘 유행어로 다시 쓰이는 '깡패'다. 술 문화 깡패. '소맥'의 존재가 의미하는 바는 너무나도 확실하다. 도수 낮은 맥주는 싱겁고 밍밍하고, 도수 낮춘 소주는 들척지근하고 닝닝하다. 각각 마시면 너무나도 맛이 없다. 둘을 합쳐야 조금이나마 먹을 만해진다. 최악을 합체해 만든 차악으로 버티는 형국이다.

소맥은 하나의 양식이자 문화로 확실하게 자리매김했다. 소맥을 '만다.' 국산 맥주가 소주의 토닉, 즉 '바탕 술' 역할을 한다. 낮은 도수로 인한 전자의 밍밍함을 후자가 보충해준다. 계량 눈금이 달린 전용 잔이 심지어 인터넷 서점의 굿즈로 등장해 인기를 누릴 정도다. 잘 만든 도수 5% 안팎의 맥주가 존재한다면 굳이 '합체'할 필요가 없다. 고육지책이 하나의 문화처럼 자리 잡았으니 사실 서글프다.

잠깐, 술이 싸서 문제인가? 술의 가격 자체가 문제는 아니다. 싼 술은 세계 어디에나 존재한다. 러시아의 보드카, 중국의 고량주 같은 술을 보라. 물보다 싼 술이 세계 각국에 다양하게 존재한다. 다른 요건이 가격과 한데 맞물려 문제로 거듭난다. 열쇠는 도수가 쥐고 있다.

잘 알려졌듯, 소주는 원래 이런 술이 아니었다. 보드카처럼 소주는 기본적으로 증류주다. 증류주는 바탕 술을 끓여 증발시킨 뒤 차가운 매개체에 통과시켜 다시 액체로 만드는 과정, 즉 응축(condensation)을 거친다. 여과는 물론 도수 또한 높이는 과정이다. 위스키, 보드카 전부 같은 과정을 거친다. 초록색 병에 담긴 현재 소주의 뿌리도 당연히 거기에 있다. 1920년 출시 당시, 진로 소주도 35도로 출발했다. 그랬던 것이 지금의 희석식 소주로 전락했다. '희석'이라는 말이 단박에 드러낸다. 기본적으로 물을 타서 만든다는 점이 소주의 본질이다.

이런 소주의 도수가 자꾸만 내려간다. 1970년 출현한 25도의 벽을

1998년 참이슬(23도)이 처음 무너뜨린 뒤 2000년 참소주가 20도 아래로 낮췄다(19.7도). 지금은 10도대 후반을 거쳐 중반까지 내려가고 있다. 주기도 계속 짧아진다. 30도에서 25도로, 25도에서 23도로 내려오는데 각각 40여 년과 20여 년이 걸렸지만 이후 4년, 2년 등으로 빨라진다.

도수는 술의 소비에 큰 영향을 미친다. 너무 낮으면 취하기 전에 배가 불러진다. 맥주가 그렇다. 싸구려 맥주는 어느 나라나 존재하지만, 도수가 기본적으로 낮다 보니 알코올 음료 수준에 머무른다. 반면 너무 높으면 많이 마실 수 없다. 보드카나 위스키의 경우다. 물론 얼마든지 많이 마실 수는 있고 주량의 차이라는 것도 존재하지만 40도가 넘는 독주를 많이 마시는 데에 따르는 잠재적 위험에 대해선 공감대가 형성되어 있다.

또한 도수는 술과 음식의 관계를 설정하는 데도 막대한 영향을 미친다. 맛의 측면에서 짝짓기를 가장 먼저 생각할 수 있다. 크게 '견제(음식의 지나친 맛을 잘라줌)'와 '시너지(음식의 맛을 북돋아줌)'로 역할을 나눌 수 있다. 하지만 수분 보충 또한 중요하다. 단적으로 와인은 '제2의 소스/양념'으로 통한다. 11~15도 사이로 나오는 도수가 부피와 맞물려 한 모금 단위로 수분을 보충해주기 때문이다.

반면 소주의 도수와 부피 사이의 관계는 애매하다. 현재 가장 대중적인 소주의 도수가 17.8도다. 2015년까지는 18.5도였는데 또 낮아졌다. 25도이던 시절에는 와인과 1:2의 비율로 비교할 수 있었다. 소주 2홉(360ml)들이 한 병이 와인 한 병(750ml)과 맞먹었다. 도수가 계속해서 낮아지니 이젠 그렇게 비교할 수가 없어졌다. 부드러움을 강조해 더 넓은 연령층에 호소하려는 의도라지만, 곧이곧대로 믿기는 어렵다. 소주는 문자 그대로 물을 타서 만든 희석식이므로 같은 양의 원액에 물을 많이 탈수록 이익이 늘어난다. 이 가능성을 완전히 배제할 수 있을까?

이에 대해 젊은 층, 특히 여성을 위한 배려라는 명목을 내세운다. 성 차별적인 판매 전략이다. 이런 논리까지 동원해 도수를 낮춘 덕에 소주 는 이제 와인의 영역에 진입하고 있다. 물론 맛이 와인을 닮아간다는 말 이 아니다. 2015년 자몽 등 감귤류 향을 미량 첨가한 과일 소주가 잠깐 폭발적인 인기를 얻었지만, 와인과 비슷하지는 않다. 도수와 부피의 관 계만 와인을 닮아갈 뿐이다. 그렇게 근본적 변화 없이 반주로서의 입지 만 더더욱 굳힌다.

가성비의 맛의 전지전능함

소주의 맛을 따져볼 필요가 있다. 그게 참 미묘하다. 아니, 맛없다고 하 지 않았나? 맞다. 즉각적인 반응은 그렇게 나온다. 맛이 없는 것은 확실 하다. 다만 결을 정확히 살펴보아야 한다. 맛없음의 속성과 원인 말이다. 덮어놓고 '맛없다'고 낙인찍어버리면 현상을 파악하는 데 도움이 안 된 다. 소주의 맛없음은 가격에 기댄다. 싸게 만들어야 하니 맛이 없다. 요령 이나 기술의 문제보다, 가격이 책정하는 제약이 맛없음을 조장한다는 말이다. 달리 말해 영리한, 요령 풍부한 맛없음, 혹은 기술이 배양하는 맛없음이랄까. 이러한 맥락 안에서 따져본다면? 사실 소주는 꽤 괜찮은 술이다. '맛있다'고까지 말할 수는 없지만 가격이 최면에 가까운 만족감을 불어넣는다.

심지어 한식과 안 어울리지도 않는다. 한식과 술의 궁합은 어렵다. 전작『외식의 품격』에서도 잠깐 논한 바 있는데, 주로 두 가지 주요인 탓이다. 첫 번째 원인은 모든 맛이 한꺼번에 등장하는, 그래서 충돌의 가능성이 아주 높은 한상차림(공간 전개형)이다. 두 번째는 그 충돌하는 각종 맛 가운데서도 가장 강하게 두드러지는 김치다. 그래서 서양식으로 (불완전하게) 코스화를 해 각 음식을 떼어놓지 않는다면 짝짓기가 꽤 어렵다.

그런 가운데 희석식 소주는 은근히 두루두루 잘 어울린다. 넘어가면서 얼굴을 찌뿌리게 만드는 특유의 쓴맛 또는 거칢은 언제나 거슬리지만, 오히려 그 덕에 폭발하는 매운맛이나 단맛과 맞서도 기죽지 않는다. 말하자면 '눈에는 눈, 이에는 이' 또는 '공격은 최선의 방어' 격으로 어울린다. 가격이 제약하는 맛의 열등함을 감안하면 어디에서도 최선은 되기가 어렵지만, 뒤집어서 가격까지 총체적으로 감안하면 차선으로서는 아무런 손색이 없다. 말하자면 모두가 너무나도 좋아하고 심지어 목을 매는 '가성비'가 아주 빼어난 맛의 술인 것이다.

그래서 문제다. 너무 싸면서 의외로 마실 만하다. 그러니 패권을 쥐고 넘겨주지 않는다. 다른 선택지나 가능성을 인식하지 못할 정도로 압도적이다. 설상가상, 이런 도수와 부피가 맞물린 소주가 지배하는 지평이 두주불사(斗酒不辭)형의 음주 문화를 조장하고 또 악화한다. 질문을 던져보자. 건강 등의 이유로 술을 전혀 마시지 않는 이를 제외한 모두에게. 술은 왜 마시는가? 모범 예상 답안은 '즐거우려고 마신다'는 것이다. 실제로 주흥(酒興, conviviality)은 '함께(con) 살다(vivere)'는 의미다. 함께 사는 즐거움을 술이 북돋아주는 것이다.

하지만 수준이 관건이다. 과연 어떤 수준까지의 즐거움을 술이 긍정적으로 개입한 결과물로 볼 수 있을까. 개인차가 존재할 테지만 그에 상관없이 극단적인 예외는 분별할 수 있다. 길바닥에 토하거나 '필름이 끊겨' 아침에 기억이 나지 않을 정도는 확실히 아니다. 하지만 이 정도의 상황을 촉발하는 음주가 비일비재하다. 가학적 취향을 가진 경우가 아니라면, 이것은 즐거움이 아니다. 고통이다. 술의 의의와는 정반대로, 함께 죽으려고 마시는 술이다. 이를 부추기는 대표적인 술이 소주다.

요컨대 소주는 술, 더 나아가 음주에 대한 인식 전체를 지배한다. 다른 술의 가능성과 미덕을 상당 수준 원천 봉쇄한다. 소주만 있으면 싸게 취할 수 있다. 식당에서도 3000원이면 마실 수 있다. 일반 소매라면 병당 최대 1500원, 대형 마트라면 880원에도 살 수 있다. 6000원이면 이젠 서울 기준 싼 축에 속하는 끼니 음식의 가격인데, 그 절반 값에 얼큰하게 취할 수 있다. 게다가 어디에서나 판다. 반주로 사랑받기 좋고, 굳이 다른 술로 관심을 돌릴 필요가 없어진다.

그렇게 마셔대면 이래저래 뇌가 영향을 받지 않을 수 없다. 뇌손상을 일으키는 알코올 중독은 당연히 문제지만, 인식의 중독 또한 보이지 않는 문제다. 세상 구분을 할 수 없어진다. 다른 가격대 및 재료가 빚어내는, 무궁무진한 다양성의 세계 말이다. 모든 음주의 목적이 단일해진다. 오로지 취하기 위해 마신다. 거기에 최소한의 맛이, 영리하게 짜낸 맛

한식의 품격

이 정당성을 불어넣는다. 가격과 품질의 한계 속에서는 최선이지만, 전체 술의 세계 속에서 소주는 여전히 득보다 실을, 더 나아가 해를 입히는 존재다.

소주가 저해하는 술과 음주 문화의 다양성

소주와 국산 맥주가 합세해 음주의 목적 의식이 이다지도 납작해지다 보니, 다른 술이 전혀 파고들어가지 못한다. 모든 술의 미덕을 소주 가격을 기준 삼아 판단하고 손을 뻗치지 않는다. 사케와 와인이 가장 큰 타격을 입는다. 전자가 받는 영향은 굉장히 뚜렷해 즉각적으로 알 수 있다. 한국화된 일식 문화 속에서 소주에게 밀린다. 숙성회가 활어회에 파묻혀 입지를 굳히지 못하는 것과 같은 맥락이다. 생선회가 메뉴에 오르면 반사적으로 소주를 찾는다.

숙성회를 낸다는 건 한식의 맥락과 다른 음식을 내겠다는 의지다. 심지어 내는 양도 다르다. 한 마리를 썰어 접시를 뒤덮지 않고, 종류별로 한두 점만 낸다. 이런 경우라면 소주를 내지 않을 확률도 높지만, 개의치 않는다. 꿋꿋하게 소주를 시킨다. 없으면 화를 낸다. 셰프가 자신이 준비하는 음식의 격에 맞지 않는다고 내린 판단을 존중하지 못하는 걸까. 어떤 사케라도 소주보다는 좋은 궁합을 제공할 것이나 습관에서 벗어난 선택을 받아들이지 못하는 이가 많다.

한편 와인의 피해는 조금 더 은밀하다. 레스토랑에서의 술, 특히 와인 주문의 부재가 맛 경험은 물론 영업에도 영향을 미친다는 사실을 인정하지 않으려는 경우를 아주 많이 보았다. 물론 전혀 의식조차 하지 못할 가능성도 있다. 대다수의 자발적 음주자에게 소주는 선택의 잠재적 기준점으로 작용할 수 있다. 그 결과 다른 모든 술의 가격 대 성능비를 소주를 기준으로, 그것도 무의식적으로 따져버린다. 심지어 그런 기준을, 경험의 척도와 이익의 구조가 전혀 다른 레스토랑의 맥락에도 적용해버린다.

파인 다이닝 레스토랑의 목표는 총체적인 경험의 조성이다. 따라서 음식을 중심으로 식기, 서비스 등의 부차적인 구성 요소까지 한데 아우르는 입체적 경험의 구조물을 쌓는다. 모든 가치를 재료에 몰아넣는 걸 선호하는, 한우 투뿔 등심이 대표하는 한식 고급 외식과 다르다. 또한 음식값은 순수하게 음식을 만드는 재료와 인력만 갈음하는 경우가 많다. 본격적인 이익은 술을 통해서 내는 게 일반적이다. 이 차이를 이해해야 술값의 차이도 이해할 수 있다.

하지만 그런 경우가 드물다. 최악의 경우 '왜 레스토랑의 이익까지 배려해야 하느냐'고 되묻는다. 맛은 아예 헤아리지도 않은 상황이다. 앞에서 짚어본 것처럼, 서양 음식은 와인이 맛과 질감을 보충하도록 설계된 채로 최소 200년 동안 발달했다. 레스토랑의 이익을 따지기 이전에, 와인을 마시지 않는다면 맛을 손해보는 것이다. 하지만 이런 이야기를 꺼내면 거부감을 표하는 경우를 자주 본다. 물론, 소주와 와인은 가격을 기준으로 정확하게 비교 가능한 대상이 아니다. 또한 세금 탓에 와인의 가격에 기본적으로 거품이 끼어 있는 것도 사실이다. 하지만 합리적인 선택지가 존재하지 않는 것도 아니다. 0과 1만 답은 아닌데, 찾아보지도 않고 그렇다고 간주한다.

이런 문화가 바뀔 수 있을까. 가늠하기 어렵다는 게 솔직한 생각이다. 술은 중독성이 강하다. 습관적으로 마시는 경우다 많다. '술 권하는 사회'의 문제도 분명히 상존한다. 절반은 중독에 기대어 권하고, 절반은 억울함에 기대어 권한다. 당한 자는 억울함에 젖어 아래로, 아래로 술잔을 돌리고 그와 함께 권력관계가 얽혀든다. 소주는 이런 현실을 지속 가능하게 만드는 내연기관의 연료다.

한국 사회는 원활하게 굴러가고 있지 않다. 개인의 부담은 갈수록 커진다. 망각의 수단으로 술이 가장 편하고, 그 가운데서도 소주가 가장 확실하다. 그렇게 마시는 술. 좋지 않아서 마시는 것을 좋아서 마시는 것으로 바꾸는 것이 선결 과제다. 쉬울 수가 없다. 사회에서 개인으로 전가되는 그 결정 구조 다발의 촘촘한 틈바구니를 비집고 들어가 '술로 얻을 수 있는 더 나은 즐거움이 존재한다'고 말해봐야 먹히지 않을 가능성이 높다.

정책? 도매가 100원 인상이 큰 뉴스거리다. 유통 구조 등 여건을 감안하면 음식점에서는 결국 1000원 단위로 올릴 수밖에 없다. 바로 '서민의 생계 위협'과 같은 표현이 튀어나온다. 술은 담배와 또 다르다. 섭취해야 하므로 음식의 영역에 속한다. '백해무익' 카드를 섣불리 쓸 수도 없다. 정책적, 국가적 차원에서 통제하기란 불가능하다. 물론 그런 규제가 필요하다는 말은 더더욱 아니다. 술의 문제는 음주 문화의 문제이며, 두루 따져볼수록 변화를 꾀하기가 쉽지 않다는 것뿐이다.

맥주의 다양성과 그 이면

맥주의 경우가 전체 술 문화를 변화시킬 싹이라고 여길 수도 있다. 맥주의 세계는 다양해졌다. 이제 국맥의 평계는 더 이상 먹히지 않는다. 다양한 수입 맥주가 들어오고 있고, 그에 맞춰 국산 맥주마저 변화를 꾀했다. 1930년대 첫 생산 이후 맥주 제조는 두세 군데 대기업 위주의 독과점 체제로 운영되어 왔다. 여기에 롯데가 가세했고 규제 완화에 힘입어 중소기업도 진출했다. 이젠 거의 통친다는 뉘앙스로 통하고는 있지만, '크래프트 맥주(craft beer)' 문화가 일정 수준 뿌리를 내렸다. 집 앞 편의점에서도 대표 국산 맥주보다 맛이 나은 것을 얼마든지 구할 수 있다.

그래서 상황은 나아진 걸까. 단언하기 어렵다. 일단 그런 맥주의 수입처가 독과점의 장본인인 대기업이다. 산토리는 오비, 기린은 하이트진로가 들여온다. 아사히는 롯데아사히가, 삿포로는 매일유업이 수입한다. 모두 대중적이면서도 국산 맥주보다 맛은 훨씬 좋은, 대표적 대안들이다. 국산 맥주가 싫어서 다른 예를 선택하더라도 어차피 돈은 대기업의 주머니로 들어간다. 병 주고 약도 주는 손에서 헤어나지 못한다.

한편 그보다 더 작은 규모의 수입원의 영역에서는 안목, 또는 큐레이션 능력이 걸린다. 맛을 모르는 상태에서 들여오거나, 대안을 시도하는 흐름 자체가 한 방향이라는 인상을 받는다. '맛없는 국산 맥주=라거'에 대한 원한 때문인지 굵고 진한 에일(ale)류가 주류를 이룬다. 즐기고 선택할 수 있도록 바뀐 현실은 분명 반갑다. 하지만 뭘 마셔도 비슷비슷해지는 지점에 다다랐다. 게다가 엄밀히 따져본다면 현재의 한식과 궁

한식의 품격

합이 썩 좋지 않다. 진하고 뻑뻑한 양념이 재료와 입을 감싸니 이를 씻어 줄 수 있는 가벼운 맥주가 좋다. 맛이 없는 가짜를 진짜라고 우겨서 그렇지, 기본적으로는 라거가 잘 맞는 것이다.

밀 맥주나 필스너(pilsener)도 좋지만 현재 한국에서 역시 에일만큼의 다양성을 누리지는 못한다. 오히려 그 다양성이라는 것이 람빅(lambic, 과일 맥주) 등 공방 수준의 규모에서 생산하는 종류 쪽으로 가지를 친다. 좋다. 하지만 이런 맥주는 도수가 5%를 훌쩍 넘겨 7% 이상으로 넘어간다. 나름의 매력은 확실히 존재하지만, 여느 맥주처럼 시원하게 마실 수는 없다. 도수가 높아져 소위 목 넘김도 떨어진다. 국가 차원의 장르이자 문화인 '치맥'의 절반을 차지하는 술은 못 된다는 말이다. 다른 영역의 술이라고 봐도 무방하다.

비슷비슷함. 그것은 크래프트 맥주의 세계도 피해갈 수 없다. 크래프트 맥주라는 이름이 오남용되는 상황까지 범위를 넓힐 필요도, 이유도 없다. 그 지점까지 이르면 그저 가장 맛없는 국산 맥주 수준만 살짝 벗어나도 그렇게 부를 것이다. 저변이 넓어지는 과정의 필연이라 보아도 무방하다. 하지만 의욕을 가지고 선도적인 역할을 맡는 곳만 놓고 보아도 확실히 공통점이 있다. 시간 축 위에서 진행되는 맛의 경험이 앞부분에 완전히 몰려 있고, 아주 빨리 사그라든다.

그 결과 이르는 지점이 맥주의 종류에 상관없이 굉장히 흡사하다. 출발점은 달라도 같은 지점으로 모인다. 제도의 문제일까. 서로 다른 장르와 이름의 맥주를 내지만 만드는 곳은 몇 군데로 한정되어 있다. 각자의 레시피를 바탕으로 양조장에서 주문자 상표 부착(OEM) 방식으로 빚는 시스템이다. 이런 방식이 궁극적인 문제라고 보지는 않는다. 제도 등의 환경적인 어려움이 바탕을 까는 가운데, 아직 학습 중인 맛의 원리 등이 세부 사항의 표현에 영향을 미치는 것이다. 너무나 뻔한 소리지만, 맥주 한 가지를 이해해서 좋은 맥주를 만들 수 있는 것은 아닐 테니까.

한국 술의 쓴맛과 단맛

이만하면 문화는 충분히 살펴보았다. 맛을 살필 차례다. 하지만 검토 대상은 여전히 소주다. 유감스럽게도 아직 할 이야기가 더 남았다. 문화를 지배할 만큼 영향력 강한 술 아닌가. 질기고 맷집이 강한 술이니 좀 더 버틸 여력이 있을 것이다. 소주의 맛에서 가장 두드러지는 단점으로 대부분 쓴맛을 꼽을 것이다. 조건반사적인 의성어를 끄집어내는 그 맛. 소주의 정체성으로까지 대접받는 그 맛. 분명 좋지 않다.

하지만 쓴맛은 언제나 잠재력을 가지고 있다. 입맛을 돋워주는 잠재력이다. 싸게 만든 술이라 결 자체가 아름다울 수는 없다. 하지만 쓴맛이 어디 가지는 않는다. 비슷한 결을 품은 증류주와 비교 시음해보는 것도 의미 있다. 증류식 소주도 좋고, 마트에서 파는 보드카도 참고 삼을 만하다. 다만 소주와 비슷한 가격대의 상품은 피한다.(술보다 연료의 느낌이 날 가능성이 높다.) 500ml에 30000원 정도라면 충분하다. 소주보다는 확실히 비싸지만 도수가 40도 안팎이다. 시도해보시라. 최소한 한 번은 비교해볼 가치가 있는 경험이다. 많지 않은 추가 부담으로 깨끗한 쓴맛을 맛볼 수 있다. 겨울이라면 과메기 같은 음식과 아주 잘 어울린다.

그렇게 쓴맛의 존재와 결을 비교하면 패턴을 읽을 수 있다. 첫째, 술에 쓴맛은 반드시 존재한다. 둘째, 하지만 문제되지 않으며, 생각만큼 존재를 정확하게 파악하지 못할 수 있다. 못 느낀다는 것이 아니라 정확하게 읽기가 어렵다는 의미다. 항상 단맛과 묶여 등장하기 때문이다. 요는 모두가 생각하는 바와 달리, 맛의 큰 그림, 심지어 음식과의 어울림까지 감안한다면 진짜 문제는 쓴맛이 아니라는 것이다. 쓴맛은 반드시 존재하는데, 그 인상을 결정하는 단맛이 사실은 열쇠를 쥐고 있다. 특히 한국 술의 맛을 논할 때 진짜 관건은 반드시 단맛, 정확하게는 들척지근함이다. 좀 더 넓게 보자면 정확한 논리와 목적이 받쳐주지 않는 단맛의 남발을 의미한다.

단맛이 나쁜가? 그렇지 않다고, 지금까지 살펴보았다. 단맛은 '잘라주는 맛'이다. 당장 즐거움은 주지만 오래가지는 않는다. 금방 물려버린다. 따라서 출현의 시기와 강도를, 음식 전체의 경험 차원에서 관리할 필요가 있다. 이런 단맛이 소위 많은 민속주에 굳게 자리하고 있다. '박혀 있다'는 표현이 적확할 정도로 존재감이 확실하다. 도수도 낮지 않다. 따라서 안타깝게도 신맛과 쓴맛이 적절히 균형 잡힌 와인처럼 식사에 곁들이기가 어렵다.

민속주의 당도와 도수는 사실 어중간한 정도다. 민속주 정도의 단맛이면 디저트 와인 수준이지만 도수는 썩 높지 않다. 디저트 와인은 일반 와인보다 전반적으로 도수가 높다. 주정을 더하거나 재료인 포도를 얼리는 등의 방법을 써 당 함유량을 높이고 오래 발효시키기 때문에 결과물의 도수가 높아질 수밖에 없다. 그래서 진득하고, 꿀, 파인애플, 살구 등으로 대표되는 특유의 향을 낸다. 도수와 질감, 향이 어우러져 식사의 마지막에서 모든 맛의 여운을 한데 그러모아 깔끔하게 정리해준다. 그에 비하면 민속주는 달되 진득함이 떨어진다. 바탕인 술을 발효시킨 뒤 단맛과 부재료의 향을 더한 결과라고밖에 이해할 수 없다.

술과 한국 음식의 짝짓기

술은 무엇인가. 어떤 맥락에 놓여야 술의 존재가 가장 의미 있을까. 모든 음식이 마찬가지겠지만 술을 빚을 때 염두에 두어야 할 질문이다. 술만 덜렁 마시는 경우는 거의 없다. 그렇더라도 더더욱 술의 성격에 대해 고민하고 다듬어야 한다. 외따로 마시는 술이라면 더군다나 단맛이 전면에 부각되어야 할 이유가 없다. 또한 특별한 목적이 있는 것이 아니라면, 술은 음식과 함께 먹어야 더 맛있다. 따라서 음식과의 관계 내에 자리할 때 술의 의미가 가장 효과적으로 발휘된다. 따라서 조합과 가능성을 낱낱이 헤아려야 한다. 맛, 향, 도수 및 부피를 좌표 위에 한꺼번에 올려놓고 섬세하게 조정하고 다듬는 것이다.

술 없이도 기본적으로 한국 음식은 달다. 때로 지나치게 달다. 술로 단맛의 켜를 굳이 덧씌울 이유가 없다. 때로 단 음식과 민속주가 더해지면 양식 코스 끝자락의 맛을 식사 초장에서부터 느낀다. 단맛 위에 단맛을 겹친, 디저트와 짝 맞추는 와인의 조합 같은 맛이다. 여정의 여운을 잘라버리기 위한 의도와 본의 아니게 맞닥뜨리게 된다. 게다가 그 모든 음식은 밥과 함께 먹는다는 전제로 만들어진 반찬이다. 소금 간을 하지 않고 찐 흰쌀이라 밥의 단맛은 단순하다. 따라서 민속주를 기획한다면 가장 먼저, 그것도 의도적으로 배제해야 할 요인이 단맛이다. 그리고 앞에서 언급한 바와 같이 대조 또는 시너지 중 한 갈래를 좇는다. 견제하거나 북돋아주는 것이다.

기획의 논리적 바탕도 중요하다. 대개의 민속주는 이 바탕이 탄탄하지 못하다. 가령 녹차술은 쌀로 만든 술에 녹차를 더한 것이다. 원래 있던 술에 새롭거나 부각하고 싶은 요소를 단순히 더한다. 그 과정에서 두 요소의 묻어남과 어울림을 크게 따져보지 않는다. 하나가 있고 또 다른 하나가 있으니, 둘을 더하기만 하면 원하는 효과와 목적을 이룰 수 있을 것이라고 믿는다. 좋은 결과를 얻기 위한 접근법이 아니다. 요리는, 특히 양조는 화학이다. 물리적인 결합이 아니므로 찾는 맛의 표정에 대해 더 촘촘하게 고민해봐야 한다. 존재하는 재료를 존재하는 술의 프로필에 짜 맞춰서는 의미를 찾을 수 없다.

따라서 술을 만들기 위해선 원하는 술의 맛, 도수는 물론, 좋은 짝이 될 수 있는 음식의 맛 또한 한꺼번에 놓고, 정확한 밑그림부터 그려야 한다. 만들면 어떻게든 짝이 있겠지 안일하게 생각하면 세계 주류의 망망대해에서 표류하다 잊힐 가능성이 너무 높다. 사케와 차별화한다고 'K-Sool' 같은 이름을 붙여 될 일이 아니다. 오히려 비웃음만 살 것이다. 무차별적 경쟁의 시장에서 한국 술은 오히려 후발 주자다. 온갖 수입 술을 논하기 이전에, '국맥'과 소주와의 경쟁부터 맞닥뜨려야 한다. 오히려 수입 주류는 기원이 다르므로 별개 영역의 개체로 취급될 확률이 높다. 달리 말해, 민속주가 들어갈 자리는 국맥이나 소주의 지분 가운데서 찾아야 승산이 높다. 수입 맥주나 와인, 위스키 쪽이 아니다.

막걸리와 바람직한 민속주의 특성

이 모두를 감안할 때 민속주는 어떤 맛의 표정을 좇아야 할까. 음식부터 살펴보자. 한국의 음식은 '범벅'이라는 묘사가 어울릴 만큼 양념이 압도적이다. 매운맛과 단맛 위주인 반면 지방이 부족한 양념이다. 따라서 풍성함은 부족한 가운데 매운맛과 단맛이 찌르듯 파고들어, 날카로운 여운을 길게 남긴다. 그러므로 술의 역할로서는 견제가 이상적이다. 술이 맛의 여운을 자르고 씻어줄 수 있어야 한다. 달지 않고 도수가 낮아 가벼운 것이 좋다. 또한 탁하기보다 맑아야 한다. 그리고 가능하다면 신맛의 여운도 겸비할 수 있으면 좋다. 한식 밥상에서 가장 지배적인 존재인 김치를 비롯, 발효로 얻는 신맛과 맞서기 위해서다.

가장 먼저 떠오르는 술이 있다. 정답이라서가 아니라 정확하게 답을 비껴가기 때문이다. 막걸리 말이다. 도수는 높지 않지만 걸쭉하고 탁하다. 단맛이 꽤 두드러지지만 깨끗하지도 않다. 입병 및 출시 이후에도 계속되는 발효를 막기 위해 사용되는 아스파탐 계열의 감미료 탓이다. 쓴맛과 단맛이 각각 불쾌하면서 비효율적인 지점에 얽혀 있다. 그 탓에 현재의 한식과 최악의 궁합을 보여준다. 본디 깨끗하지 않은 양념의 단맛 위에 한층 더 지저분한 단맛의 켜를 덧씌운다.

한편 막걸리의 걸쭉함은 포만감도 안긴다. 다이어트 전략 가운데 하나가 스무디인 이유는 액체가 걸쭉할수록 포만감을 금방 안겨주기 때문이다. 어떤 측면에서도 음식의 짝으로 적합하지 않다. 한때 국가 차원에서 지원했던 막걸리가 금방 인기를 잃은 데는 이유가 있다. 밤, 유자 등등 부재료를 더해 맛의 다양화를 꾀하는 전략이 등장했지만 크게 의미는 없다. 앞에서 언급했듯 단순한 물리적 결합이다. 술의 정체성을 바꿔주지는 못한다.

차라리 '진짜' 소주를 비롯한 증류주 쪽이 나은 선택이다. 희석식 소주의 '업그레이드'처럼 여기면 유의미한 개선안을 찾을 수 있다. 다만 가격 대 성능비가 떨어지기에 희석식 소주의 대안으로 자리매김할 수 있을지는 의문이다. 한편 녹차술, 또는 복숭아 와인과 같은 지역 특산물 격의 술은 디저트 와인의 자리를 노려볼 만하다. 강한 단맛이라면 오히려 그쪽으로 원활한 쓰임새를 찾을 수 있다. 일단 양식에는 충분히 가능성 있다. 과일 디저트라면 같은 재료로 빚은 술을 짝짓기해 맛은 물론 '스토리텔링'도 꾀할 수 있다.

또한 한식의 맥락에도 충분히 연착륙 가능하다. 수정과나 식혜는 고사하고 매실액이 후식으로 통한다. 사실 매실향 설탕물이다. 그나마도 신경 좀 쓴다는 곳에서나 그렇다. 웬만하면 아예 후식의 개념조차 없이 운영한다.(바로 다음에서 살펴보겠다.) 하여간 매실액이 후식인 식사의 반주는 소주일 가능성이 아주 높다. 그렇다면 마무리로 단맛 강한 술한 잔이 안 어울릴 수 없다. 다만 개선의 여지가 있다. 밀도를 좀 더 확보해야 한다. 명맥만 간신히 유지하는 현실이지만 한식 디저트는 밀도가 높다. 서양의 것처럼 공기를 불어넣지 않고, 곡물 가루를 뭉쳐 만들기 때문이다. 휩쓸려 나가지 않도록 결의 짜임새가 엇비슷한 게 좋다. 따라서 술도 밀도를 좀 더 높여야 한다.

민속주가 공략 가능한 영역

여기까지 헤아려보면, 다시 회의를 품지 않을 수 없다. 정말 민속주의 자리가 존재할까. 춘추전국시대라는 표현도 모자랄 만큼 세계 주류가 난립하는 현실이다. 디저트와 더불어, 음식의 울타리 안에서 가장 서구화가 많이 된 부문이 술이다. 다양성의 실현 정도가 여전히 부족한데도 그렇다. 굳이 민속주까지 고려하지 않더라도, 앞에서 살펴본 조건을 충족하는 술을 얼마든지 찾을 수 있다. 단맛 없고 도수가 낮으며 탁하지 않고 시원한 술이라면 맥주가 있다. 밀 맥주가 섬세하고 한식과 잘 어울리지만 특유의 비여과 방식 때문에 탁하다는 단점이 있다. 그렇다면 가벼운 라거와 필스너도 종류가 다양하다. 심지어 국산 맥주의 형편도 조금 나아졌다. 불쾌하지 않게 먹을 수 있는 것들도 나왔다.

김치 및 발효식품과 맞설 신맛이라면 와인에서 쉽게 찾을 수 있다. 신맛이 강하고 '드라이'한, 즉 달지 않고 탄산으로 적당히 버석거리는 샴페인류의 발포 와인(특히 브뤼(brut), '가공하지 않은'의 뜻을 지닌 프랑스어로 가장 드라이한 맛의 샴페인이나 스파클링 와인 지칭)이 여기 속한다. 김치나 장아찌에도 기가 죽지 않는다. 서양의 소믈리에가 한식-김치군의 최선의 짝으로 꼽는다. 심지어 한국에서도 오미자로 비슷한 콘셉트의 발포주를 만들었다. 포도 껍질을 일정 단계까지 남겨 만드는 로제 와인과 비슷해, 식사의 시작부터 생선 요리까지는 훌륭한 짝을 이룬다.

오미자 발포주는 현존하는 한국 술 가운데 한국 음식과 가장 잘 어울리지만, '민속'주가 아니라는 데 주목할 필요가 있다. 전통, 또는 민속이란 2017년의 우리에게 어떤 의미인가. 맛의 즐거움, 어울림의 기쁨 추구가 목적이라면 해법은 전통이나 민속을 거치지 않고도 얼마든지 찾을 수 있다. 우리가 그런 레테르를 내세워 미리 선택을 제한해야 할 이유가 있을까. 게다가 이 모든 논의는 전통과 민속의 정통성 자체는 따지지도 않은 채 품는 의문이다. 전통주 또는 민속주의 의미를 뒷받침하는 조건은 대체 언제부터 존재했는가. 정말 오랜 역사와 전통의 선상에 실존했던 형태를 가지고 온 것인가, 아니면 그렇다고 믿는 상상적 산물인가. 현재의 한국인에게 단지 전통과 민속의 딱지를 달고 나왔다는 이유만으로 최선이 아님에도 민속주를 선택해야 할 의무가 있을까? 그러한 부담이 음식 문화의 발전에 도움이 될까? 술 한 잔에 이만큼의 고민이 쌓여 있다. 다시 강조하면, 민속주가 들어갈 자리는 원래 국맥이나 소주의 지분 가운데 찾아야 승산이 높다. 민속이나 전통의 이름만으로 비집고 들어갈 수 있는 자리는 아주 좁다.

11. 후식,
사라져가는 것의 현대화 가능성

눈 오던 날의 조청

눈이 내린 덕분에 기억하고 있다. 조청을 달이는 날이었다. 이미 많은 기억이 흐릿하다. 조청도 그렇다. 기원은 전혀 생각나지 않는다. 시작이 무엇이었더라? 왜 하필 그날 조청을 달였지? 아무런 이미지도 남아 있지 않다. 그저 어느 순간 은근한 향이 퍼지기 시작했다. 조청의 하루는 길었다. 괜히 '달이는' 게 아니다. 끓는 듯 끓지 않는 듯, 그런 상태로 솥에서 오래 시간을 들인다. 아주 느리게 거품이 올라와 표면에서 터진다. 장작을 때는 가마솥이 아궁이에 버티고 있던 시절이었다. 그 솥에서 조청을 달였다.

기억하기로 가마솥에서 천천히 끓어가듯이 눈발조차 은근했다. 펑펑 내려 소복소복 쌓이지도, 까칠하게 한 켜 간신히 쌓였다가 뒤늦게 불어온 바람 한 점에 날려 사라지지도 않았다. 그 중간 어디쯤의 굵기로, 잔잔하게 부는 바람에 궤적이 기울어졌다. 눈발의 각도는 가볍게 쥐락펴락하되, 쌓이는 걸 훼방 놓지는 않는 만큼의 바람이었다. 그렇게 눈은

쌓이는 듯 쌓이지 않는 듯 마당이며 장독대에 존재를 알렸다. 희끗희끗한 풍경을 이불처럼 둘러쓰고, 중간중간 조청을 맛보았다. 모락모락 김과 함께 피어오르는 은은한 단맛의 결. 그 은은함이 제법 단호해지면 조청이 완성된다. 갓 뽑아내 뜨끈뜨끈한 가래떡을 찍어 먹었다. 도라지 등을 조려 만든 정과도 맛있었다.

종일을 들여 달여낸 조청이, 할머니가 자아내는 모든 단맛의 뿌리였다. 유과는 은은함의 손길을 직접 입는 대표 과자였다. '산자'라고 불렀다. 튀긴 반죽에 튀밥 옷을 입히는, 곧 과자의 정체성을 결정하는 단계가 조청의 손에 달렸다. 반죽을 조청에 담갔다가 튀밥이 담긴 '다라이'에 휘휘 두른다. 언제나 명절에만, 산자를 만들 때만 소환되는 다라이였다. 다른 용도로는 단 한 번도 쓰인 적이 없던 물건이었다. 심지어 어디에 두는지도 몰랐다. 그렇게 1년에 딱 두 번만 등장했다가 사라지곤 했다.

환영받지 못하는 한식 과자의 은은한 단맛

은은함은 한식 과자 전체를 관통하는 맛의 언어였다. 조청뿐 아니다. 쌀도 있다. 다식(茶食), 이제 기억에 의존해야 하는 과자다. 웬만해서는 먹을 수가 없다. 일부러 찾아야 하는데 품을 웬만큼 팔아도 쉽지 않다. 그런 다식의 여러 표정을 기억한다. 노란 송화 다식은 텁텁함을 뚫고 올라오는 신맛과 쓴맛을 쥐고 있었다. 검은 깨와 잣의, 각기 다른 고소함의 가닥을 비교하는 재미도 훌륭했다. 하지만 어떤 재료가 마무리하든, 배경에는 쌀이 있었다. 쌀이라는 은은함의 백지 위에 올려놓은 각자의 맛.

다식을 입에 넣고 씹기 전에 혀로 표면의 도드라진 문양을 훑으면, 틀에 배어 있던 세월의 흔적도 묻어 나오는 듯한 착각에 빠지곤 했다. 아무도 그 역사에 대해서 말해주지 않은 물건이었다. 기억을 못 하는 것일 수도 있다. 하지만 짙고 반질반질해진 표면이, 단순한 당대의 사물이 아님을 제 몸으로 말해주던 틀이었다.

세월은 또 까마득히 흘렀다. 그 은은함을 놓고 고민한다. 한식 디저트의 정체성이며, 팔자를 논하기 위한 출발점이다. 웬 팔자인가. '팔자'라는 명사는 대개 '기구하다'라는 형용사와 함께 붙어 다닌다. 달리 말해, 대개 그 기구함을 말하기 위해 팔자를 들먹인다. "팔자 좋네."라는 용례마저도 주로 비아냥을 위해 쓰인다. 그래서 팔자다. 한식 디저트의 팔자는 기구하다. 과격한 표현을 쓰자면 씨가 거의 말랐다. 간신히 명맥만 유지하는 상황이다.

일반적인 한식의 설정에서 디저트는 아예 기본적으로 배제되어 있다. 선심 쓰듯 내는 생과일 수준에 그친다. 아니면 통 안에서 말라 비틀어진 싸구려 아이스크림, 설탕물에 팜유와 같은 식물성 경화 유지 프림으로 풍부함을 더한 자동판매기 커피다. 유료 선택 메뉴가 존재하지 않는다. 식문화의 일부로 여기지 않는 것이다. 그 의미 없는 유사 디저트 가운데서도 선호의 논리는 분명 존재한다. 단맛이다. 이제 과일 역시 지나치게 달아진 상황이라고 했다. 아이스크림, 자동판매기 커피도 마찬가지다. 결국 전통 한식 디저트의 매력이어야 할 은은함이 통하지 않는다. 그 자체로 미덕일 수 있다고 믿지만 현실에서는 사랑받지 못한다.

한식의 품격

현재 여건이 허락하지 않는다. 원인은 세 가지다. 첫째, 이 책 전체에 걸쳐 살펴본 단맛의 역전 현상 때문이다. 기본적으로 한식에 스며 있던 단맛이 한결 더 증폭되었다. 짠맛과 신맛, 감칠맛 위주로 맛을 조정하는 양식과 달리, 식사를 마쳐도 가셔내는 역할의 단맛에 대한 욕구가 피어오르지 않을 수 있다. 하지만 매운맛이 국면을 전환한다. 한국의 '맛™' 말이다. 혀에 통증을 남기는 주범 캡사이신은 지용성이라 지방이나 알코올로 씻어줘야 한다. 맵고 짜고, 경우에 따라 심지어 달기까지 한 김치찌개 이후의 선택이 케이크, 커피 변주 음료(베리에이션 커피)인 이유가 있다. 지방의 풍성함 위로 피어오르는 단맛이 매운맛을 깔끔하게 가셔주는 제 역할을 훨씬 더 잘 한다.

엄밀히 따져보자면, 이 또한 최선이라고 보기는 어렵다. 단맛 역전 현상에 휩쓸려 필요한 만큼의 단맛을 내지 못한다. 단맛을 향한 인식마저 역전되어 있는 탓이다. '달지 않은 디저트'가 칭찬처럼 통하는 현실 아닌가. 어쨌거나 한식 디저트의 은은함보다 잘 먹히는 건 엄연한 사실이다. 관건은 단맛의 원천이다. 어슴푸레한 추억에서처럼 한식 디저트의 단맛은 조청이나 꿀 위주다. 은은하면서 때로 향도 딸려 온다. 언제나 좋지는 않으며 때로 잡다하다. 한국에서 본격적으로 설탕을 먹기 시작한 건 1950년대 중반 이후다. 그 이전엔 값이 무척 비쌌다. 1946년의 물가 조사에 의하면 같은 무게 쇠고기에 비해 두 배 비쌌다. 1960년대까지 귀한 선물 축에 속할 정도였다. 따라서 한식 디저트의 문법에 설탕을 개입시키는 방법론이 정착되지 못했다고 봐야 한다. 중립적인 단맛과 재료의 짝짓기가 발전하지 못했다.

한식 디저트의 가볍지 못한 맛과 질감

단맛이 은은함의 전부를 책임지는 것도 아니다. 짝을 이루는 재료 또한 도와주지 않는다. 쌀과 깨, 송화를 언급했다. 모두 은은한 만큼 텁텁하다. 다른 주재료도 비슷하다. 콩, 깨 등 주로 곡물이다. 고소함을 미덕이라 여길 수 있지만, 그만큼 낮고 무겁게 깔리는 맛이라 총체적으로 상큼함과 거리가 멀다. 팥도 여기에서 자유롭지 않다. 단맛의 매개체로는 훌륭한 맛과 질감을 제공하지만, 가볍거나 상큼하지는 않다. 대추, 감, 호박, 밤 등의 과채도 처지는 마찬가지다. 그윽하고 또 경우에 따라 깊을 수는 있지만 한 방향으로만 흘러간다. 쑥처럼 향을 위한 재료는 어떤가. 매력적이지만 역시 무겁다. 요즘 식사의 끝에서는 이미 맛본 음식의 여운에 눌리거나, 호소력이 떨어진다.

한식 디저트에서 향을 빌려 쓸 수 있는 재료는 운명 공동체다. 약용으로 병용되는 재료가 대부분이다. 다시 한 번 말하지만 그 자체로는 좋고 또 아름다울 수 있다. 그러나 이를 적극적으로 쓰고 싶다면 식사 전체의 맛을 재고해야 한다. 불가능한 일은 절대 아니지만, 누가 떠맡을지는 미지수다. 더욱이 한식과 한식 아닌 음식 간의 문제라고만 볼 수도 없다. 식사를 위한 음식은 좋으나 싫으나 여전히 한식이다. 끼니를 위한 음식이기에 밥이 중심이고 반찬이 거드는 최소한의 형식은 고수하지만, 맛은 더 강한 양념 위주로 변했다. 한식 역시도 양식에 밀려 정체된 한식 디저트와 좋든 나쁘든 결이 많이 달라졌다.

두 번째는 질감의 문제다. 밥과 마찬가지로 한식 디저트는 기본 재료가 쌀이다. 밀도에 대한 고민이 따라올 수밖에 없다. 서양의 디저트는 태생적으로 가벼움을 추구한다. 이 또한 주재료인 밀의 물성에서 가지를 친 것이다. 일반 식사든 디저트든, 밀은 가루를 내야 먹을 수 있다. 극복이 필요한 밀의 성질 때문이다. 주식으로 활용하기 위해서는 발효를 거쳐 조직에 공기를 불어넣는 조리법이 자리 잡았다. 빵 말이다. 글루텐이 존재했기에 가능한 일이다. 부풀어 오르는 만큼 조직의 탄성으로 받쳐준다.

디저트의 세계도 마찬가지다. 시간이 많이 걸리는 효모 대신 베이킹소다나 파우더(산, 온도와 반응해 이산화탄소를 발생시켜 조직을 부풀린다.), 머랭(계란 흰자에 거품기 등으로 물리력을 가해 단백질 구조를 바꿔 공기를 불어넣는다.), 크림화한 버터(설탕이 버터 알갱이를 감싸고 강화한다.)로 공기를 불어넣는다. 형식 또는 모양만 빌려온 떡케이크를 높이 사지 않는 이유다. 공기가 전혀 들어 있지 않은 떡을 단순히 켜켜이 겹쳤다. 무겁고 뻑뻑할 수밖에 없다. 케이크처럼 켜 사이에 부드러움을 더해주는, 크림 같은 켜도 쓰지 않는다. 모양이 바뀐 떡 덩어리일 뿐이다. 본질을 이해하지 않고 서양의 문법을 차용한 나쁜 예다. 떡의 미래가 절대 아니다.

쌀은 밀과 다르다. 글루텐이 없다. 정확하게는 글루텐을 이루는 단백질인 글루테닌과 글리아딘이 존재하지 않는다. 그래서 가루에 물을 섞어 반죽해도 탄성이 생기지 않는다. 송편을 떠올려보자. 반죽을 당기면 저항하지 않고 바로 쪼개진다. 퍽퍽하다. 쌀 소비 진작을 위해 개발하는 쌀빵이 실패하는 이유이기도 하다. 떡도 아니고 빵도 아닌, 때때로 불쾌한 질감의 덩어리가 탄생한다. 글루텐 민감성 유전 질환인 셀리악 환자를 위한 대체 재료로도 새삼 주목받고는 있지만, 곧 즐거움을 위한 식재료는 아니라는 의미이기도 하다. 적어도 디저트의 영역에서는 그렇다.

한식 과자류는 보통 쌀을 가루 내어 조청이나 꿀 등의 점성 강한 액체로 뭉친다. 따라서 알곡이 다닥다닥 붙은 밥보다도 훨씬 더 치밀해진다. 또한 조청과 꿀이 적극적으로 개입하여 끈적해지면 입에 달라붙기도 쉽다. 저작, 즉 씹기는 힘이 드는 행위다. 단지 생존을 위하든 즐거움을 좇든 본식사에는 힘이 들어간다. 게다가 한식은 쫄깃함이나 씹는 맛을 고집한다. 갈비나 산낙지를 생각해보라. 식사의 끝 무렵엔 지칠 수밖에 없다. 디저트는 이를 덜어줄 수 있어야 한다. 그러나 끈적거림은 오히려 그 수고를 가중한다.

떡을 향한 고민

바로 그 지점에 떡을 놓고 고민한다. 물론 한층 더 깊은 고민이다. 일단 그 본질부터 헷갈린다. 주식의 대용인가 아니면 디저트인가. 물론 융통성을 발휘해 둘 다라고 규정할 수도 있다. 절편처럼 달지 않다면 전자, 개피떡 같은 종류는 후자에 속한다. 그러므로 원한다면 떡의 세계에 다양함이 깃들어 있다고 해석할 수도 있다. 물론 동의하지는 않는다. 떡의 밀도와 질감에 대한 고민을 떨칠 수 없기 때문이다. 떡은 밥보다 한결 더 질기고 끈적거린다. 쫄깃하다고? 원한다면 그렇게 여겨도 좋다. 어쨌든 많이 씹어야 한다는 사실은 달라지지 않는다. 힘을 덜 들여 먹고자 쌀에 공기를 불어넣으려는 시도는 성공하기 어렵다. 거의 유일하다 할 수 있는 증편을 떠올려보자. 떡 가운데에서는 그래도 폭신거린다. 그러나 빵과 비교하면, 증편의 폭신함은 여전히 미약하다. 쌀이 바탕인 다른 디저트 또한 대부분 뻑뻑하다.

떡과 빵을 군이 비교할 필요가 있는 걸까. 당장 물리적으로만 따져보아도, 인간이 먹을 수 있는 음식의 양은 한정되어 있다. 많아야 하루 세 끼. 그런 조건에서 최선을 택해야 한다. 떡은 떡대로, 빵은 빵대로 경쟁하는 시대가 아니다. 모두를 한 상 위에 올려놓고 가치를 견주어볼 수밖에 없다. 단순히 '우리의 것'이기 때문에 떡과 다른 한식 디저트에 손이 가지 않는다. 현실이 이미 그러하다. 따라서 한식 디저트의 팔자가 기구한 세 번째 이유는, 양식 디저트와 경쟁해야 하는 현실 그 자체다. 우리는 케이크, 쿠키, 아이스크림 등 모든 서양 디저트의 언어와 문법에 익숙하다. 빵이나 과자, 아이스크림 등은 모두 현대화의 산물로 생산되어 왔고, 대량생산부터 소규모 공방 제품까지 다양한 질과 완성도로 존재한다. 이제 서양 디저트들의 소속과 정체성을 아무도 의식하지 않은 채로 자연스레 택하고 또먹는다.

재료의 재발견

한식의 현대화에 적극적으로 앞장서는 셰프들도 같은 문제를 놓고 고민한다. 현존하는 소위 전통의 언어를 그대로 따르자니, 손님들이 즐기지 않는 것이다. 요컨대 디저트로는 '가볍고 부드러운 음식'을 선호하는 경향이 아주 뚜렷하다. 서양식에 익숙하다는 방증이며, 단지 형식뿐만 아니라 앞에서 언급한 서양 디저트의 '힘 빼기'의 문법도 받아들인다는 의미다. 그런 선호도에 맞추다 보니 일반 음식은 한식의 문법을 적극 차용하더라도 디저트만은 반대 방향을 택한다. 검증된 서양 문법을 적극 차용해, 재료의 특성이나 맛의 개념을 바탕으로 재료를 치환하는 것이다. 실패 확률은 낮고 성공 가능성은 높다. 실제로 뜯어보면 생각보다 서양과 한국 사이의 경계선이 흐리다는 것을 알 수 있다. 때로 접목 가능한 지점도 뚜렷하게 확인할 수 있다.

여러 예를 들 수 있다. 일단 유자가 있다. 가장 활용도가 큰 재료다. 전남 고흥과 주변 지역이 산지다. 국산이면서도 서양식 디저트에 쓸 수 있다. 국산 감귤류는 거의 100% 생식용이다. 생식용으로 개량되어 단맛이 강한 대신 신맛이 적고 향도 약하다. 디저트에 잘 어울리지 않는다. 현대적인 한식에서 종종 등장하지만 성공적인 시도를 만나보진 못했다. 유자는 다르다. 즙과 과육은 적지만 특유의 향은 상큼하다. 가장 바깥쪽 껍질은 갈아 풍성한 향을 끌어낼 수 있다.

아니면 유자 전체를 설탕에 졸이거나 절인 시럽, 또는 청을 그대로 소스로 쓰고, 크림에 섞어 단맛과 향을 보태기도 한다. 서양의 디저트 문법을 따르면 거의 어디에나 자연스레 더할 수 있다. 모든 케이크나 빙과, 즉 아이스크림이나 소르베(sorbet)의 주재료로 쓸 수 있다. 이제 완전히 대중화된 마카롱(macaron)은 유자가 제 몫을 단단히 하는 대표적 양식 디저트다. 유자의 껍질을 갈아 끌어낸 풍성한 향을 마카롱의 껍질 바깥

한식의 품격

부분(아몬드 가루와 머랭의 조합)이나 가운데의 소(filling, 주로 초콜릿에 크림을 더한 가나슈나 버터 크림)에 더한다. 설탕에 절이거나 졸여 만든 청도 쓰임새가 비슷하다.

그러나 이런 사례를 마냥 반기기엔 그 내막이 예상과 사뭇 다르다. 사실 한국은 별로 한 일이 없다. 유자의 서양 디저트 편입은 일본의 적극적인 개입, 또는 선점 덕분이니까. 이미 널리 활용되는 조합이고, 일본을 통해 서양에 대중화된 지 오래다. '우마미'가 그러하듯 일본식 표기인 '유즈(yuzu)'로 널리 통한다. 일본이 프랑스의 문법을 받아들인 뒤 자신들의 재료를 접목해 프랑스로 역수출했다. 유럽, 특히 프랑스와 일본의 전형적인 공생 관계다. 유럽을 넘어 미국으로도 유입되었다. 그리하여 한국의 레스토랑에서도 구현되고 있지만, 엄밀히 따지자면 한국만의 카드라고 말하기 어렵다.

한국의 것이라 믿는 많은 디저트 문법이나 재료가 그렇다. 대표적인 경우가 양갱이다. 한천(寒天), 즉 우뭇가사리를 뜨거운 물에 녹여 굳힌다. 그 과정에서 팥, 호박 등의 곤죽을 매개체 삼아 설탕으로 단맛을 더한다. 대량생산 제품이 1945년부터 나왔을 정도로 친숙하지만, 일본과 비교하면 안타깝게도 많은 음식 문화의 곁가지가 그러하듯, 한국 양갱 제품은 굉장히 빈약하다. 재료도 한정되어 있거니와 아름다움은 아예 추구하지도 못한다.

디저트는 끼니를 위한 식재료인 단백질과 달리, 덩어리와 형태를 자유롭게 빚을 수 있다. 양갱은 걸쭉한 액체를 틀에 부어 만든다. 따라서 조형은 물론, 투명도나 색상의 점진적 변화(gradiation) 등도 추구할 수 있다. 현대화 및 고급화를 시도할 수 있는 여지가 아직 많이 남아 있는 것이다. 그러나 한국 땅에서는 시도조차 매우 드물다. 극히 드문 소규모 생산자도 여전히 '전통' 재료인 팥이나 단호박 등에 복(福) 자가 찍힌 양갱을 만드는 수준이다. 1945년 만들기 시작하여 국내 최장수 과자라는 양갱의 시초도, 일본인이 버리고 간 설비에서 출발했다. 60년이 넘었지만 여전히 그때 수준에 머물러 있다. 예술은커녕 독자적인 양식이나 문법으로도 자리 잡지 못했다.

녹차는 어떤가. 한식 재료라는 믿음을 줄 수 있을까? 제주도에서 분명 생산되지만 디저트에 쓸 수 있는 말차(抹茶, 잎차를 가루 낸 것)는 찾아보기 어렵다. 한편 수입품의 관세는 432.5%다. 하겐다즈처럼 순수 서양 생산 디저트에도 녹차 아이스크림이 등장한 지 오래지만, 제주산 녹차를 적극적으로 쓴 디저트는 찾아보기 어렵다.

레몬 같은 재료도 있다. 지금껏 살펴본 모든 한식의 문법보다, 디저트가 더 새로운 가능성의 리트머스지일 수 있다. 앞서 제주도 레몬을 살펴보며 한국 음식에 필요한 신맛을 좀 더 부드럽게 가다듬어줄 재료라고 했다. 디저트에도 쓸모 있다. 쓸모 정도가 아니라, 대표적인 역할을 할 수 있다. 상큼함을 가장 쉽고도 명확하게 불어넣을 수 있는 재료다. 그래서 두루 쓰인다. 유자와는 또 다르다. 관건은 사람들이 레몬을 어떻게 받아들이느냐 하는 것이다. 짠맛 위주의 음식이라면 거리낌을 품을 수도 있다. 가령 무침에 독한 식초 대신 레몬즙을 쓰라고 권해봐야, 부드럽고 상큼해도 받아들이지 않을 확률이 높다. 아직까지도 레몬은 외국 식재료라는 인식이 지배적인 탓이다.

하지만 디저트라면 이야기가 다르다. 이미 대중적인 서양식의 디저트에서 레몬은 기본 가운데 기본인 재료다. 익숙하지 않을 수 없다. 꿀과는 원래 죽이 잘 맞고, 소금과도 잘 어울린다. 다식의 문법에 잘 묻어나면서 새로운 맛을 낼 잠재력이 있다. 게다가 제주도에서도 생산된다. 미국이나 칠레산보다 두 배 가량 비싸지만, 명맥을 잇는 한식 디저트는 어차피 싸지 않다. 그렇기 때문에 레몬의 정체성의 얼개 및 구조에 손상을 입히지 않고, 엄연한 국산 재료로 편입시킬 수 있으리라 생각한다.

과연 실무자들은 어떻게 생각할까. 국내 생산 재료라면 반(半) 자동적으로 높아지는 가격대에 묻어가면서 새로운 맛을 제안하는 요소로 쓸 수 있지 않을까? 국산이라는 점으로 재료는 물론, 만든 음식에 대한 호감도를 높이는 동시에 새로운 맛 또한 제안하는 것이다. 이를 위해서는 습관적인 맛내기를 잠시 멈추고, 각각의 의미를 따져보아야 한다. 우리는 원하는 맛을 찾고 또 먹고 있는 것일까. 아니면 습관의 산물에 끌려다니면서 정당화를 위해 전통을 겉치레로, 입에 발린 말로 써먹고 있는 것일까.

한식 디저트의 근본적인 정체성 고민

다시 디저트로 돌아와보자. 재료와 정체성의 관계를 어느 만큼 중요하게 여길 것인가. 한식 디저트를 향한 고민의 핵심이다. 조청과 꿀을 설탕으로, 쌀가루를 밀가루로 대체할 수 있을까? 가능하다면 그 디저트는 한식의 영역에 여전히 속할 수 있을까? 밀가루를 썼지만 한식 재료를 적극 차용한다면 어떨까? 과연 어떠한 방법론이 한식 디저트로서의 정체성을 지켜주면서 명맥 유지 이상으로 존재할 수 있을까? 혹은 반대한다면 어떻게 반대할 것인가?

보전 혹은 보존은 중요하지만, 이것은 음식이다. 먹지 않는다면 의미도 없다. 따라서 단지 '우리 음식'이라는 낡은 당위 이상의 '논리'가 뒷받침되어야 한다. 맛이 식사 전체의 맥락과 잘 묻어나도 100% 선택 가능한 음식이 디저트다. 그래서 영역이 뚜렷하게 분리되어가고, 레스토랑 한 지붕 아래 정찬을 구성하는 다양한 종류의 음식이 공존하는 서양의 식문화에서도 디저트의 죽음에 대한 이야기가 나오고 있다. 한식은 그런 상황조차 아니다. 한식 자체의 디저트 문화는 식사에서 거의 완전히 분리 및 유리되었다. 게다가 이미 대중화된 서양 디저트와도 경쟁해야 하는 처지다. 그렇기에 더더욱 구체적인 개념의 이해와 방법론이 뒷받침하는 정당화가 절실히 필요하다. 보전과 보존이 능사인 시대는 이미 오래전에 지났다.

그럼 양방향으로 한 가지씩의 예를 생각해보자. 먼저 한식 디저트에 양식의 재료를 적용하는 경우로 약과를 들 수 있다. 밀도에 변화를 주기는 어렵지만, 시럽에 담가 충분히 부드럽게 만들 수 있다. 이때 레몬 등의 시트러스 즙을 섞어 신맛을 적극적으로 불어넣으면 약과의 단맛과 균형이 잘 맞는다. 이미 일본에서 너무 잘 써먹고 있지만 유자도 있다. 또한 약과 반죽에 스파이스 등을 더해 향을 더하는 것도 얼마든지 가능하다. 튀긴 음식은 지용성의 스파이스가 제 향을 내기에 좋은 여건이기 때

한식의 품격

문이다.

한편 양식 디저트에 한식의 재료를 적용한다면 모과나 오미자 같은 재료를 생각할 수 있다. 향을 우려내거나 즙을 쓴다면 젤리부터 아이스크림까지 웬만한 서양식 디저트에는 무리 없이 적용할 수 있다. 쑥 같은 한국식 향신채는 어떻게 쓸 수 있을까. 디저트에는 기본적으로 어울리지 않는다고 생각하지만, 그래도 쓰고자 한다면 동결건조 등을 통해 가루를 내어 쓰는 편이 삶아 으깨는 것보다 낫다. 생가루일 때 각종 기본 재료에 잘 어울리기도 하지만, 수분 제거로 향이 강화되는 등 정체성이 한층 더 살아날 수 있기 때문이다.

에필로그
한식 발전을 위한 제안 20선

영어권 인터넷 용어 중에 'tl;dr'이라는 표현이 있다. 'Too long; didn't read'의 첫 자만 딴 약어다. 말 그대로 '길어서 안 읽었다'는 뜻으로 온라인 시대의 분량 제한 없는 글쓰기 세태를 반영한다. '네 글 너무 길어서 안 읽었다'는 의사를 주로 덧글로 표현하거나, 아니면 필자가 글 처음이나 끝에 요약본을 제시할 때도 쓰인다. '길어서 안 읽었다면 이것만이라도 보아달라'는 몸짓이다. 비록 종이책이지만 500쪽은 족히 넘는 『한식의 품격』의 마지막에 어쩐지 비슷한 분위기의 요약을 제시하고 싶었다. 본문의 내용을 최대한 압축 요약한 '한식 발전을 위한 제안 20선'이다.

　1. 전통과 습관을 분리할 필요가 있다. 전통은 고정된 개념이나 상태가 아니다. 필요하면 바꿀 수 있어야 한다. 현재 한식에서 전통이라 믿고 통하는 개념, 조리법 등은 습관의 산물이다. 개선의 여지가 많은데도 방치되거나, 심지어 계승해야 할 미덕으로 미화되기도 한다. 한식이 한국인에게 정녕 소중하다면 객관적이며 비판적인 시각으로 들여다볼 수 있어야 한다. 그래야 변화를 꾀할 수 있다. 특히 늘어가는 1인 가구("큐브 세대" 포함)와 부엌에서 출발하는 성평등을 위해, 개인 식사가 본질적으

로 어렵고 여전히 여성에게 과중한 부담을 지우는 '밥과 많은 반찬'의 기본 형태는 재고가 필요하다.

2. 재고를 위한 방법론. 과학과 논리를 바탕으로 삼는 요리 이론을 통해 한식의 문법을 재고해야 한다. 안타깝게도 그런 요리 이론은 한식 내부에 존재하지 않는다. 한식은 의미 있는 방법론을 도출해내지 못하고 일종의 순환 논리에서 헤어나지 못하고 있다. '한식=우리 음식=좋은 것'이라는 논리다. 감정적인 가치에 지나치게 함몰되어 있다. 여기에서 벗어나려면 이미 검증된 요리 이론을 차용해 쓸 필요가 있다. 바로 서양의 요리 이론이다. '왜 한식을 위해 외국 음식 이론을 차용하는가.'라는 회의를 품을 수 있지만 단순한 도구이지 정체성을 변화시키는 매개체가 아니다. 게다가 현재 '식'의 일부를 빼놓은 의식주 대부분이 서양화되었음을 감안한다면 서양의 요리 이론을 차용하는 것이 문제라고 볼 수 없다. 전통이라 믿는 형식을 완성, 즉 조리하는 수단조차 서양식이다. 얽매일 필요가 없다.

3. 지금 당장 도입이 시급한 새로운 방법론이라면 조리 도구 가운데 오븐이다. 부분에 열을 가하는 화로에 비해 공간 전체를 데우므로 훨씬 효율적이고, 특히 오래 끓이는 한식의 국이나 조림, 찜 등에 적합하다. 게다가 높은 효율과 더불어 불을 계속 지켜보지 않아도 되니 조리 자원이 일정 수준 부엌과 불에 덜 얽매일 수도 있다. 오븐 자체는 이미 일정 수준 사용되고 있으므로, 이를 활용한 한식 조리법의 형성 및 확립에 더 적극적으로 나서야 한다.

4. 라면은 한국 최초의 현대화 및 대량생산 식품으로서 가치를 지니

고, 또한 가장 전형적인 한국의 맛을 전형적인 형태에 담고 있다(쇠고기 바탕의 매운맛 위주 국물 음식). 하지만 현재의 맥락에서는 다양성을 향한 짐이다. 일종의 구난 음식으로 출발해 퍼진 탓에, 일본의 라멘처럼 지역이나 개인의 변화 혹은 다양성을 향한 의지를 담아내는 문법이 되는 길은 막혔다. 또한 멈추지 않는 식생활의 다양화 속에서 끼니로서의 입지는 잃어버리는 반면 간식으로서 입지는 그만큼 확보하지 못하고 있다. 궁극적으로 독과점인 산업에서 서로를 베끼는 형국도 다양성에 부정적인 영향을 미치며, 이는 다시 라면의 입지를 약화시킨다.

5. 분단 국가의 현실을 반영한 족보, 메밀이라는 다루기 어려운 재료, 다분히 형용모순적인 맑은 고기 국물 덕에 평양냉면은 한식에서도 복제와 전파가 쉽지 않은 독특한 입지를 확보하고 있다. 그만큼 고급화 및 현대화, 더 나아가 세계화의 가능성도 크지만 국물부터 면, 계란 같은 고명에 이르기까지 2에서 언급한 현대적 방법론으로 개선을 시도할 필요가 있다. 다만 높은 진입 장벽 덕에 느슨한 의미에서의 '노포' 카르텔이 형성되어 있어 개선보다는 답습을 고수할 가능성이 높다.

6. 기본 다섯 가지 맛(짠맛, 단맛, 신맛, 쓴맛, 감칠맛)의 다섯 요소와 그 원리를 활용한 맛내기가 한국 식문화에 아직도 체계적으로 자리 잡지 못했다. 맛내기에도 논리와 전략이 필요하다. 원하는 맛을 설정해놓고, 결부되는 각 요소의 원리나 역할, 또한 상호 관계를 이해해 적용해야 한다는 의미다. 한국의 양념장은 고려 없이 일단 섞기부터 시작한다는 점에서 맛의 논리와 전략 개발에 방해되는 요리 문법이다. 재료를 양념에 묻어버린다.

한식의 품격

7. 그렇게 양념장으로 한꺼번에 맛을 들이려 할 때, 가장 피해를 보는 요소는 짠맛이다. 소금 간은 재료에 별도로 들여야 한다. 한식에서는 그 어떤 식재료 또는 조미료보다 기본인 소금 잘 쓰는 법을 등한시한다. 그래서 언제나 재료의 맛을 최대한 부각하는 데 실패한다. 또한 소금은 알갱이 형태에 따라 단순한 간 맞추기 외에 질감의 변화를 불어넣을 수도 있다. 한식은 지루한 천일염 대 자염 논쟁에서 벗어나 소금 자체를 제대로 쓰는 법으로 주의를 돌려야 한다.

8. 한식에서 단맛의 입지는 역전되었다. 짜야 할 끼니 음식이 달고, 달아야 할 음식인 디저트가 달지 않다. 둘의 관계가 바뀌면 식사 경험은 한층 더 즐거울 수 있다. 짠맛은 맛의 여운을 늘이고 단맛은 끊어주기 때문이다. 또한 단맛을 지나치게 강조함으로써 과일 맛의 균형이 전체적으로 무너졌다. 맛 경험의 시간 축에서 가장 초반에 설탕도 아닌, 스테비아 같은 대체 감미료류의 뭉근한 단맛이 강하게 치고 올라온 다음 흩어진다. 신맛 등이 전혀 남지 않는다. 당도 측정 단위인 브릭스로 과일에 가치를 매기는 잘못된 제도 때문이다. 마지막으로 모두의 우려와 달리, 백설탕만이 중립적인 단맛으로 가장 널리 또한 편하게 쓸 수 있는 감미료다. 흑설탕은 모두의 바람과 달리 당밀의 미네랄에 큰 영양 가치가 없으며, 맛은 음식의 균형을 해칠 수도 있다. 설탕 외의 대체 감미료는 굳이 언급할 가치도 없다.

9. 신맛은 분위기를 전환해주는 맛이다. 밝혀주거나 잘라준다. 한식의 신맛에게 가장 큰 과제는 다양성 확보다. 싸구려 양조 식초 위주의, 타는 듯 독한 신맛 일색에서 벗어나야 한다. 서양의 다양한 식초의

가능성은 차치하고서라도, 제주도에서도 생산되는 레몬즙만 잘 써도 한식의 표정은 훨씬 더 화사해질 수 있다. 초고추장은 물론, 해파리 냉채 같은 음식에도 변화의 가능성이 있다.

10. 쓴맛은 입맛을 돋워주는 맛인데, 다만 조금씩 써야 제 역할을 하므로 가장 어려운 맛이라고 해도 지나치지 않다. 한식의 큰 비율을 이루는 쌈이나 나물류의 채소는 좋은 쓴맛의 보고다. 바로 앞에서 언급한 신맛, 그리고 단맛과의 적절한 조화가 쓴맛, 그리고 전체 맛 경험의 격을 높일 수 있다.

11. 감칠맛에 대해서는 발상의 전환이 필요하다. 그래 봐야 감칠맛의 근원으로 돌아가려는 시도다. 감칠맛은 맛의 경험을 위해 꼭 필요한데, 다수의 우려와 달리 화학(정확하게는 발효)조미료가 가장 효율적인 원천이며 수단이다. 한식은 화학조미료의 존재와 부재 사이에서 고민을 멈추고 가능성, 즉 잘 쓰는 법에 대해 더 생각해봐야 한다. 잘 쓰는 법이 화학조미료에서는 결국 적게 쓰는 법이다.

12. 매운맛은 맛이 아니고 통각이다. 고통이다. 더 이상의 설명이 필요하지 않다.

13. 그래도 매운맛을 한식의 핵심이라 여긴다면, 지방에게 좀 더 여유를 주어야 한다. 매운맛을 비롯, 한식을 이루는 양념의 맛이 지방을 바탕으로 한층 더 피어날 수 있기 때문이다.

14. 발효된 단백질의 구수함은 된장의 미덕임과 동시에 치즈의 미덕이기도 하다. 발효식품은 한식만의 장점이 아니다. 세계 어느 문화권에나 존재한다. 그 사실을 인정하고 이해해야 식문화가 다양해질 수 있으

며, 한식을 더 세계에 잘 알릴 수 있다.

15. 시원함을 가장한 뜨거움이나 쫄깃함, 담백함, 슴슴함 등은 한식에서 미덕으로 대접받고 있지만 실상 조리의 결함을 드러내는 상태다. 온도 조절이나 조리 자체, 지방이나 소금 간의 부재나 결핍을 의미한다.

16. 직화구이와 활어회는 양극단의 음식이지만 그렇기 때문에 서로 통한다. 전자는 너무 익혔고 후자는 너무 안 익혔다. 둘 다 재료가 가장 맛있어지는 중간 지점 찾기에 실패한 한식의 핵심 예다.

17. 탄수화물의 시대는 저물고 있다. 그 가운데 한국 식문화는 밥의 집착에서 벗어나 빵을 적극적으로 편입하는 등, 좀 더 현대 및 개인적 식생활에 맞는 탄수화물의 다양화를 꾀해야 한다. 밥을 향한 시선이 모순적으로 적용되어 빵의 발전을 저해하고 있다. 발효로 맛을 내는 빵의 발전이 더디다는 말이다.

18. 반찬의 가짓수는 줄어들어야 한다. 대신 맛의 목표를 정확히 잡아 식탁에 올릴 수 있어야 한다. 이것저것 깔아놓고 우연의 조합을 노리는 시대는 끝나야 한다는 말이다. 이를 위해 식당에선 주문식단제가 필요하다. 특히 한식 '손맛'의 대명사인 김치는 노동력이 많이 투입되고 발효로 맛을 확립하는 어려운 식품이므로 유료화되어야 마땅하다.

19. 한식의 볶음과 전은 모두 열원 및 기름의 적절한 사용에 실패한 조리다. 전자는 온도를 더 높여야 하며, 후자는 아예 튀김으로 대체하는 편이 맛과 효율 면에서 훨씬 낫다.

20. 한식의 핵심이 국물 음식이라 하지만, 국물을 낸 부산물로서 고기를 반드시 먹어야 한다는 강박관념에 시달린다면 미래는 없다. 국

물을 내는 고기와 먹기 위한 고기는 분리되어야 하며, 또한 국물 자체의 용도나 목적(완만한 조리를 통한 재료의 분해와 맛 불어넣기) 등을 좀 더 정확히 이해해 내실을 불어넣어야 한다. 맑다 못해 멀건 상태가 국물의 미덕이 아니다.

감사의 말

2년. 순수 집필 시간 550시간 동안 원고지 1800장을 썼다. 짧은 글쓰기 경력에 최대 및 최고(最苦) 작업이었다. 감사해야 할 사람이 많다. 그래서 별도의 지면을 통해, 네 가지 범주로 나누어 감사를 전한다.

첫 번째는 바로 독자다. 『외식의 품격』 이후 3년 넘게 나오지 않는 후속작을 기다려주었다. 그사이 홈페이지(www.bluexmas.com)에 꾸준히 성원을 보내주었고 구독료 개념의 후원에도 참여해주었다. 그들에게 언제나 진심으로 감사한다.

두 번째는 창조자다. 아름다움을 자아내는 이들이다. 그들이 자아내는 아름다움 덕분에 글쓰기의 지난함과 고통을 견딜 수 있었다. 나에게 그만큼의 아름다움을 자아낼 능력이 없어도, 그 아름다움은 이상의 세계를 설정하고 글쓰기를 통해 도전하는 데 끝없는 자극을 주었다. 『한식의 품격』을 쓰는 동안 그들은 클래식 음악가, 피아니스트였다. 고통의 시간 속에서 공기를 채워주었던 연주자와 음반은 다음과 같다.

— 머리 페라이어(Murray Perahia), 「골드베르크 변주곡」, 「파르티타」, 「영국 모음곡」, 「프랑스 모음곡」(이상 전부 바흐)

— 알프레드 브렌델(Alfred Brendel), 2008년 고별 공연을 담은 「알프레드 브렌델의 마지막 콘서트」(특히 피아노 소나타 D.960), 「악흥의 순간」(D.780, 이상 슈베르트)

— 마우리치오 폴리니(Maurizio Pollini), 「베토벤 피아노 소나타 전곡」

세 번째는 조언자 및 조력자다. 일단 『외식의 품격』 편집자였던 박여영 씨에게 감사한다. 비전과 동기를 주었음은 물론, 큰 그림도 그릴 수 있게 도와주었다. 버거운 과업임을 알았기에 차후에 도전하려던 『한식의 품격』을 조금이라도 추진력이 있을 때 써야 한다고 독려해준 이도 그였다. 초고를 읽고 조언을 해준 것은 물론, 이 책을 끝마치는 순간까지 닥쳤던 고비마다 귀찮은 내색 없이 많은 충고를 해주었다. 그는 나의 멘토다. 또한 초고를 읽고 조언해준 이일환 선배와 문자 그대로 '낙동강 오리알 신세'에 처한 원고를 거둬 좋은 책을 만들어준 반비에게도 감사한다.

네 번째로는 소위 '대체 자아'다. 그들의 도움은 언제나 컸지만 맨 정신을 지키기란 쉬운 일이 아니었다. 아담 젠슨과 엘리, 루시우에게 감사한다.

참고 문헌 및 작업 환경

1. 참고 문헌

참고 문헌을 소개한다. 먼저 음식과 요리 관련 서적이다. 전작『외식의 품격』을 비롯, 모든 저술 작업에 공통적으로 참고하는 책부터 정리했다. 다음 책에 대한 세부 사항이 궁금한 독자라면 전작의 '참고문헌 목록(317~323쪽)'을 보실 것을 권한다. 국내에 번역 출간된 책은 한국어 제목과 원제를 병기했다.

해롤드 맥기(Harold McGee),『음식과 요리(On Food and Cooking)』

네이선 미어볼드(Nathan Myhrvold) 외,『Modernist Cuisine』,『Modernist Cuisine at Home』

아키 카모자와(Aki Kamozawa)와 알렉산더 텔벗(H. Alexander Talbot),『Ideas in Food』,『Maximum Flavor』

아메리카 테스트 키친(America's Test Kitchen),『Cook's Illustrated Cookbook』,『The Science of Good Cooking』,『Baking Illustrated』

마이클 룰먼(Michael Ruhlman),『The Elements of Cooking』,『Ruhlm

an's Twenty』, 『Charcuterie』, 『Salumi』

퍼거스 헨더슨(Fergus Henderson), 『The Whole Beast』

라이언 파(Ryan Farr), 『Whole Beast Butchery』

캐런 페이지(Karen Page)와 앤드루 도넨버그(Andrew Dornenberg), 『The Flavor Bible』, 『What to Drink with What You Eat』, 『The Food Lover's Guide to Wine』

다이앤 제이콥(Dianne Jacob), 『Will Write for Food』

피터 라인하트(Peter Reinhart), 『The Bread Baker's Apprentice』, 『Peter Reinhart's Whole Grain Breads』, 『Peter Reinhart's Artisan Breads Every Day』, 『Bread Revolution』

에드와 진 우드(Ed & Jean Wood), 『Classic Sourdough』

제프리 스타인가튼(Jeffrey Steingarten), 『모든 것을 먹어본 남자(The Man Who Ate Everything)』, 『It Must've Been Something I Ate』

애덤 고프닉(Adam Gopnik), 『식탁의 기쁨(The Table Comes First)』

다음은 『한식의 품격』 집필 과정에서 새로 추가된 참고 서적이다. 가장 먼저 소개할 책은 켄지 로페스얼트(J. Kenji López-Alt)의 『The Food Lab: Better Home Cooking Through Science』다. 웹사이트 시리어스이츠(www.seriouseats.com)의 동명 연재 기사를 모은 책으로, 공학도(그는 MIT에서 건축을 전공했다.)의 실험 정신과 요리에 대한 이해가 만나는 지점에서 최선의 가정 조리용 레시피를 선보인다. 한마디로 초심자라도 읽고 따라 하면 실패할 확률이 거의 없는 세심한 레시피다. 원리의 자세한 설명은 덤이다. 가정식과 음식점 요리의 영역이 의도적으로 뒤죽박죽인 한국에서 먹고, 사는 모두에게 이 책을 권한다.

일단 이 책은 가정식으로 위장한 식당 음식에게 '가정식'이란 범주를 핑계로 사용할 수 없음을 증명해줄 것이다. 달리 말해, 가정식의 딱지는 허술한 음식을 위한 변명거리일 수 없다. 가장 흔한 오믈렛 하나를 만드는 방법에도 언제나 개선의 여지가 남아 있다. 한편 가정식과 음식점 요리가 서로 다른 은하계에 존재하는 양 둘의 영역을 일부러 분리하려드는 조리업계 종사자들에게도 이 책을 권한다. 가정식과 음식점 요리는 각각 다른 여건에서 만들어진다. 따라서 다른 기대를 품을 수는 있지만 설사 다른 여건일지언정 각 영역을 구축하는 원리는 같다. 늘 강조하지만 물은 100℃에서 끓는다.(좀 더 정확히 말하자면 콜로라도처럼 해발고도가 높은 지역은 예외다.)

따라서 파인 다이닝을 비롯한 음식점 요리가 가정식을 무조건 폄하할 이유가 없다. 켄지 로페스얼트뿐만 아니라 위에서 언급한 마이클 룰먼, 올턴 브라운(Alton Brown) 등, 정식 요리 교육 및 경험을 바탕으로 가정 요리의 발전에 적극적으로 공헌하는 이들이 있다. 958쪽에 이르는 로페스얼트 책의 부피가 양쪽의 요리 세계에 시사하는 바를 곱씹어볼 필요가 있다. 두 가지 질문을 던진다. 한국에 그런 이들이 존재하는가? 있다면 그들의 역할이나 방법론은 무엇인가? 가정을 위한 요리라면 무조건 쉽고 단순하게 만드는 것만이 능사인가?

홍득기의 요리책 『Koreatown: A Cookbook』은 어쩌면 한국보다 더 한국 같은 '나성(이라고 일컬으니 더욱 한반도 어딘가의 동네 이름 같다.)' 지역 한식의 흥미로운 현주소를 드러내준다. 여전히 거친 한국 음식이지만, 미국의 풍부한 재료 환경이나 다양한 식문화의 영향을 받아 조금씩 변주되는 양상과 논리 등을 살필 수 있다. 보쌈의 돼지껍질을 바삭하게 만든다거나(1부 「삼겹살 수육과 맛의 논리」의 '보쌈 레시피'(69~71쪽) 참고), 만두소에 버터를 듬뿍 넣는다(Koreatown, pp. 104~105). 얼핏 생각하면 통상적으로 생각하는 한식의 영역을 벗어나는 시도인 것 같지만, 맛의 원리를 감안한다면 수긍하기 어렵지 않다. 발전까지 들먹이지 않더라도 한식의 변화를 원한다면 충분히 참고해볼 만한 방법론이라고 생각한다.

한편 같은 책의 중간(pp. 88~90)에 실린 데이비드 장(David Chang)의 인터뷰도 시사하는 바가 아주 크다. 세계적으로 가장 성공한 한국계 셰프지만, 그는 스스로를 '한식 셰프'라 규정하지 않는다. 무엇보다 '모든 음식을 자신의 집에서 먹어온 것에 비교하는 경향' 때문에 한국 음식은 물론 사람도 직접적으로 다루고 싶지 않다는 그의 선언은, 유난히 집과 바깥 음식의 경계가 모호한 현실이 비단 한국 내의 문제만은 아님을 보여준다. 그럼에도 불구하고 '가급적 집에서 된장이나 고추장을 담가야 한다'는 주장을 펼치는 건 상당히 모순적이지만.

두부 한 가지로 한 권의 책을 쓸 수 있을까. 물론 가능하다. 앤드리아 응우옌(Andrea Nguyen)의 『Asian Tofu: Discover the Best, Make Your Own, and Cook It at Home』은 제목처럼 아시아의 두부 세계를 한데 아울러 엮었다. 물론 비지찌개나 순두부찌개 같은 한식도 등장한다. 이런 시도를 볼 때마다 갈수록 한식이 스스로를 따돌리는 건 아닌지 우려된다. 외국인이 쓴 책에 한국 음식이 등장한다고 이를 '외국에서 인정받은 한식의 우수함'으로만 해석하면 곤란하다. 어떤 연유로 무슨 음식이 다뤄지는지, 논리나 원리를 살펴보고 외국인의 시각에서 호소력 있는 한식이나 그 요소를 분석할 필요가 있다. 「들어가는 글」에서도 밝혔듯 세계는 서울로 계속 다가오고 있지만, 서울이 세계로 다가가고 있는지 확신하기 어렵다.

같은 시각에서 산도르 엘릭스 카츠(Sandor Ellix Katz)의 『The Art of Fermentation: An In-Depth Exploration of Essential Concepts and Processes from around the World』도 참고했다. 세계 어디에나 존재하는 발효식품의 일원으로 김치가 다뤄질 때의 덤덤함이 의외로 신선하게 다가온다. 물론 이 책의 김치 소개 글(pp. 112~114)은 대부분이 '전작(『내 몸을 살리는 천연발효식품(The Wild Fermentation)』)의 레시피를 따라 했더니 내가 생각하는 김치가 나오지 않았다'는 사연과 한국인을 동원한 김치 예찬이 대부분을 차지하고 있다. 김치는 참으로 끈질긴 음식이다.

호주의 셰프 제니퍼 매클러건(Jennifer McLagan)은 각각 한 가지의 주제로 요리책 연작을 내는데, 그의 미시적인 시각과 접근 방식을 참고했다. 『Fat: An Appreciation of a Misunderstood Ingredient, with Recipes』, 정육 아닌 부위의 조리법을 탐구한 『Odd Bits: How to Cook the Rest of the Animal』, 한식 나물의 가장 큰 잠재력이라 소개한 바 있는 쓴맛을 집중 조명한 『Bitter: A Taste of the World's Most Dangerous Flavor, with Recipes』 등이다.

다음으로는 이론 서적이다. 우선 직접 번역하여 내용을 속속들이 알기 때문에라도 『한식의 품격』 집필에 영향을 미친 줄리언 바지니(Jullian Baggini)의 『철학이 있는 식탁(*The Virtues of the Table*)』을 소개한다. 육식, 제철 재료, GMO 등 정치 및 진영 논리로 무조건 한쪽 입장을 취하는 오늘날의 음식 관련 사안을 놓고 사고하는 법을 알려주는 책이다. 전통과 비전통, 손과 기계, 개인과 자본 등 음식의 울타리 안에 존재하는 수많은 대립각 속에서 우리는 좀 더 잘 먹기 위해서라도 공정한 시각을 가지고자 더 노력해야 한다.

한편 『요리를 욕망하다(*Cooked*)』를 기점으로 완전히 유통기한이 끝나버린 마이클 폴란의 담론이 아쉬운 독자에게는, 많은 책들 가운데 댄 바버(Dan Barber)의 『제3의 식탁(*The Third Plate*)』이 위안을 주리라 믿는다. '농장에서 식탁으로(Farm to Table)'를 하나의 장르 수준으로 끌어올린 그는 세계 곳곳의 식문화 기점을 여행하며 현재 인류에게 가장 바람직한 음식 생태계의 형태에 대한 답을 구한다.

맛에 집중하고자 건강에 대한 논의는 의도적으로 최소화했는데, 요즘 가장 큰 사안 가운데 하나인 탄수화물의 유해성에 관한 책은 그야말로 차고 넘친다. 나쓰이 마코토(夏井睦)의 『탄수화물이 인류를 멸망시킨다』 같은 책을 얼마든지 볼 수 있지만, 좀 더 깊은 관심을 채우고 싶은 독자라면 의학 저널리스트 게리 토브스(Gary Taubes)의 『Why We Get Fat: And What to Do About It』 등의 저서를 권한다. 과학과 저널리즘을 두루 섭렵한 전공자로서 전문 지식을 대중 서적에 풀어내는 데 탁월하다.

그 밖에 간접적으로 영향을 미친 책에 대해서는 다른 일에 치여 늘 원하는 만큼 업데이트하지 못하는 팟캐스트 「이용재의 음식, 책」(http://www.podbbang.com/ch/7186)을 참고하시라.

음식 분야 외의 참고 문헌은 간단히 언급하고 넘어가겠다. 가장 큰 영향을 미친 책은 김경만의 『글로벌 지식장과 상징폭력』, 서울대학교 공과대학 교수들이 공저한 『축적의 시간』, 그리고 장덕진 외, 『압축성장의 고고학』 세 권이다. 각 책의 제목이 말해주듯 한국은 축적을 위한 시간으로서 근현대를 제대로 거치지 못했고, 이로 인한 폐해를 사회 각 분야에서 어렵지 않게 찾아볼 수 있다. 음식의 사정도 다르지 않다. 문자 그대로 물리적인 시간의 축적마저 확보하지 못해 개념적인 사고는커녕 돈 주고 사 먹는 음식으로서 최소한의 완성도조차 확보하지 못하는 인력이 넘쳐난다. 이런 상황에서 고도의 개념적 사고가 필요한 한식의 전통 또는 고유함에 대한 담론을 기대하기란 어려운 일이다. 음식과 전혀 상관없는 세 권의 책이 말해준다. 그와 더불어 시각적 사고 위주의 현실을 진단하는 유하니 팔라스마(Juhani Pallasmaa)의 건축 이론서 『건축과 감각』도 참고했다. 시각성이 압도하는 현실은 문제지만, '보기 좋은 떡이 먹기 좋다'는 속담마저 철저하게 등한시하는 현재 한식의 시각성, 또는 시각적 사고의 부재는 크게 보아 궁극적으로 교육의 문제다.

한편 신기주의 『사라진 실패』에서 소개하는 농심의 사례(123~146쪽)는 삼양라면의 역사를 정리한 무라야마 도시오(村山俊夫)의 『라면이 바다를 건넌 날』과 함께 읽으면 균형이 맞는다. 또한 모든 문화 분야에서 비평다운 비평이 유명무실한 한국이지만 특히 음식 비평은 영화나 미술 등등과 달리 아예 존재조차 확보하지 못한 채 반감을 산다. 이러한 경향에 흔히 들먹이는 진정성을 향한 비뚤어진 인식이나 반지성주의를 의심한다. 앤드루 포터(Andrew Potter)의 『진정성이라는 거짓말』, 우치다 타쓰루(內田樹) 편저의 『반지성주의를 말하다』, 리처드 호프스태터(Richard Hofstadter)의 『미국의 반지성주의』를 참고했다.

마지막으로 상 엎기의 풍경은 고다 요시이에의 『자학의 시』를 참고했다.

2. 작업 환경

통상적으로 참고 문헌만 밝히지만, 작업 기간이 길었을뿐더러 그 덕분에 집필 및 번역 이력의 전환점이 되었으므로 작업 환경도 간단히 소개하겠다. 『한식의 품격』 집필 과정에서 크게 세 가지를 새롭게 시도했다. 첫 번째는 작업 환경 자체의 변경이다. 작업에 관련된 모든 파일을 클라우드에 올려 '로컬 하드'의 시대에 막을 내렸다. 애플의 클라우드(200기가바이트)에는 기본적인 문서 파일을, 드롭박스(1테라바이트)에는 나머지 자료를 저장했다. 한편 후자는 편집 작업 등에서 필요한 자료를 공유하는 데 쓴다. 2014년형 아이맥으로 작업했다.

두 번째는 문서 작업 도구의 변화다. 『한식의 품격』부터 본격적으로 리터러처 앤 라테(Literature and Latte)사의 '스크리브너(Scrivener)'를 썼다. 원래 소설 집필 도구로 개발된 스크리브너는 첫인상이 다소 복잡해 보이지만 가장 기본적인 기능만 익히면 쓰는 데 아무런 어려움이 없다. 무엇보다 여러 문서를 하나의 구조 안에 포함시킨 채로 작업할 수 있는 설정이라, 왼쪽의 메뉴를 통해 언제나 원고 전체의 구성이나 위계질서를 염두에 두고 작업할 수 있으며, 바로 해당 문서로 옮겨가 작업할 수 있어 편리하다. 책 한 권을 쓰기 위해 하나의 긴 문서, 또는 여러 개의 짧은 문서 파일을 만들 필요가 없다는 말이다. 따라서 관리도 훨씬 용이하다.

마지막으로 예전 회사 생활에서 배운 요령을 적극 활용해 작업 시간을 관리했다. 프로그램으로 각 작업을 개별 프로젝트로 분류하고, 또한 그 내부에 각 단계별로 부(sub)프로젝트를 만들어 시간을 기록했다. 각 프로젝트별로 투입된 시간을 확인 및 관리하는 데도 편하지만, 스스로 관리해야 할 자유기고가의 작업 시간에 최소한의 규율을 불어넣는 데도 아주 효과적이다. 일일 최소 작업 시간(나의 경우에는 휴식 시간 제외 4시간)을 정해놓고 기록해가며 일하면 나태해지지 않는다. 시간 기록 및 관리 프로그램도 종류가 다양한데, 클록(Klok)을 썼다. www.getklok.com에서 시험판을 내려받을 수 있다.

찾아보기

한식의 품격

맛의 원리와 개념으로 쓰는 본격 한식 비평

1판 1쇄 펴냄 2017년 6월 16일
1판 5쇄 펴냄 2024년 7월 1일

지은이 이용재
펴낸이 박상준
펴낸곳 반비

출판등록 1997. 3. 24.(제16-1444호)
(우)06027 서울특별시 강남구 도산대로1길 62
대표전화 515-2000, 팩시밀리 515-2007
편집부 517-4263, 팩시밀리 514-2329

글© 이용재, 2017. Printed in Seoul, Korea.

ISBN 978-89-8371-850-1 (03590)

반비는 민음사 출판 그룹의 인문·교양 브랜드입니다.